教育部高职高专规划教材

工业电器与自动化

（第二版）

陆建国　主编
朱凤芝　主审

化学工业出版社
·北京·

本书主要对工艺类专业所涉及的电工学基础、电子学基础、电机与电器、工业检测仪表、过程控制仪表和生产过程自动化基础等内容及一些相关知识进行了较全面的介绍。

本书将传统的“电工学”“化工仪表及自动化”进行课程综合化，可配合高职高专工艺类专业完成专业学生的培养目标，可作为高职高专石油、化工、轻工、林业冶金、造纸等相关专业的教材，也可作为工艺操作人员的参考用书。

全书共分两大篇（十单元），第一篇主要描述电工电子基础知识及工业电器的使用；第二篇重点介绍工业仪表及过程自动化基本知识及其应用；通过十七个项目的实施，使学生（员）在培养电器与控制技术应用技能的过程中掌握有关应用知识。

本书配套有多媒体电子光盘，光盘中的内容包括书中各章节的电子教案以及大量的多媒体素材，用图片和动画的形式对各知识难点深入讲解。有助于教学和学生自学。

图书在版编目（CIP）数据

工业电器与自动化/陆建国主编. —2版. —北京：化学工业出版社，2013.7（2023.2重印）
教育部高职高专规划教材
ISBN 978-7-122-17720-9

Ⅰ.①工… Ⅱ.①陆… Ⅲ.①电器-自动化-高等职业教育-教材 Ⅳ.①TM5

中国版本图书馆CIP数据核字（2013）第137614号

责任编辑：廉 静　　文字编辑：孙凤英
责任校对：蒋 宇　　装帧设计：王晓宇

出版发行：化学工业出版社（北京市东城区青年湖南街13号 邮政编码100011）
印　　装：北京科印技术咨询服务有限公司数码印刷分部
787mm×1092mm 1/16 印张17¾ 字数473千字 2023年2月北京第2版第2次印刷

购书咨询：010-64518888　　售后服务：010-64518899
网　　址：http://www.cip.com.cn
凡购买本书，如有缺损质量问题，本社销售中心负责调换。

定　价：35.00元

前言

FOREWORD

本书根据教育部对高职教育的有关要求，内容和形式上都有了新的改革尝试。将工艺类专业传统的“电工学”和“化工仪表及自动化”进行了课程综合化，以适应教学改革以及新时期市场对人才新的要求。全书共分两大篇（十单元），第一篇主要描述电工电子基础知识及工业电器的使用；第二篇重点介绍工业仪表及过程自动化基本知识及其应用；每个单元知识点系统完整、力求够用为度，配以“项目载体”进行学生能力的训练，并附有习题与思考题，是一门真正体现“基于工作过程导向”的教学做一体化教材，在教学方法上倡导“做中学、学中做”工学结合的课程模式。

教学过程中，力求以学生为主体，项目为载体，任务引领，教师指导，由浅入深，由易到难，训练学生正确使用工业常用电器和工业仪表以及过程控制技术的应用能力。值得一提的是本书从形式上有新的突破，本教材随附电子教案，使教学过程变得简捷明了、教学效果明显提高。同时，形式上的安排使得教师根据工艺类专业人才培养方案（教学计划）可以方便地取舍第一篇和第二篇的内容。

本书由常州工程职业技术学院陆建国教授编写第一单元（电工基础）、第三单元（常用电机与电器）、第四单元（安全用电）；天津渤海职业技术学院吉红副教授编写第二单元（常用电子器件及其应用）；江苏常州新东化工发展有限公司李君华工程师编写第五单元（被控对象）；南京化工职业技术学院王恒强实验师编写第六单元（检测仪表及应用）；天津渤海职业技术学院闰昆讲师编写第七单元（控制仪表及应用）；广西工业职业技术学院秦宇讲师、常州工程职业技术学院陆建国教授编写第八单元（常用控制系统）；湖州职业技术学院高志宏教授编写第九单元（计算机控制系统）；常州工程职业技术学院刘书凯讲师编写第十单元（信号报警与联锁保护系统）；常州机电职业技术学院陆楠主编并制作电子教案，电子教案请登录：www.cip.com.cn 下载。

本书由常州工程职业技术学院陆建国教授、湖州职业技术学院高志宏教授、天津渤海职业技术学院朱凤芝教授、江苏常州新东化工发展有限公司李华君工程师组成团队进行课程设计。陆建国任主编、高志宏副主编、朱凤芝主审，陆楠主编并制作电子教案。

本书在编写中得到江苏常州新东化工发展有限公司、常州市巴龙化工有限公司等企业技术人员的大力支持，也得到化学工业出版社的亲切关怀，在此一并表示感谢！

由于编者水平有限，书中难免存在错误，欢迎批评指正。

编者

2013 年 4 月

目录

CONTENTS

第一篇 工业电器基础

第二篇　工业控制基础

附　录

参考文献

绪　论

一、课程的改革思路和具体做法

高等职业教育作为普通高等教育的一支生力军，在整个国民经济中发挥着越来越大的重要作用。社会越来越需要既懂得一定知识，又具有高新技术、较强动手能力的“技术应用”型人才，而人才的培养离不开课程和教材的深化改革。本教材依托化工、制药、环保工程、水泥、造纸等流程行业进行了课程综合化，将传统的“电工学”、“过程自动化”整合成一门技术基础课，从形式上也进行了创新，随纸质教材附带电子教案，以适应高职高专教学改革和教学信息化的需要。

本教材的编写，旨在配合高职高专工艺类专业完成专业学生的培养目标，在以往教材的基础上进行了一些改革，融入了一些高职教学的特色。

(1) 为强调实践教学，重能力培养，每个单元设置了训练项目，是一门真正体现“基于工作过程导向”的教学做一体化教材，教学方法中倡导“做中学、学中做”工学结合的课程模式。教学过程中，力求以学生为主体，以项目为载体，任务引领，教师指导，由浅入深，由易到难，训练学生正确使用工业常用电器和工业仪表以及过程控制技术的应用能力。

(2) 以企业常用的单相电器和典型的三相电器为载体，训练学生工业电器技术的应用能力。

(3) 在校企合作过程中结合实际生产工艺，选择一套装置进行电器应用和自动化技术的运用能力的培养，习惯上按如下步骤进行：首先是对照装置研究各种图纸，特别是带控制点的工艺流程图（简称控制流程图），以了解工艺状况，了解有哪些控制系统、检测系统、信号报警及联锁系统以及这些系统要达到的目的；然后了解这些系统的实施工具及这些工具的使用方法；最后学习整个装置的操作（开、停车等）。

(4) 教材内容力求去旧立新，工厂少用或现已不用的过程控制仪表全部剔除，而广泛使用的知识和技能训练要保留，力求新知识多引入，通过典型项目训练学员的自动化技术应用能力。

(5) 力求打破学科教学体系，从实际出发，以满足工艺专业的需求。

(6) 充分利用多媒体教学这种既直观又易懂的教学方式。电子教案力求围绕文字教材主线，便于教学需求。

二、课程的性质、任务

本课程是工艺类专业的一门技术基础课，倡导知识系统，内容够用为度，重能力培养。

随着科技的进步和技术的发展，现代化工业生产使行业间已经没有了清晰的分水岭，现代化使各专业技术人员之间的界限越来越模糊，所以工艺人员与相关的其他工种工作人员之间要有一定的知识和技能重叠区。作为现代工艺人员除了具备工艺专业的知识和应用能力外，还应具有工业电器的使用和工程识图的能力；操作自控仪器、仪表的能力；自动控制系统开、停车能力；判断、分析及初步处理系统故障的能力；与自控人员合作及实施技改的能力。围绕这些能力的培养，本教材安排了相关内容。通过本课程的学习，要使学生掌握过程生产中常用的电器特性和使用特点及过程控制的基本知识和基本技能；了解过程控制工具的特性、简单工作原理和正确的使用方法，使学生初步具备参数整定、系统投入运行及系统故障的判断处理等操作技能。

三、课程总体目标

通过本课程的学习和训练，使学生能正确使用工业常用电器，能根据工艺要求选用、安装、调试、调校仪表，能集成、调试、运行典型“简单”和“复杂”控制系统。

（一）能力目标

（1）会使用常用高压电器（例如变压器、三相电动电机等），能处理电气、电子线路、控制电器的一般故障。

（2）能够根据工艺与控制要求合理选用常用的温度、压力、流量和物位检测仪表。

（3）明确工艺要求，能够读懂、并能规范地绘制常用带控制点的工艺流程图。能根据仪表技术说明书的要求正确使用常用检测仪表，能对变送器实施正确的调零、零点迁移、量程扩展操作；能根据现场仪表技术说明书的维护要求，能对现场仪表的常见故障和线路故障合理分析，并加以排除。

（4）能根据工艺和控制要求，合理选择控制规律。

（5）能根据工艺要求，正确选择执行器并熟悉简单控制系统。

（6）能根据被控变量和系统特点，合理设置 PID 相关参数。较熟练地运用经验试凑法、临界比例度法、衰减曲线法三种工程整定方法，对简单控制系统实施投运、调试和运行，使系统在稳定性、准确性和快速性的三项指标基本优化，满足工艺要求。

（7）会调试串级控制系统。

（8）会处理紧急事故，操作运行自动报警和联锁保护系统。

（9）会进行 DCS 控制系统硬件选型、基本组态；会简单、串级控制系统的调试与投运；会 DCS 控制系统的上电、运行、停车等；会 DCS 控制系统的 PID 参数整定；会做好调试记录。

（二）知识目标

（1）掌握电路的组成，单相、三相电路；三相异步电动机、变压器、常用电子电路的特点和使用方式。

（2）掌握常用工业过程控制系统的组成、原理与特点，熟悉其适用场合。理解被控变量、操纵变量对系统性能的影响，掌握被控变量与操纵变量的合理确定方法。

（3）掌握常用过程检测仪表的结构与测量原理与使用特点；理解各种 PID 控制规律对系统的作用，掌握其使用方法。

（4）掌握 DCS 的基本概念和基本组成；掌握 DCS 体系结构及各层次的主要功能；了解 DCS 现场控制站的主要组成部分、基本功能；了解操作站的基本构成及功能；了解通信网联络的基础知识；掌握系统配置原则及 I/O 卡件选择原则；熟悉系统的维护和调试方法；了解一种 DCS 软件系统的主要内容；了解一种 DCS 的组态功能；掌握一种组态软件对简单控制系统和串级控制系统的组态；掌握一种流程图制作软件的基本用法；掌握操作站实时监控画面的调用方法。

（三）素质目标

教学过程中，力求以学生为主体，以项目为载体，任务引领，教师指导，由浅入深，由易到难，实施“项目化”教学方式，锻炼同学们的安全、环保、合作、竞争、领导、服从、答辩方面的素质。

四、学习方法

本课程实践性很强，学习过程中，提倡眼、脑、手并用，在条件允许的情况下，提倡多深入工厂观察、了解，建立感性认识，带着问题进入课堂，有目的地学习各部分知识，在用眼、用脑的同时还要多动手，对所学的过程控制仪表，要做到“面熟”、“手熟”，通过各种实验、多媒体教学，实现知识的“回放”，再深入工厂，实现知识的“归位”和技能的“强化”。学习中不可死记硬背，不可脱离实际，学习某一块仪表不是目的，重要的是，通过某一部分内容的学习总结出共性的东西，以便举一反三、触类旁通。培养在实践中发现问题、提出问题的能力；培养将理论运用到实践、用理论指导实践的能力；培养动手能力；培养自学能力、自我发展能力，这些就是本课程的最终目的。

第一篇 工业电器基础

电器篇导言

在工业生产中，电的应用极为广泛。电气化的程度已成为衡量一个国家生产技术水平和综合国力的主要标志之一。

电之所以得到广泛应用其有下列一些重要特点。

一、电的特点

(1) 转化容易。作为能量，电能可以方便地由水电、热能、化学能、原子核能、光伏材料及太阳能、风能等转换而来，成为廉价的动力来源。

(2) 传输方便。作为能量，高电压远距离传输电能时损失小、效率高；并且容易分配到各个工业电器及常用负载上。

(3) 便于控制和测量。电能和电信号的有关量值便于准确而迅速地进行控制和测量，利用电信号还可以对电量以及各种非电量进行遥控和遥测，这些都为自动化生产提供了必要的有利条件。

二、常用的工业电器及电子设备

常用的工业电器及电子设备很多，考虑到本教材主要面向“工艺类”专业高职技能型人才的培养，主要介绍常用的电源、动力设备、传输设备、基本电子设备的特点及使用注意事项，主要以三相电机、单相电源、三相电源以及照明电路和基本电子电路为典型载体，训练学员的工业电器选择、安装及使用能力的培养。

三、工业电器篇课程目标

(一) 能力目标

(1) 能执行电气安全操作规程；能采用安全措施保护自己及工作安全；会进行触电及电气火灾的现场处理。

(2) 会使用与保养电钻、紧固工具、电工刀、剥线器、压接钳、电烙铁、弯管机等电工工具；会使用与保养验电笔、兆欧表、万用表等电工仪表；会使用与保养电流表、电压表、电能表、功率表等测量仪表。

（3）会进行简单直流电路连接、测试，证明常用“电路分析定律”。

（4）会用电工测量工具判断单相和动力供电系统。

（5）能进行内外线路的敷设与安装。

（6）会进行典型工业电器（三相异步电动机）的常规使用；会采取常用触电保护措施。

（7）会进行三相异步电动机的拆装与维修。

（8）会进行小型变压器的绕制。

（9）能识别常用低压电器的电路图形、文字符号及基本结构；能根据设计要求选择、使用熔断器、低压断路器、开关、交流接触器、继电器（热继电器、中间继电器、空气阻尼式等）；能检测、调整热继电器和时间继电器。

（10）能绘制三相异步电动机常用控制电气图；并制作控制电路板；调试、检修。

（11）会执行安装工艺；会地线布置与连接。

（12）能进行典型机床电气线路的故障诊断与检修。

（二）知识目标

（1）掌握电路的组成及其电参量的基本概念。

（2）掌握常用电路分析定律及其应用。

（3）熟悉单相正弦交流电的基本概念；了解 RLC 电路特点。

（4）熟悉三相交流电路的基本概念和使用特点。

（5）了解常用工业电器及其使用特点。

（三）素质拓展目标

（1）认识常用电工技术学习的基本方法，培养一定的逻辑思维能力，善于从不同的角度发现问题，积极探索解决问题的方法。

（2）养成独立思考的学习习惯，能对所学内容进行较为全面的分析和比较，总结和概括，学会举一反三，灵活应用，培养电气维修技术的综合应用能力。

（3）善于借鉴他人经验，发挥团队协作精神，培养学生的团队意识、组织协调能力、创新思维能力。

（4）养成“安全用电”的良好习惯。

第一单元 电工基础

关键词

直流电路、交流电路、电源、负载、电路中间环节、交流电路的有效值。

学习目标

知识目标

熟悉电路的组成、电参量的含义及表示方式；
掌握单相交流电的组成及三要素；了解 RLC 电路特点；
了解自感、互感现象；
熟悉三相交流电路及连接方式。

能力目标

会使用常用电工仪器仪表；
能设计简单直流电路并通电调试，会用常用电路定律分析电路；
能根据电路图安装日光灯调试并会排除常见故障。

第一节 直 流 电 路

一、电路的组成及物理量

(一) 电路的组成

电在各行各业有着广泛的应用。电的应用主要分为两种形式，一是作为能源加以利用，通过电源与用电设备进行能量的传输、分配和转换，将电能转换为光能、热能和机械能等形式，例如，常见的照明电路、工厂电力系统等；另一种是作为信号加以利用，能够实现信号的产生、传递和处理，将电信号转化为声音和图像等形式，主要应用于通信和医学领域。

在实际应用中，将电器件和电设备按照一定的方式连接在一起形成各种电路（电流流通的路径）。电路由电源、负载和中间环节（包括连接导线、控制保护设备）组成。对于一个完整的电路，其负载和中间环节称为外电路，电源内部称为内电路。

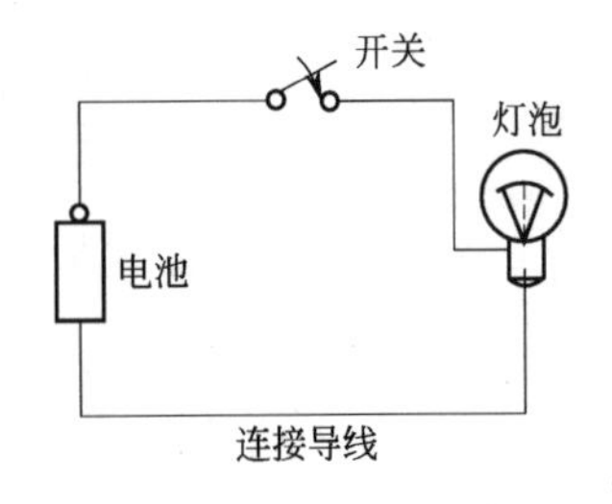

图 1-1 电路组成示意图

1. 电源

图 1-1 所示的电路是生活中最常见的照明电路。图中的电池即为电源，是电路中提供能量的设备，它将其他形式的能转换为电能。发电机、电池等都是常用的电源。

2. 负载

图 1-1 中的电灯泡为负载，它消耗电能，将电能转换为热能，使灯丝白炽化而发光，用来照明。负载是将电能转换为其他形式能量的设备。电动机、电炉等都是常用的负载。

电源与负载的区别主要是能量转换的方向不同。

3. 中间环节

图 1-1 中的开关和连接导线为中间环节。当开关闭合时通过导线将电池与灯泡连接起来，使电流通过，导致灯泡发光，实现照明。在电路中间环节中，导线用来传输和分配电能，控制、保护设备实现对电路的通断控制和保护功能。

（二）电路的常用元件符号

分析电路时，往往是对电路模型进行分析计算，而不是实际电路。可将电路中的理想元件用常用的元件符号代替，使电路图得到简化。常见的电路元件符号如下。

电源：；　　灯泡：；

电阻：；电容：；

开关：；熔断器：。

按照上面介绍的电路元件符号，则图 1-1 可以简化为图 1-2 的电路元件符号图。

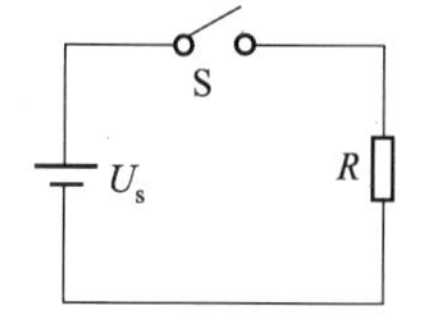

图 1-2　电路元件符号

（三）电路的物理量及参考方向

1. 电流

电荷有规律地定向运动形成电流，电流不仅有大小，也有方向。

单位时间内通过导体横截面积的电量定义为电流强度，简称电流，用符号 I 或 i 表示。在国际单位制中，电流的单位为 A（安培），常用单位还有 mA（毫安）、μA（微安），其换算关系为：$1\text{A}=10^3\text{mA}$，$1\text{A}=10^6\mu\text{A}$。

规定正电荷运动的方向为电流的方向。在较为复杂的电路中往往难于事先确定电流的实际方向。所以分析电路时，一般先假定电流方向，用箭头标出，该方向称为电流的“参考方向”。按照标注的“参考方向”计算电路，当电流为正值时，表示电流的实际方向与参考方向一致；反之，则表示电流的实际方向与参考方向相反。因此，在指定的电流参考方向下，根据电流的正负，就可以确定电流的实际方向。所以在分析电路时，首先必须在电路中标注出“参考方向”。

2. 电压与电位

（1）电压　电压是衡量电场做功能力大小的物理量。电场中（或电路中）任意两点 a、b 之间的电压，等于电场力将电荷从 a 点移到 b 点所做的功与电荷的比值，即：$U_{ab}=\dfrac{W_{ab}}{q}$。

电压用符号 U 或 u 表示，在国际单位制中，电压的单位为 V（伏特）。常用单位还有 mV（毫伏）、kV（千伏），其换算关系为：$1\text{V}=10^3\text{mV}$，$1\text{kV}=10^3\text{V}$。

电压的方向是由高电位指向低电位，即电位降的方向。

电荷在电场力的作用下移动而做功，必然会有能量的消耗。单位正电荷在电场中不同位置具有不同的能量，这一能量称为电位能。高电位正电荷的能量大；低电位正电荷的能量小。因此，在电场力的作用下，正电荷总是从电位高的地方向电位低的地方移动。

（2）电位　电位在物理学中又称为电势。在电路中任选一点为参考零点，则电路中任意一点相对于参考点之间的电压即为该点的电位，其单位也是 V（伏特）。两点间的电压，高电位端为“＋”极，低电位端为“－”极。

分析较复杂电路时，往往事先无法确定电压的极性，故需先指定电压的参考极性（或参考方向）。电压的“参考方向”可以用箭头表示，也可以用“＋”、“－”极表示，还可用双下标表示，例如 U_{ab}，表示 a 点为“＋”极，b 点为“－”极。电路中电压的“参考方向”选定后，当电压为正值时，表示电压的实际方向与参考方向一致，反之，表示电压的实际方

图 1-3　关联参考方向

向与参考方向相反。

分析电路，往往采用“关联参考方向”来指定电压和电流的“参考方向”。即使得电流的参考方向和电压的参考方向一致。如图 1-3(a) 所示为“负载”的关联参考方向，电流流入端为电阻电压的“+”极性端，电流流出端为电阻电压的“−”极性端。图 1-3(b) 为“电源”的关联参考方向，电流从电源的“+”极流出，从电源的“−”极流入。

电压与电位有着密切的联系，电路中两点 a、b 之间的电压等于两点电位之差，即 $U_{ab}=U_a-U_b$（U_{ab} 为 a、b 两点之间电压，U_a 为 a 点电位，U_b 为 b 点电位）。但电压与电位也有区别，电压与电路的参考点选择无关，而电位却与电路中参考点的选择有着密切的关系。

【例 1-1】 电路如图 1-4 所示，求分别以 d 点和 c 点为参考点时各点的电位，并估算电压 U_{ab}、U_{bc}、U_{cd}、U_{da} 的值。

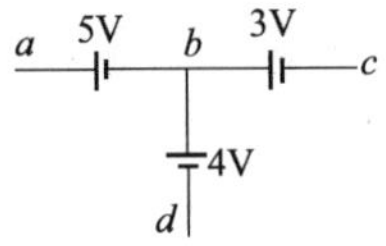

图 1-4　电位计算

解：(1) 以 d 点为参考点。

$U_d=0$　　　　$U_a=5+4=9\text{V}$

$U_b=4\text{V}$　　　　$U_c=-3+4=1\text{V}$

$U_{ab}=U_a-U_b=9-4=5\text{V}$　　　　$U_{bc}=U_b-U_c=4-1=3\text{V}$

$U_{cd}=U_c-U_d=1-0=1\text{V}$　　　　$U_{da}=U_d-U_a=0-9=-9\text{V}$

(2) 以 c 点为参考点。

$U_c=0$　　$U_a=5+3=8\text{V}$　　$U_b=3\text{V}$　　$U_d=-4+3=-1\text{V}$

$U_{ab}=U_a-U_b=8-3=5\text{V}$　　　　$U_{bc}=U_b-U_c=3-0=3\text{V}$

$U_{cd}=U_c-U_d=0-(-1)=1\text{V}$　　　　$U_{da}=U_d-U_a=-1-8=-9\text{V}$

从本题中可以看出：参考点变化时，各点的电位也会发生变化，而各点的电压保持不变，即电位与参考点有关，而电压无关。

3. 电动势

电动势是衡量外力做功的物理量，外力克服电场力把单位正电荷从负极移到正极所做的功被称为电动势，一般用符号 E 表示，单位为 V（伏特），如图 1-5 所示。

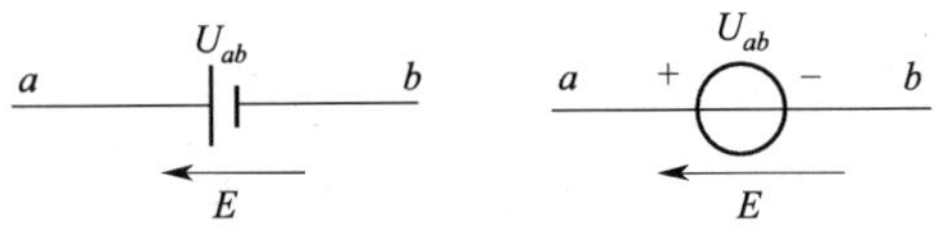

图 1-5　电动势示图

电动势的方向是由电源负极指向正极。电动势的方向指向电位升，而电压的方向指向电位降。

4. 电阻与电导

电阻是反映某一导体对电流阻碍作用大小的物理量，这一阻碍作用的大小由电阻值来表征，用符号 R 表示。在国际单位制中（SI 制中）电阻的单位是 Ω（欧姆），简称为欧。电阻还常用 kΩ（千欧）和 MΩ（兆欧）表示，它们之间的转化关系为：

$$1\text{k}\Omega=10^3\,\Omega \qquad 1\text{M}\Omega=10^6\,\Omega$$

电阻是实际电路中电阻器的理想化模型，实际电路中的白炽灯、电炉、甚至某些半导体元件，也可看作电阻。电阻在电路工作中要消耗电能，并将电能转化为热能、光能等其他形式的能。

导体的电阻与导体的材料和几何形状有关，对于一个电阻率为 ρ 的材料制成的长度为 l，均匀截面 S 的导线电阻值为：$R=\rho\dfrac{l}{S}$。

电阻的倒数称为电导，它也是反映导体导电能力的物理量，电导一般用字母 G 表示，即 $G=\frac{1}{R}$，在 SI 制中，电导的单位为 S（西门子），简称为西。

【例 1-2】 直径为 2.6mm、长度为 1km 的铜线的电阻是多少？其电导是多少？

解：直径为 2.6mm 的导线截面积

$$S=\pi\left(\frac{d}{2}\right)^2=3.14\times\left(\frac{2.6\times10^{-3}}{2}\right)^2=5.31\times10^{-6}\,\mathrm{m}^2$$

已知铜的电阻率为 $\rho=1.7\times10^{-8}\,\Omega\cdot\mathrm{m}^2$

铜的电阻为 $R=\rho\frac{l}{S}=1.7\times10^{-8}\times\frac{10^3}{5.31\times10^{-6}}=3.2\Omega$

铜线的电导为 $G=\frac{1}{R}=\frac{1}{3.2}=0.3125\mathrm{S}$

5. 功率

电流流过电路时，不断发生能量的转换。有的元件吸收电能，将电能转换成其他形式的能量，有的元件将其他形式的能转换为电能，向电路供出能量。为了表征电路中某一段吸收或产生能量的速率，引入了电功率的概念。电功率一般用字母 P 表示，在 SI 制中 P 的单位是 W（瓦特），简称为瓦，也常用 kW（千瓦）来表示，其换算关系为 $1\mathrm{kW}=10^3\mathrm{W}$。

在直流电路中功率表示为：

$$P=UI=\frac{U^2}{R}=I^2R$$

二、 欧姆定律

（一）部分电路欧姆定律

德国物理学家欧姆经过精确实验发现导体中电流 I 的大小与加在导体两端的电压 U 成正比，其比值为电阻 R，这个关系称为部分电路欧姆定律。

即：

$$R=\frac{U}{I}\text{或}U=RI$$

如图 1-6 所示，电阻两端电压为 U，通过电阻的电流为 I，则其电阻为：$R=\frac{U}{I}$。

应用部分电路的欧姆定律时必须注意以下几点。

（1）电流、电压、电阻三个物理量必须属于同一电路，并在同一时刻才有上述关系。

（2）这段电路中不含有电源，否则不能用上式进行计算。

（3）电阻元件必须是线性电阻（所谓线性电阻，就是在额定工作电压下，无论电压如何变化，电阻的阻值特性不变），电流才和电压成正比关系。如图 1-7 所示。

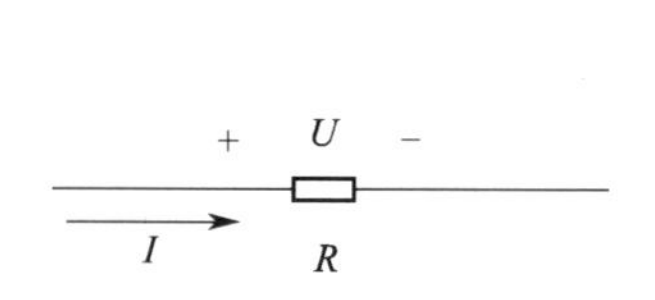

图 1-6　部分电路示意图

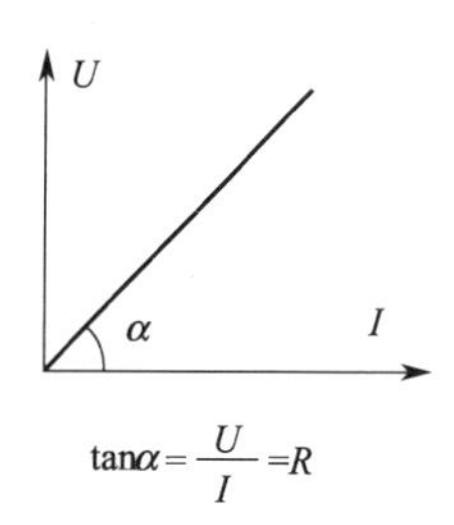

图 1-7　伏安特性曲线

（二）全电路欧姆定律

在图 1-8 所示的简单电路中，只含有一个电源，它的电动势为 E，电源内部具有电阻，叫做内电阻，用 r_0 表示。R 是外电路电阻。实验证明：在全电路中，电流 I 与电源电动势 E 成正比，与外电路电阻和内电阻之和 $R+r_0$ 成反比。

即：
$$I=\frac{E}{R+r_0}$$

因为 $U=IR$，所以上式也可以写成：

$$E=U+Ir_0 \qquad 或 \qquad U=E-Ir_0$$

其中，U 是电路端电压，Ir_0 是电源内阻的电压降。这就是全电路欧姆定律。

值得注意的是，在应用全电路欧姆定律时，电源有内阻，除非指明可以略去，否则不得在计算中略去。

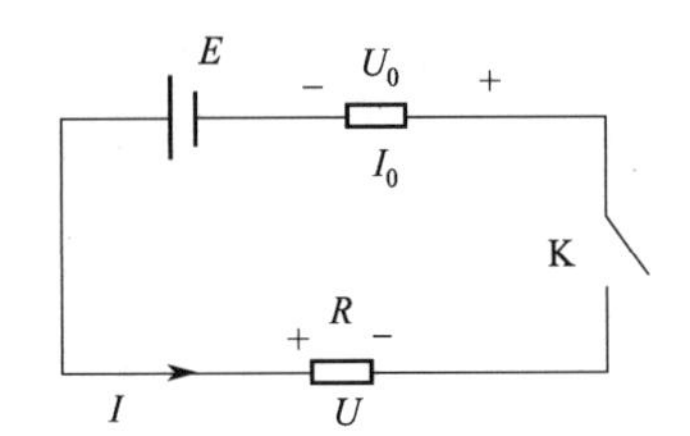

图 1-8 全电路欧姆定律示意图

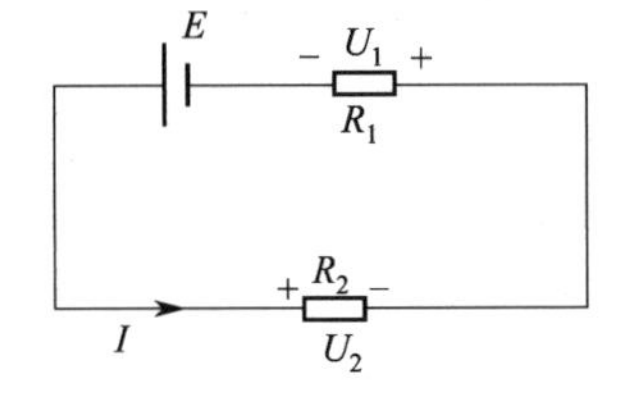

图 1-9 全电路欧姆定律

【例 1-3】 电路如图 1-9 所示，$I=10\text{mA}$，$R_1=10\text{k}\Omega$，$R_2=20\text{k}\Omega$，则 R_1 与 R_2 上消耗的功率为多少？电源的电动势为多少？电源产生的功率为多少？

解：R_1 上消耗的功率为 $P_1=I^2R_1=(10\times10^{-3})^2\times10\times10^3=1\text{W}$

R_2 上消耗的功率为 $P_2=I^2R_2=(10\times10^{-3})^2\times20\times10^3=2\text{W}$

电源电动势为 $E=I(R_1+R_2)=10\times10^{-3}\times(10\times10^3+20\times10^3)=300\text{W}$

电源产生的功率为 $P=IE=10\times10^{-3}\times300=3\text{W}$

（三）电路的三种状态

下面根据全电路欧姆定律来讨论电路的工作状态问题。

1. 通路状态

开关接通后，电路中有电流流动，即电路的正常工作状态。

2. 开路状态（断路）

当电路中开关断开、导线断开或用电设备故障时，电路不能形成回路，电路中没有电流流过，这种状态称为开路。此时端电压等于电源的电动势。

3. 短路状态

当负载两端用导线连接起来时，电流不再通过负载而直接由导线回到电源，电路的这种状态称为短路状态。这是一种危害极大的电路非正常工作状态，由于一般电源的内阻都很小，因此，短路时电流很大，可能烧毁电源。为了防止短路事故的发生，应在电路里安装熔断器，避免短路状态发生。

三、基尔霍夫定律

电路是为了实现某种功能而将电路元件按照一定的规律连接构成的总体。各元件的电流和电压之间必然存在某种联系（约束关系）。这种约束关系可以用基尔霍夫电流定律和基尔霍夫电压定律来进行描述。欧姆定律和基尔霍夫定律是分析电路的基本依据。

支路：电路中每一条无分支的电路，称为支路。同一支路中电流处处相等。如图 1-10 中电流 I_1、I_2和 I_3所流经的路径 cab、bda、ab 都是电路的支路。

节点：三条或三条以上支路的连接点，称为节点。如图 1-10 中的节点 a 和节点 b。

回路：电路中任何一闭合路径称为回路。如图 1-10 中的回路 $abca$，$abda$，$adbca$。

网孔：闭合路径内部不含有支路的回路。如图 1-10 中的回路 $abca$ 和 $abda$ 是网孔，而回路 $adbca$ 不是网孔，因为其内部含有支路 ab。

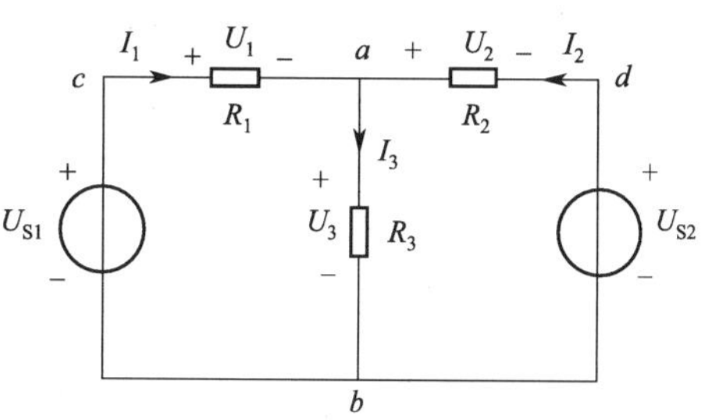

图 1-10　电路分析示意图

（一）基尔霍夫电流定律（KCL）

基尔霍夫电流定律是用来描述连接在同一个节点上的各条支路电流之间关系的。因为节点不能产生电流也不能使电流消失，故基尔霍夫电流定律可以表述如下。

（1）在任意时刻，流入电路中某一节点的电流之和等于流出该节点的电流之和。

即：
$$\sum I_{出}=\sum I_{入}$$
如图 1-10 中节点 a 的 KCL 方程为：$I_1+I_2=I_3$。

如果规定流入节点的电流取“＋”号，流出节点的电流取“－”号，则基尔霍夫电流定律还可以表述如下。

（2）在任意时刻，电路中任一节点上电流的代数和恒等于零。

即：$\sum I=0$。

如图 1-10 中节点 a 的 KCL 方程为：$I_1+I_2-I_3=0$。

基尔霍夫电流定律这两种表述方式是完全等价的。

（二）基尔霍夫电压定律（KVL）

基尔霍夫电压定律是用来描述回路中各电压之间关系的。

（1）在任意时刻，对于电路中的任一回路，从回路中任意一点出发，按绕行方向（顺时针或逆时针）沿回路绕行一周，则回路的电压升之和等于电压降之和。

即：
$$\sum U_{升}=\sum U_{降}。$$
对于如图 1-10 电路中回路 $abca$ 列 KVL 方程为：$U_1+U_3=U_{S1}$。

如果规定与绕行方向一致的电压前面取“＋”号，与绕行方向相反的电压前面取“－”号。即电压降取“＋”号，电压升取“－”号。则基尔霍夫电压定律还可以表述如下。

（2）在任意时刻，沿任一回路绕行方向，回路中各段电压的代数和恒等于零。

即：
$$\sum U=0$$
则对于如图 1-10 电路中回路 $abda$ 列 KVL 方程为：$-U_2-U_{S2}+U_3=0$。

（三）分析电路的步骤

根据上述三个电路分析定律可以得出下面分析电路的步骤：

（1）先在电路中标出电流、电压参考方向；

（2）再根据欧姆定律、KCL、KVL 列出方程式；

（3）电路中有 n 个节点可以列出 $n-1$ 个节点方程，有 b 个网孔可以列出 b 个独立回路方程；

（4）最后解方程组可以求出电路中各个电参数。

【例 1-4】 电路如图 1-10 所示，$U_{S1}=10\text{V}$，$U_{S2}=4\text{V}$，$R_1=2\Omega$，$R_2=2\Omega$，$R_3=4\Omega$，

求：各支路电流 I_1、I_2、I_3 和各电阻两端电压 U_1、U_2、U_3 是多少？

解：由基尔霍夫电流定律可列方程　　$I_1+I_2=I_3$

由基尔霍夫电压定律可列方程　　$U_1+U_3=U_{S1}$

$U_2+U_{S2}=U_3$

由欧姆定律可知：$U_1=I_1R_1$；$U_2=-I_2R_2$；$U_3=I_3R_3$

将已知条件带入各个方程整理后得方程组 $\begin{cases} I_1+I_2=I_3 \\ 2I_1+4I_3=10 \\ 2I_2+4I_3=4 \end{cases}$

解方程得各支路电流为 $I_1=2.2\text{A}$，$I_2=-0.8\text{A}$，$I_3=1.4\text{A}$

电阻两端电压为　　$U_1=I_1R_1=2.2\times2=4.4\text{V}$

$U_2=-I_2R_2=0.8\times2=1.6\text{V}$

$U_3=I_3R_3=1.4\times4=5.6\text{V}$

四、电路中电位的计算

在电子电路中，电位的分析非常重要。前面已经引入了电位的概念，电位即某点到参考点的电压。现在介绍电路中电位的计算方法。

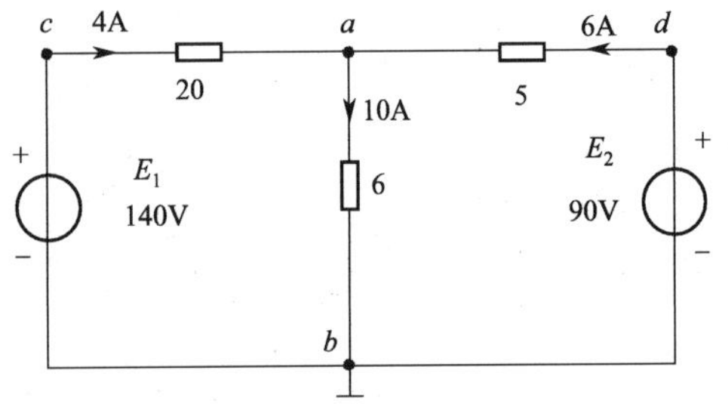

图 1-11　电位计算示意图

（1）在电路中选好参考点，参考点对应的电位为零。

（2）标出电路中各元件（包括电源和负载）两端的极性，并计算出各元件两端的电压。

（3）在电路中取相应电位点，从该点开始沿任意路径到参考点，遇电压降取“＋”号，遇电压升取“－”号。

（4）求各电压的代数和即为该点的电位值。

【例 1-5】 在图 1-11 所示的电路中，分别设 a 点、b 点为参考点时，计算电位，U_b，U_c，U_d 和电压 U_{ca}。

解：设 a 点为参考点，如图所示，可以得出

$$U_a=0\text{V}，U_b=-60\text{V}，U_c=80\text{V}，U_d=30\text{V}，U_{ca}=80\text{V}。$$

设 b 点为参考点，如图 1-11 所示，可以得出

$U_a=60\text{V}$，$U_b=0\text{V}$，$U_c=140\text{V}$，$U_d=90\text{V}$，$U_{ca}=80\text{V}$。

由上题可以看出：参考点选择不同，电路中各点电位值随之改变，但任意两点之间的电压值是不变的。所以电路中各点电位值是相对的，而两点之间的电压大小是绝对的。

第二节　电 磁 特 性

电荷运动就有磁场存在。许多电气设备都是通过电与磁的相互作用、相互转化而工作的。例如电动机、发电机、变压器、继电器、电工仪表等。

在电路分析时，经常用到电磁学中的概念，能够吸引金属铁等物质的性质称为磁性，具有磁性的物体称为磁体，扬声器背面的磁钢就是磁体。电子设备中的许多元器件都采用了磁性材料，例如各种变压器、电感器中的铁芯、磁芯都是磁性材料，磁铁是一个典型的磁体，如图 1-12 所示。磁铁两端磁性最强的区域称为磁极。一个磁铁有两个磁极：一个是南极，

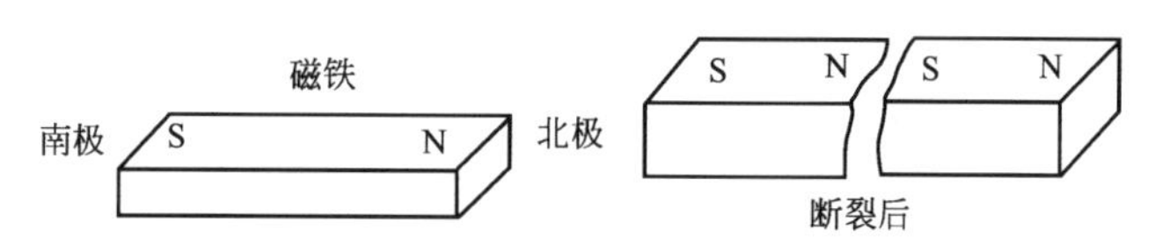

图 1-12　磁铁的磁极示意图

用字母 S 表示；另一个是北极，用字母 N 表示。当一块磁铁分割成几块后，每一小块磁铁上都有一个 S 极和一个 N 极，也就是说 S 极、N 极总是成对出现的。S 极与 N 极之间存在着相互作用的力，并且同极性相斥，异极性相吸，这一作用力称为磁力。

磁体周围存在磁力作用的空间称为磁场，相互不接触的两个磁体之间所存在的作用力是由磁场传递的。磁场看不见、摸不着，为了方便和形象地描述磁场，就引入了磁力线的概念，磁力线是假想的闭合曲线，磁力线每一点的切线方向代表该点的磁场方向，磁力线的疏密表示磁场的强弱。如果某个磁场中的磁力线疏密均匀，而且互相平行，那么该磁场称为均匀磁场。

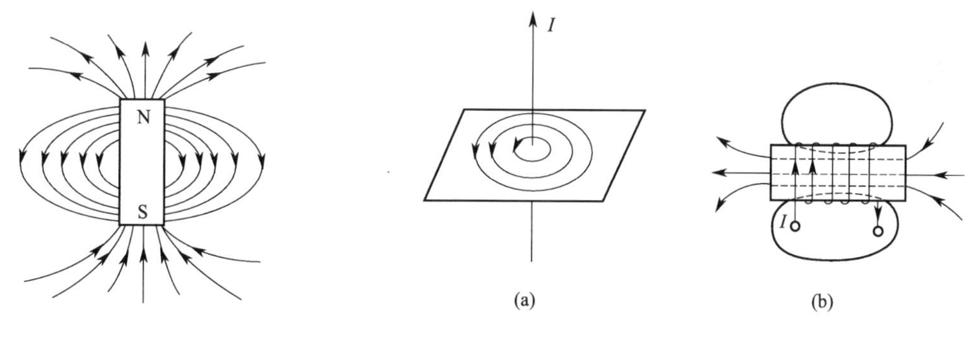

图 1-13　永久磁铁的磁场

图 1-14　导线周围磁场

由永久磁铁的磁场可以得出以下结论。

磁力线是闭合的。

磁力线是有方向的，在磁体的外部，磁力线由 N 极指向 S 极，在磁体内部由 S 极指向 N 极。

磁力线的方向可用来表示磁场方向。

磁力线密度可用来表示磁感应强度，在磁极 S 和 N 附近，磁力线最为密集，这表示在磁极处的磁感应强度最大。如图 1-13 所示。

一、电流的磁场

磁铁的周围存在着磁场，电流周围也存在磁场。只要有电流的流动，其周围就存在着磁场。磁场是运动的电荷产生的。

（一）直导线电流磁场

通电直导体的周围存在着磁场，它的磁场线是垂直于导线平面内以导线为圆心的同心圆。如图 1-14(a) 所示。判断导线周围磁场的方向，用右手螺旋定则。具体方法为：**右手握住直导线，将大拇指指向电流流动的方向，四指所指的方向就是磁场方向。**

（二）环形电流磁场

将导线绕成环形（称为螺线管或线圈），并给线圈通电，则导线周围也存在磁场，如图 1-14(b) 所示。此时的磁场方向也是用右手螺旋定则来判断，方法为：**右手握住螺线管，四**

指指向线圈中的电流流动的方向，大拇指所指方向则为磁场方向。

二、描述磁场的物理量

（一）磁通量

磁通量简称磁通。描述为通过与磁场方向垂直的某一截面 S 上磁力线的总数。当截面积一定时，垂直通过该截面积的磁力线愈多，说明磁场愈强，反之则愈弱。磁通用 Φ 表示，单位是 Wb（韦伯），较小的单位是 Mx（麦克斯韦），它们之间的关系是：

$$1\text{Wb}=10^{8}\ \text{Mx}$$

（二）磁感应强度

磁感应强度是一个描述磁场强弱的物理量。磁感应强度的数值等于通过与磁场方向垂直的单位面积的磁力线数目，磁感应强度用字母 B 表示，在均匀磁场中，磁感应强度计算公式如下：

$$B=\frac{\Phi}{S}$$

式中 B——磁感应强度；

S——垂直于磁力线的面积；

Φ——通过 S 的磁通。

磁感应强度的单位是 T（特斯拉），$1\text{T}=1\text{Wb/m}^2$。较小的单位是 G（高斯），它们之间的关系是：$1\text{G}=10^{-4}\text{T}$。

关于磁感应强度，说明以下几点：

(1) 磁感应强度也称为磁通密度；

(2) 磁场中某处的磁感应强度越大，就表示该处的磁力线越密，磁场越强；

(3) 磁感应强度是一个矢量，它既有大小又有方向，磁力线上某点的切线方向就是该点的磁感应强度方向；

(4) 均匀磁场中各点的磁感应强度大小和方向都相同。

（三）磁场强度

磁场中某点磁感应强度与介质的磁导率的比值，称为该点的磁场强度，磁场强度用字母 H 表示，计算公式如下：

$$H=\frac{B}{\mu}$$

式中 H——磁场强度；

B——磁感应强度；

μ——介质的磁导率。

磁场强度单位是安/米（A/m），也是一个矢量，在均匀磁场中它的方向同磁感应强度的方向相同。

三、磁路

（一）磁路

磁通（或磁力线）集中通过的路径称为磁路，相当于电路的概念，图 1-15 所示是变压器铁芯中的磁路示意图。从图中可以看出：

(1) 用铁磁材料做成铁芯，将线圈绕在铁芯上，可视为磁通被约束在铁芯中。

(2) 通过铁芯的磁通称为主磁通，铁芯外的磁通称为漏磁通，漏磁通愈小愈好。

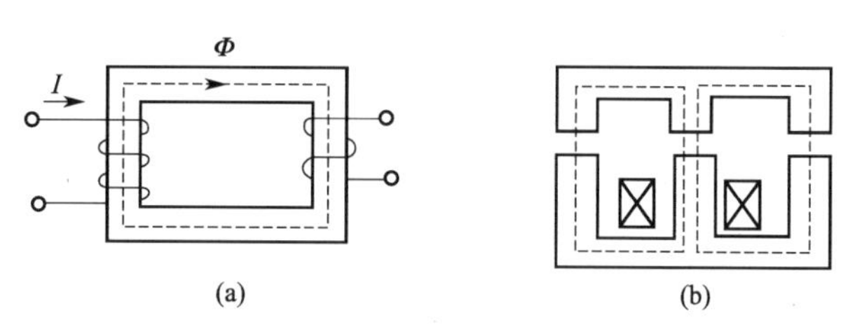

图 1-15　几种电器设备的磁路

(3) 磁力线是闭合的曲线，通过铁芯时磁阻很小，通过气隙时磁阻较大。

(二) 电磁感应

在一定条件下电能够产生磁，而电磁感应定律说明了磁也能够产生电。

在一个线圈的两端接上检流计，使一块磁铁做穿过线圈的运动。当磁铁从上端向下插入线圈时，会在线圈两端得到一个感应电动势，检流计指针发生偏转；再将磁铁从下向上插入线圈，此时检流计指针向相反方向偏转；如果磁铁在线圈中静止不动，则没有感应电动势，此时检流计指针没有偏转运动，这一现象称为电磁感应。即磁通发生改变时，在磁路中会产生感应电动势。

感应电动势产生于线圈的两端，感应电动势又称感生电动势或感应电势。当线圈闭合时，由感应电动势产生的电流称为感应电流或感生电流。

(三) 电磁感应定律

感应电动势的大小与穿过线圈磁通的变化率成正比，这称为法拉第电磁感应定律。该定律说明：磁铁插入线圈中的速度愈快，磁通变化率就愈高，感应电动势就愈大，反之则愈小。

(四) 楞次定律

感应电流产生的感应磁通总是阻碍原磁通的变化，当原磁通增加时，感应磁通与原磁通方向相反，以阻碍原磁通的增加；当原磁通减小时，感应磁通又与原磁通方向相同，以阻碍原磁通的减小，这种现象被称为楞次定律。楞次定律描述了感应电动势的方向。

感应电动势极性的判别可用右手螺旋定则：右手握住线圈，大拇指指向感应磁通的方向，则四指指向的就是感应电流的方向。

四、自感、互感和涡流

(一) 自感现象

由于流过线圈本身的电流发生变化而引起的电磁感应现象叫自感应现象，简称自感。由自感产生的电动势称为自感电动势。自感电动势与线圈本身的电感量成正比，线圈电感量是线圈的固有参数，电感量用字母 L 表示，L 与线圈匝数和结构等情况有关。自感电动势还与线圈中电流的变化率成正比，当 L 为定值时，电流变化愈快，自感电动势愈大，反之愈小。就是说，在线圈的电感量 L 一定时，电流的变化率愈大，线圈两端的自感电动势愈大。自感电动势 $e_L=-L\dfrac{\mathrm{d}i}{\mathrm{d}t}$，其中 L 是自感系数，单位为亨利（H）。如图 1-16 所示。

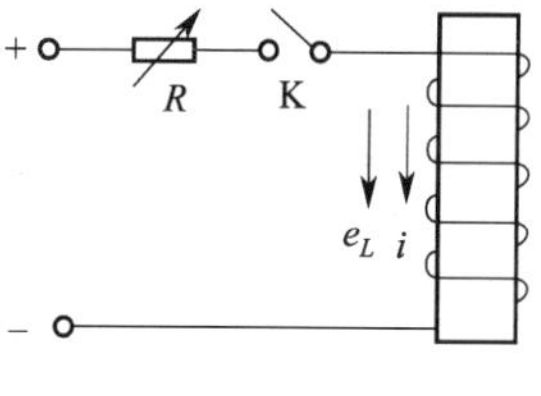

图 1-16　自感现象

(二) 互感现象

如图 1-17 所示，两个匝数分别为 N_1 和 N_2 的线圈 L_1 和线圈

L_2相互靠近时，当线圈L_1中的电流发生变化时，将引起另一个线圈L_2中产生感应电动势的现象称为互感现象，简称互感。利用互感原理可以制成常见的变压器，变压器的初级线圈就相当于线圈L_1，次级线圈就相当于线圈L_2。

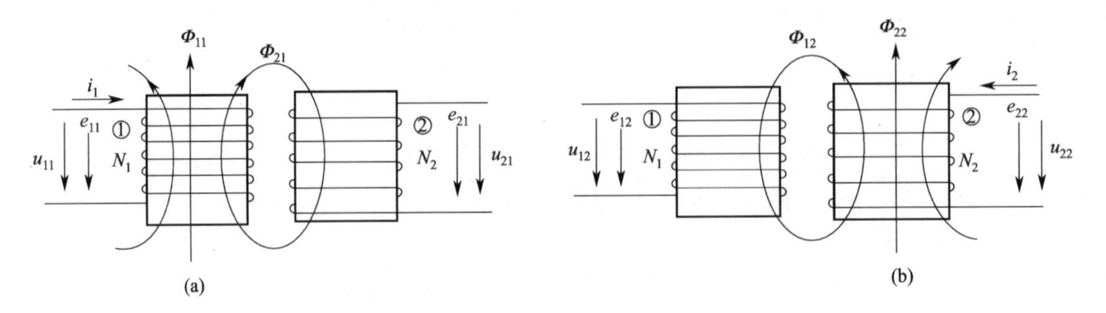

图 1-17　互感现象

互感现象说明线圈L_1和线圈L_2之间存在磁的耦合，称为互感耦合。线圈L_1是通电后产生磁场，而线圈L_2则是由磁产生电动势。由互感所产生的电动势称为互感电动势，简称互感电势。当两个线圈确定后，一个线圈中互感电动势的大小正比于另一个线圈中的电流变化率。互感电势为：$e_{21}=Mdi_1/dt$；$e_{12}=Mdi_2/dt$，其中M为互感系数，单位为亨利（H）。

（三）涡流

磁力线切割整块金属导体时，在导体内部能够产生感生电动势，这一感生电动势在金属块中产生旋涡状的感应电流，如图 1-18 所示，当线圈中电流变化时，铁芯内便产生涡流，涡流也是电磁感应现象引起的。变压器的铁芯和电机的铁芯，都是处于交变磁场之内的，因此都会有涡流产生。由于金属存在着电阻，所以在金属中流动的涡流也必然产生电能损失，这称为涡流损耗，涡流还会产生去磁作用，从而影响其性能，应尽量削弱涡流对导体的影响。为了减少涡流损耗，工程上通常采用涂有绝缘漆的硅钢片叠成铁芯，以增加涡流回路的电阻，从而减少涡流或涡流损耗。但是另一方面，涡流也是可以利用的，例如，可以应用于电度表、电磁炉、电磁阻尼器、感应电炉。感应电炉利用在金属中产生的涡流来加热或熔化金属，以及金属热处理等。

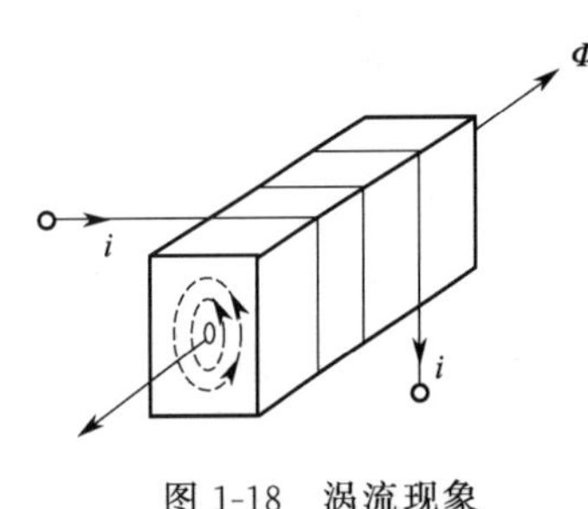

图 1-18　涡流现象

第三节 交流电路特性

一、正弦交流电

（一）正弦交流电的基本概念

正弦交流电是指大小和方向都随时间按正弦规律变化的交流电。其波形如图 1-19 所示。在电气工程上广泛采用正弦交流电的原因如下。

（1）可以通过交流发电机将多种能量转换为正弦交流电。

（2）容易进行电压变换，利用变压器改变电压值，可以方便地实现高压输电和低压配电。

（3）电路的计算比较简便，波形连续平滑，便于分析计算。

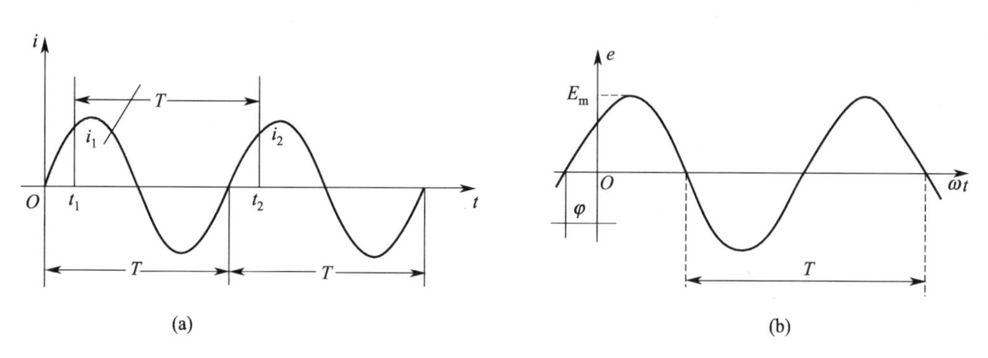

图 1-19　正弦交流电波形图

（4）便于远距离输电和安全用电。

（5）交流电气设备比直流电气设备结构简单，便于使用和维修。

（二）正弦交流电的产生

正弦交流电是由交流发电机产生的，图 1-20（a）是一个最简单的交流发电机的结构示意图。

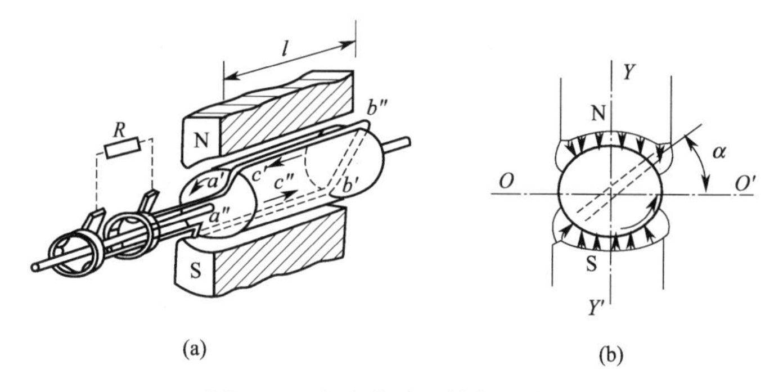

图 1-20　交流发电机结构示意图

为了获得正弦电动势，须把磁极做成某种特定的形状，使其与电枢之间的气隙长短不等，在磁极的轴线 $Y—Y'$ 位置气隙最短，磁感应强度最大；而在磁极轴线的两侧，气隙逐渐增大，使其中的磁感应强度能接近正弦规律逐渐减小，当达到磁极的中性面 $O—O'$，位置时，磁感应强度恰好减小到零。于是，就获得了一个沿电枢圆周按正弦规律分布的磁感应强度，如图 1-20（b）所示。当线圈以角速度 ω 匀速转动时，感应电动势为：

$$e=E_m\sin(\omega t+\varphi)$$

式中，E_m 为感应电动势的最大值，单位为 V（伏特）；ω 为角速度，单位为 rad/s（弧度/秒），也称为角频率；t 为时间，单位为 s（秒）；φ 为初相位，单位为弧度（或度）。

上式称为正弦交流电的表达式。正弦交流电的特征由频率（或周期）、最大值（或有效值）和初相来确定，称为正弦量的三要素。

1. 周期和频率

正弦交流电变化一次所需要的时间称为周期，用字母 T 表示。常用单位是 s（秒）。

正弦交流电在单位时间内变化的次数称为频率，用字母 f 表示。常用单位是 Hz（赫兹）。

根据周期和频率的定义可知，周期和频率互为倒数，即 $T=\frac{1}{f}$ 或 $f=\frac{1}{T}$。

正弦交流电在单位时间内变化的角度称为角频率，用字母 ω 表示。它的单位是 rad/s（弧度/秒）。正弦交流电在一周期内经历了 2π 弧度，所以角频率与频率和周期的关系为：$\omega=\frac{2\pi}{T}$，$\omega=2\pi f$。

我国工业电力网所供给的交流电频率（即工业频率，简称工频）为 50Hz，周期为 0.02s。

2. 幅值和有效值

正弦交流电在一个周期内的最大值称为幅值，E_m、U_m及 I_m分别表示电动势、电压及电流的幅值（最大值）。正弦量在任一瞬时的值称为瞬时值，用小写字母来表示，e、u、i 分别表示电动势、电压及电流的瞬时值。正弦量的瞬时值是时间的函数，只有具体指出是哪一时刻，才能确切地计算出数值和正负。

在工程技术中，常用有效值来表征交流电压、电流的大小。当某一交流电流 i 通过电阻 R 时，在一个周期内所产生的热量，与某一直流电流 I 通过 R 在相同时间内产生的热量相等时，则该交流电流 i 的有效值在数值上就等于这个直流电流 I。即交流电的有效值就是和它的热效应相等的直流值。根据定义有：$\int_0^T i^2R\mathrm{d}t = I^2RT$，则交流电流 i 的有效值为：$I=\sqrt{\frac{1}{T}\int_0^T i^2R\mathrm{d}t}$ 。即：交流电的有效值等于它的均方根值。

若 $i=I_m\sin(\omega t)$，则有 $I=\sqrt{\frac{1}{T}\int_0^T I_m^2\sin^2(\omega t)\mathrm{d}t}$

由数学计算可得：
$$I=\frac{I_m}{\sqrt{2}}=0.707I_m$$

同样可以计算出正弦电压和正弦电动势的有效值为：$U=\frac{U_m}{\sqrt{2}}=0.707U_m$

$$E=\frac{E_m}{\sqrt{2}}=0.707E_m$$

工程上一般所说的交流电流、电压的大小，如无特别说明均指有效值。设备和器件上标明的额定电压、额定电流也是有效值。但是，计算电路中各元件耐压值和绝缘的可靠性时，应当按高于交流电压的最大值来选择。如电冰箱在电路中使用的电源是交流 220V，其最大值为 $U_m=\sqrt{2}\times220=1.414\times220\approx311\text{V}$，因此电容器的耐压值至少应大于电源电压的最大值 U_m，再加一定的余量，所以选用耐压 400V 或 500V 的电容器。

3. 初相位和相位差

正弦电量在每一瞬时的状态是不同的，解析式中的$(\omega t+\varphi)$反映了正弦电量随时间变化的进程，决定了正弦电量每一瞬间的状态，称之为相位角，简称相位。

当 $t=0$ 时，正弦电量的相位角 φ 称为初相角，简称初相。初相的大小和正负与选择 $t=0$ 这一计时起点有关，计时起点不同，初相也就不同，正弦电量的初始状态也就不同。

在图 1-19(b) 的波形中，坐标原点（即 $t=0$ 的点）与正弦波形的零值点（由波形负值变为正值所经过的零点）之间的角度即为初相位。当零值位于坐标原点的左边时，初相位为正。当零值位于坐标原点的右边时，初相位为负。当零值与坐标原点重合时，初相位为零。习惯上，初相位一般都在绝对值小于 π 的主值范围内取值。初相位的单位可以用弧度或度表示。

在正弦交流电路中，电压和电流都是同频率的正弦量，分析电路时常常要比较它们的相位，设有两个同频率的正弦量为 $i=I_m\sin(\omega t+\varphi_i)$；$u=U_m\sin(\omega t+\varphi_u)$，两个同频率正弦量的相位角之差称为相位差，用 φ 表示。在上式中，u 与 i 之间的相位差为：

$$\varphi=(\omega t+\varphi_u)-(\omega t+\varphi_i)=\varphi_u-\varphi_i$$

可见，两个同频率正弦量的相位差等于它们的初相之差。如图 1-21(a) 所示，两个同频率的正弦电压 u_1 和 u_2，它们的初相分别为 φ_1 和 φ_2。则 $\varphi_1=\varphi_2$，$\varphi=0$，两个正弦量的变化进程相同，同增同减，同时达到正弦电量的零点和正、负最大值，称 u_1 和 u_2 同相。

如图 1-21(b) 所示，当 $\varphi=\varphi_1-\varphi_2=\pm\pi$ 时，两个正弦量 u_1 和 u_2 的变化进程相反，u_1 增加时 u_2 减小，u_1 减小时 u_2 增加，故称为 u_1 和 u_2 反相。

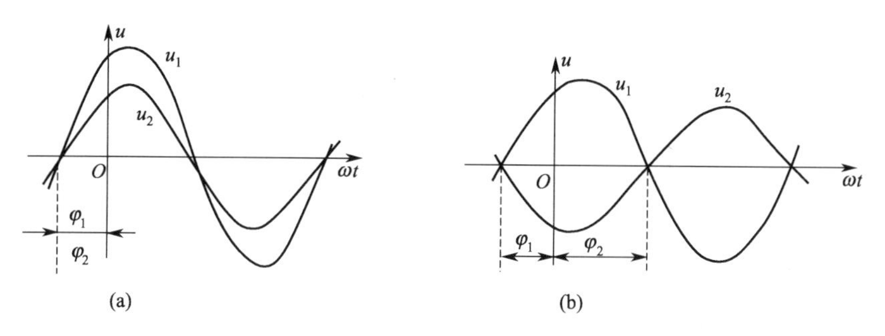

图 1-21　相位差示意图

【例 1-6】　试比较 u_1 和 u_2 的相位差，已知 $u_1=5\sin(314t-30°)$ V，$u_2=-3\sin(314t+60°)$ V

解：$u_2=-3\sin(314t+60°)=3\sin(314t+60°-180°)=3\sin(314t-120°)$ V

所以 $\varphi=-30°-(-120°)=90°$，表明电压 u_1 超前于电压 u_2 的相位是 90°，或电压 u_2 滞后于电压 u_1 的相位是 90°。

(三) 正弦交流电的表示方法

正弦交流电除了用解析式和波形图这两种方法表示外，也可以用有向线段表示，这种表示方式被称为相量图。在相量图中，能够形象、直观地表达出各个正弦交流电的大小和相互间的相位关系。只有频率相同的正弦量才可以画在同一个相量图上。在画相量图时，线段的长短代表正弦交流电的大小，箭头代表正弦交流电的方向，初相位 φ（辐角）的参考方向（$\varphi=0°$）应以实轴正方向为基准，逆时针方向的角度为正，顺时针方向的角度为负。例如：两个正弦电压分别为

$$u_1=10\sqrt{2}\sin(314t+45°)\text{V},u_2=10\sqrt{2}\sin(314t-45°)\text{V}$$

则其相量图分别如图 1-22 所示。

二、单相正弦交流电路

(一) 纯电阻电路

在交流电路中，凡由电阻作为负载（如白炽灯、电阻炉及电烙铁等）组成的电路，都叫纯电阻电路。

设通过电阻 R 的电流为：$i=I_m\sin(\omega t)$，则电阻两端电压为 $u=Ri=RI_m\sin(\omega t)=U_m\sin(\omega t)$。

可见：$U_m=RI_m$，即纯电阻电路的电压和电流最大值之间符合欧姆定律的关系。正弦量的最大值是有效值的 $\sqrt{2}$ 倍，因此，纯电阻电路的电阻和电压有效值之间的关系也符合欧姆定律即：

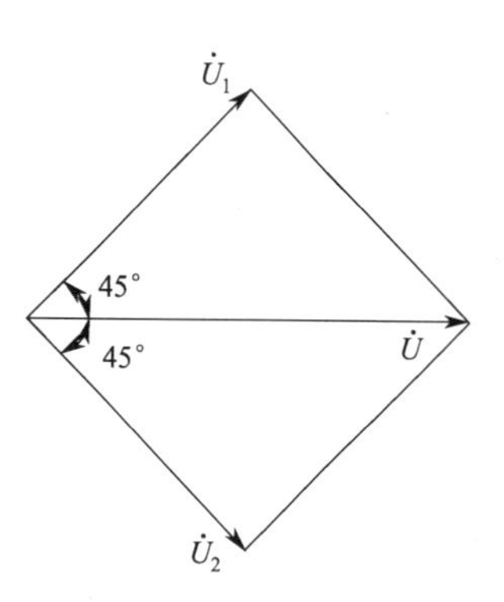

图 1-22　正弦交流电向量图

$$U=IR$$

式中，I、U、R 分别代表电流的有效值、电压的有效值和电阻值。

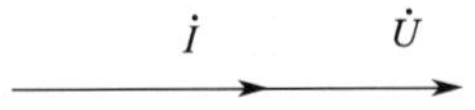

不难看出纯电阻电路中，电压和电流同相位，其相量图如图1-23所示。

$\dot{I}$ $\dot{U}$

图 1-23 纯电阻电路相量图

交流电通过电阻时，总是从电源吸取电能，并把它转换成热能，电阻从电源吸收的能量是用来做功而消耗了。交流电通过电阻电路时的平均功率为：

$$P=U_RI=I^2R=\frac{U_R^2}{R}$$

（二）纯电感电路

在纯电感电路中，由于交流电的大小和方向都在不断地变化，因此在电感线圈中便不停地感应出自感电动势，这个自感电动势时刻起着阻碍电流变化作用。这种由电感对交流电产生的阻碍作用叫做感抗，用 X_L 表示，单位为 Ω（欧姆）。感抗的大小与通过它的电流频率成正比。在直流电路中，由于电流不变化（即 $f=0$），所以感抗为零，相当于短路。

在交流纯电感电路中，电压与电流瞬时值之间关系为：$u_L=L\frac{\mathrm{d}i}{\mathrm{d}t}$，设电流为 $i=I_\mathrm{m}\sin(\omega t)$，则 $u=\omega LI_\mathrm{m}\sin(\omega t+90°)=U_{L\mathrm{m}}\sin(\omega t+90°)$，可知：$U_{L\mathrm{m}}=\omega LI_\mathrm{m}$、$U_L=\omega LI$、感抗 $X_L=\omega L=2\pi fL$，则电流有效值、电压有效值（最大值）与感抗之间的关系遵守欧姆定律，即 $U_L=X_LI$，并且电压瞬时值超前于电流瞬时值 90°。纯电感电路的电压与电流的波形图和矢量图如图1-24所示，电感线圈中，不消耗有功功率，电源与电感线圈只是不断进行能量转换，我们称为无功功率，其大小 $Q_L=U_LI=I^2X_L$，单位是乏（Var）。

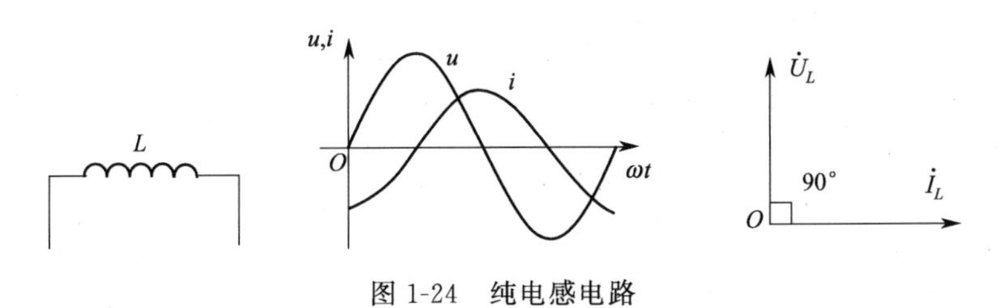

图 1-24 纯电感电路

【例 1-7】 在电感量 $L=0.2\mathrm{H}$ 的纯电感电路中，通过电流 $i=5\sqrt{2}\sin(100t+30°)\mathrm{A}$，试写出电感两端的电压解析式。

解：电感的感抗为：$X_L=\omega L=100\times0.2=20\Omega$

电压的最大值为：$U_\mathrm{m}=X_LI_\mathrm{m}=20\times5\sqrt{2}=100\sqrt{2}\mathrm{V}$

因为电压瞬时值超前于电流瞬时值 90°，电流的初相位为 30°，则电压的初相位为 120°。

电压的解析式为：$u=100\sqrt{2}\sin(100t+120°)\mathrm{V}$

（三）纯电容电路

如图1-25所示，在纯电容电路中，电容两端电压与电流的瞬时值之间关系为：$i=$

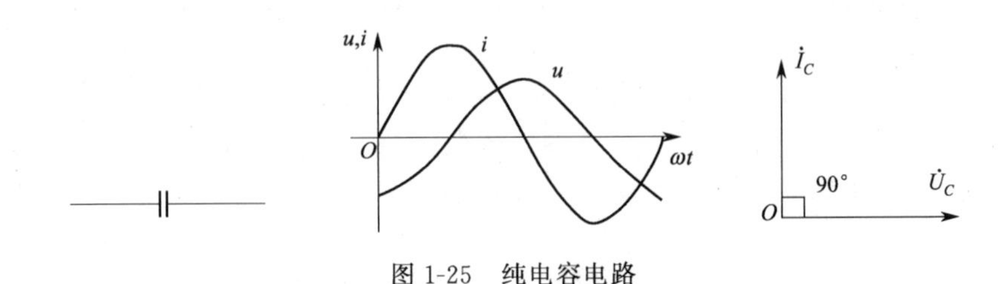

图 1-25 纯电容电路

$C\dfrac{du}{dt}$，设电压的解析式为：$u=U_m\sin(\omega t)$，通过数学计算得 $i=\omega CU_m\sin(\omega t+90°)=I_m\sin(\omega t+90°)$，令 $X_C=\dfrac{1}{\omega C}=\dfrac{1}{2\pi fC}$叫容抗，单位为 Ω（欧姆），则 $U_C=X_CI$，即电流、电压、容抗三者之间的关系符合欧姆定律。并且电压与电流的瞬时值的相位互差 90°，即电流超前于电压 90°，同样，纯电容电路中无功功率 $Q_C=U_CI=I^2X_C$，单位是乏（Var）。

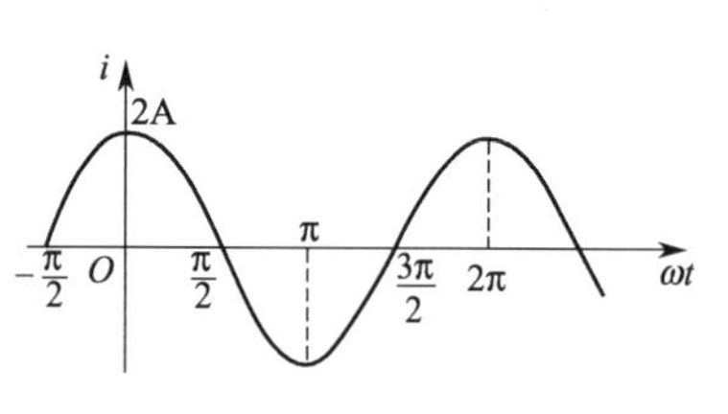

图 1-26　正弦电流波形图

【例 1-8】 某正弦电流的波形图如图 1-26 所示，当此电流通过电容量 $C=100\mu F$ 的纯电容电路时，试写出此电流和电容两端电压的解析式（其中 $\omega=100rad/s$）。

解：从波形图中可以得出电流的解析式为：$i=2\sin\left(100t+\dfrac{\pi}{2}\right)A$

电容的容抗为：　$X_C=\dfrac{1}{\omega C}=\dfrac{1}{100\times100\times10^{-6}}=100\Omega$

电压的幅值为：　$U_m=X_CI_m=100\times2=200V$

因为电流的瞬时值超前于电压的瞬时值 90°，电流的初相位为 90°($\frac{\pi}{2}$)，则电压的初相位为 0°。

电压的解析式为：$u=200\sin(100t)V$。

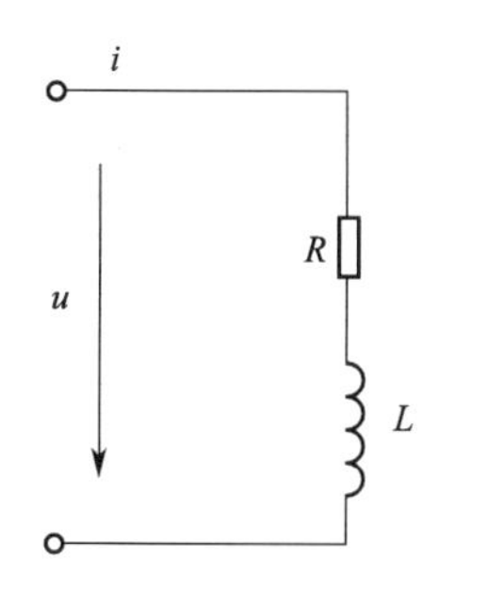

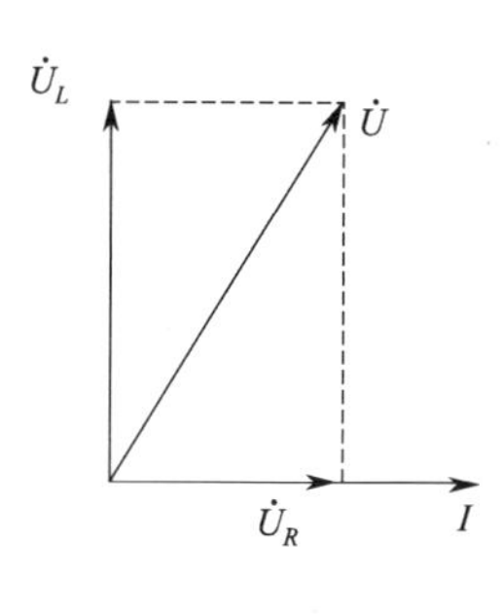

图 1-27　RL 串联电路

(四) RL 串联电路

前面研究了纯电感电路，在实际应用中，多数电器都同时含有电阻和电感，例如日光灯、电动机等，如图 1-27 所示。因此，分析电阻和电感串联电路具有十分重要的意义。

电阻与电感串联接在交流电源上，流过电阻和电感的电流为同一电流 i。在该电路中，外加电压 u 可以分成两部分：一部分是电阻两端的电压 u_R，一部分是电感两端的电压 u_L，其相位超前于电流 90°。

总电压的有效值 U 可由矢量加法来求得：

$$U=\sqrt{U_R^2+U_L^2}=\sqrt{I^2R^2+I^2X_L^2}=I\sqrt{R^2+X_L^2}$$

$$I=\frac{U}{\sqrt{R^2+X_L^2}}=\frac{U}{Z}$$

式中，$Z=\sqrt{R^2+X_L^2}$称为电路的阻抗，它的单位也是欧姆。因此，在 RL 的串联电路中，电流的有效值等于加在电路两端总电压的有效值除以电路的阻抗。

(五) RL 交流电路中的功率

1. 有功功率

在 RL 交流电路中，电路实际消耗的平均功率称为有功功率，用字母 P 表示，$P=U_RI=I^2R=UI\cos\varphi$，单位是 W（瓦特），常用单位还有 kW（千瓦）。

2. 无功功率

在 RL 交流电路中，由于电感是储能元件，电流并不是在全部做功消耗，而是有一部分用来进行电源和储能元件之间的能量转化，为此用无功功率来表示能量互换的大小。无功功率用 Q 表示，$Q=U_L I=I^2 X_L=UI\sin\varphi$，单位是 Var（乏），常用单位还有 kVar（千乏）。

有功功率和无功功率的区别是：有功功率是电路中耗能元件电阻所消耗的功率，无功率是用来表征储能元件电感（电容）元件与电源之间能量交换的多少。

3. 视在功率

将电源的电压与电流的乘积称为视在功率，用字母 S 表示，单位是 V·A（伏·安）或 kV·A（千伏·安）。视在功率是电源输出的功率，它与有功功率和无功功率的关系为：$S^2=P^2+Q^2$。这一关系也可以用如图 1-28 所示的功率三角形来表示。

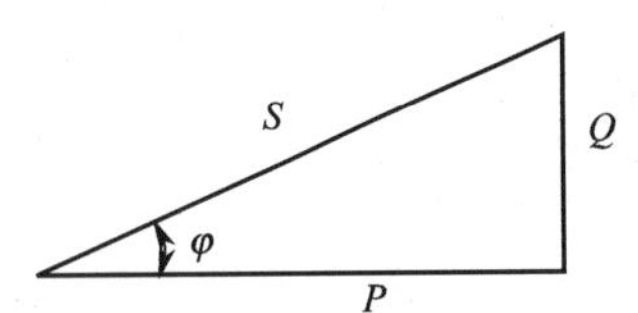

图 1-28 功率三角形

4. 功率因数和功率因数的提高

在图 1-28 所示的功率三角形中，S 与 P 夹角 φ 的余弦 $\cos\varphi$ 称为功率因数。在实际运用中功率因数 $\cos\varphi$ 是一个很重要的数据，它表示负载所需的有功功率和视在功率的比值。为充分利用电源设备的容量，就要提高功率因数。另外，提高功率因数还能减少线路损失，从而提高输电效率。

三、三相正弦交流电路

在现代电力网中，从电能的产生到输送、分配及应用，大多是采用三相交流电路。三相正弦交流电路是指由三个频率相同、最大值相等、在相位上互差 120°的单相正弦交流电动势组成的电路。

(一) 三相电动势

三相发电机的构造原理与单相发电机完全相同，只是在电枢上绕有三套独立的完全相同的线圈（或叫绕组），它们在空间位置上互差 120°，分别称为 U 相、V 相、W 相，如图 1-29 所示。在实际中，三相电源线分别被涂成黄色、绿色和红色。

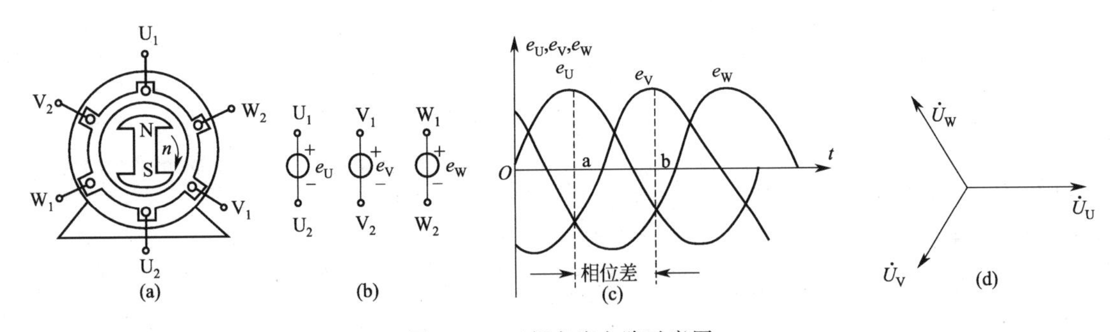

图 1-29 三相交流电路示意图

三个电动势的瞬时值表达式分别为：

$$e_U=E_m\sin(\omega t)$$

$$e_V=E_m\sin(\omega t-120°)$$

$$e_W=E_m\sin(\omega t+120°)$$

(二) 三相电源的连接

1. 三相电源的星形（Y）连接

如图 1-30 所示，将发电机三相绕组的尾端连接成一点 N，从首端引出三条相线，这就是三相绕组的 Y 形连接。

在供电线路，引出三根端线，又称火线（相线）。由结点 N 引出一根线，叫做中性线

（简称中线），结点 N 叫做中性点（简称中点）。如果 N 点接地，则 N 点就叫做零点，中性线又称为零线。从配电变压器引出的四根线，即构成了三相四线制供电系统，三相四线制一般用于低压系统。当电路为对称负载时，可以不接中线，即构成三相三线制（一般容量大于10kV 高压系统）。

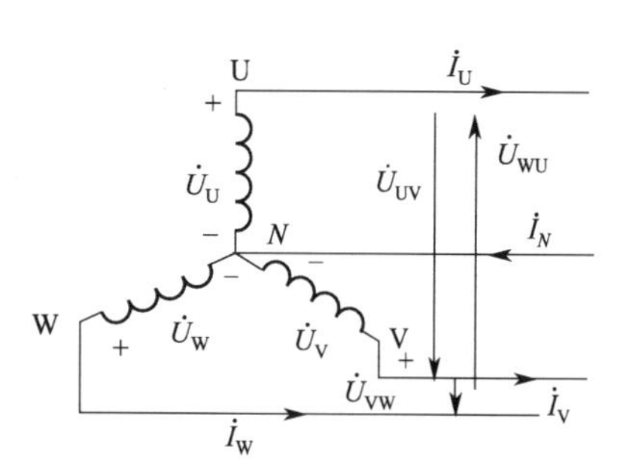

图 1-30　三相电源的星形连接

每相绕组首端和尾端之间的电压称为电源相电压，用 U_U、U_V、U_W 表示相电压有效值。在三相四线制中，星形连接的相电压也就是相应的端线和中线之间的电压。任两根端线之间的电压称为线电压，用 U_{UV}、U_{VW}、U_{WU} 表示线电压的有效值。

在电路对称的情况下，线电压和相电压存在如下关系：

$$U_U=U_V=U_W=U_P$$

$$U_{UV}=U_{VW}=U_{WU}=U_L$$

$$U_{UV}=\sqrt{3}U_U$$

$$U_{VW}=\sqrt{3}U_V$$

$$U_{WU}=\sqrt{3}U_W$$

$$U_L=\sqrt{3}U_P$$

其中：U_P 为相电压；U_L 为线电压。

即线电压 U_L 是相电压 U_P 的 $\sqrt{3}$ 倍，并且线电压的瞬时值超前于相电压 30°。

流过电源每相绕组或负载的电流叫做相电流。流过端线的电流叫做线电流，从图中可以看到，Y 形连接时，线电流和相电流相同，即 $I_L=I_P$。

在低压供电系统中，最常用的是三相四线制系统，因为它可同时提供 380V 和 220V 交流电源。通常工农业生产中普遍使用的三相感应电动机是三相 380V，而照明灯、手持电动工具为单相 220V。

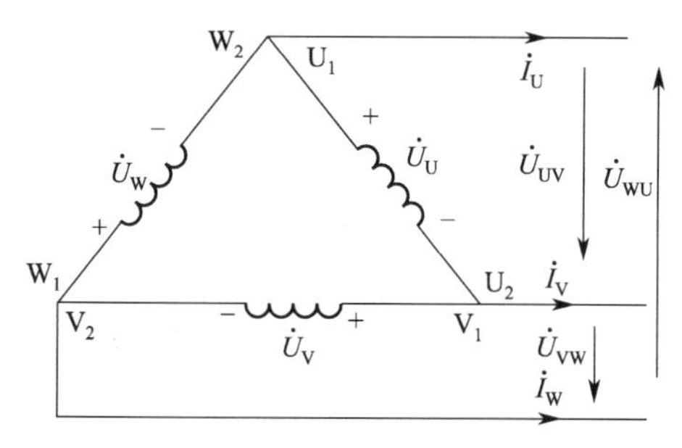

图 1-31　三相电源的三角形连接

2. 三相电源的三角形（△）连接

电源的三相绕组的另一种接法是△形连接。把每相绕组的尾端与另一相绕组的首端依次相接，构成一个闭合回路，并从三个连接点各引出一根导线，即端线（火线），就构成三相电源的三角形（△）连接，如图 1-31 所示。

一般发电机的三相绕组都是对称的。在△形连接中，线电压和相电压在数值上是相等的，即

$$U_{UV}=U_U,U_{VW}=U_V,U_{WU}=U_W,U_L=U_P$$

线电流和相电流在负载对称情况下的关系为：

$$I_L=\sqrt{3}I_P$$

式中，I_L 为线电流，I_P 为相电流。

3. 三相电路中负载的连接

三相交流电路中负载的连接方式也有星形（Y）和三角形（△）接法两种。

（1）三相负载星形（Y）连接　图 1-32 为负载的三相四线制星形接法。若负载是对称

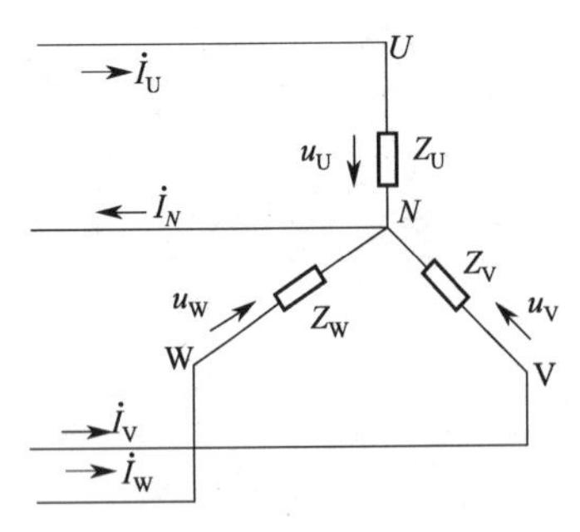

图 1-32 负载的星形接法

的，各相电流值相等，相位相差 120°，这时中线中的电流等于零。三相电动机就是这种负载。

由于在三相对称负载中，中线中的电流为零，所以可以将中线去掉，也可改为三相三线制接法。

然而在负载不对称的情况下，不能采用这种接法。因为在负载不对称时，各相负载中电流不相等，所以必须采用中线，因为中线能保证三相负载成为三个互不影响的回路。

在负载不对称时，采用星形连接时，不允许中线断开，因此绝对不允许在中线上加保险丝，而且要用机械强度较大的钢线来做中线，以免它自行断开造成事故。

三相负载星形（Y）连接时，同样，线电压 U_L 是相电压 U_P 的 $\sqrt{3}$ 倍，线电流和相电流相同。即 $U_L=\sqrt{3}U_P$，$I_L=I_P$。

（2）三相负载的三角形（△）连接 将负载接在电源的两端线之间，这种连接方法叫做三角形连接方法，如图 1-33 所示。在这种连接中，各相负载上的电压是由电源的线电压维持的，负载上的相电压 U_P 等于电源线电压 U_L，即 $U_L=U_P$。负载的线电流 I_L 和相电流 I_P 的关系为：$I_L=\sqrt{3}I_P$。

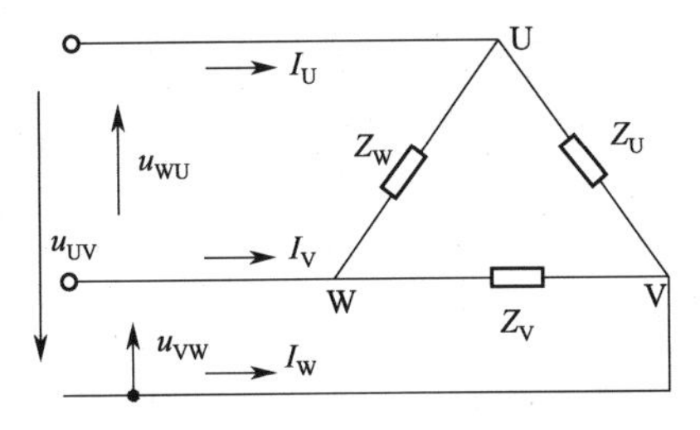

图 1-33 负载的三角形连接

三相负载接到三相电源中，是采用星形连接还是采用三角形连接，应根据三相电源的线电压和负载的额定电压的具体情况来确定。

如果三相负载的额定相电压等于电源线电压，该三相负载应接成三角形，若负载的额定相电压等于电源线电压的 $\frac{1}{\sqrt{3}}$ 时，该三相负载应接成星形。例如，三相电动机的铭牌上所标明的额定电压为 220V，当对称三相电源的线电压为 380V 时，此电动机应接成星形。

4. 三相功率

三相电路的有功功率的计算方法与单相电路相同，只不过三相电路的总功率等于各相功率之和。和分析单相交流电路一样，三相功率中包括视在功率、有功功率和无功功率。在这里仅介绍有功功率。

三相电路的有功功率等于各相有功功率之和，即

$$P=P_U+P_V+P_W=U_U I_U\cos\varphi_U+U_V I_V\cos\varphi_V+U_W I_W\cos\varphi_W$$

当三相负载对称时，由于每一相的电压和电流都相等，阻抗角 φ 也相等，所以各相的功率因数也相同，因此三相电路的功率等于三倍的单相功率，即

$$P=3U_P I_P\cos\varphi_P$$

式中 P——三相功率；

U_P——负载的相电压；

I_P——负载的相电流；

$\cos\varphi_P$——每相负载的功率因数。

一般情况下，相电压和相电流不容易测量。也可以通过线电压和线电流计算功率。即：

$$P=\sqrt{3}U_L I_L\cos\varphi_P$$

式中 P——三相功率；

U_L——负载的线电压；

I_L——负载的线电流；

$\cos\varphi_P$——每相负载的功率因数。

其中 φ_P 仍然是相电压和相电流的相位差，它只取决于负载的性质，而与负载的连接方法无关。

第四节 训练项目

项目一　基尔霍夫定律电路板的制作

一、操作步骤

（1）设计电路并画出原理图并安装电路板

① 要求选用普通电阻 $R_1=200\Omega$、$R_2=150\Omega$、$R_3=200\Omega$、$R_4=100\Omega$、$R_5=150\Omega$、电源 $E_1=6V$、$E_2=12V$；

② 由 E_1、R_1、R_3、R_4 组成（FADE）第一网孔；E_2、R_2、R_3、R_5 组成（BADC）第二网孔；R_3 为公用支路。电路原理图如图 1-34 所示。

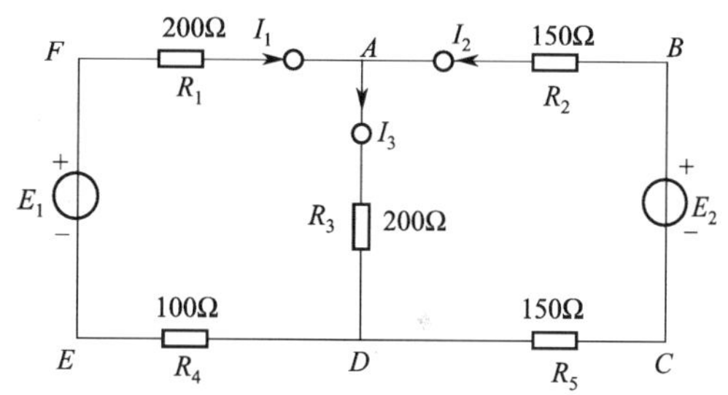

图 1-34　基尔霍夫定律电路板原理图

（2）电路参数分析与确定（用基尔霍夫定律分析计算）。

（3）用 QJ23 直流单臂电桥测试各个电阻值。

（4）电路板布线，画出安装草图。

（5）电路板的安装与焊接。

二、基尔霍夫定律电路板的调试

（1）用万用表测试调整直流电源 $E_1=6V$、$E_2=12V$。

（2）对电路板的性能进行调试与故障排除。

① 实训前先任意设定三条支路的电流参考方向，如图 1-34 中的 I_1、I_2、I_3 所示，并熟悉线路结构，并安装相应需求开关。

② 分别将两路直流稳压源接入电路，令 $E_1=6V$，$E_2=12V$，其数值要用电压表监测。

③ 熟悉电流插头和插孔的结构，先将电流插头的红黑两接线端接至数字毫安表的“+、-”极；再将电流插头分别插入三条支路的三个电流插孔中，读出相应的电流值，记入表 1-1 中。

④ 用直流数字电压表分别测量两路电源及电阻元件上的电压值，数据记入表 1-1 中。

表 1-1　基尔霍夫定律的验证数据表

内　容	电源电压/V		支路电流/mA				回路电压/V				
	E_1	E_2	I_1	I_2	I_3	ΣI	U_{FA}	U_{AB}	U_{CD}	U_{DE}	ΣU
计算值											
测量值											
相对误差											

（3）注意事项

① 两路直流稳压源的电压值和电路端电压值均应以电压表测量的读数为准，电源表盘指示只作为显示仪表，不能作为测量仪表使用，恒压源输出以接负载后为准。

② 谨防电压源两端碰线短路而损坏仪器。

③ 若用指针式电流表进行测量时，要识别电流插头所接电流表的“+、−”极性。当电表指针出现反偏时，必须调换电流表极性重新测量，此时读得的电流值必须冠以负号。

（4）写出实训工作报告

① 根据实训数据，选定实训电路中的任一个节点，确定 KCL 的正确性；选定任一个闭合回路，确定 KVL 的正确性。

② 误差原因分析。

③ 收获与体会。

三、项目评价

(一) 项目实施结果考核

由项目委托方代表（一般来说是教师）对项目一各项任务的完成结果进行验收、评分，对合格的任务进行接收。

(二) 考核方案设计

学生成绩的构成：主要视项目完成情况进行考核评价。

具体的考核内容：主要考核项目完成的情况作为考核能力目标、知识目标、拓展目标的主要内容，具体包括：完成项目的态度、项目报告质量（材料选择的结论、依据、结构与性能分析、可以参考的改性意见或方案等）、资料查阅情况、问题的解答、团队合作、应变能力、表述能力、辩解能力、外语能力等。

项目（课内项目）完成情况考核评分表见表 1-2。

表 1-2 基尔霍夫定律电路板的制作与调试项目考核评分表

<table>
<tr><th colspan="2">评分内容</th><th colspan="2">评分标准</th><th>配分</th><th>得分</th></tr>
<tr><td colspan="2">色标电阻的识别</td><td colspan="2">判断不正确一个元器件扣 5 分，共三个电阻</td><td>15</td><td></td></tr>
<tr><td colspan="2">电路板布线</td><td colspan="2">布线不正确扣 20 分，布线不合理扣 5 分</td><td>25</td><td></td></tr>
<tr><td colspan="2">电路板接线</td><td colspan="2">接线处不正确，每处扣 5 分</td><td>20</td><td></td></tr>
<tr><td colspan="2">电路板焊接</td><td colspan="2">焊点虚焊、漏焊、毛糙一处扣 5 分</td><td>20</td><td></td></tr>
<tr><td colspan="2">团结协作</td><td colspan="2">小组成员分工协作不明确扣 5 分；成员不积极参与扣 5 分</td><td>10</td><td></td></tr>
<tr><td colspan="2">安全文明生产</td><td colspan="2">违反安全文明操作规程扣 5～10 分</td><td>10</td><td></td></tr>
<tr><td colspan="5">项目成绩合计</td><td></td></tr>
<tr><td>开始时间</td><td></td><td>结束时间</td><td></td><td>所用时间</td><td></td></tr>
<tr><td colspan="2">评语</td><td colspan="4"></td></tr>
</table>

项目二 日光灯的安装

一、安装原理

日光灯的安装方法，主要是按线路图连接电路。常用日光灯的线路图如图 1-35 所示，日光灯管是细长形管，光通量在中间部分最高。安装时，应将灯管中部置于被照面的正上方，并使灯管与被照面横向保持平行，力求得到较高的照度。吊式灯架的挂链吊钩应拧在平顶的木结构或木棒上、或预制的吊环上方为可靠。接线时，把相线接入控制开关，开关出线必须与整流器相连，再按整流器接线图接线。

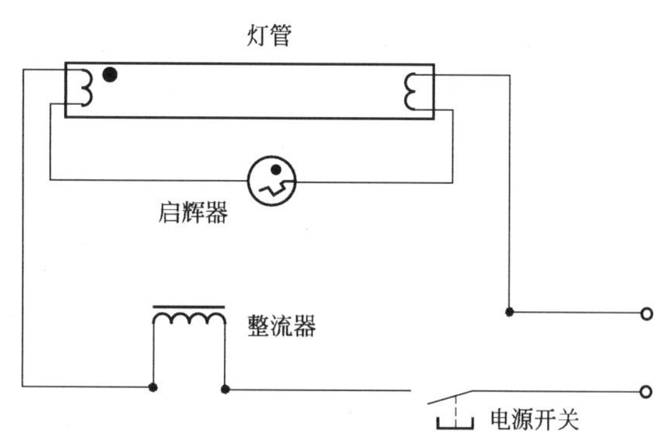

图 1-35　日光灯电路图

二、布置工作任务

由××××单位电气维修部门经理（教师或学生）向完成各具体项目（任务）的执行经理或工作人员布置任务，派发任务单如表 1-3 所示。

表 1-3　任务单

项目名称	子项目	内容要求	备注
日光灯安装与调试	日光灯线路的安装与调试	学员按照人数分组训练 1. 设计家用日光灯线路接线图和装配图 2. 家用日光灯线路的安装 3. 家用日光灯线路的调试	
	日光灯常见故障及排除	学员按照人数分组训练 1. 日光灯故障查找 2. 日光灯维修	
目标要求	会分析交流电路，能安装日光灯并会调试		
实训环境	剥线钳、尖嘴钳、电工刀、螺丝刀、试电笔、万用表、手电钻、荧光灯具、荧光灯管、荧光灯整流器、荧光灯启辉器、螺钉若干		
其他			

组别：　　组员：　　　　　　　　　　　　　　　　　　项目负责人：

三、项目实施

将学生根据实训平台（条件）按照“项目要求”进行分组实施。

(一) 日光灯线路的安装与调试项目制作步骤

（1）根据实际安装位置条件，设计并绘制安装图，如图 1-36 所示。

（2）依照实际的安装位置，确定开关、插座及荧光灯的安装位置并做好标记。

（3）定位画线：按照已确定好的开关及插座等的位置，进行定位画线，操作时要依据横平竖直的原则。

（4）截取塑料槽板：根据实际画线的位置及尺寸，量取并切割塑料槽板，切记要做好每段槽板的相对位置标记，以免混乱。

（5）打孔并固定：可先在每段槽板上间隔 500mm 左右的距离钻 4mm 的排孔（两头处均应钻孔），按每段相对位置放置，把槽板置于画线位置，用划针穿过排孔，在定位画线处和原画线处垂直划一“十”字作为木榫的底孔测心，然后在每一圆心处均打孔，并镶嵌木榫。

（6）固定槽板：把相对应的每段槽板，安放在墙上的相对应的位置，用木螺钉把槽板固定于墙和天花板上，在拐弯处应选用合适的接头或弯角。

（7）装接开关和插座：把开关和插座分别接线固定在事先准备好的圆木上，把灯座接

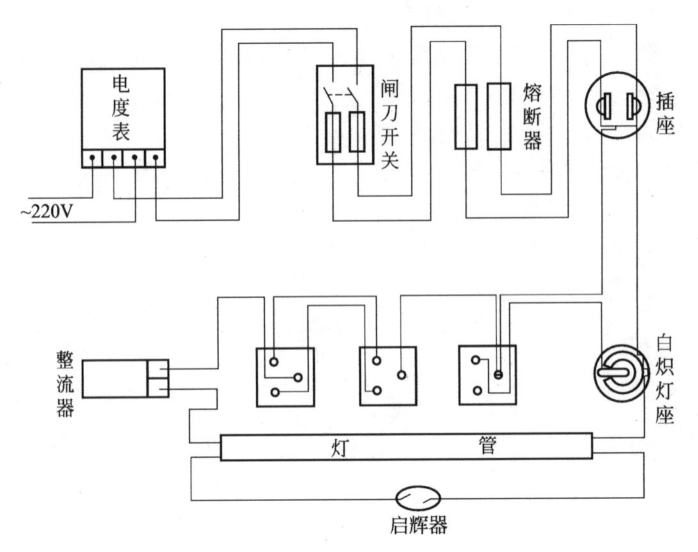

图 1-36 日光灯电路图

线，并固定在灯头盒上。

(8) 连接白炽灯并通电试灯：用万用表或兆欧表，检测线路绝缘和通断状况无误后，接入电源，合闸试灯。

(二) 日光灯常见故障及排除步骤

(1) 日光灯故障分析。日光灯的常见故障原因、现象和排除方法如表 1-4 所示。

表 1-4 日光灯的常见故障和排除方法

故障现象	产生故障的可能原因	排除方法
灯管不发光	无电源	验明是否停电，或熔丝烧断
	灯座触点接触不良，或电路线头松散	重新安装灯管，或重新连接已经松散的线头
	启辉器损坏，或与基座触点接触不良	检查启辉器、线头；更换启辉器
	整流器线圈或管内灯丝断裂或脱落	用万用表低电阻挡测量线圈和灯丝是否通路
灯管两端发亮，中间不亮	启辉器接触不良，或内部小电容击穿，或启辉器已损坏	按“灯管不发光”排除方法第三项检查；小电容击穿，可以剪去后复用
启辉困难(灯管两端不断闪烁，中间不亮)	启辉器配用不成套	换上配套的启辉器
	电源电压太低	调整电路，检查电压
	环境气温太低	可用热毛巾在灯管上来回烫熨(但注意安全)
	整流器配用不成套，启辉电流过小	换上配套整流器
	灯管老化	更换灯管
灯光闪烁或管内有螺旋形滚动光带	启辉器或整流器连接不良	接好连接点
	整流器不配套	换上配套的整流器
	新灯管暂时现象	使用一段时间，现象自行消失
	灯管质量不佳	更换灯管
整流器过热	整流器不佳	更换整流器
	灯具散热条件差	改善灯具散热条件
整流器嗡声	整流器内铁芯松动	插入垫片或更换整流器
灯管两端发黑	灯管老化	更换灯管
	启辉不佳	排除启辉系统故障
	电压过高	调整电压
	整流器不配套	换上配套的整流器

（2）日光灯的维修参考表 1-4 逐项进行。

四、项目评价

（一）项目实施结果考核

由项目委托方代表（一般来说是教师）对项目二各项任务的完成结果进行验收、评分，对合格的任务进行接收。

（二）考核方案设计

学生成绩的构成：项目完成情况累积分（占总成绩的 75%）＋工作态度等成绩（占总成绩的 25%）。完成项目的态度、项目报告质量（材料选择的结论、依据、结构与性能分析、可以参考的改性意见或方案等）、资料查阅情况、问题的解答、团队合作、应变能力、表述能力、辩解能力、外语能力等，项目完成情况考核表如表 1-5 所示。

表 1-5　日光灯线路的安装与调试项目考核评分表

评分内容	评分标准	配分	得分
安装设计	绘制电路图不正确	20	
线路的安装	元件布置不合理，扣 5 分；木台、灯座、开关、插座和吊线盒等安装松动，每处扣 5 分；电气元件损坏，每个扣 10 分；相线未进开关内部，扣 10 分；塑料槽板不平直，每根扣 2 分；线芯剖削有损伤，每处扣 5 分；塑料槽板转角不符合要求，每处扣 2 分；管线安装不符合要求，每处扣 5 分	40	
通电试验	安装线路错误，造成短路、断路故障，每通电 1 次扣 10 分，扣完 20 分为止	20	
团结协作	小组成员分工协作不明确扣 5 分；成员不积极参与扣 5 分	10	
安全文明生产	违反安全文明操作规程扣 5～10 分	10	
项目成绩合计			
开始时间		结束时间		所用时间	
评语			

第五节　习题与思考题

1-1　图 1-37 中的各图都表示处于通路状态下负载 $R=5\Omega$，图中标出的方向都是参考方向正方向，试写出未知各量的值（注意正负号）；并标出 a、b 两端的实际极性（电位较高

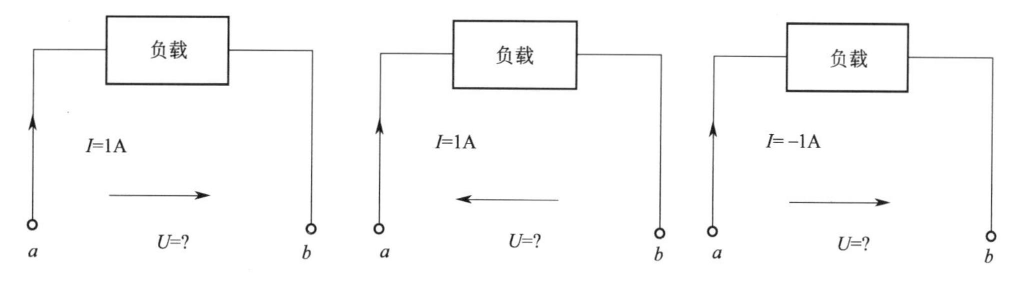

图 1-37　习题 1-1 电路图

者标“＋”极，电位较低者标“－”极）。

1-2　求下列图 1-38 中所示的各元件的端电压或通过的电流。

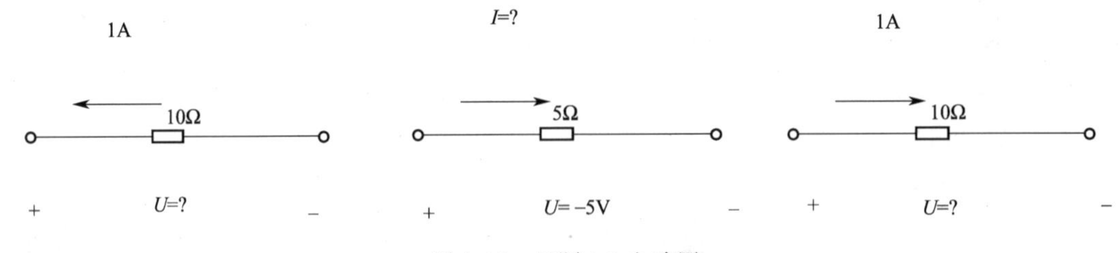

图 1-38　习题 1-2 电路图

1-3　在图 1-39 中，已知 $E=3V$，$r_0=1\Omega$，$r_L=1\Omega$，$R=7\Omega$，求：I、U、U_1、线路压降、P_R 及电源在线路上的损耗（$r_L=1\Omega$ 表示线路单向线路电阻）。

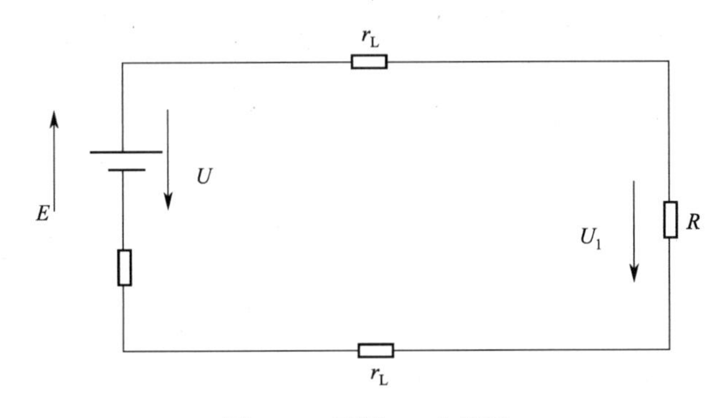

图 1-39　习题 1-3 电路图

1-4　已知正弦交流电 i 的幅值为 $I_m=10A$，频率 $f=50Hz$，初相位 $\varphi_i=-45°$，求：

① 此电流的周期和角频率；

② 定出此电流 i 的三角函数表达式，并画出波形图。

1-5　已知电流 $i_1=14.142\sin(314t+30°)A$，$i_2=10\sin(314t-45°)A$，画出两个电流的波形图。并比较它们的相位差。

1-6　某工厂由一台 180kV·A 的变压器供电，若用电线路的功率因数 $\cos\varphi=0.8$，问：它能提供多少有功功率？

1-7　某三十层大楼由三相四线制供电，线电压 $U_L=380V$，大楼每层安装 220V、100W 白炽灯 400 只，现要求算：

(1) 全部电灯均匀接入各相时，各相的线电流及中线电流；

(2) 部分接入时（U 相接入 300 只，V 相接入 200 只，W 相接入 100 只），各相的线电流。

第二单元 常用电子器件及其应用

关键词

二极管、三极管、直流稳压电路、运算放大器、模/数与数/模转换。

学习目标

知识目标

了解常用半导体元器件的特性即使用方法；

掌握整流滤波、单管放大电路、直流稳压电路的组成及特点；了解数字电路特点；

了解数字电路及模/数与数/模转换电路的使用特点。

能力目标

会使用常用电工仪器仪表测试半导体器件；

能设计简单直流稳压电路并通电调试。

第一节 常用电子器件

一、半导体二极管及其特性

导电能力介于导体和绝缘体之间的物质称为半导体，目前常用的半导体材料是硅（Si）和锗（Ge）。纯净半导体（也称为本征半导体）其导电能力较弱，在纯净半导体中掺入杂质时其导电能力会大大增强。根据半导体这一特性我们可以制成各种半导体器件，譬如：半导体二极管、半导体三极管、场效应管以及各种集成器件等。

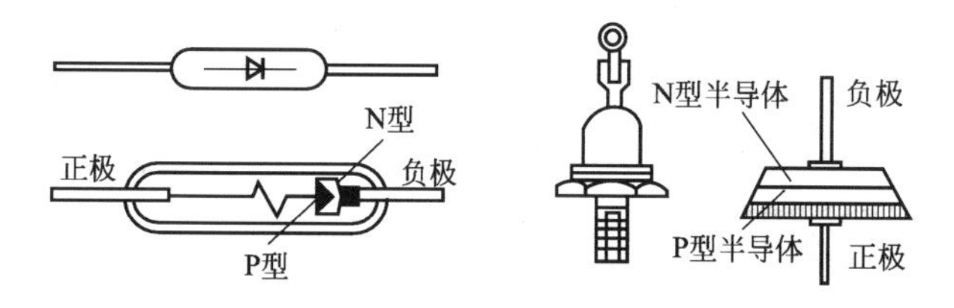

图 2-1　二极管结构和外形

(一) 半导体二极管的结构

半导体二极管是半导体器件中最基本的器件。从二极管的 P 侧引出一根导线被称为正极，从 N 侧引出一根导线被称为负极，如图 2-1 所示。普通二极管一般有点接触型（适用于高频工作）和面接触型（适用于整流电路）两种结构类型。

二极管的符号为：+—▷|—−，在电路符号中，用 VD 表示。符号中形象地表示了二极管工作电流流动的方向，一般二极管的电流从正极流向负极，也就是二极管符号中三角形所指的方向。

二极管的种类较多，按功能分，主要有普通二极管、整流二极管、发光二极管、稳压二极管、光敏二极管和变容二极管、开关二极管等。普通二极管按材料分为硅二极管和锗二极管。二极管的应用比较广泛，主要用于：限幅电路、稳压电路、整流电路、检波电路、保护电路、控制电路、隔离电路等。

（二）二极管的特性

二极管的主要特性是单向导电性，图 2-2 是二极管的伏安特性曲线，从曲线中可以看出以下特性。

1. 正向特性

（1）死区　正向电压很低时，正向电流也很小，二极管呈现很大的正向电阻，这一区域叫做二极管的死区（如图 2-2 中区域Ⅰ）。对不同材料制成的二极管其死区电压不同（锗管约 0.1V，硅管约 0.5V）。

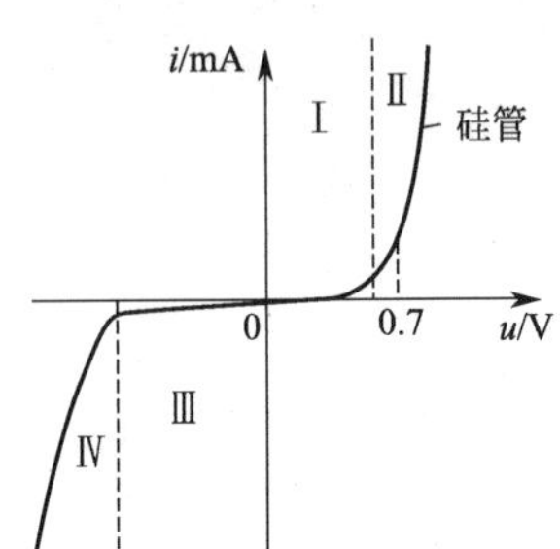

图 2-2　二极管伏安特性曲线

（2）正向导通区　当二极管的正向电压大于死区电压后，随着正向电压的增加电流增长很快，这一区域称为二极管的正向导通区（如图 2-2 中区域Ⅱ）。显然二极管正向导通时，电阻很小，电流较大，相当于开关“闭合的状态”。

2. 反向特性

（1）反向截止区　当二极管加反向电压时，其反向电流非常小，几乎为零，这一区域称为二极管的反向截止区（如图 2-2 中的区域Ⅲ），相当于开关“断开的状态”。

（2）反向击穿区　当二极管反向电压继续增大到“击穿电压”后，反向电流突然增大，这一区域称为反向击穿区（如图 2-2 中的区域Ⅳ）。应当尽量避免二极管在这一区域工作，否则容易损坏。但是，稳压二极管却工作在这一区域。

（三）二极管的主要参数

（1）最大允许电流 I_F（平均值）　指在规定的环境温度下，二极管长期运行允许通过的最大正向电流。

（2）最高反向工作电压 U_{RM}　是保证二极管不被击穿的最高反向电压，也就是耐压值，U_{RM}一般取反向击穿电压 U_{BR}的一半或三分之二。

二、半导体三极管及其特性

1. 三极管的结构

半导体三极管分为锗管和硅管两类，有 PNP 型和 NPN 型两种类型。图 2-3 是三极管的外形和符号。

三极管有三个电极，分别是发射极（e）、基极（b）和集电极（c）。发射极和基极之间的区域称为发射结；集电极和基极之间的区域称为集电结。图 2-4 是三极管的结构图。

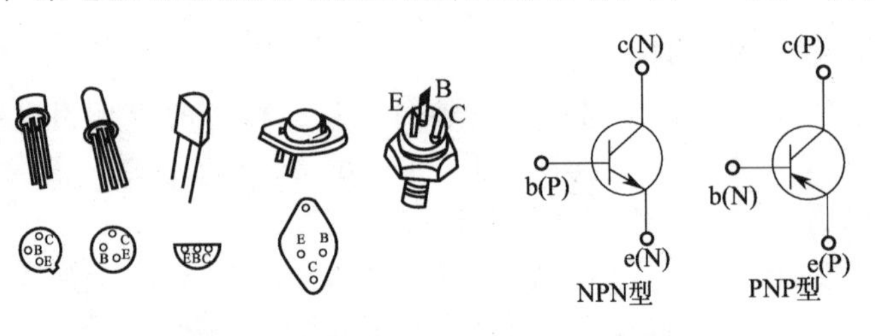

图 2-3　三极管的外形和符号

2. 三极管的特性

三极管具有电流放大作用，即输入一个较小的电流信号，可控制一个较大的电流信号。

如图 2-5 所示的 NPN 三极管电路中，将发射结正向偏置（基极接高电位、发射极接低电位），集电结反向偏置（集电极接高电位、基极接低电位）。就可以发现集电极电流和基极电流之间近似成正比例关系。从实训中学生可以用有关仪表进行测试。

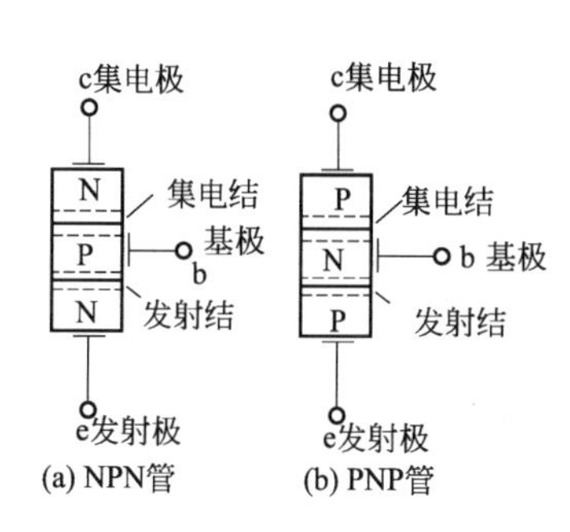

图 2-4　三极管的结构原理图

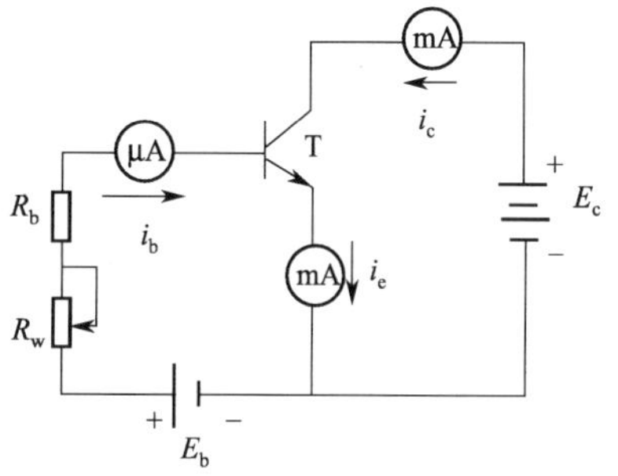

图 2-5　三极管放大作用的实验电路图

(1) 在图 2-5 中，由基尔霍夫电流定律可知：$i_e = i_b + i_c$。

(2) 从发射区扩散到基区的电子，只有很小的一部分在基区复合，大部分到达集电区，故集电极电流远大于基极电流，基极电流的微小变化，可以引起集电极电流较大的变化。这就是半导体三极管的电流放大作用。利用基极回路的小电流实现对集电极（发射极）回路大电流的控制。并且 i_c 与 i_b 的比值接近于常数，用 β 表示，称为三极管的电流放大倍数。即：$\beta \approx \frac{i_c}{i_b}$。

(3) 根据以上公式整理如下：

$$\begin{cases} i_e = i_c + i_b \\ i_c = \beta i_b \\ i_e = (1+\beta) i_b \end{cases}$$

(4) 三极管的输入特性　三极管的输入特性是指在输出电压 U_{CE}（集电极与发射极之间的电压）恒定的条件下，基极电流 I_B 与输入电压 U_{BE}（基极与发射极之间的电压）的关系，即 $I_B = f(U_{BE})/U_{CE}=$ 常数。三极管的输入特性可以用图 2-6 所示的输入特性曲线来表示。

三极管的输入特性曲线与二极管的正向特性相似，即开始有一段死区，管子不导通，基极电流为零，当电压大于死区电压（一般硅管为 0.5V 左右，锗管为 0.1V 左右）时，基极电流随着输入电压的增加而增加很快。

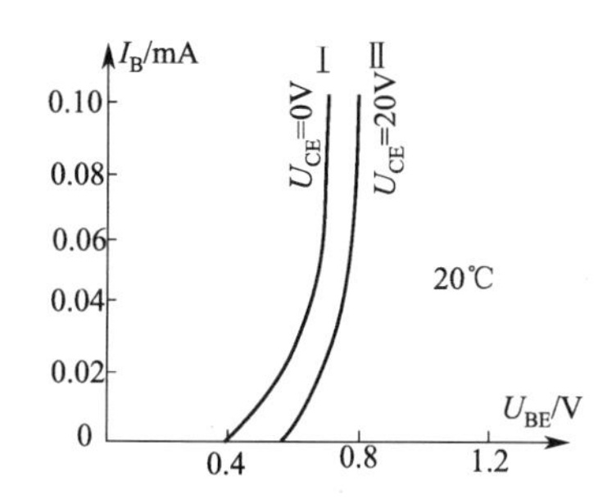

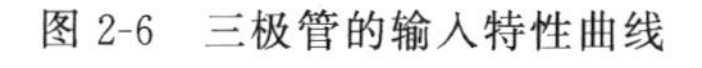

图 2-6　三极管的输入特性曲线

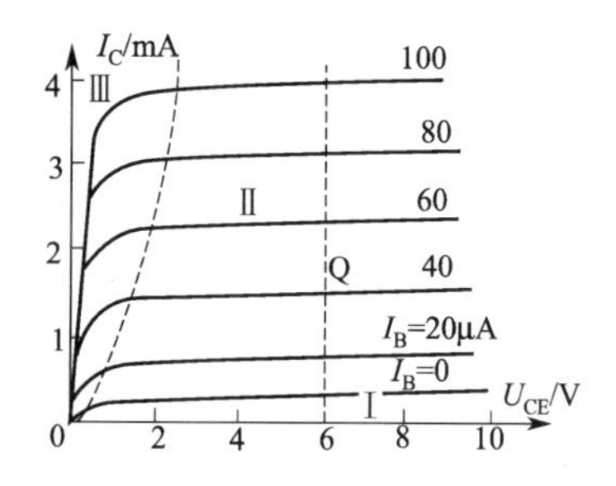

图 2-7　三极管的输出特性曲线

三极管正常工作时，发射结压降 U_{BE} 变化不大，对于硅管为 0.6～0.7V，锗管为

0.2～0.3V。

（5）三极管的输出特性　三极管的输出特性是指在基极电流 I_B 恒定的条件下，集电极电流 I_C 与输出电压 U_{CE}（集电极与发射极之间的电压）的关系，即：$I_C=f(U_{CE})/I_B=$常数。三极管的输出特性可以用图 2-7 所示的输出特性曲线来表示。

在三极管输出特性曲线中，对于每个确定的 I_B 值都可以得到一条 I_C 随 U_{CE} 变化的曲线，当选择多个 I_B 值时，就得到了一簇曲线。在图 2-7 输出曲线中，将三极管的工作状态分为截止、放大、饱和三种状态。

① 截止状态　图 2-7 中的区域Ⅰ为三极管的截止区。一般当三极管的发射结反向偏置时，三极管工作在这个区域。此时，基极电流 $I_B=0$ 时；集电极电流 I_C 近似为 0，三极管基本不导通，有微弱的穿透电流产生。

② 放大状态　图 2-7 中的区域Ⅱ为三极管的放大区。当三极管发射结正向偏置，集电结反向偏置时工作在放大区域。此时，集电极电流 I_C 几乎不随输出电压 U_{CE} 的变化而变化，其值主要决定于基极电流 I_B，并且 $i_c\approx\beta i_b$。

③ 饱和状态　图 2-7 中的区域Ⅲ为三极管的饱和区。当三极管发射结和集电结均正向偏置时，集电极电流随输出电压的增加而增加很快，并且集电极电流与基极电流之间不再符合放大状态时的比例关系。

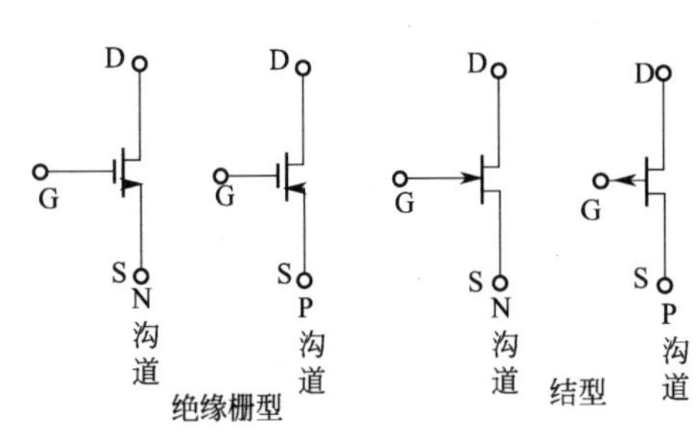

图 2-8　场效应管的符号和类型

三、场效应管的结构和特性

场效应管的符号如图 2-8 所示。按结构的不同可分为结型和绝缘栅型两类。按导电沟道可分为 P 型沟道和 N 型沟道两种。绝缘栅型最常见的是 MOS 管，MOS 管还有增强型和耗尽型之分。MOS 管除输入电阻高以外，在工艺上便于大规模集成，因此多用在数字集成电路中。由场效应管组成的 MOS 集成电路的尺寸小，集成度高，工作温度范围宽，抗干扰能力强。MOS 电路的主要缺点是工作速度较低。近年来在电路的工作速度方面已取得很大进展。特别是 CMOS 电路，速度有了显著提高，得到了飞速发展。从普通的 CMOS 发展到高速 CMOS 和超高速 CMOS。

如图 2-8 所示，场效应管也有三个极，分别为：源极（S）、漏极（D）和栅极（G）。MOS 管在使用时漏极和源极可以互换（由于 D，S 的对称性），栅极电压可正可负变动范围大。所以使用方便灵活，不易过压烧坏。

四、晶闸管

晶闸管也称为可控硅，是晶体闸流管的简称。其外形大致有螺栓式、平板式和塑封式三种。图 2-9 是晶闸管的符号和外形图。晶闸管是一种大功率的半导体器件，只需几十至几百毫安的电流就可以控制几百至几千安培的大电流，实现了弱电对强电的控制。晶闸管是可控单向导电的开关元件。晶闸管具有体积小、重量轻、损耗小、效率高、控制特性好、使用和维护方便等特点，是目前使用很广泛的电子和电力器件。例如交流电机的变频调速设备和不间断电源（UPS）等。但是晶闸管过载能力差，短时间过电压或过电流就可能损坏，因此必须加各种

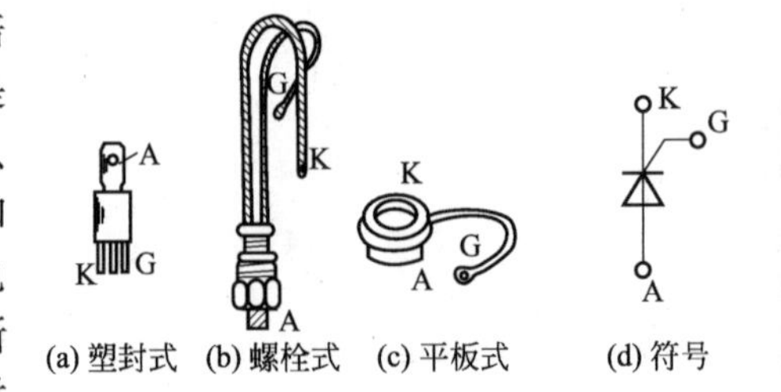

图 2-9　晶闸管外形图及符号

保护装置。目前常用的有双向晶闸管、可关断晶闸管、快速晶闸管以及光控晶闸管等多种派生器件。

五、集成电路和集成运算放大器

1. 集成电路

集成电路是继电子管和晶体管之后具有电路功能较全的电子器件。它利用特殊工艺把若干个晶体管、电阻、电容等元件和它们之间的连线，全部集成在同一块半导体芯片上，再把这个芯片封装在一个壳体中，做成一个完整的功能电路，这样不但缩小了电路的体积和重量，而且提高了电路的可靠性，使电路的维护和调试更加简单，这样的集成组件称为集成电路。

集成电路的外形通常有三种：双列直插式、圆壳式和扁平式，如图 2-10 所示。集成电路有许多显著的优点，如体积小、耗电少、重量轻、可靠性高等。所以集成电路受到了人们极大的重视并得到了广泛应用。在信号处理方面可以实现信号频率的有源滤波；信号幅度的采样保持、比较和选择；在波形发生方面，可以产生正弦波、矩形波和锯齿波等。半导体集成电路按功能可以分为数字集成电路和模拟集成电路（也称为线性集成电路）两大类，数字集成电路广泛应用于计算机技术和自动控制电路中，线性集成电路中又分成集成运算放大器、集成功率放大器、集成稳压电源等电路。

图 2-10　集成电路的外形

半导体集成电路按集成度可分为小规模集成电路（SSI)、中规模集成电路（MSI)、大规模集成电路（LSI）和超大规模集成电路（VLSI)。虽然这几种集成电路所含元器件的数目并无严格规定，但大体上可划分如下。

小规模数字集成电路（SSI)——100 个元器件以下，例如触发器电路。

中规模数字集成电路（MSI)——100～1000 个元器件，例如计数器、寄存器、译码器等。

大规模数字集成电路（LSI)——1000～10000 个元器件，例如各类专用的存储器。

超大规模数字成电路（VLSI)——10000 个元器件以上，例如 CPU。

2. 集成运算放大器

线性集成电路中应用最广泛的是集成运算放大器（简称集成运放）。集成运算放大器是具有高开环放大倍数并带有深度负反馈的多级直接耦合的放大电路，在这种集成组件的输入和输出之间外加不同的反馈网络就可组成具有某种功能的电路，由于它首先作为基本运算单元应用于电子模拟计算机上，完成加减、乘除、积分、微分等数学运算而得名。后随着半导体集成工艺的发展，使得运算放大器的运用领域远远超出模拟计算机的界限，在信号运算、信号处理、信号检测及波形产生等方面得到了极其广泛的运用。图 2-11 是理想运算放大器的符号。

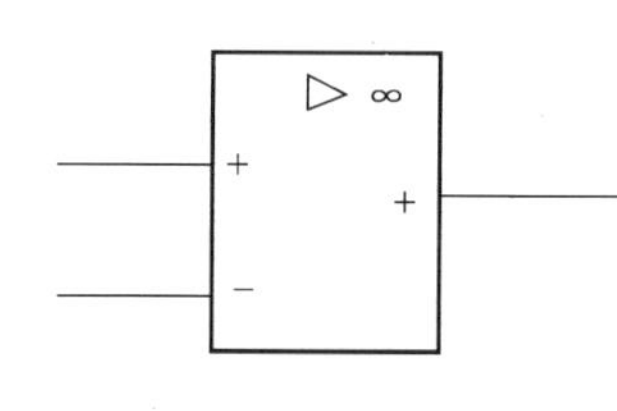

图 2-11　理想运算放大器的符号

集成运放有两个输入端、一个输出端。标有“－”号的输入端称为反相输入端，当信号仅由此端输入时，输出电压 u_o 与输入信号 u_- 相位相反；标有“＋”号的输入端称为同相输入端，当信号仅由此端输入时，输出信号 u_o 与输入信号 u_+ 相位相同，若集成运放的放大倍数为 K，则输出信号 $u_o=Ku_i$，是输入信号 u_i 的 K 倍。

第二节 基本电子电路

一、整流与滤波电路

把交流电转换为直流电的过程称为整流，利用二极管的单向导电性就可以组成整流电路。根据负载上所得到的整流波形，整流电路又可分成半波整流电路和全波整流电路。

(一) 单相半波整流电路

单相半波整流电路如图 2-12 所示，图中，Tr 是电源变压器，VD 是整流二极管，R_L是负载电阻。

1. 工作原理

设电源变压器次级线圈绕组电压为：$u_2=\sqrt{2}U_2\sin(\omega t)$。

（1）u_2的正半周期，u_2的瞬时极性是上正下负，这时二极管正向导通，如忽略内阻（包括变压器线圈电阻和二极管正向电阻），则负载电阻 R_L两端的电压的瞬时值 $u_o=u_2$。

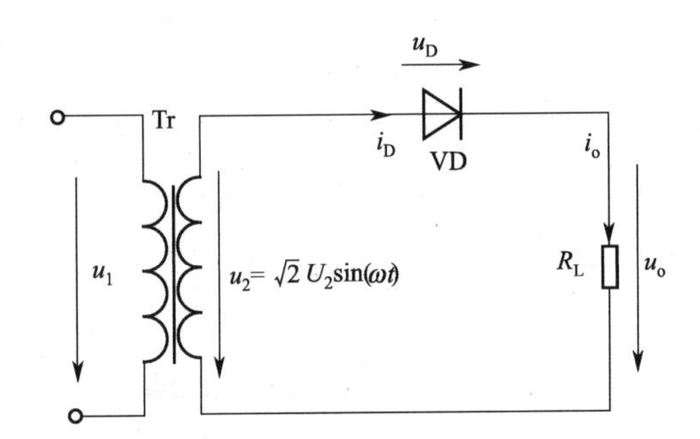

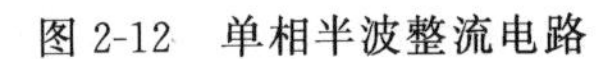
图 2-12　单相半波整流电路

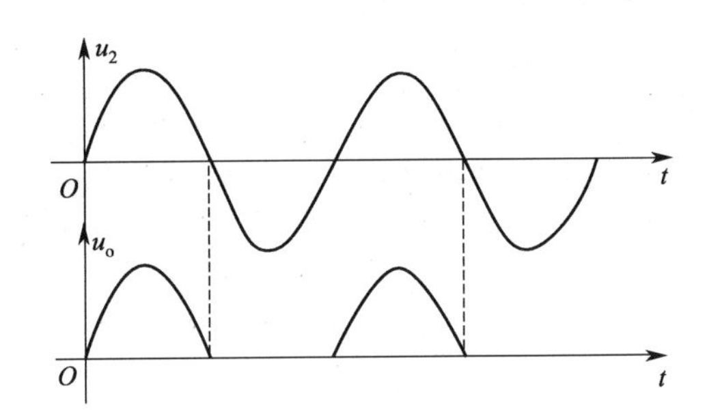

图 2-13　半波整流电压波形图

（2）u_2的负半周期，u_2的瞬时极性与正半周期相反，下正上负，此时二极管反向截止，没有电流流过二极管和负载电阻，负载电阻 R_L两端的电压瞬时值 $u_o=0$。此时电源电压 u_2加在二极管两端，即：$u_D=u_2$。

单相半波整流电压的波形如图 2-13 所示。

2. 电压、电流计算

整流后，负载上得到的是半个正弦波（脉动的直流电压 u_o和直流电流 i_o），即电源电压的正半周期有电流流过负载，故称为半波整流电路。通常用一个周期的平均值来表征负载电压和电流的大小，记作 U_O和 I_O，分别称为整流电压和电流的平均值，简称整流电压、电流。在忽略内阻的情况下，单相半波整流电压与副边电压有效值 U_2的关系为：

$$U_O=\frac{\sqrt{2}}{\pi}U_2\approx 0.45U_2$$

$$I_O=\frac{U_O}{R_L}\approx\frac{0.45U_2}{R_L}$$

流经二极管的电流 I_D与负载电流 I_O 相等，故选用二极管时要求：$I_F\geqslant I_D=I_O$。

二极管承受的最大反向电压等于它在截止时承受的最高反向电压 U_{DM}，实际上，U_{DM}等于副边电压的幅值，即：$U_{RM}\geqslant U_{DM}=U_{2m}=\sqrt{2}U_2$。

【例 2-1】 在如图 2-12 所示的单相半波整流电路中，要求输出直流电压为 45V，直流电流为 60mA，试写出电源电压的解析式（$f=50\text{Hz}$），并计算通过二极管的电流平均值和最高反向工作电压。

解：因为 $U_O=0.45U_2$，所以

$$U_2=\frac{U_O}{0.45}=\frac{45}{0.45}=100\text{V}$$

$f=50\text{Hz}$ 则 $\omega=2\pi f=314\text{rad/s}$

电源电压的解析式为：

$$u_2=\sqrt{2}U_2\sin(\omega t)=100\times\sqrt{2}\sin(314t)\text{V}$$

二极管电流的平均值

$$I_D=I_O=60\text{mA}$$

二极管最高反向工作电压为：

$$U_{DM}=\sqrt{2}U_2=100\times\sqrt{2}=141.4\text{V}$$

(二) 单相桥式全波整流电路

桥式全波整流电路如图 2-14 所示，将四只二极管接成电桥形式。

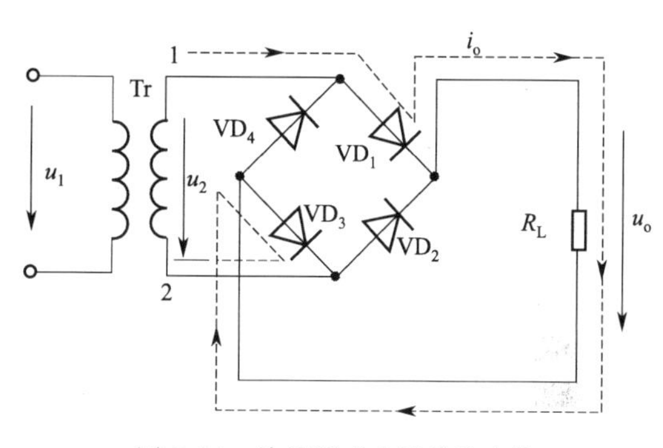

图 2-14　单相桥式全波整流电路

1. 工作原理

(1) u_2 正半周期，上正下负，VD_1、VD_3 同时正向导通。电流沿自上而下的方向流过 R_L，此时 VD_2、VD_4 由于都受到反向电压作用而截止。负载电阻两端的电压 $u_o=u_2$。

(2) u_2 负半周期，上负下正。VD_2、VD_4 同时正向导通，VD_1、VD_3 则由于反向电压的作用而截止，电流依然是自上而下流过 R_L。负载电阻两端的电压 $u_o=-u_2$。

在电源电压的整个周期中 VD_1、VD_3 与 VD_2、VD_4 轮流导通，每个二极管在一个周期中各工作半个周期，VD_1 和 VD_3 工作在正半周期，VD_2 和 VD_4 工作在负半周期。正负周期内在负载 R_L 上都得到整流电压 u_o 均为上正下负，这种整流方式称为全波整流，负载电阻和电源电压波形如图 2-15 所示。负载上得到的是单一方向的全波脉动电压 u_o 和电流。

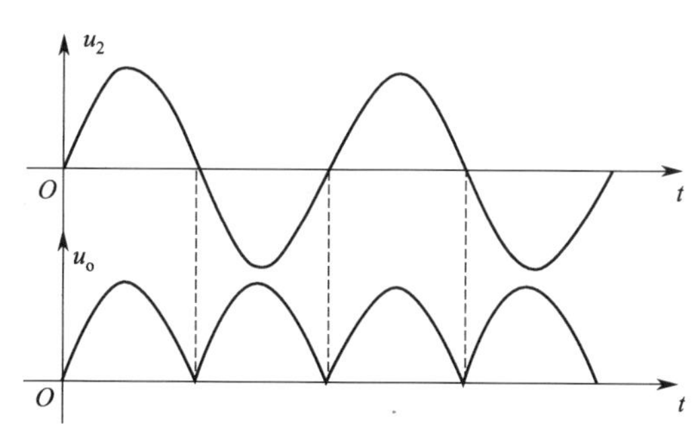

图 2-15　全波整流电路电压波形

2. 电压、电流计算

全波整流电路负载上得到的输出电压或电流的平均值是半波整流时的两倍，U_O 同 U_2 的关系为：

$$U_O=2\times0.45U_2=0.9U_2$$

负载电流（整流电流的平均值）为

$$I_O=\frac{U_O}{R_L}=\frac{0.9U_2}{R_L}$$

因为在电源的一个周期内每只二极管仅工作半个周期，故流过二极管的电流平均值为负载电流的一半，即 $I_D=0.5I_O$。

每个二极管截止时承受的最高反向电压就是变压器的副边电压 U_2 的幅值：

$$U_{DM}=U_{2m}=\sqrt{2}U_2$$

在选择整流二极管时要求 $I_F\geqslant I_D=\frac{1}{2}I_O$；$U_{RM}\geqslant U_{DM}=\sqrt{2}U_2$。

(三) 滤波电路

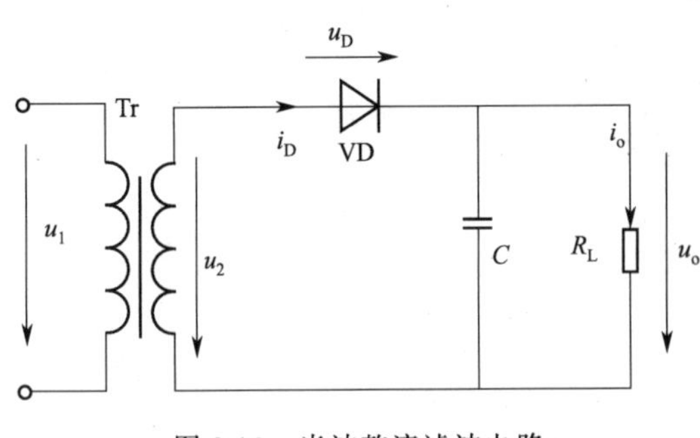

图 2-16 半波整流滤波电路

整流电路输出的都是脉动的直流电，这种脉动的直流电不仅含有直流成分，还含有交流成分。为使整流后的电流波形更趋于平直，则必须对整流后所得到的脉动直流电进行滤波。所谓滤波，就是通过电容、电感元件的作用，把脉动直流电的交流成分滤掉。

下面介绍常用的电容滤波电路。

电容滤波是一种并联滤波，如图 2-16 所示为一半波整流滤波电路，滤波电容直接并接在负载两端，利用电容不断充电和放电，可使负载电阻上得到平稳的输出电压，抑制了部分交流分量的影响。

二、三极管交流放大电路

(一) 电路的组成

图 2-17 所示为三极管共射极基本放大电路。被放大的交流电压信号 u_i 从三极管的基极和发射极输入，放大后的电压 u_o 则从集电极和发射极输出。因为输入、输出端共发射极，故称此种电路为共射极放大电路，简称共射放大电路，它是应用最普遍的电路。电路中各元件作用分别如下。

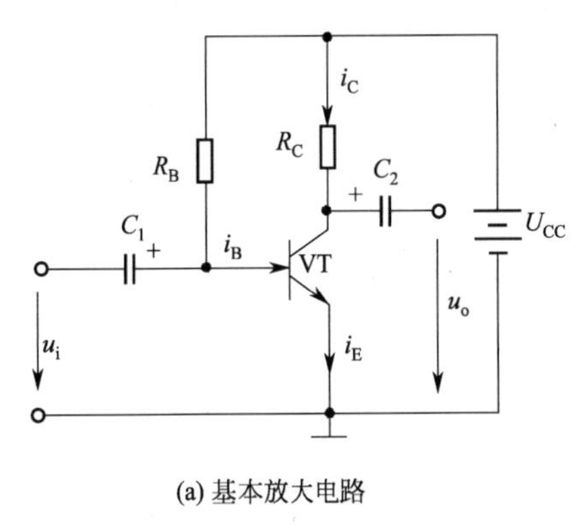

(a) 基本放大电路

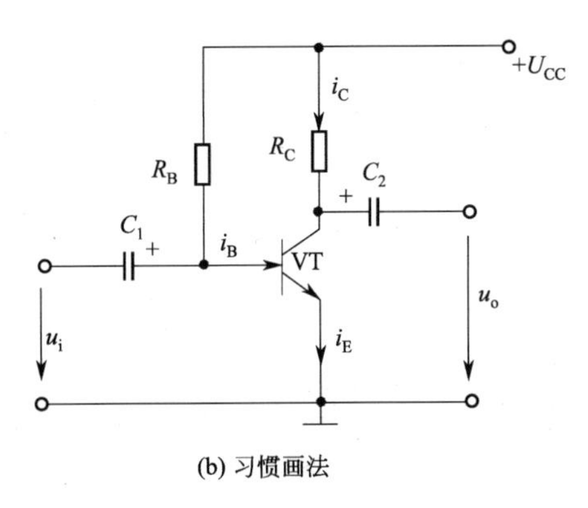

(b) 习惯画法

图 2-17 单管放大电路

(1) 三极管 VT　采用 NPN 管，具有电流放大作用，电流放大倍数为 β。

(2) 信号源 u_i　放大电路的交流输入信号，经放大电路后输出被放大了的交流信号 u_o。

(3) 电源 U_{CC}　放大电路的直流电源，电路中适当选择电阻 R_B、R_C 的阻值，使得晶体管发射结正向偏置，集电结反向偏置，让晶体管工作在放大状态。

(4) 电阻 R_B 和 R_C　电阻 R_B 为基极偏流电阻。R_B 的阻值决定基极电流 I_B 的大小，适当调节 R_B 可使得放大器获得合适的静态工作点，使输出电压不失真。电阻 R_C 为集电极负载电阻，可将集电极电流的变化转换为 R_C 上的电压变化，因而 R_C 又被称为转换电阻。

(5) 耦合电容 C_1 和 C_2　耦合电容 C_1、C_2 也称为隔直电容。电容 C_1 接在电路的输入端、电容 C_2 接在电路的输出端，因为电容器对直流有隔断作用，简称隔直；电容器对交流电的阻抗很小，交流电流很容易通过，简称耦合；它们的作用是隔直通交。

(二) 晶体管放大电路工作原理

为了更好地描述晶体管放大器的工作原理及过程，对放大电路中各种电参量的表示符号做如下规定：直流分量（静态值的变量）用大写字母和大写下标表示，例如 I_B、I_C、U_{CE}；交流分量的瞬时值用小写字母和小写下标表示，例如 i_b、i_c、u_{ce}，；总变量（直流分量+交流分量）用小写字母和大写下标表示，例如 i_B、i_C、u_{CE}。

在单管放大电路中，三极管起着电流放大作用，U_{CC}是提供电流 I_B、I_C的电源，通常为几伏或十几伏。在三极管发射结正向偏置、集电结反向偏置时，U_{CC}电压通过 R_B作用到基极 B 上，使发射结导通，于是有电流通过（静态电流 I_B）。

因为在放大电路中有直流和交流两种信号，故电路中有直流通路和交流通路两种通路。在直流通路中可以确定静态工作点，在交流通路中可以计算电路的电压放大倍数。

1. 静态工作点的确定

当放大器输入端未加输入信号时，$u_i=0$，$i_b=0$，这时电路的工作状态称为静态。此时电路中的电压、电流只有直流成分，所以，静态时的电路也就是基本放大电路的直流通道，如图 2-18 所示为直流通路。

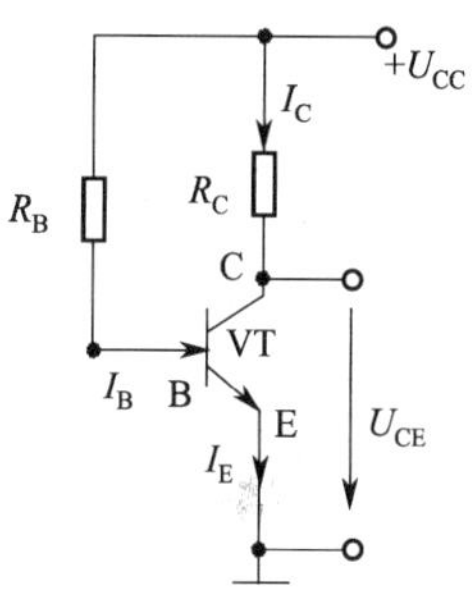

图 2-18 直流通路

静态时的直流分量 I_B、I_C、U_{CE}、U_{BE}对应于三极管输出特性曲线上的一点，记作 Q，此点称为放大电路的静态工作点。对于硅三极管其正常工作时 U_{BE} 约为 0.7V。静态工作点是放大器工作的基础，它设置得是否合理，将直接影响放大器能否正常工作以及性能的好坏。如果静态工作点选择太高可能会出现饱和失真，选择太低可能会出现截止失真。

如图 2-18 所示直流通路中，由基尔霍夫电流定律可得：

$$I_E=I_B+I_C$$

三极管的电流放大关系：

$$I_C=\beta I_B$$

由基尔霍夫电压定律可得：

$$I_BR_B+U_{BE}=U_{CC}，\ I_CR_C+U_{CE}=U_{CC}$$

可求得该电路的静态工作点为： $I_B=\dfrac{U_{CC}-U_{BE}}{R_B}$

$$U_{BE}=0.7\text{V}$$

$$I_C=\beta I_B$$

$$U_{CE}=U_{CC}-I_CR_C$$

静态工作点 Q 设定是不是合理，决定三极管工作在哪个区域。

【例 2-2】 如图 2-17 所示的基本放大电路中，$R_B=300\text{k}\Omega$，$R_C=2\text{k}\Omega$，$U_{CC}=12\text{V}$，$\beta=100$，$r_{be}=1\text{k}\Omega$，求电路的静态工作点。

解：由电路直流通路可得：$I_B=\dfrac{U_{CC}-U_{BE}}{R_B}=\dfrac{12-0.7}{300\times10^3}=37.7\mu\text{A}$

$$I_C=\beta I_B=100\times37.7\times10^{-6}=3.77\text{mA}$$

$$U_{CE}=U_{CC}-I_CR_C=12-7.54=4.46\text{V}$$

2. 交流电压放大系数

$$A_v=-\beta\frac{R_C}{r_{be}}$$

三、多级放大器

(一) 多级放大器

在实际电路中，一般输入信号是较微弱的信号，往往需要将其放大几千倍甚至几万倍才能满足要求。单级放大电路往往不能达到如此大的放大倍数，因此常常将若干个单级放大器连接起来，组成多级放大器，其放大倍数为各单级放大倍数的乘积，如图 2-19 所示。

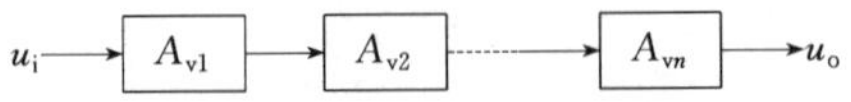

u_i → A_{v1} → A_{v2} ┈┈ → A_{vn} → u_o

图 2-19　多级放大电路框图

$$u_o=(A_{v1}A_{v2}\cdots A_{vn})u_i$$

多级放大器一般由输入级、中间级、输出级组成，多级放大器的组成如图 2-20 所示。多级放大器内部各级之间的连接方式称为耦合方式，一般有直接耦合、阻容耦合和变压器耦合等几种方式。

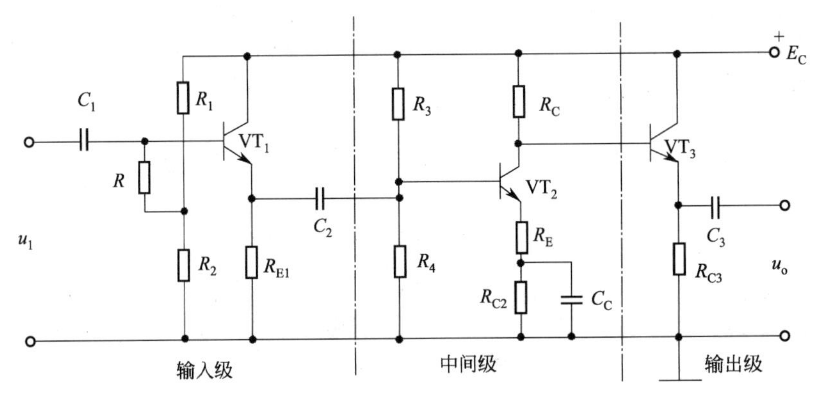

图 2-20　多级放大器电路图

多级放大电路输入级的作用是接收电源信号，最大限度地、不失真地把电源信号接收进来。输入级的电流越小，则在电源内阻上损耗越小。

中间级与输入级之间的连接方式是阻容耦合，它们之间的静态工作点互相独立，可以分别按照单级放大电路的方法计算各自的静态工作点。中间级的任务主要是放大从输入级传递来的电压信号，即将输入级的输出信号作为中间级的输入信号。

输出级是用来驱动负载的，这一级的输出信号应有足够的功率，即应有驱动负载的能力，因此这一级称为功率输出级。它与中间级之间采用直接耦合方式，该种方式各级之间静态工作点将互相影响，但这种耦合方式适宜于集成化产品。

(二) 放大电路的反馈

在基本放大电路中，信号传输的方向是从输入端到输出端，如果将信号从输出端传回到输入端就称为反馈。

反馈就是将放大电路（或某个系统）输出端的信号（电压或电流）的一部分或全部通过某个电路（反馈电路）引回到输入端的过程。反馈信号使输入信号减弱称为负反馈，反馈信号使输入信号增强称为正反馈。一般负反馈可以稳定电路，使电路性能得到改善；正反馈一般用在振荡电路或比较器中。

1. 负反馈电路的类型

负反馈按反馈信号在放大电路输入端接法不同，可分成串联反馈和并联反馈，若反馈信号与外加输入信号在输入回路中以电压形式比较时，即二者相互串联，则称为串联反馈；若反馈信号与外加输入信号在输入回路中以电流形式比较，即二者在输入回路中并联，则称为并联反馈。按反馈在输出端的取样不同，可分成电压反馈或电流反馈，反馈支路的取样对象是放大器输出电压的反馈形式称为电压反馈，反馈支路的取样对象是放大器输出电流的反馈形式称为电流反馈。

由以上四种不同的反馈形式可组成四种类型的负反馈放大电路，即为串联电流负反馈、串联电压负反馈、并联电压负反馈、并联电流负反馈。

2. 负反馈对放大电路性能的影响

负反馈的实质就是使输出信号参与电路的控制。负反馈可以稳定输出量，当输入量变化时，反馈信号可以削弱它的变化，使输出量的变化被减小。

放大电路中引入负反馈对电路的性能有以下主要影响：

(1) 提高放大倍数的稳定性，同时降低了放大倍数；

(2) 减小非线性失真，即改善波形失真；

(3) 抑制内部的干扰和噪声；

(4) 影响放大电路的输入电阻和输出电阻。

① 串联负反馈使输入电阻增大，并联负反馈使输入电阻减小；

② 电压反馈使输出电阻减小，电流反馈使输出电阻增大。

四、数字电路

(一) 数字电路及其特点

按照处理电信号的不同，电子技术可分为模拟电子技术和数字电子技术，电子电路通常也分为模拟电路和数字电路。模拟电路对连续的模拟信号进行放大、运算、测量、传输等。数字电路是处理离散的数字信号的电子电路，它的波形是一种脉冲波形。数字电路对数字信号进行变换、测量、编码、传输、控制、计数、运算、寄存、显示、存储等功能。

数字信号是离散的量，在数字电路中常用二进制信号，即仅用“0”、“1”两个数字符号来表征两种稳定状态。例如，开关的“开”、“关”，信号的“有”、“无”，电位的“高”、“低”等都具有两种相反的状态。这样的信号就可以用二进制来表示。例如可以用“1”表示高电位、用“0”表示低电位，用“1”表示开关的“开”状态、用“0”表示开关的“关”状态。

二进制与十进制计数体制相似。十进制由“0”～“9”十个数字符号来计数，计数规则是“逢十进一”，二进制是由“0”和“1”两个数字符号计数，计数规则是“逢二进一”。十进制数可以用按权展开法表示，例如十进制数687可以表示为：$(687)_{10}=6\times10^2+8\times10^1+7\times10^0$，即十进制以十为基数，其第$n$位的权为$10^{n-1}$，将各个位的数符与它们的权相乘后再求和就是其按权展开法。同理，二进制也可以用按权展开法表示，只是二进制的基数是2，其第n位的权为2^{n-1}，例如二进制数1101可以表示为$(1101)_2=1\times2^3+1\times2^2+0\times2^1+1\times2^0$。当二进制的数值较大、数值位数太多时，为了方便采用八进制和十六进制表示。

二进制的代数运算规则如下。

加法运算：$0+0=0$　　$0+1=1$　　$1+0=1$　　$1+1=10$

减法运算：$0-0=0$　　$1-0=1$　　$1-1=0$　　$0-1=1$

乘法运算：$0\times0=0$　$0\times1=0$　　$1\times0=0$　$1\times1=1$

(二) 基本逻辑门电路

数字电路主要研究对象是电路输入输出状态之间的逻辑关系，故数字电路又称为逻辑门电路。在数字电路中的逻辑关系就是指输入状态与输出状态之间的因果关系。

数字电路最基本的逻辑关系就是“与”逻辑、“或”逻辑和“非”逻辑。实现这三种逻辑关系的电路就是“与门”电路、“或门”电路和“非门”电路，这三种电路分别可以实现“与、或、非”运算。逻辑门电路是实现逻辑运算的条件开关电路，其开与关的状态是由开关器件的“导通”和“截止”来实现的。

在数字电路中用二极管、三极管、MOS 管作为开关器件。二极管正向导通为“开”状态，可以用数符“1”表示，反向截止为“关”状态，可以用数符“0”表示。三极管在模拟电路中要求工作在放大状态；而在数字电路中要求工作在“饱和状态”或“截止状态”，因三极管的饱和状态时管压降很小，相当于“开”状态，可以用数符“1”表示，其截止状态为“关”状态，可以用数符“0”表示。

1. 与门电路

“与”逻辑运算也叫逻辑乘或逻辑积，用“·”号表示。“与”的逻辑关系是：只有当输入端都满足条件时，输出端才有规定的输出。这种逻辑关系可以用图 2-21 所示电路中用两个串联的开关 A 与 B 共同控制一个灯 L 电路来描述，电路中只有当两个开关 A、B 同时都闭合时，灯 L 才亮。只要有一个开关断开，灯就熄灭。这种关系就是“与”逻辑。可见，灯 L 与开关 A、B 的逻辑关系见表 2-1。

表 2-1 与逻辑关系真值表

A	B	L	A	B	L
0	0	0	1	0	0
0	1	0	1	1	1

$L=A\cdot B$，如果开关闭合状态为“1”，开关断开状态为“0”，即“与”逻辑运算为：$0\cdot 0=0$、$0\cdot 1=0$、$1\cdot 0=0$、$1\cdot 1=1$。

“与”逻辑关系可以简述为：“有 0 出 0，全 1 出 1”。图 2-22 是“与门”逻辑符号。

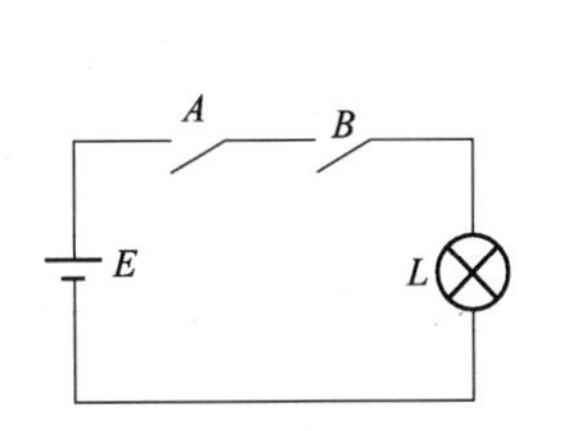

图 2-21 串联开关电路

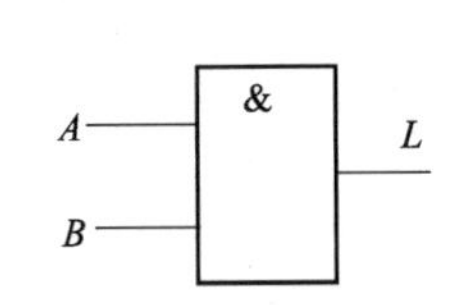

图 2-22 与门逻辑符号

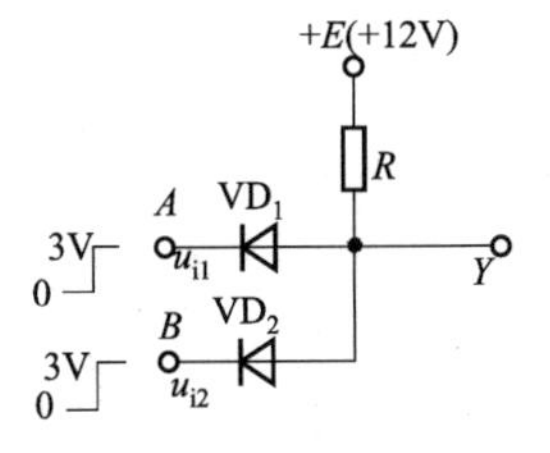

图 2-23 二极管与门电路

图 2-23 所示是二极管“与门”电路，从电路图中可以看出：当 A、B 端输入均为高电平时，二极管 VD_1、VD_2 均截止，电路中没有电流，输出端 Y 为高电平，可用状态“1”表示；当 A、B 端输入均为低电平时，二极管 VD_1、VD_2 均导通，输出端 Y 为低电平，可用状态“0”表示；当 A、B 端有一端输入为低电平时，低电平输入端所接的二极管优先导通，另一个二极管因受反压而截止，则输出端 Y 为低电平，可用状态“0”表示。其逻辑关系表达式为 $Y=A\cdot B$。

2. 或门电路

或逻辑也称逻辑加，用“+”号表示或运算。或门的逻辑关系是，只要有一个输入端满足条件，输出端就有规定的输出。如图 2-24 所示并联开关电路中，只要电路中有一个开关闭合，灯就会亮，只有电路中的两个开关 A、B 同时都断开时，灯 L 才熄灭，这种关系就是

“或”逻辑。则灯 L 与开关 A、B 的逻辑关系为：$L=A+B$，如果开关闭合为状态“1”，开关断开为状态“0”，即“或”逻辑运算见表 2-2。

表 2-2　或逻辑关系真值表

A	B	L	A	B	L
0	0	0	1	0	1
0	1	1	1	1	1

$0+0=0$　　$0+1=1$　　$1+0=1$　　$1+1=1$

或逻辑关系可以简述为：“有 1 出 1，全 0 出 0”。图 2-25 是“或门”逻辑符号。

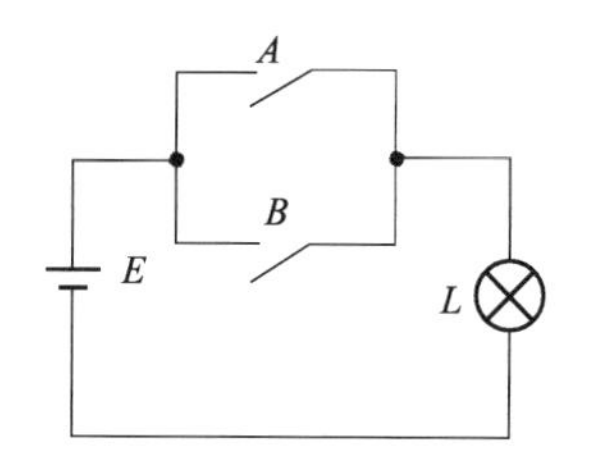

图 2-24　并联开关电路

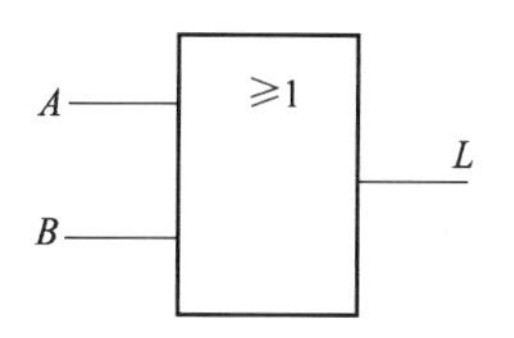

图 2-25　或门逻辑符号

3. 非门电路

“非门”电路，也称反相器，“非门”电路是一种单端输入、单端输出的逻辑电路，它的逻辑关系可这样来表述：当输入为低电平时，输出为高电平；而当输入是高电平时，输出为低电平。如图 2-26 所示的电路中，当开关 A 闭合时，灯 L 两端因被短路而不亮；当开关 A 断开时，灯 L 正常发光。则灯 L 与开关 A 的逻辑关系为：$L=\overline{A}$。

如果开关闭合为状态“1”，开关断开为状态“0”，可知：$A=0$ 时 $L=1$，$A=1$ 时 $L=0$。即非逻辑运算见表 2-3。

表 2-3　非逻辑关系真值表

A	L
0	1
1	0

$\overline{0}=1$、$\overline{1}=0$，这样的逻辑关系称为“非”逻辑关系。其逻辑符号如图 2-27 所示。

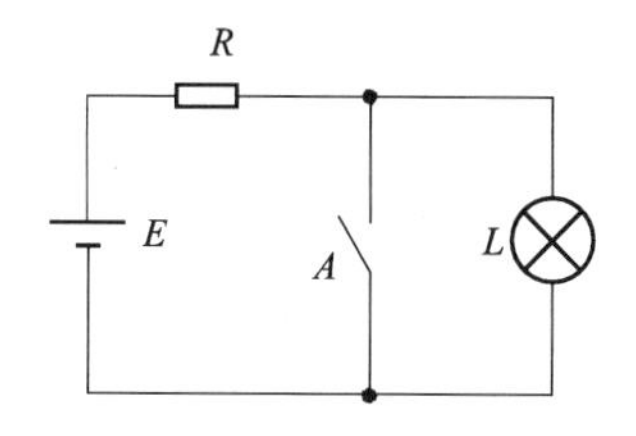

图 2-26　非逻辑关系

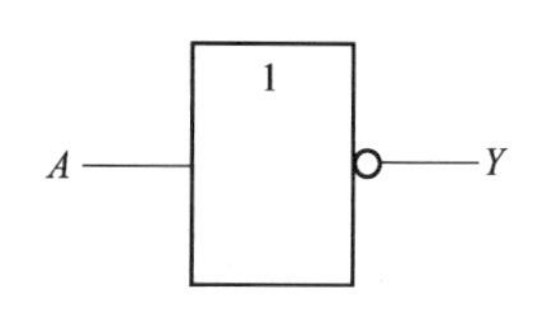

图 2-27　非门逻辑符号

4. 复合逻辑电路

由“与、或、非”三种基本逻辑运算组合得到的逻辑运算称为复合逻辑运算。“与、非”组成“与非运算”，其逻辑关系为“有 0 出 1，全 1 出 0”，相当于在“与运算”后再进行“非运算”。若 A、B 为输入，L 为输出，则“与非运算”逻辑表达式为 $L=\overline{AB}$。实现与非运算的电路称为“与非门”电路，其逻辑关系见表 2-4。

表 2-4 与非门逻辑关系真值表

A	B	L	A	B	L
0	0	1	1	0	1
0	1	1	1	1	0

由“或和非”可组成“或非运算”，其逻辑关系“全 0 出 1，有 1 出 0”，相当于在“或运算”后再进行“非运算”。A、B 为输入，L 为输出的“或非运算”逻辑表达式为 $L=\overline{A+B}$。实现“或非运算”的电路称为“或非门电路”。其逻辑关系见表 2-5。

表 2-5 或非门逻辑关系真值表

A	B	L	A	B	L
0	0	1	1	0	0
0	1	0	1	1	0

由“与、或、非”组成“与或非运算”，A、B、C、D 为输入，L 为输出的“与或非运算”逻辑表达式为 $L=\overline{AB+CD}$。实现“与或非运算”的电路称为“与或非门”电路。

此外，还可以组合成其他复合逻辑电路门电路，如“异或门电路”（当输入信号相异时输出为 1，否则为 0）、“同或门电路”（当输入信号相同时输出为 1，否则为 0）等复合逻辑电路。

数字电路可分为组合逻辑电路和时序逻辑电路两类，组合逻辑电路中常见的有能实现多位二进制数相加运算的加法器、能够实现编码操作功能的编码器、能够实现译码功能（将二进制代码所表示的含义翻译过来）的译码器等电路。

时序逻辑电路的基本单元是触发器，由触发器可以组成具有各种功能的时序逻辑电路。触发器是具有记忆功能的基本逻辑单元，它可以存储一位二进制数字信息，它具有以下几个特点。

（1）两稳态：触发器具有两个稳定的工作状态，可以用二进制数字“0”和“1”表示这两种状态。

（2）两个互反输出端：输出端 Q 和 $\overline{Q}$ 端的状态是相反的输出信号，即当 Q 端是“0”状态时 $\overline{Q}$ 端是“1”状态，当 Q 端是“1”状态时 $\overline{Q}$ 端是“0”状态。

（3）可翻转电路：在有效输入信号作用下，可以从一个稳定状态触发翻转到另一个状态。

（4）可保持电路：当输入信号消失后，触发器可保持状态不变直到下一次有效触发信号输入时，触发器的状态才相应地变化。

有些触发器除了具有以上特点外，还可以实现“置位”和“复位”功能。

触发器按照功能分可以分为：RS 触发器、JK 触发器、D 触发器、T 触发器、T′触发器五类。其中较常用的是 JK 触发器和 D 触发器。

第三节 应用举例

一、直流稳压电路

一般电子设备都使用电压稳定的直流电源，交流电网电压经整流和滤波后所得的电压往往随着电源电压的波动和负载的变化而变化，会影响电子设备的工作性能，为了获得稳定的直流电压，需采用稳压电源给设备供电。常用的稳压电路有：稳压管稳压电路、串联型稳压电路、开关型稳压电路、集成稳压器等，其中稳压管稳压电路是最简单的直流稳压电路。

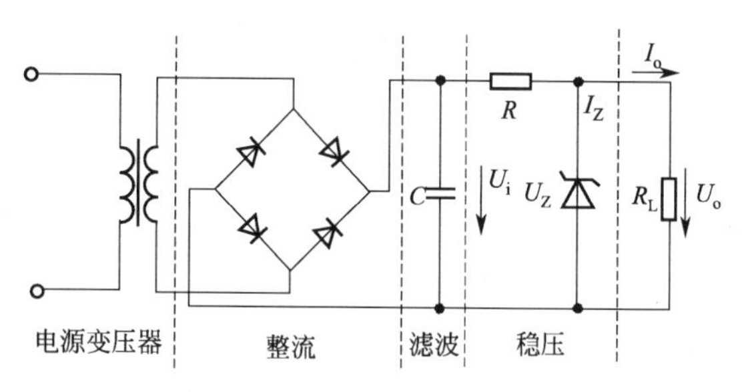

图 2-28　稳压管稳压电路

如图 2-28 所示是一个硅稳压管稳压电路。电路由电源变压器、整流电路、滤波电路和稳压电路四部分组成。稳压电路是由限流电阻 R 和稳压管 U_Z组成的，它将经过整流和滤波环节得到的直流电压 U_i稳压为稳定的直流电压 U_o。

稳压管是一种特殊的二极管，在电路中其阴极接高电位、阳极接低电位（与普通二极管相反）。由于制作工艺不同，稳压管工作在反向击穿区，在它的正常工作区内，PN 结不会损坏，但如果其反向电流超过最大反向电流 I_{ZM}时，稳压管也会损坏。电路中引起电压不稳定的主要原因是交流电源电压的波动和负载电流的变化，而稳压电路可以将这种变化引起的电压变化削弱。例如当电源电压升高时，电路中的各种电参量会发生如下变化：

$$u_2\uparrow\longrightarrow U_i\uparrow\longrightarrow U_o\uparrow(U_Z\uparrow)\longrightarrow I_Z\uparrow\longrightarrow I\uparrow(=I_Z+I_o)\longrightarrow IR\uparrow\longrightarrow U_O\downarrow(=U_i-IR)$$

即电路将电源电压升高引起的输出电压升高给削弱了，使输出电压被稳定。

当电网没有波动而负载变化时（例如负载减小），电路中的变化过程为：

$$R_L\downarrow\longrightarrow U_o\downarrow(U_Z\downarrow)\longrightarrow I_Z\downarrow\longrightarrow I\downarrow(=I_Z+I_o)\longrightarrow IR\downarrow\longrightarrow U_o\uparrow(=U_i-IR)$$

即电路将负载减小引起的输出电压降低给削弱了，使输出电压被稳定。

二、运算放大器的应用

集成运算放大器不仅可以作为性能很好的放大器件应用于放大电路中，还可以加上各种反馈网络实现信号的处理、比较、运算、波形的产生和转换、有源滤波等功能。按照运算放大器的工作区不同可以分为线性区应用和非线性区应用两类。

对于种类繁多、形式各异的运算放大器应用电路，在分析它们的工作原理时，可以将集成运算放大器看成是一个理想的运算放大器。理想运算放大器的主要条件是：

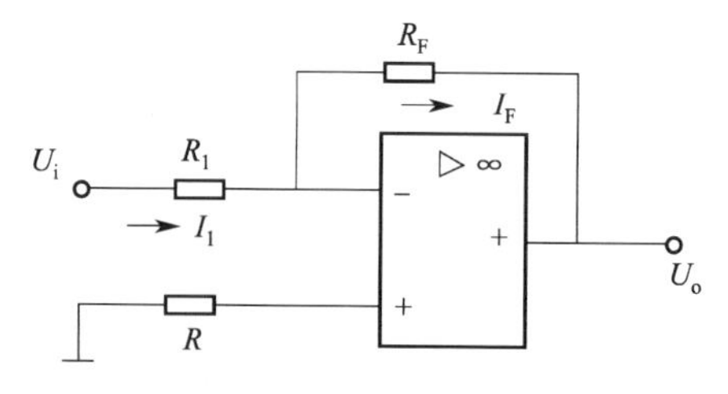

图 2-29　反相比例运算电路

开环电压放大倍数 $A_{uo}\to\infty$；

差模输入电阻 $r_{id}\to\infty$；

开环输出电阻 $r_o\to 0$；

共模抑制比 $K_{CMRR}\to\infty$。

工作在线性区内的理想运算放大器有以下两个特点（如图 2-29 所示）。

1. 虚短

运算放大器的开环电压放大倍数 $A_{uo}\to\infty$，因此理想运算放大器的同相输入端与反相输入端的电位近似相等，即：$U_+=U_-$。如果同相输入端接“地”，即 $U_+=0$，由于运放的同相输入端的电位与反相输入端的电位近似相等，则 $U_-=0$，反相输入端的电位接近于“地”电位，称为“虚地”。

2. 虚断

由于运算放大器的差模输入电阻 $r_{id}\to\infty$，因此理想运算放大器的输入电流等于零。即：

$$I_{+}=I_{-}=0$$

集成运算放大器在线性区可以进行比例、加法、减法、微分、积分、乘法等运算，下面以运算放大器组成的反相和同相比例运算应用为例，介绍运算放大器在电路中的具体应用。

3. 反相比例运算

比例运算有反相比例运算和同相比例运算两种接法，如果输入信号从反相输入端输入，是反相比例运算；若信号从同相输入端输入，是同相比例运算。如图 2-29 所示电路是反相比例运算电路，电路的输入 U_i经电阻 R_1从运放的反相输入端输入，运放的同相输入端经电阻 R 接地，电阻 R_F组成反馈网络。

电路中的同相输入端接地，由于运放的线性区的同相输入电流为零，R 上没有压降，因此 $U_{+}=0$。

又因运放的线性区 $U_{+}=U_{-}$，所以 $U_{-}=0$。这种现象称为“虚地”。

由于流入集成运放的电流为零，所以 $I_1=I_F=0$，即：

$$\frac{U_i-U_-}{R_1}=\frac{U_- -U_o}{R_F}$$

式中，$U_-=0$，由此可求得电压放大倍数为 $K=\frac{U_o}{U_i}=-\frac{R_F}{R_1}$，由于 R_F和 R_1为常数，则输出电压与输入电压成比例关系，负号表示输出电压与输入电压的相位相反，即此电路实现了反相比例运算。

如果取 $R_1=R_F$，则输出电压与输入电压的比例系数为-1，即电路实现了变相运算，此电路也称为倒相电路。

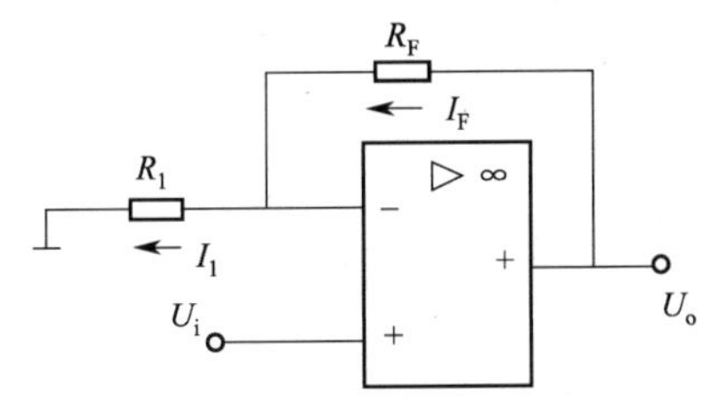

图 2-30 同相比例运算电路

4. 同相比例运算

如图 2-30 所示为同相比例运算电路，电路的输入电压从同相输入端输入，反相输入端经电阻 R_1 接地，电阻 R_F组成反馈网络。

电压由运放的同相输入端输入，即：$U_i=U_+$，又因为运放的线性区 $U_+=U_-$，所以$U_-=U_i$。

由于流入集成运放的电流为零，所以 $I_L=I_F$，即

$$\frac{U_-}{R_1}=\frac{U_o}{R_1+R_F}$$

式中，$U_-=U_i$，由此可求得电压放大倍数为 $K=\frac{U_o}{U_i}=\frac{R_1+R_F}{R_1}=1+\frac{R_F}{R_1}$，由于 R_F和 R_1为常数，则输出电压与输入电压成比例关系，并且输出电压与输入电压的相位相同，即此电路实现了同相比例运算。

三、计数器与寄存器

(一) 计数器

计数器是一种应用广泛的时序逻辑电路，它是触发器的应用之一。计数器的基本结构主要由 JK、D 触发器转换成的 T 和 T′触发器以及控制逻辑门电路来构成。计数器是用来累计脉冲数的电路。计数器的种类很多，用途广泛。不仅有二进制计数器，还有十进制、八进制、十六进制计数器以及其他任意进制的计数器；按照计数器的时钟触发方式还可以分为同步计数器和异步计数器；还有串行进位计数器（指组成计数器的触发器的信号按照从低位到高位依次传输的方式）和并行进位计数器（即组成计数器的各级触发器按照时钟的节拍同时

触发）。

（二）数码寄存器

寄存器是一种典型的时序逻辑电路，它用来暂存二进制代码。具有记忆功能的触发器也是寄存器的基本单元。寄存器具有寄存、清零和记忆等功能，有的寄存器还具有移位功能，按照寄存器的功能不同可分为数码寄存器和移位寄存器。

1. 数码寄存器

数码寄存器用来暂存多位二进制数码，它具有清零、暂存、接收和发送数据的功能，它的基本单元为触发器，一个触发器可用来暂存一位二进制数，如果为 n 位寄存器，则电路中有 n 个触发器。如图 2-31 所示为一个四位数码寄存器的原理框图。

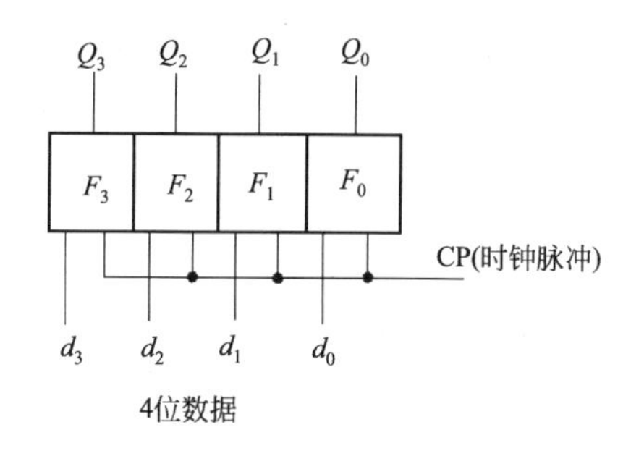

图 2-31　数码寄存器的原理框图

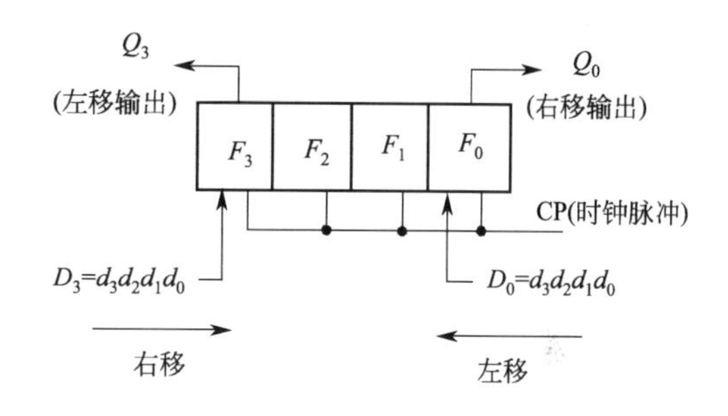

图 2-32　移位寄存器的原理框图

数码寄存器可作为缓冲器、存储寄存器、暂存寄存器、累加器等使用。

2. 移位寄存器

移位寄存器比数码寄存器多了移位功能，即能够将寄存器中暂存的二进制数码根据需要逐位向左或向右移动，并且既可以移入寄存器又可以移出寄存器。移位寄存器也是以触发器为基本寄存单元的电路。如图 2-32 所示为四位移位寄存器的原理框图。

四、模/数与数/模转换

随着计算机技术的发展，计算机在各个领域中得到广泛的应用，在控制系统中的量一般都是连续变化的模拟量，例如化工系统中的温度、流量、物位、压力等物理量。这些模拟量必须转换为数字量，才能输入计算机，由计算机对数据进行处理。当计算机处理后，必须将计算机输出的数字量再转换为模拟量，才能驱动执行机构对系统进行控制。将模拟量转换为数字量的电路称为模/数转换电路（A/D 转换），将数字量转换为模拟量的电路称为数/模转换电路（D/A 转换）。

（一）D/A 转换电路

D/A 转换电路的输入是二进制数，输出的是电压信号。它实际上是一个由运算放大器构成的模拟加法器，将二进制数各位不同的权由电阻网络和电子开关按比例与基准电压相乘后，再输入到运算放大器构成的加法器中相加，运放的输出即为相应模拟量的输出。D/A 转换电路的种类很多，比较常用的是电阻网络数/模转换电路。电阻网络数/模转换电路可以分为权电阻网络数/模转换电路、R-2R T 形电阻网络数/模转换电路、R-2R 倒 T 形电阻网络数/模转换电路。现在广泛使用的数/模转换电路一般都是集成电路。

（二）A/D 转换电路

A/D 转换电路输入的是连续的模拟量，输出的是离散的数字量。因此要将模拟量转换为数字量需要经过采样、保持、量化和编码过程。A/D 转换电路中比较常用的是逐次逼近型 A/D 转换电路、并联比较型 A/D 转换电路和双积分型 A/D 转换电路。现在模/数转换电路一般也都采用集成电路。

第四节 训练项目

项目一 串联型稳压电源的安装与调试

一、操作步骤

（1）画出电路图，根据原理图选用元器件。

① 串联型稳压电源电路如图 2-33 所示。

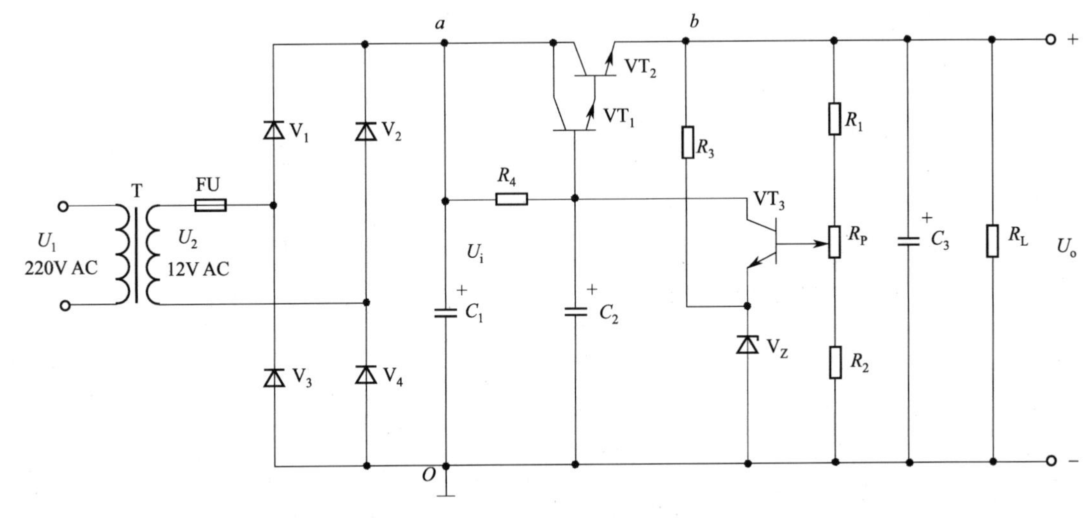

图 2-33 串联型稳压电源电路板原理图

② 电路元器件清单见表 2-6。

表 2-6 串联型稳压电源电路元器件

标　　识	名　　称	规　　格	数　　量
T	电源变压器	220V/12V	1
FU	熔断器	0.5A	1
$V_1 \sim V_4$	整流二极管	1N4007	4
C_1、C_3	电解电容器	220μF/25V	2
C_2	电解电容器	22μF/25V	1
VT_1	三极管	3DG12 或 3DG6	1
VT_2	三极管	3DG12 或 BU406	1
VT_3	三极管	3DG12	1
V_Z	稳压管	2CW56	1
R_1	电阻	430Ω/0.5W	1
R_2	电阻	650Ω/0.5W	1
R_3、R_4	电阻	1kΩ/0.5W	2
R_P	可调电位器	1kΩ/1W	1

③ 使用工具与设备　万用表、示波器、电工工具、铆钉板、电烙铁、焊锡丝、连接导线。

（2）元器件的识别与测试。

（3）电路板布局，画出安装草图。

（4）电路板的安装与焊接。

（5）通电调试，用示波器观测电压变换波形。

二、串联型稳压电源电路板的安装与焊接

（一）元器件的识别与测试

（1）用万用表的欧姆挡测量整流二极管正负极，并判断二极管的好坏。

方法：万用表两表笔与二极管两管脚接触，测得两个电阻值；比较读数：读数小的与黑表笔所接的为正极。

（2）测量电阻阻值和可调电位器的变化范围，并将测量结果填入表2-7中。

表2-7　电阻测量数据表

电　阻	标　称　值	色　环	实际测量值	误　差
R_1				
R_2				
R_3				
R_4				
电位器 R_P 的测量：最大值＿＿＿＿＿　最小值＿＿＿＿＿				

（3）测量电解电容的正负极，并判断好坏。

方法：把万用表打到欧姆挡，选择合适量程，用万用表两个表笔与电解电容两管脚接触，看指针是否有充放电的偏转过程。如有充放电的过程，说明电容器是好的，可以使用。

（4）判断三极管的管脚，用万用表测出三极管的b、e、c三端。

（5）判断稳压管的正负极。

（二）电路板的安装与焊接

（1）安装前，铆钉板板面要整洁干净，铆钉孔的焊锡清理干净，以便插接元器件。

（2）根据铆钉板的大小，在铆钉板上按原理图合理布局插件，设计各元件的摆放位置和电路板的布线，使得电路进出分明有序，板面元件排列整齐、紧凑、匀称。可以按照设计的布局画出安装草图。

（3）将器件引线刮脚、上锡，按安装孔距成形后，插入线路板上所对应的孔中。元器件要从铆钉孔正面插入，背面焊接导线，一个铆钉孔只准插装一个引脚。

（4）将铆钉板上元器件按原理图进行焊接，电路焊接在铆钉孔反面进行，焊接时要注意二极管和电解电容的正、负板，三极管的e、b、c极等不要接错；连线规范，不可交叉以防短路，尽可能整齐、平直。

（三）电路板安装与焊接时的注意事项

（1）安装时，应先安装小元件（如电阻），然后安装中型元件，最后安装大型元件，这样便于安装操作。

（2）插接元件时，元件外形的标注字（如型号、规格、数值）应放在看得见的一面。同一种元件的高度应当尽量一致。

（3）焊接时电烙铁与元器件接触时间不要太长，以防烧坏元器件。

（4）可以将元器件管脚、铆钉孔、连接导线涂以适当的焊锡，以方便焊接。

（5）要求焊点导电性、机械强度好；焊点光滑、无毛刺；无虚焊、漏焊、脱焊等现象。

三、串联型稳压电源电路板的检测与调试

（1）电路安装焊接完成后，对照电路原理图，检查元器件位置和管脚焊接是否正确，核对电路连线是否正确。观察铆钉板上焊点有无漏焊、错焊、虚焊和短路现象。并且将电路板上的线头等杂物清理干净。

（2）电路板通电后，首先观察电路有无异常现象，如出现元器件冒烟、变色，有焦味等异常现象，要及时断开电源，排除故障后再通电检测。

（3）检查电路没有异常现象后，对电路进行测试，用万用表分别测量电路中的电压 U_1、U_2 和 U_i，并填写在表 2-8 中。改变可调电位器 R_P 数值，测量输出电压 U_o，将 R_P 不同数值时测量的输出电压 U_o 填入表 2-8 中。

表 2-8　串联型稳压电源测试数据表

内　容	电源电压/V		稳压管电压/V	输入电压/V	输出电压 U_o/V			
	U_1	U_2	V_Z	U_i	U_{o1}	U_{o2}	U_{o3}	U_{o4}
计算值								
测量值								
相对误差								

注：测量输出电压 U_O 时需调整 R_P 为不同数值进行测量。

（4）用示波器测量交流电压 u_1、u_2 和电路图中 ao 端之间的输入电压 U_i 波形，以及输出电压 U_o 的波形。

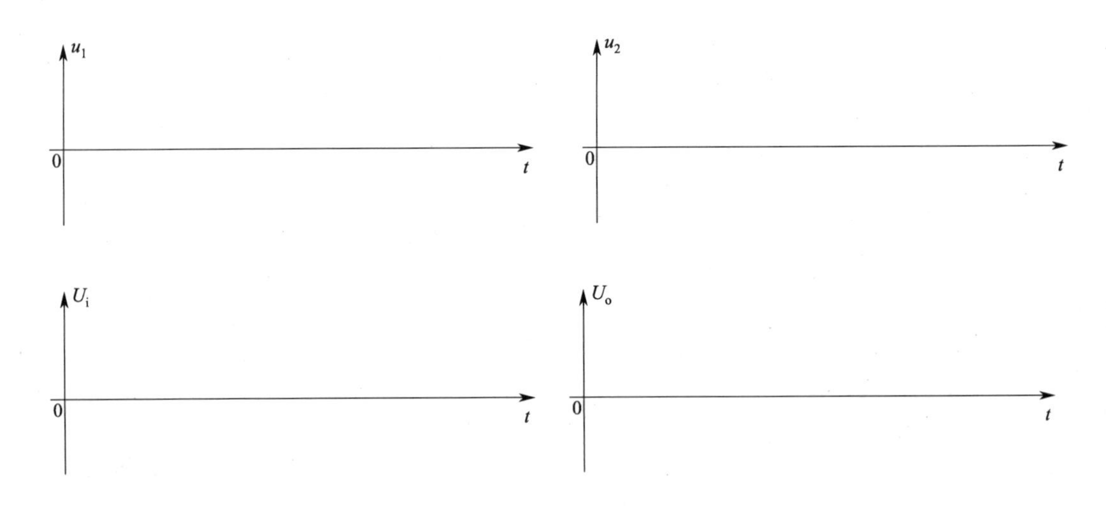

四、实训工作报告

（1）写出本次实训的目的、意义、实训步骤和实训原理。

（2）总结各元件的检测方法与好坏判定的方法。写出万用表、示波器等仪器的使用方法。

（3）总结电路板安装、布线和焊接的方法。写出电烙铁的使用方法和注意事项。

（4）分析电路通电调试后出现的故障、原因及解决措施。

（5）收获与体会。

五、项目评价

(一) 项目实施结果考核

由项目委托方代表（一般来说是教师）对项目一各项任务的完成结果进行验收、评分，对合格的任务进行接收。

(二) 考核方案设计

学生成绩的构成：主要视项目完成情况进行考核评价。

具体的考核内容：主要考核项目完成的情况作为考核能力目标、知识目标、拓展目标的主要内容，具体包括：完成项目的态度、项目报告质量（材料选择的结论、依据、结构与性能分析、可以参考的改性意见或方案等）、资料查阅情况、问题的解答、团队合作、应变能力、表述能力、辩解能力、外语能力等。

项目（课内项目）完成情况考核评分表见表 2-9。

表 2-9　串联型稳压电源安装与调试项目考核评分表

评分内容		评 分 标 准		配分	得分
元器件检测		元器件检测不正确一个扣 2 分，极性判断错误一个扣 2 分，共 20 分，扣完即止		20	
元件安装与布线		元件安装不正确每个元件扣 5 分，布线不正确每条线扣 5 分，安装布线不美观扣 5 分，共 20 分，扣完即止		20	
电路板焊接		焊点虚焊、漏焊一处扣 5 分，焊点不美观、有毛刺每处扣 2 分，共 20 分，扣完即止		20	
电路板检测与调试		不会使用示波器扣 5 分，电路出现故障不会排除每处扣 10 分，电路调试方法错误扣 10 分，电路通电后损坏扣 20 分，共 20 分，扣完即止		20	
团结协作		小组成员分工协作不明确扣 5 分；成员不积极参与扣 5 分		10	
安全文明生产		违反安全文明操作规程扣 5～10 分		10	
项目成绩合计					
开始时间		结束时间		所用时间	
评语					

项目二　抢答器的设计与制作

一、项目要求

(一) 设计制作任务与要求

（1）结合所学的数字电路基本知识来完成一个 8 路抢答器电路的设计，要求电路能够完成抢答器的基本功能。

（2）根据设计的抢答器电路在铆钉板上进行布局连线和电路焊接，完成 8 路抢答器的制作。

（3）完成抢答器电路的调试，使其实现 8 路抢答功能。

(二) 抢答器的基本功能

（1）抢答器可同时供 8 名选手进行比赛，选手编号分别为 0、1、2、3、4、5、6、7，每名选手配置一个抢答按钮，按钮的编号与选手的编号相对应，分别是 S0、S1、S2、S3、S4、S5、S6、S7。

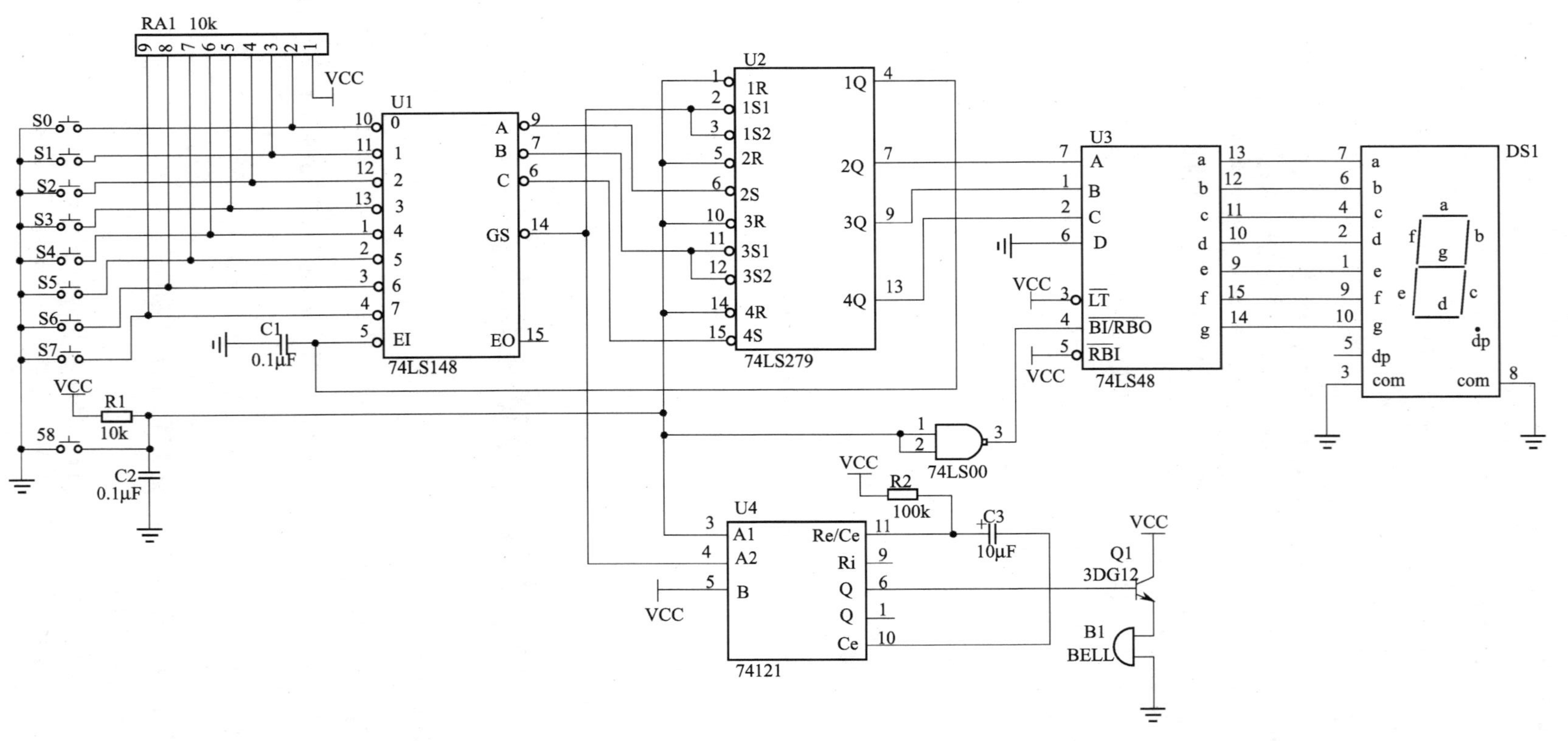

图 2-34 八路抢答器参考电路图 1

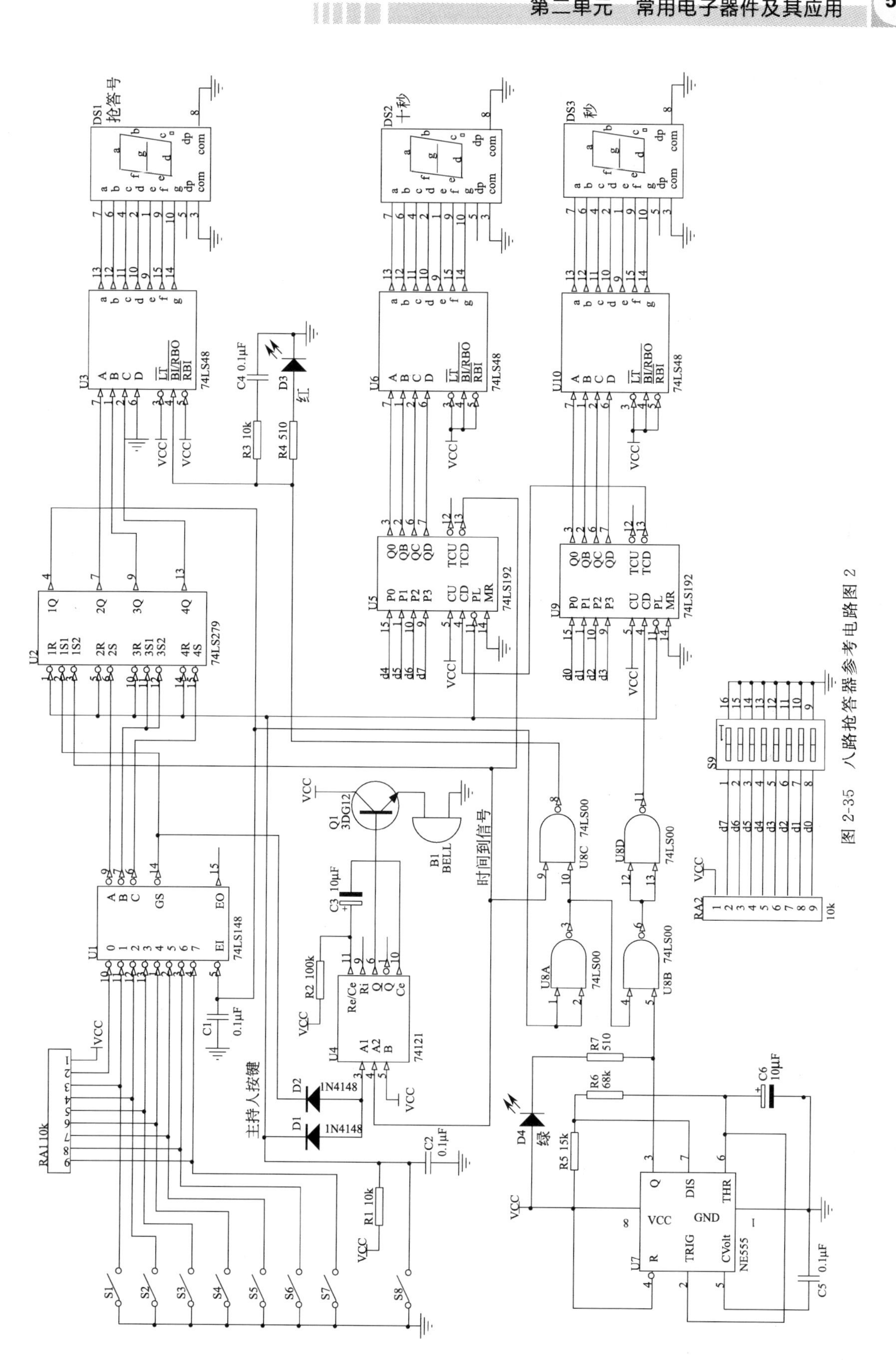

图 2-35　八路抢答器参考电路图 2

（2）设置一个主持人控制按钮 S8。当抢答开始时，主持人按下按钮 S8，抢答号显示数码管灭灯，同时扬声器发出音响提示开始抢答。

（3）抢答开始后，若有选手首先按动抢答按钮，在 LED 数码管上显示选手的编号，同时扬声器发出音响。此时封锁输入电路，禁止其他选手抢答，并将优先抢答选手的编号一直保持到主持人再次按下主持人控制按钮为止。

根据设计要求可以自行选用数字芯片和电路组成，也可以安装参考电路直接完成电路的制作，实现抢答器基本设计功能的参考电路图，如图 2-34 所示。

(三) 抢答器的扩展功能

如果课时允许，在完成基本功能设计和制作的基础上可以继续实现扩展功能。即在实现抢答器的抢答显示等基本功能的基础上，增加脉冲发生电路、逻辑控制电路和时钟显示电路的功能。

（1）当主持人按下按钮 S8 后，用两位 LED 数码管显示抢答时间，并且开始倒计时。

（2）如果时间显示为 00 时，即在规定的时间内没有选手抢答，则本次抢答无效，并封锁输入电路，禁止选手再抢答，主持人宣读答案，并且开始下一题。

（3）抢答器的定时时间可以通过拨码开关进行设定和调整。

能够实现抢答器基本功能和扩展功能的参考电路如图 2-35 所示。

二、相关芯片的功能说明

(一) 优先编码器 74LS148

编码器可以实现对输入信号的编码，在同一时刻内只允许对一个信号进行编码，否则输出的代码会发生混乱。如果在同一时间内，有多个输入信号请求编码时，只对优先级别高的信号进行编码的逻辑电路，称为优先编码器。电路中采用的 74LS148 芯片就是一种常用的集成八线—三线优先编码器。图 2-36(a) 是其功能简图，图 2-36(b) 是管脚引线图，表2-10是其真值表。

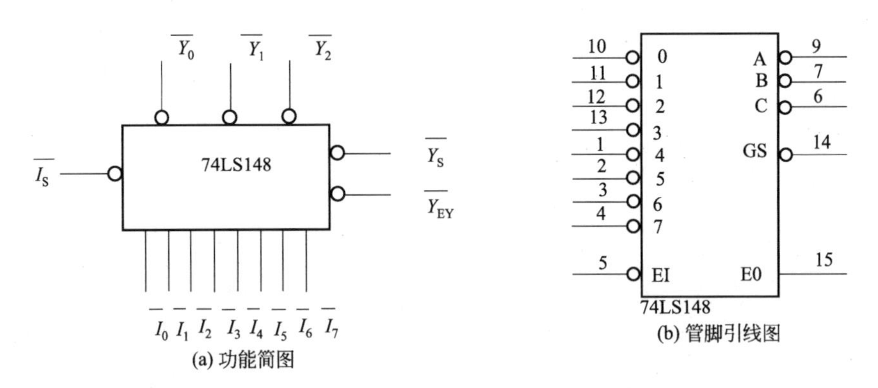

图 2-36 74LS148 八线—三线优先编码器

表 2-10 74LS148 八线—三线优先编码真值表

输入									输出				
$\overline{I}_S$	$\overline{I}_0$	$\overline{I}_1$	$\overline{I}_2$	$\overline{I}_3$	$\overline{I}_4$	$\overline{I}_5$	$\overline{I}_6$	$\overline{I}_7$	$\overline{Y}_2$	$\overline{Y}_1$	$\overline{Y}_0$	$\overline{Y}_{EY}$	$\overline{Y}_S$
1	×	×	×	×	×	×	×	×	1	1	1	1	1
0	1	1	1	1	1	1	1	1	1	1	1	1	0
0	×	×	×	×	×	×	×	0	0	0	0	0	1
0	×	×	×	×	×	×	0	1	0	0	1	0	1
0	×	×	×	×	×	0	1	1	0	1	0	0	1

续表

输　入									输　出				
0	×	×	×	×	0	1	1	1	0	1	1	0	1
0	×	×	×	0	1	1	1	1	1	0	0	0	1
0	×	×	0	1	1	1	1	1	1	0	1	0	1
0	×	0	1	1	1	1	1	1	1	1	0	0	1
0	0	1	1	1	1	1	1	1	1	1	1	0	1

(二) RS 触发器 74LS279

74LS279 芯片如图 2-37 所示，图上有四路 RS 触发器，在抢答器电路中可以用于对编码信号进行锁存的功能。触发器是一种具有记忆功能，并且其状态能在触发脉冲作用下迅速翻转的逻辑电路。基本 RS 触发器为低电平触发，R 为置 0 端，S 为置 1 端，RS 触发器的工作状态分为如下几种。

图 2-37　芯片 74LS279 管脚引线图示图

(1) 保持状态。当输入端 $\overline{S}=\overline{R}=1$（高电平）时，触发器保持原状态不变。

(2) 置 0 状态。当 $\overline{S}=1$、$\overline{R}=0$ 时，触发器输出为 $Q=0$、$\overline{Q}=1$。

(3) 置 1 状态。当 $\overline{S}=0$、$\overline{R}=1$ 时，触发器输出为 $Q=1$、$\overline{Q}=0$。

(4) 不定状态。当 $\overline{S}=\overline{R}=0$ 时，无论触发器的原状态如何，均会使 $Q=1$，$\overline{Q}=1$。当脉冲去掉后，$\overline{S}$ 和 $\overline{R}$ 同时恢复高电平后，触发器的新状态要看 G_1 和 G_2 两个门翻转速度快慢，所以称 $\overline{S}=\overline{R}=0$ 是不定状态，在实际电路中要避免此状态出现。

74LS279 芯片管脚引线图如图 2-37 所示，该芯片具有置 0、置 1、保持功能且不允许 $\overline{S}$ 与 $\overline{R}$ 同时为 0。即当 R 端输入为低电平时，对应 Q 端输出为 0 状态；当 S 端输入为低电平时，对应 Q 端输出为 1 状态。

(三) 译码与显示电路

译码与编码是相反的过程，是将二进制代码表示的特定含义翻译出来的过程。能实现译码功能的组合逻辑电路称为译码器。

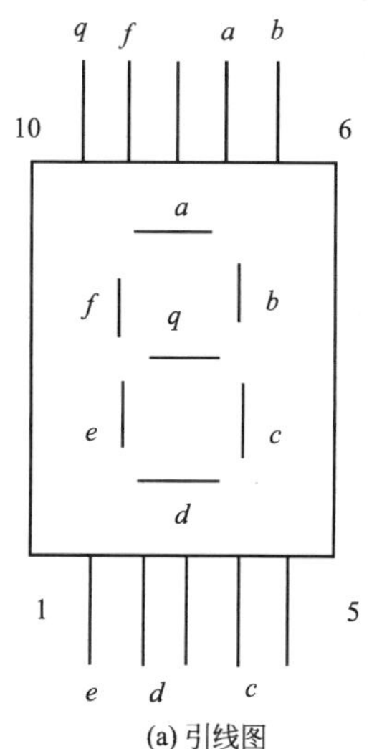

(a) 引线图

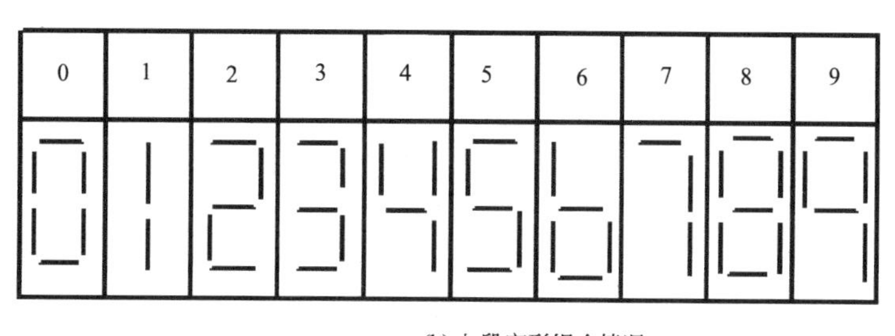

(b) 七段字形组合情况

图 2-38　七段 LED 数码管

显示译码器由译码输出和显示器配合使用，最常用的是 BCD 七段译码器。其输出是驱动七段字形的七个信号，常见产品型号有 74LS48、74LS47 等。

字符显示器：分段式显示是将字符由分布在同一平面上的若干段发光笔画组成。电子计算器，数字万用表等显示器都是显示分段式数字。而 LED 数码显示器是最常见的。图 2-38 是七段 LED 数码管的引线图和显示数字情况。74LS47 译码驱动器输出是低电平有效，所以配接的数码管须采用共阳极接法；而 74LS48 译码驱动器输出是高电平有效，所以，配接的数码管须采用共阴极接法。

图 2-39(a) 是共阴式 LED 数码管的原理图，使用时，共阴极接地，7 个阳极 $a \sim g$ 由相应的 BCD 七段译码器来驱动，如图 2-39(b) 所示。

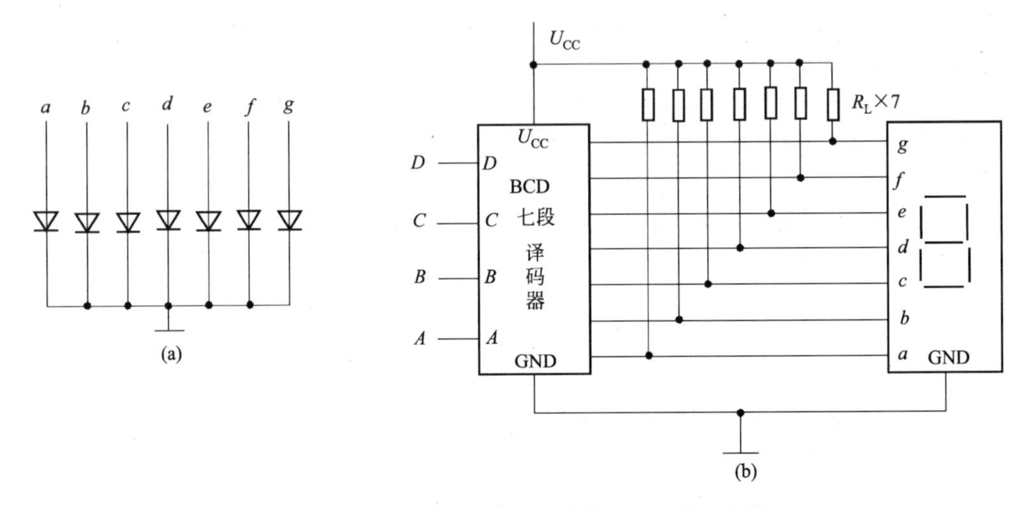

图 2-39 共阴极 LED 数码管的原理图和驱动电路

74LS48 是输出高电平有效的中规模集成 BCD 七段显示译码驱动器，它的功能简图和管脚引线图如图 2-40 所示。其真值表见表 2-11 所示。

表 2-11 74LS48 BCD 七段译码驱动器真值表

十进制数或功能	输入						$\overline{I}_{BR}/\overline{Y}_{BR}$	输出						
	$\overline{LT}$	$\overline{I}_{BR}$	A_3	A_2	A_1	A_0		a	b	c	d	e	f	g
0	1	1	0	0	0	0	1	1	1	1	1	1	1	0
1	1	×	0	0	0	1	1	0	1	1	0	0	0	0
2	1	×	0	0	1	0	1	1	1	0	1	1	0	1
3	1	×	0	0	1	1	1	1	1	1	1	0	0	1
4	1	×	0	1	0	0	1	0	1	1	0	0	1	1
5	1	×	0	1	0	1	1	1	0	1	1	0	1	1
6	1	×	0	1	1	0	1	0	0	1	1	1	1	1
7	1	×	0	1	1	1	1	1	1	1	0	0	0	0
8	1	×	1	0	0	0	1	1	1	1	1	1	1	1
9	1	×	1	0	0	1	1	1	1	1	0	0	1	1
10	1	×	1	0	1	0	1	0	0	0	1	1	0	1
11	1	×	1	0	1	1	1	0	0	1	1	0	0	1
12	1	×	1	1	0	0	1	0	1	0	0	0	1	1
13	1	×	1	1	0	1	1	1	0	0	1	0	1	1
14	1	×	1	1	1	0	1	0	0	0	1	1	1	1
15	1	×	1	1	1	1	1	0	0	0	0	0	0	0
灭灯	×	×	×	×	×	×	0	0	0	0	0	0	0	0
灭零	1	0	0	0	0	0	0	0	0	0	0	0	0	0
试灯	0	×	×	×	×	×	1	1	1	1	1	1	1	1

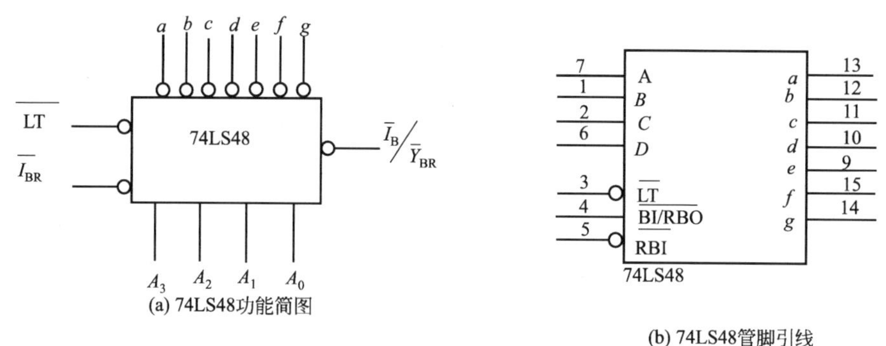

图 2-40　74LS48 示图

74LS48 的输入端是 $A_3A_2A_1A_0$ 四位二进制信号（8421BCD 码），a、b、c、d、e、f、g 是七段译码器的输出驱动信号，高电平有效。可直接驱动共阴极七段数码管，$\overline{LT}$、$\bar{I}_{BR}$、$\bar{I}_B/\bar{Y}_{BR}$ 是使能端，起辅助控制作用。

三、项目实施

将学生根据实训平台（条件）按照“项目要求”进行分组实施。

（一）抢答器电路图设计

根据电路设计的要求，设计抢答器电路，并且选用相关元器件。

（二）元器件测试与电路制作

（1）用万用表测试电阻、三极管、电容等元器件。识别选用的数字芯片和管脚编号。

（2）依照设计的抢答器电路图，在铆钉板上设计元器件的位置，使电路尽量均匀分布在电路板上，电路布局合理，美观整洁。

（3）根据电路布局进行电路的焊接与制作。

（三）电路检测与调试

（1）电路焊接完成后，仔细对照电路原理图，检查元器件位置和管脚焊接是否正确，核对电路连线是否正确。

（2）观察铆钉板上焊点有无漏焊、错焊、虚焊和短路现象。并且将电路板上的线头等杂物清理干净。

（3）测试电路是否能够实现 8 路抢答功能。如果电路不能实现此功能，分析电路出现的问题，并小组讨论解决问题，最终实现功能要求。

四、实训工作报告

（1）写出本次实训的目的、意义、实训步骤和实训原理。

（2）总结各元件的检测方法与数字芯片管脚的识别方法。

（3）总结数字电路的设计和制作方法。

（4）分析电路通电调试后出现的故障、原因及解决措施。

（5）收获与体会。

五、项目评价

（一）项目实施结果考核

由项目委托方代表（一般来说是教师）对项目二各项任务的完成结果进行验收、评分，对合格的任务进行接收。

(二) 考核方案设计

学生成绩的构成：主要视项目完成情况进行考核评价。

具体的考核内容：主要考核项目完成的情况作为考核能力目标、知识目标、拓展目标的主要内容，具体包括：完成项目的态度、项目报告质量（材料选择的结论、依据、结构与性能分析、可以参考的改性意见或方案等）、资料查阅情况、问题的解答、团队合作、应变能力、表述能力、辩解能力、外语能力等。

项目（课内项目）完成情况考核评分表见表 2-12。

表 2-12 抢答器设计与制作项目考核评分表

评分内容	评分标准	配分	得分
元器件检测	元器件检测不正确一个扣 2 分，极性判断错误一个扣 2 分，数字芯片管脚错误每处扣 2 分，共 20 分，扣完即止	20	
元件安装与布线	元件安装不正确每个元件扣 5 分，布线不正确每条线扣 5 分，安装布线不美观扣 5 分，共 20 分，扣完即止	20	
电路板焊接	焊点虚焊、漏焊一处扣 5 分，焊点不美观有毛刺每处扣 2 分，共 20 分，扣完即止	20	
电路板检测与调试	功能无法实现扣 10～20 分，电路出现错误每处扣 5 分，元器件损坏每个扣 10 分，共 20 分，扣完即止	20	
团结协作	小组成员分工协作不明确扣 5 分；成员不积极参与扣 5 分	10	
安全文明生产	违反安全文明操作规程扣 5～10 分	10	
项目成绩合计			
开始时间	结束时间	所用时间	
评语			

第五节 习题与思考题

2-1 二极管具有什么作用？其图形符号是怎样表示的？

2-2 什么叫整流？整流有几种方式？什么叫滤波？滤波有几种方式？

2-3 三极管具有什么特性？其图形是怎样表示的？

2-4 单管放大器为什么具有倒相作用？多级交流放大电路为什么常采用阻容耦合？

2-5 什么叫放大器的反馈？通常有几种形式？正、负反馈各在什么情况下使用？电压负反馈、电流负反馈各在什么情况下使用？

2-6 简述直流稳压电源的组成部分及工作过程。

2-7 脉冲与数字为何联系在一起？数字电路为何采用二进制计数？

2-8 数字电路与模拟电路的主要区别是什么？数字电路有什么优点？

2-9 将下列二进制数改用十进制数表示：

(1) 101；(2) 1010；(3) 1000；(4) 11011；(5) 11111；(6) 111000

2-10 将下列十进制数改用二进制数来表示：

(1) 7；(2) 13；(3) 16；(4) 255；(5) 128；(6) 63

2-11 运算放大器有哪些特性？使用运算放大器时应注意哪些问题？

2-12 简述门电路、触发器、寄存器的含义。

2-13 为什么要进行模/数转换与数/模转换？

第三单元 常用电机与电器

关键词

手控电器、接触器、继电器、熔断器、三相异步电动机、变压器。

学习目标

知识目标

了解常用低压电器的特性和使用方法；

掌握常用三相异步电动机的特点、控制方式以及电机保护方式；

了解变压器的原理及使用特点。

能力目标

会根据电气图纸选择低压电器；

能设计常用异步电动机的典型控制电路、安装并通电调试。

第一节 常用低压电器

为了安全、可靠地使用电能，电路中就必须装有各种有调节、分配、控制和保护作用的电气设备，这些电气设备统称为电器。

工作在交流电压 1000V，或直流电压 1200V 以下的电路中起通断、保护、控制或调节作用的电器通称为低压电器。

低压电器是电力拖动自动控制系统中基本的组成元件，它与控制系统的可靠性、先进性、经济性等有着直接的关系，工程技术人员必须熟悉低压电器的结构、原理，并能正确选用和维护。

一、低压电器的分类

低压电器结构各异、品种繁多、用途广泛，其基础配套元件，通常可按以下方法分类。

(一) 按用途分类

(1) 控制电器　用于各种控制电路和控制系统的电器。如接触器、各种控制继电器、控制器、启动器等。

(2) 主令电器　用于各种控制电路和控制系统的电器。如控制按钮、主令开关、行程开关、万能转换开关等。

(3) 保护电器　用于保护电路及用电设备的电器。如熔断器、热继电器、各种保护继电器、避雷器等。

(4) 配电电器　用于电能的输送和分配的电器。如高压熔断器、隔断开关、刀开关、断路器等。

（5）执行电器　用于完成某种动作或传动功能的电器。如电磁铁、电磁离合器等。

(二) 按工作原理分类

（1）电磁式电器　依据电磁感应原理来工作的电器。如交直流接触器、各种电磁式电器等。

（2）非电量控制电器　电器的工作是靠外力或某种非电物理量的变化而动作的电器。如刀开关、行程开关、按钮、速度继电器、压力继电器、温度继电器等。

(三) 按执行功能分类

（1）有触点电器　利用触点的接触和分离来通断电路的电器。如刀开关、接触器、继电器等。

（2）无触点电器　利用电子电路发出检测信号，达到执行指令并控制电路目的的电器。如电感式开关、电子接近开关、晶闸管式时间继电器等。

二、手控电器

手控电器广泛应用于配电线路，用作电源的隔离、保护与控制。常用的有：刀开关、转换开关、控制按钮、行程开关等。

开关是使负载和电源接通或断开的装置。常用的开关有刀开关、铁壳开关、转换开关等。

1. 刀开关

刀开关又称为闸刀开关，是一种结构简单、应用广泛的手控电器。目前常用的闸刀开关是 HK_1、HK_2系列，H 代表刀开关，K 代表开启式。它由操作手柄、触刀、静插座和绝缘底板组成。按刀数可分为单极、双极和三极，其电路符号如图 3-1，结构图如图 3-2 所示。

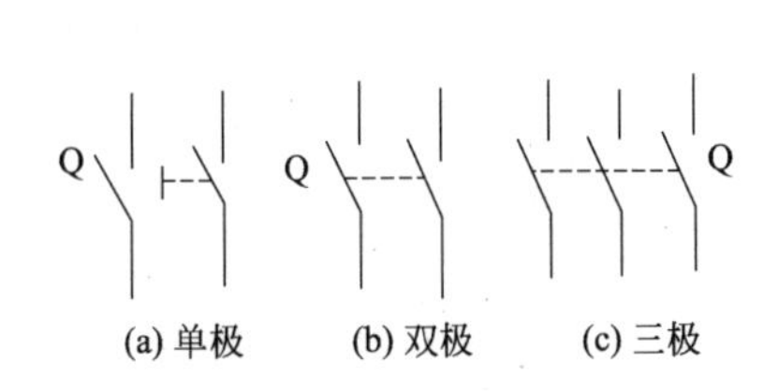

图 3-1　刀开关的符号

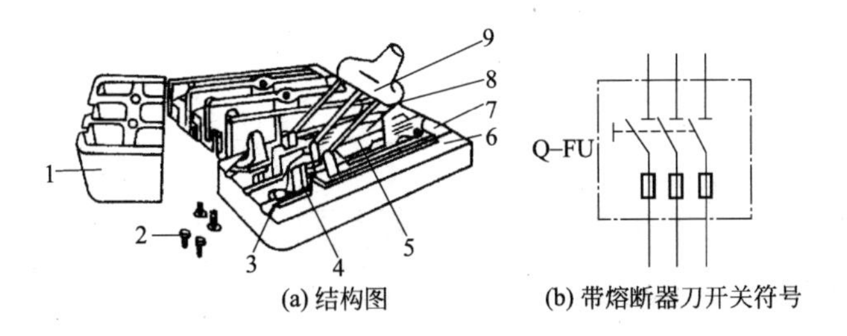

图 3-2　HK 系列瓷底胶盖刀开关

1—胶盖；2—胶盖固定螺钉；3—进线座；4—静触点；5—熔丝；6—瓷底；7—出线座；8—动触点；9—瓷柄

2. 铁壳开关

铁壳开关又称负荷开关，常用的 HH 系列结构和外形如图 3-3 所示。操作机构中，在手柄与底座间装有速动弹簧，使刀开关的接通与断开速度与手柄操作速度无关，这样有利于迅速灭弧。为了保证安全，操作机构装有机械联锁，使盖子大开时手柄不能合闸和手柄合闸时盖子不能打开。

3. 转换开关

转换开关又称组合开关，一般用于电气设备中不频繁地通断电路、转换电源和负载，小容量电动机不频繁的启停控制。

图 3-4 所示为 HZ10 系列转换开关的结构、外形和符号图，它有多对动触片和静触片分

别叠装于数层绝缘壳内，当转动手柄时，每层的动触片随方形转轴一起转动。

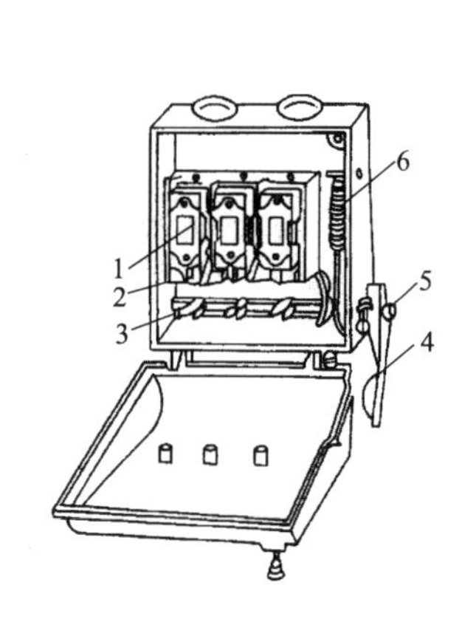

图 3-3　HH 系列铁壳开关

1—熔断器；2—夹座；3—闸刀；
4—手柄；5—转轴；6—速动弹簧

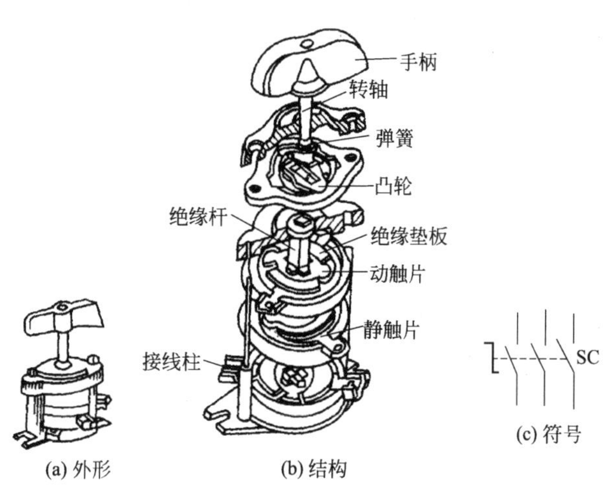

图 3-4　HZ10-10/3 型转换开关

4. 控制按钮

按钮是一种简单的手动开关，用来接通或断开小流量控制电路。

图 3-5 所示为 LA19 系列控制按钮的外形、结构和电路符号图。按钮在结构上有多种形式，如旋转式——用手动旋钮进行操作；指示灯式——按钮内装有信号灯显示信号；紧急式——装有突起的蘑菇形按钮帽，以便紧急操作；带锁式——即用钥匙转动来开关电路，并在钥匙抽出后不能随意动作，具有保密和安全功能。为了便于区别各按钮不同的控制作用，通常将按钮帽做成不同的颜色，以免误操作。常用红色表示停止按钮，绿色表示启动按钮。

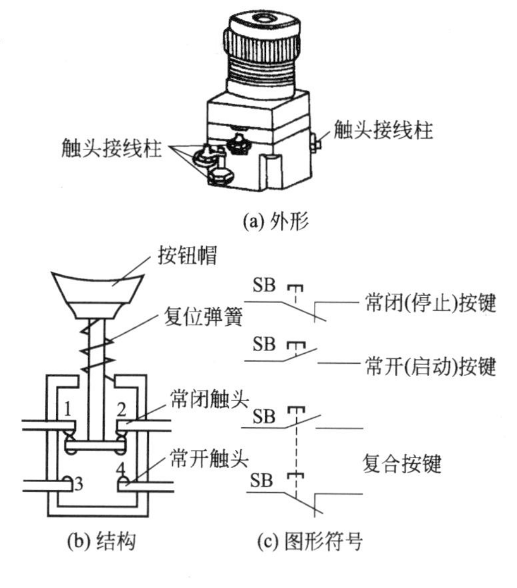

图 3-5　按钮开关

5. 行程开关

行程开关也称为位置开关或限位开关，能将机械信号转换为电信号，以实现对机械运动的控制。通常这类开关被用来反映机械动作或位置，并能实现运动部件极限位置的保护。行程开关的结构可分为三部分：操作机构、触点系统和外壳。行程开关的种类很多，按其机构可分为直动式、转动式和微动式；按其复位方式可分为自动和非自动复位；按触点性质可分为触点式和无触点式。

图 3-6 所示为 JLXK 系列行程开关的外形和图形符号。

三、接触器

接触器是一种利用电磁吸力使触头闭合或断开的自动开关，用于自动地接通与断开大电流电路的电器。其主要控制对象是电动机，可实现远程控制，具有控制容量大、操作频率高、低电压释放保护等特点。

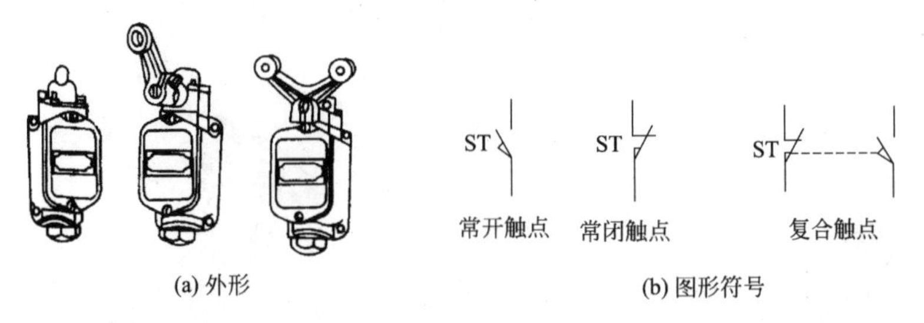

图 3-6　JLXK 系列行程开关

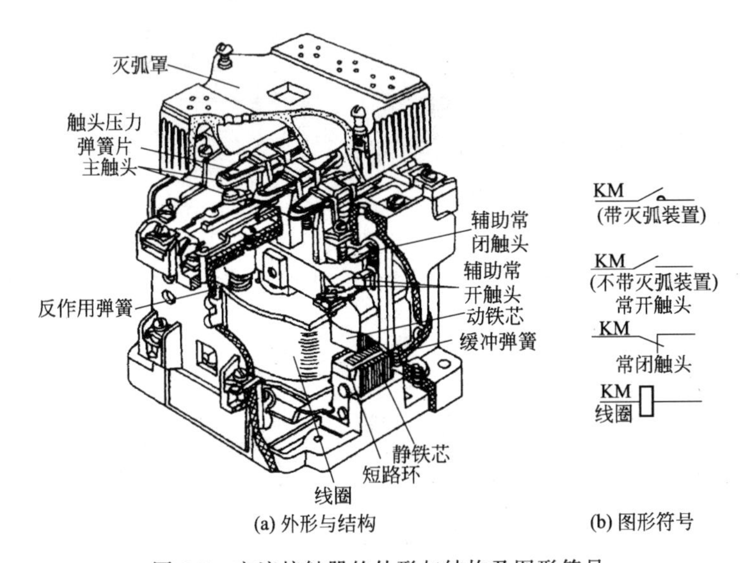

图 3-7　交流接触器的外形与结构及图形符号

接触器按其主触头流过的电流制式不同，可分为交流接触器和直流接触器。图 3-7 为交流接触器的外形图、原理图及符号。

四、继电器

继电器是一种根据电量（电流、电压等）或非电量（压力、转速、时间、热量等）的变化来接通或断开控制电路，以完成控制和保护任务的电器。

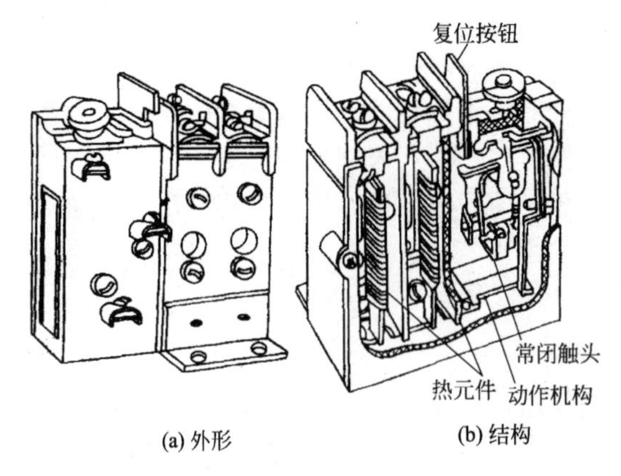

图 3-8　热继电器外形与结构图

继电器种类很多，主要有控制继电器和保护继电器两类。按反映的不同信号，可分为电压继电器、电流继电器、中间继电器、热继电器和速度继电器等；按工作原理可分为电磁式、感应式、电动式、电子式继电器和热继电器等。下面以热继电器为例，介绍继电器的结构和工作原理。

热继电器是一种利用电流的热效应来切断电路的保护电器，常用于电动机的过载保护，其外形图、结构图和符号如图 3-8所示。

常用的热继电器有JR0、JR16 和JR20 系列。

五、熔断器

熔断器又称保险器，是一种低压电路中防止电路短路的保护电器。熔断器有管式、插入式和螺旋式等多种，它们的外形如图 3-9 所示。

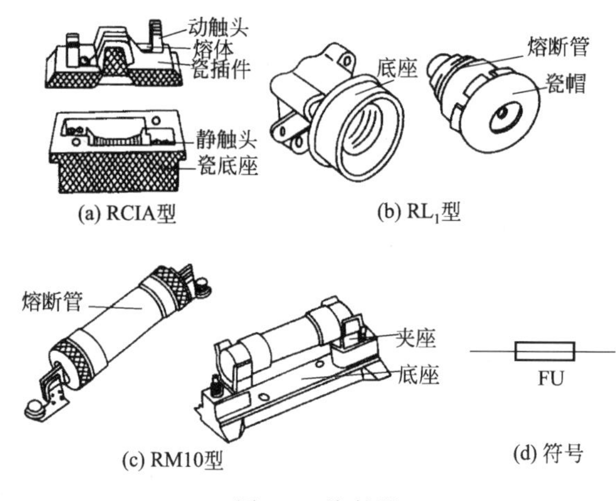

图 3-9　熔断器

第二节
异步电动机

一、三相异步电动机的基本结构

三相异步电动机由两个基本部分构成：不动部分——定子；转动部分——转子。如图 3-10 所示为一鼠笼式电动机拆开后的各个部件的形状。

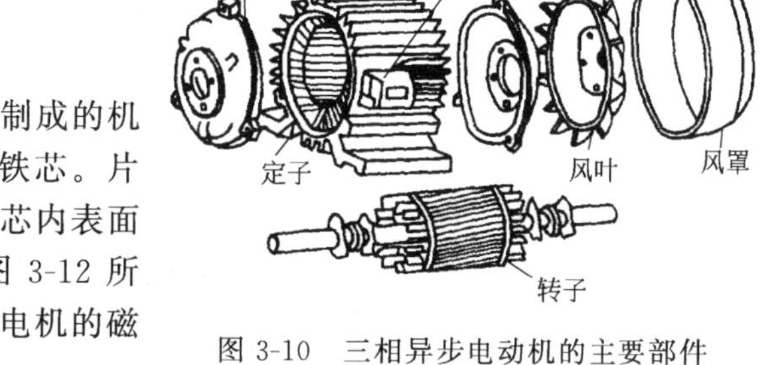

图 3-10　三相异步电动机的主要部件

(一) 定子

异步电动机的定子是装在铸铁或铸钢制成的机座内，由 0.5mm 厚的硅钢片叠成的筒形铁芯。片与片之间相互绝缘，以减少涡流损耗，铁芯内表面上分布有与轴平行的槽，如图 3-11 及图 3-12 所示，槽内嵌有三相对称绕组，绕组是根据电机的磁极对数和槽按照一定规则排列与连接的。

图 3-11　定子的硅钢片

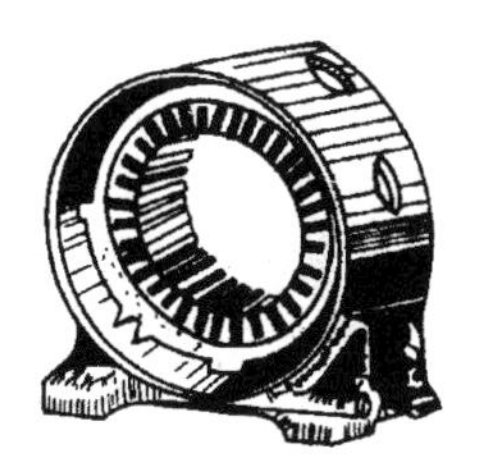

图 3-12　未装绕组的定子

定子三相绕组的六根端子都接到外面的接线盒内，以方便用户连接。

(二) 转子

异步电动机的转子是由 0.5mm 厚的硅钢片如图 3-13 所示叠成的圆柱体，并固定在转子轴上，如图 3-14 所示。转子表面有均匀分布的槽，槽内放有导体。转子有两种形式：鼠笼型转子和绕线型转子。

笼型转子的绕组由安放在槽内的裸导体构成，这些导体的两端分别焊接在两个端环上，因为它的形状像个松鼠笼子，故名笼型转子。笼型转子绕组见图 3-15 所示。

图 3-13 转子硅钢片

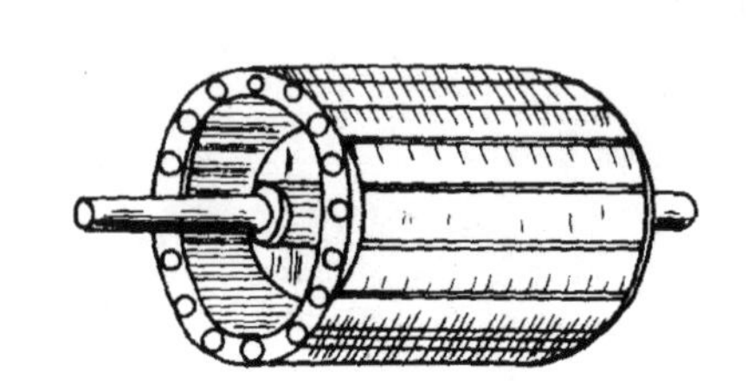
图 3-14 笼型转子

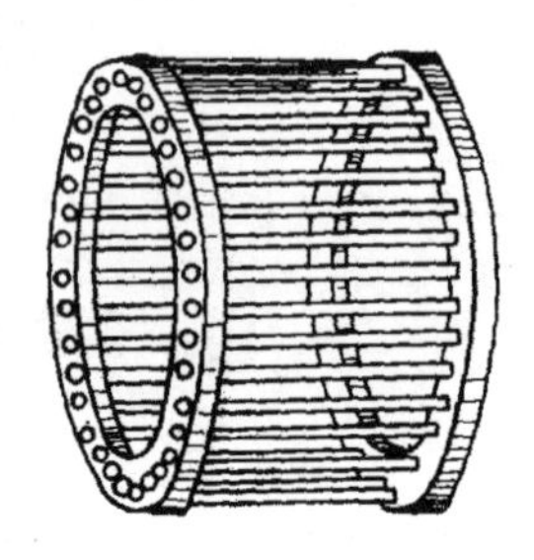
图 3-15 鼠笼

100kW 以下的异步电动机，转子槽内的导体、转子的两个环以及风扇叶一起用铝铸成一个整体（如图 3-16 所示）。

具有上述笼型转子的异步电动机称为笼式异步电动机，这类电动机的外形如图 3-17 所示。

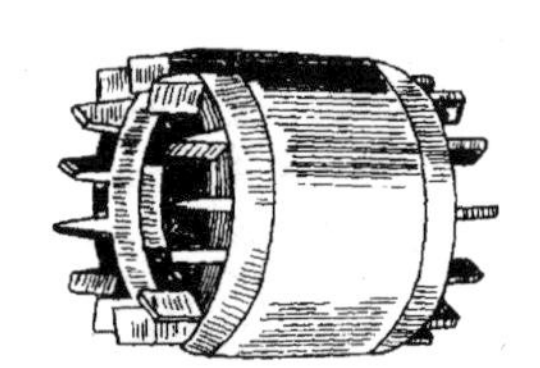
图 3-16 铸铝鼠笼子

图 3-17 三相异步电动机

二、三相异步电动机的工作原理

(一) 旋转磁场

异步电动机是利用旋转磁场和转子感生电流所产生的电磁转矩使电动机工作的。在异步电动机中，转子的转动是由于旋转磁场的作用导致的，这一旋转磁场源于三相异步电动机定子铁芯中的三相对称绕组 U_1U_2、V_1V_2 和 W_1W_2，这三相绕组连成星形，接在三相电源上，绕组中通入三相对称电流，三相对称电流共同产生的合成磁场随着电流的交变而在空间不断地旋转着，这便是旋转磁场。该旋转磁场同磁极在空间转动所产生的作用是一样的，即：旋转磁场也切割转子导体，从而在导体中感应出电动势和电流，转子中电流同旋转磁场相互作用产生力矩使电机转动起来。同时，电动机的转子转动方向和磁场的旋转方向是相同的，如要使电动机反转，则必须改变磁场的旋转方向。另外，如果将同三相电源连接的三根电源线中的任意两根的一端对调位置（例如对调了 U 和 W 两相），则电动机三相绕组的相序发生改变，于是旋转磁场将反转，电动机也就跟着改变转动方向反转起来。

虽然电动机转子的转动方向与磁场方向相同，但转子的转速 n 不可能达到旋转磁场的转

速 n_0（旋转磁场的转速 n_0 常称为同步转速），即 $n<n_0$。这是因为如果两者相等，则转子与旋转磁场之间就没有相对运动，因而磁力线就不能切割转子导体，于是转子电动势、转子电流以及转矩也就都不存在。这样转子就不可能继续以 n_0 的转速转动。因此转子的转速与磁场转速之间必须要有差别，这就是异步电动机名称的由来。由于转子的电流是通过电磁感应产生的，所以又叫感应电动机。

转子转速与磁场转速 n_0 相差的程度用转差率 S 来表示，即

$$S=\frac{n_0-n}{n_0}$$

转差率是异步电动机的一个重要的物理量，转子的转速愈接近磁场转速则转差率愈小。由于三相异步电动机的额定转速与同步转速相近，所以它的转差率很小，通常异步电动机在额定负载时的转差率为1%～9%。

当 $n=0$ 时（启动的初始瞬间），$S=1$，此时转差率最大。

转差率还可写成

$$n=(1-S)n_0$$

(二) 电磁转矩

电动机的电磁转矩 T 简称转矩，是三相交流异步电动机很重要的物理量之一，由旋转磁场的每极磁通 Φ 与转子电流 I 相互作用产生，与 Φ 和 I 都成正比关系。另外，转矩 T 还与定子每相电压 U 的平方成比例，所以当电源电压有所变动时，对转矩的影响很大。

电动机的转矩：　　$T=9550(P_2/n)$　N·m(牛顿·米)

式中　P_2——电动机轴上输出的机械功率，kW（千瓦）；

　　n——转速，r/min（转/分）。

电动机在额定负载时的转矩称为额定转矩，根据上述转矩公式和电动机铭牌上标定的额定功率（输出机械功率）及额定转速，便可求得额定转矩。

电动机除了有额定转矩概念外，还有最大转矩 T_{max} 和启动转矩 T_{st} 的概念。电动机刚启动时的转矩称为启动转矩，启动转矩同电源电压 U_1 的平方成比例，当电源电压 U_1 降压时，启动转矩就会减小。电动机启动时，要求启动转矩大于负载转矩，启动转矩过小时，不能启动或者使启动时间拖得很长。但若启动转矩超过负载转矩太多时，则会使得电动机启动时加速过猛，有可能导致传动机械（例如齿轮）受到过大的冲击而损坏。

电动机转矩的最大值叫最大转矩，又称为临界转矩，当负载转矩超过最大转矩时，电动机就带不动了，发生所谓闷车现象。当闷车后，电动机的电流马上升高六七倍，电动机严重过热，以至于烧坏电动机。

三、三相异步电动机的铭牌

电动机按照制造厂规定的条件运行时，称为额定运行。额定运行的数据标明在铭牌上，要正确使用电动机，首先要了解电动机的各有关额定数据，看懂铭牌。

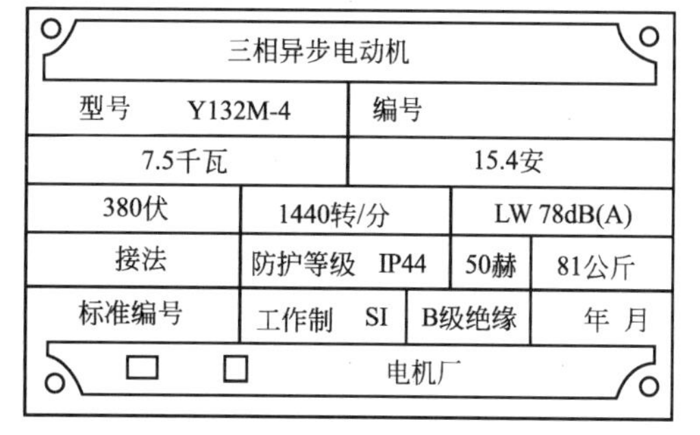

图 3-18　异步电动机的铭牌

图 3-18 所示是一台三相异步电动机的铭

牌，异步电动机的铭牌上一般有下列数据。

（1）额定功率 P_N——额定运行时电动机轴上输出的机械功率，单位为 kW；

（2）额定电压 U_N——额定运行时定子绕组端的线电压，单位为 V 或 kV；

（3）额定频率 f——额定电压的频率，我国的标准工频为 50Hz；

（4）额定电流 I_N——额定运行时定子绕组的线电流值，单位为 A；

（5）额定转速 n_N——额定运行时的转速，r/min；

（6）工作制——电动机的运行方式。

根据发热条件可以分为连续运行、短时运行、断续（间断）运行三种。

① 连续运行（S1）是电动机持续工作时间较长，温升可达稳定值。属于这一类的生产机械如风机、压缩机、离心泵、机床主轴等。异步电动机多数属于这一种。

② 短时运行（S2）因工作时间较短，温升未达稳定值时就停止运行，而且间歇时间足以使电动机冷却到环境湿度，例如闸门、节气阀、机床的辅助运行等。我国规定的短时运行标准有 15min、30min、60min、90min 四种。

③ 断续运行（S3）在周期性地工作与停机，每一周期不超过 10min，工作时温升达不到稳定值，停机时也来不及降到环境湿度。例如起重、冶金等机械。一周期内工作时间所占的比率称为负载持续率。我国规定的负载持续率有：15%、25%、40%、60%四种。

（7）绝缘等级和额定温升　绕组采用的绝缘材料按耐热程度共划分为 Y、A、E、B、F、H、C 七个等级，我国规定的标准环境温度为 40℃，电动机运行时因发热而升温，其允许的最高温度与标准环境湿度之差称为额定温升，额定温升是由绝缘等级决定的，具体对应值如表 3-1 所示。

表 3-1　绝缘等级和额定温升的关系

绝缘等级	Y	A	E	B	F	H	C
额定温升/℃	50	65	80	90	110	140	>140

（8）噪声等级　标注 LW，单位为 dB。

（9）型号　为了适应不同用途和不同工作环境的需要，电动机制成不同的系列，每种系列用相应的型号来表示。型号表示方法具体说明见表 3-2。

表 3-2　电动机型号表示方法

产 品 名 称	新代号	汉字意义	旧代号
笼式异步电动机	Y、Y-L	异	J、JO
绕线式异步电动机	YR	异绕	KR、JRO
防爆型异步电动机	YB	异爆	JB、JBS
防爆安全型异步电动机	YA	异安	JA
高启动转矩异步电动机	YQ	异起	JQ、JQO

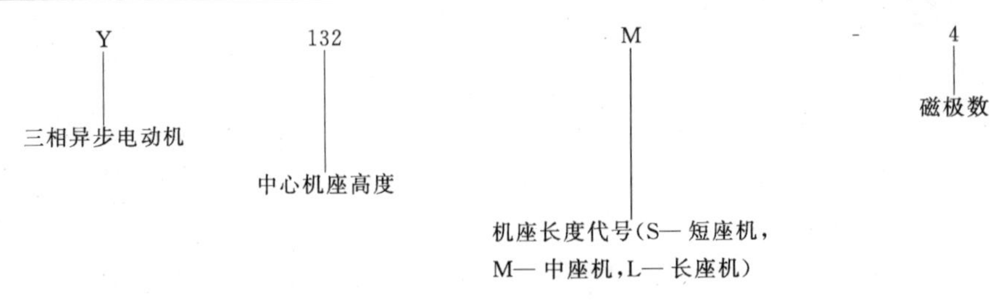

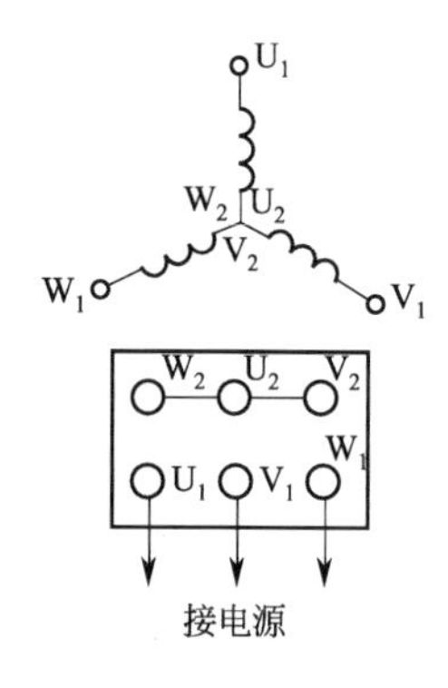

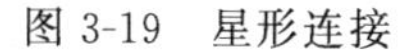

图 3-19　星形连接

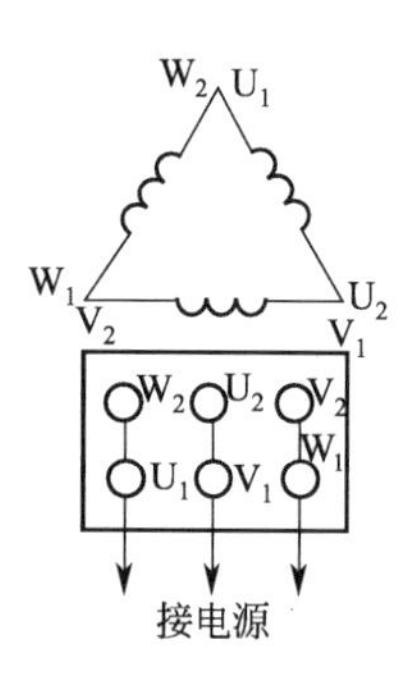

图 3-20　三角形连接

（10）接法　这是指定子三相绕组的接法，一般鼠笼式电动机的接线盒中有 6 根引出线，分别标有 U_1、V_1、W_1、U_2、V_2、W_2，其中

U_1、U_2是第一相绕组的两端；

V_1、V_2是第二相绕组的两端；

W_1、W_2是第三相绕组的两端。

如果 U_1、V_1、W_1分别为三相绕组的始端，则 U_2、V_2、W_2是相应绕组的末端。

这六个引出端在接电源之前，相互间必须正确连接，连接方法有星形（Y）连接和三角形（△）连接两种（如图 3-19、图 3-20 所示）。通常三相异步电动机 4kW 以下者连接成星形，而 4kW 以上者，连接成三角形。

四、三相异步电动机的启动、正反转控制和制动控制

异步电动机从接入电源开始转动到稳定运转的过程称为启动。异步电动机启动时，电磁转矩 T_{st}必须大于负载转矩 T_L，转子才能启动并加速旋转随着转速的增大，电磁转矩亦逐渐增大，至最大转矩 T_m后开始减少回调，一直减少到 $T=T_L$时为止，这时电动机便以某一转速等速地稳定运转。常用的鼠笼式三相异步电动机启动方法有直接启动和降压启动两种。

（一）直接启动

容量不大的笼式异步电动机转子的转动惯量不大，启动后能在极短时间内达到正常转速，启动电流也随之极快地降到正常值。因此不需要附加任何启动设备，直接将电动机接入供电线路即可。这种方法称为直接启动。

电动机在刚启动时，由于旋转磁场对静止的转子有着很大的相对转速，磁力线切割转子导体的速度很快，这时转子绕组中感应出的电动势和产生的转子电流都很大，一般中小型笼式电动机的定子启动电流与额定电流之比为 5～7。过大的启动电流在短时间内会在线路上造成较大的电压降落，而使得负载端的电压降低，影响邻近负载的正常工作。因此规定电动机的容量小于变压器容量的 20%时，允许直接启动。一般情况下，容量不超过 10kW 的异步电动机可采用直接启动法。

直接启动控制电路一般有两种，分别为点动控制和连续控制。

1. 点动控制

图 3-21(a) 是最基本的点动控制电路。当合上电源开关 QS，按下点动按钮 SB 时，接触器 KM 的线圈得电，其常开主触点闭合，电动机 M 接入三相电源而旋转；当松开 SB 时，

KM 的线圈断电，主触点断开，电动机断电停止旋转，实现了对电动机的点动控制。

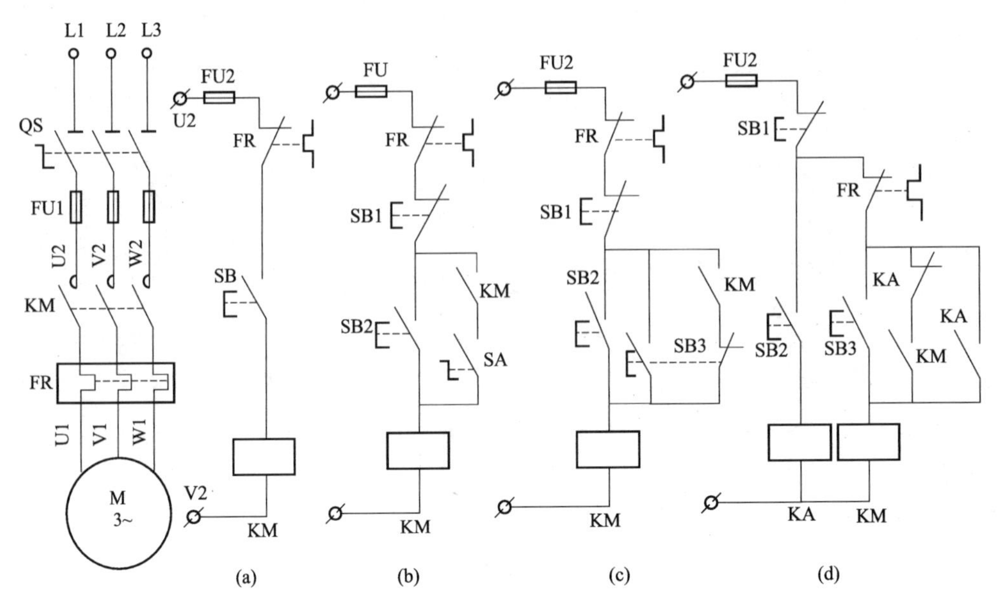

图 3-21　实现点动控制电路

图 3-21(b) 是手动开关断开自锁电路的点动控制电路。当需要点动时，将开关 SA 断开，切断自锁电路，此时 SB2 具有点动按钮的功能，按下即可实现对电动机的点动控制。当需要连续工作时，合上开关 SA，接通自锁电路，按下 SB2 后，即可实现对电动机连续运行的启动控制。

图 3-21(c) 是用点动复合按钮的常闭触点断开自锁电路的点动控制电路。当需要进行点动控制时，按下点动按钮 SB3，其常闭触点先断开，切断自锁电路，而常开触点后闭合，接通了 KM 的线圈电路，KM 的主触点闭合，电动机启动旋转。当松开 SB3 时，在其常开触点断开而常闭触点尚未闭合瞬间，KM 的线圈处于断电状态，自锁触头复位，故当 SB3 的常闭触点恢复闭合时就不能使 KM 的线圈通电，实现点动控制。若需要对电机连续运行，只要按连续运行的启动按钮 SB2 即可，停机时则按停止按钮 SB1。

图 3-21(d) 是利用中间继电器实现的点动控制电路。由于增加了中间继电器 KA，因而电路工作更加可靠。当点动控制时，按下点按钮 SB2，KA 的线圈得电工作，其常开触点闭合接通 KM 的线圈电路，KM 的主触点闭合，电动机得电启动旋转。当松开 SB2 时，KA、KM 的线圈先后断电，电动机停止旋转，实现了点动控制。当需要对电动机进行连续运行控制时，只要按下连续运行控制按钮 SB3 即可。当需要对电机停转时，则要按下停止按钮 SB1。

2. 连续控制

如图 3-22 所示，这是一个能够使电动机长时间运转的控制电路。当按下 SB2，KM 线圈得电，KM 主触点闭合，电动机 M 通电运转。当松开 SB2 时，KM 线圈仍可通过与 SB2 并联的 KM 动合辅助触点保持通电，从而使得电机连续转动（自锁）。当按下 SB1，KM 线圈失电，KM 主触点、辅助触点断开，电动机断电停止转动。

(二) 降压启动

如果电动机直接启动时引起的线路电压降过大，则必须采用降压启动方法，就是在启动时降低加在电动机定子绕组上的电压，以减小启动电流。常用的降压方法有以下几个。

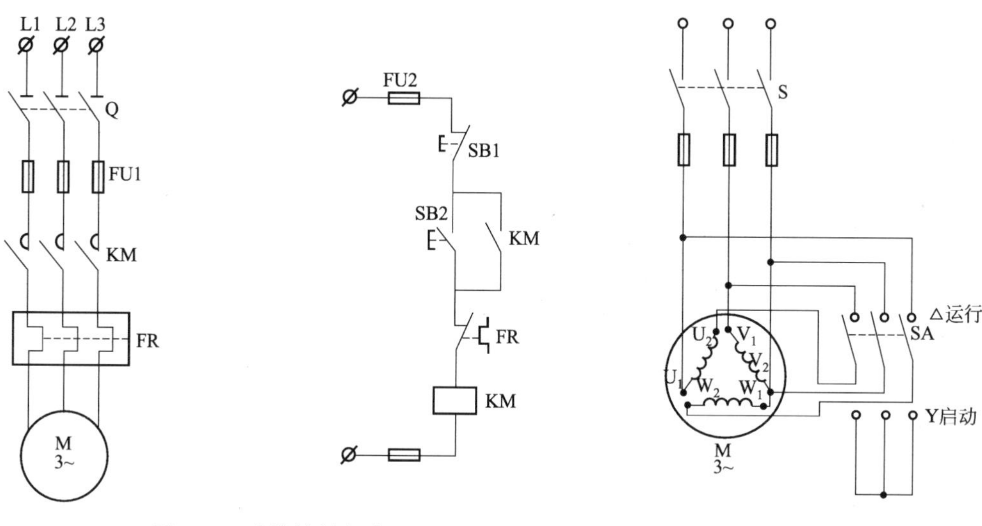

图 3-22 连续控制电路

图 3-23 降压 Y-△启动

1. 星-三角形（Y-△）启动法

Y-△启动法只适用于正常工作时定子绕组为△形连接的电动机。启动时，先把定子绕组接成 Y 形，待转速达到相当高时，再改为正常的△形连接。这仅需要一只 Y-△启动器。用手动和自动控制线路就可实现。如图 3-23 所示，启动开始时，定子绕组的相电压减低到额定电压的 1/1.732，因此启动电流得以减小，但由于 $T\propto U_1^2$，所以启动转矩也降低为额定电压启动转矩的 1/3。因此，这种启动方法适用于电动机空载或轻载启动。

2. 自耦变压器降压启动

如图 3-24 所示，利用自耦变压器可进行电动机的降压启动。启动时，先把开关扳到启动位置，此时加在定子绕组上的电压小于电网电压，从而减小了启动电流。当转速接近额定值时，再把开关扳到运行位置，切除自耦变压器。

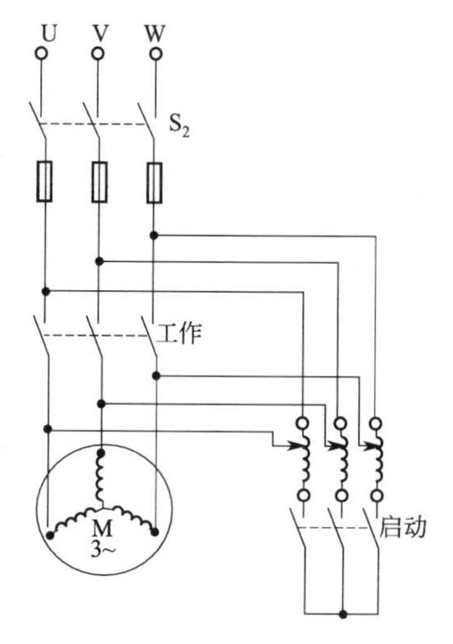

图 3-24 自耦变压器降压启动

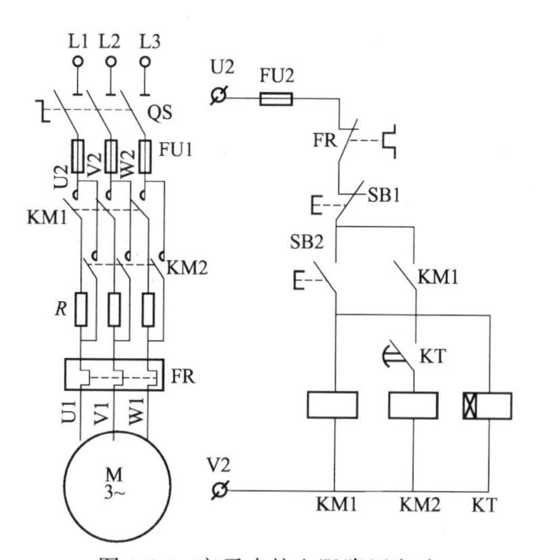

图 3-25 定子串接电阻降压启动

容量较大的并且在正常工作时要求星形连接的大容量笼式电动机常采用此种方法启动。

3. 定子串电阻降压启动控制电路

图 3-25 为电动机定子电路串电阻降压启动控制电路。启动时，合上电源开关 QS，按下

启动按钮 SB2，接触器 KM1 通电并自锁，其主触点闭合，电动机的定子电路串电阻 R 后启动。在 KM1 通电的同时，时间继电器 KT 也通电工作，经延时，KT 延时闭合的常开触点闭合，使接触器 KM2 通电触头动作，将电阻 R 短接，电动机便可进入全电压下正常运行。

该控制电路延时时间的整定，可根据电动机开始启动到接近额定值转速所需的时间来进行。

(三) 异步电动机的正反转控制

由电动机原理可知，只要把电动机的三相电源进线中的任意两相对调，就可改变电动机的转动方向，因此正反转控制电路实质上是两个方向相反的单向运行电路。为了避免误动作引起电源相间短路，必须在这两个相反方向的单向运行电路中加设必要的互锁。

图 3-26 给出了三种电动机正反转的控制电路。

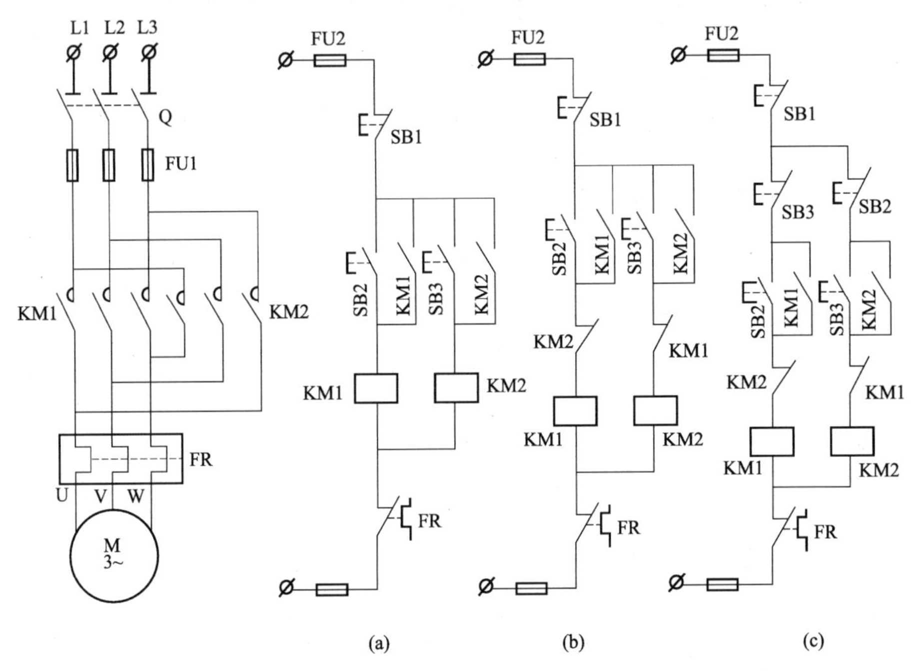

图 3-26 正反转控制电路

图 3-26(a) 是由两组单向旋转控制电路简单组合而成，主电路由正反接触器 KM1、KM2 的主触点来改变电动机相序，以实现电动机的可逆旋转。若按下正转启动按钮 SB2，电动机已进行正向旋转后，同时按下方向启动按钮 SB3 的误操作时，由于正反转接触器 KM1、KM2 线圈均得电吸合，其主触点闭合，将发生电源两相短路，使电动机无法正常工作。

图 3-26(b) 是对图 3-26(a) 的改进。将 KM1、KM2 的动断辅助触点串接在对方的线圈电路中，利用两个接触器的动断触点 KM1、KM2 的相互控制作用，即一个接触器通电时，利用启动电辅助触点的断开来锁住对方线圈的电路。这种利用两个接触器的动断辅助触点互相控制的方法叫做电气互锁。在互锁电路中，要实现电动机由正到反或反到正的运转，都需要先按下停止按钮 SB1，然后再进行反转或正转的启动操作。

图 3-26(c) 在图 3-26(b) 的基础上增加了启动按钮 SB2、SB3 的动断触点构成的按钮互锁（也称机械互锁）电路。在操作时无需再按停止按钮，直接按下反转启动按钮 SB3 可使电动机由正转变反转，或当电动机在反转运行时按下正转启动按钮 SB2 可直接使电动机变为正转。

(四) 三相异步电动机的制动控制

三相异步电动机从切除电源到完全停止旋转，由于机械惯性，转子需要一段时间才能停止旋转，这往往满足不了生产机械迅速停车的要求。目前一般采用的制动方法有机械制动和电气制动。所谓机械制动，是利用外加的机械力使电动机转子迅速停止的方法，多采用电磁抱闸方式。电气制动时使电动机的电磁转矩方向与电动机旋转方向相反，从而起制动作用。下面介绍电气制动控制电路。

1. 反接制动控制

反接制动就是改变异步电动机定子绕组中三相电源相序，产生与转子惯性转动方向相反的启动转矩而制动停转。控制电路采用速度继电器来判断电动机的零速度点并及时切断三相电源。速度继电器 KS 的转子与电动机的轴相连，当电动机正常转动时，速度继电器的动合触点闭合，当电动机停车转速接近零时，其动合触点打开，切断接触器线圈电路。图 3-27 为反接制动控制电路。

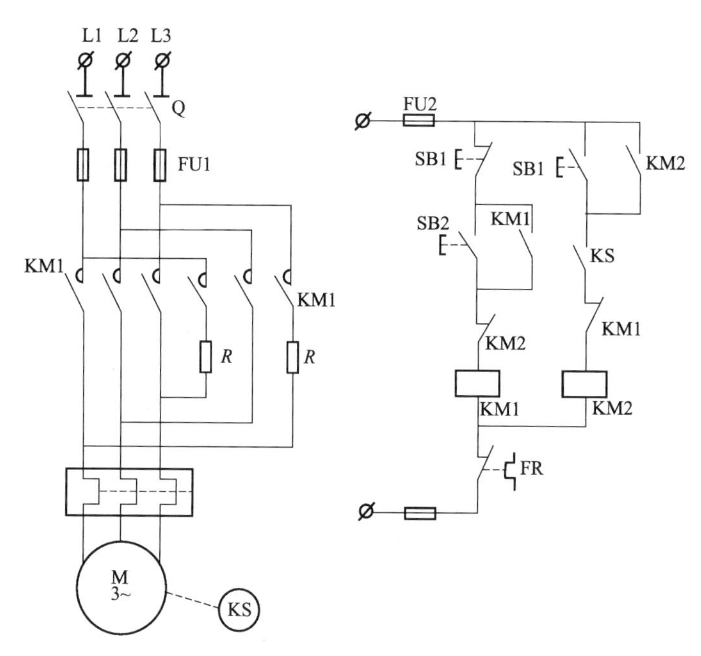

图 3-27 反接制动

电路动作过程：启动时按下 SB2，KM1 线圈得电，M 开始转动，同时 KM1 动合辅助触点闭合自锁，KM1 动断辅助触点断开，进行互锁。M 处于正常运转，KS 的触点闭合，为反接制动作准备。制动时，按下复合按钮 SB1，KM1 线圈失电，KM2 线圈由于 KS 的动合触点在转子惯性转动下仍然闭合而得电并自锁，电动机进入反接制动，当电动机转速接近零时，KS 的触点复位断开，KM2 线圈失电，制动结束。

2. 能耗制动控制

如图 3-28 所示，能耗制动的原理是当电动机脱离三相交流电源后，迅速在定子绕组上加一直流电源，使定子绕组产生恒定的磁场，此时电动机转子在惯性作用下继续旋转，切割定子恒定磁场，在转子中产生感应电流，这个感应电流使转子产生与其旋转方向相反的电磁转矩，使电动机转速迅速下降至零。

电路的工作过程是：启动时按下 SB2，KM1 线圈得电，M 开始转动，同时 KM1 动合辅助触点闭合自锁，KM1 动断辅助触点断开，进行互锁。M 处于正常运转。制动时按下复

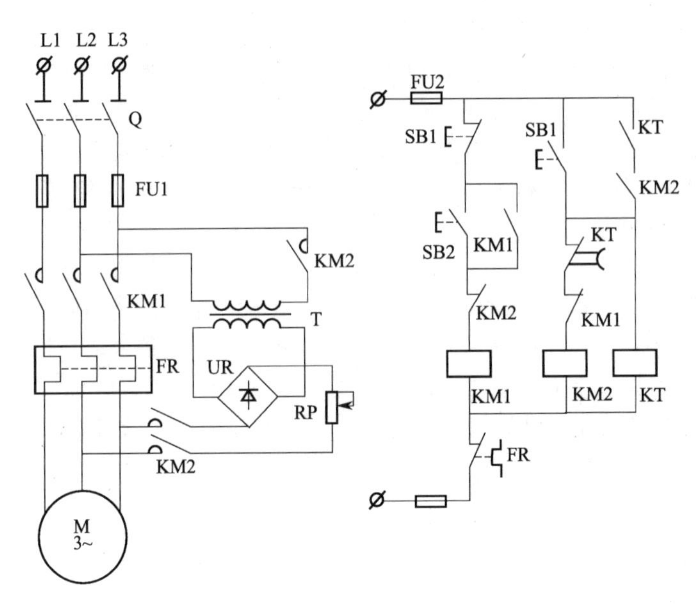

图 3-28 能耗制动

合按钮 SB1，KM1 线圈失电，电动机 M 脱离三相交流电源，同时其动合触点使 KM2、KT 线圈得电，KM2 主触点闭合，接入直流电源进行制动，转速接近零时，KT 延时时间到，KT 延时断开的动断触点断开，KM2、KT 线圈失电，制动过程结束。

能耗制动与反接制动相比，制动平稳、准确、能耗小，但制动转矩较弱，特别在低速时制动效果差，并且还要提供直流电源。

五、单相异步电动机

在只有单相交流电源或负载所需功率较小的场合，如在电扇、电冰箱、洗衣机及某些电动工具上，常使用单相异步电动机。单相异步电动机的构造与三相鼠笼式异步电动机相似，它的转子也是笼型，而定子绕组是单相的。如图 3-29 所示为单相异步电动机的结构原理图。

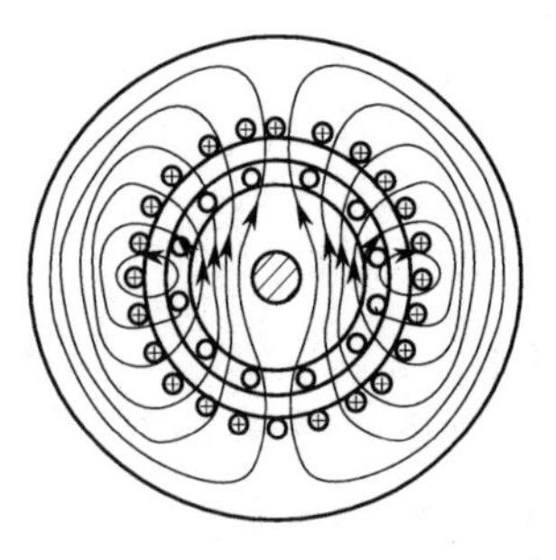

图 3-29 单相异步电动机原理图

当定子绕组通入单相交流电时，便产生一个交变的脉动磁通，这个磁通的轴线即为定子绕组的轴线，在空间保持固定位置，每一瞬时，空气隙中各点的磁感应强度按正弦规律分布，同时随电流在时间上作正弦交变。

该交变磁通实际上可分解为两个等量、等速而反向旋转的磁通。转子不动时，这两个旋转磁通与转子间的转差相等，分别产生两个等值而反向的电磁转矩，净转矩为零。也就是说，单相异步电动机的启动转矩为零，这是它的主要缺点之一。

如果用某种方法使转子按某一方向转动一下（如按顺时针方向），这时两个旋转磁通与转子间的转差便不再相等，转子会受到一个顺时针方向的净转矩而持续旋转起来。

由此可知，单相异步电动机需有附加的启动设备，使电动机获得初始的启动转矩，才能使单相异步电动机投入正常旋转工作。常用的启动措施有分相法和罩极法两种。

1. 电容移相式单相异步电动机

该电机又称电容分相式异步电动机，具体的启动方向是：在它的定子中放置一个启动绕组B，绕组B与一个电容器相串联，并同工作绕组A在空间相隔90°。启动时，利用电容器使启动绕组B中的电流在相位上比工作绕组A中的电流超前近90°的相位角，使得在单相电源作用下，在两绕组中形成了两相电流，即所谓的分相。这两相相位相差90°相位角的电流，也能产生一个旋转磁场，在此旋转磁场的作用下，电动机的转子就转动起来，当接近额定转速时，借助于离心力的作用把连接启动绕组的开关S断开（在启动时是靠弹簧使其闭合的），切断启动绕组，以达到正常运行的目的。

如果将一只容量很小的电容器与启动绕组串联，在电动机已正常运行时，启动绕组仍不切断，就这样一直保持两相交流的特性。这被称为电容式电动机。如图3-30所示的是电容分相式异步电动机，它比一般单相异步电动机具有较高的功率因数，所以目前这种分相式单相异步电动机也得到广泛使用。

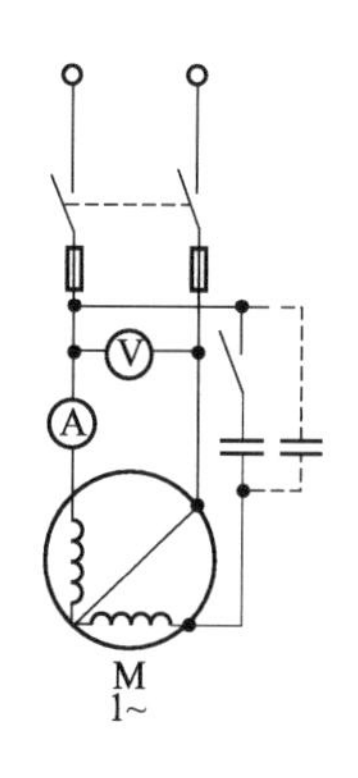

图3-30　电容分相式异步电动机

除用电容器之外，还可以在启动绕组中串接适当的电阻（或启动绕组本身的电阻比工作绕组的电阻大得多），达到分相的目的。

2. 罩极式单相异步电动机

容量很小的单相异步电动机常利用有隙磁极（罩极法）来产生启动转矩。这种电机的定子制成具有凹槽的凸出磁极，各磁极上套装有单相绕组，凹槽将每个磁极分成大、小两部分，较小的部分套有铜环，称为被罩部分；较大的部分未套铜环，称为未罩部分。

当电动机通电后，单相绕组内的电流开始增加，引起感应电流和感应磁通的变化，由于磁极部分罩有铜环，部分未罩，因此感应磁通对原磁极磁通的影响不一致，从而造成当单相绕组（主线圈）中的电流和磁通随时间做正弦变化时罩极式磁极的磁通在空间产生移动，且不论单相线圈中的电流方向如何变化，磁通总是从未罩部分移向被罩部分。这种持续移动的磁场，其作用与旋转磁场相似，因而可以使转子获得启动转矩。

综上所述，单相异步电动机的优点是可使用单相电源供电，缺点是效率、功率因数、过载能力都比较低，而且造价比同容量的三相异步电动机要高，因此，单相异步电动机的容量一般都在1kW以下。

六、电动机的保护

为了保证电力拖动系统满足生产机械加工工艺要求以及长期、安全、可靠、无故障地运行，就必须为电气控制电路设置必要的保护环节。

电气控制系统中常用的保护环节有短路保护、过载保护、过电流保护、断电和欠电压保护。

1. 短路保护

电动机绕组的绝缘、导线的绝缘损坏或线路发生故障时，会产生短路现象。短路时产生的短路电流可达到额定电流的几倍到几十倍，引起电气设备绝缘损坏和电气设备损坏。因此，要求一旦发生短路故障，控制电路能迅速地切断电源。这种保护叫短路保护。常用的短路保护元件有熔断器、断路器或采用专门的短路保护继电器等。

2. 过电流保护

过电流主要是由于不正确的启动方法、过大的负载、频繁启动与正反转运行和反接制动等引起的，它远比短路电流小，但也可能是额定电流的好几倍。在电动机运行中产生的过电流比发生短路的可能性更大，会造成电动机和机械传动设备的机械性损伤，这就要求在过电流的情况下，其保护装置能可靠、准确、有选择性地、适时地切除电源。通常过电流保护是采用过电流继电器与接触器配合动作的方法来实现的，即电流继电器线圈串联在被保护电路中，电路电流达到其额定值时，过电流继电器动作，其动断触点串联在接触器控制回路中，由接触器去切断电源。

3. 过载保护

电动机长期过载运行，其绕组温升将超过规定的允许值，会加速绕组绝缘老化而缩短使用寿命，严重过载还会使电动机很快损坏。因此必须为电动机设置长期运行过载保护装置，常用的过载保护装置是热继电器。

由于热继电器存在热惯性，所以在使用热继电器为电动机作过载保护的同时，还应设置短路保护，并且作短路保护的熔断器熔体的额定电流不应超过 4 倍热继电器发热元件的额定电流。

4. 断电及欠电压保护

当电动机正常运行时，如果电源中断或因某种原因突然消失，那么电动机将停转；然而当电源电压恢复后，电动机有可能自行启动。这种自行启动有可能造成人身或设备事故。由于多台电动机同时自行启动，会引起供电线路不允许的过电流和电压降。因此，当供电消失时，必须立即切断电源，实现断电保护。

电动机正常运行时，由于外部原因使电源电压过分降低时，电动机的转速将下降，甚至停转。此时电动机将出现很大电流，使其绕组过热而烧坏；在负载转矩不变的情况下，也会造成电动机电流增大，引起电动机发热，严重时也会烧坏电动机；此外，电源电压过低还会引起一些控制电器释放，造成误动作而发生事故。因此，当电源电压降到一定数值时，应通过保护装置自动切断电源而使电动机停车，这就是欠电压保护。

常用的零电压与欠电压保护装置有：按钮、接触器、欠电压继电器等。

第三节 变 压 器

一般工业企业在生产中使用的电压是 220V、380V 交流电，该电源由发电厂供给，经输电线路输送到各用户，供给电气设备能量。为了减少线路损失，远距离输电的电压都在 35kV 以上，这样高的电压，不能由交流发电机直接产生。为此，发电机发出的电，必须用升压变压器将电压升高到所需的电压，进行远距离输电；而各类设备在使用电能时，必须用降压变压器将电压降到所需的电压。可见，变压器在电力系统中是不可缺少的电气设备。变压器是一种变换电压的电气设备，它能将某一数值的交流电压变换为频率相同而大小不同的交流电压。它不光在电力系统中应用，还在电子系统中经常使用，用来耦合电路、传递信号、实现阻抗转换等作用。

变压器的种类很多，有电力变压器、自耦变压器、互感器以及专用变压器等。图 3-31 所示为常见变压器的外形图。

一、变压器的结构

变压器的基本结构是由硅钢片叠成的铁芯与套装在其上的绕组所组成，如图 3-32 所示。

铁芯式变压器的磁路部分，为了减少磁滞损耗和涡流损耗，铁芯通常采用 0.35～0.5mm 厚度的硅钢片叠成，每片硅钢片之间都涂有绝缘漆。

绕组是变压器的电路部分，一般小容量变压器的绕组采用高强度漆包线绕成，大容量变压器可用绝缘扁形铜线或铝线制成。与电源连接的绕组为一次绕组（又称初级、原绕组），

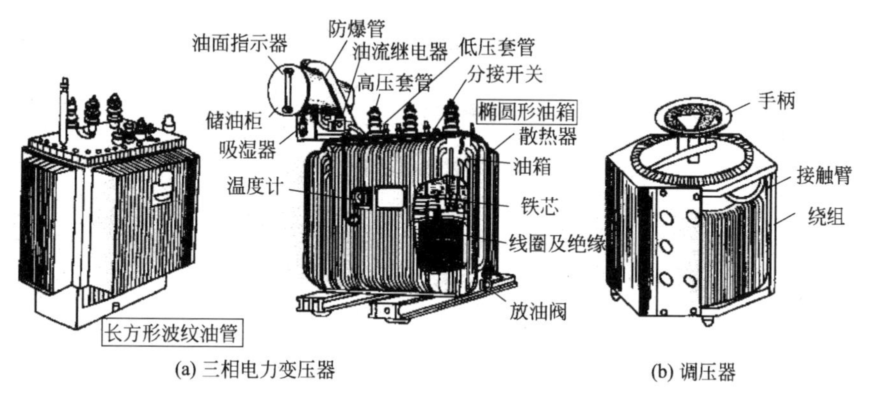

图 3-31　常见变压器

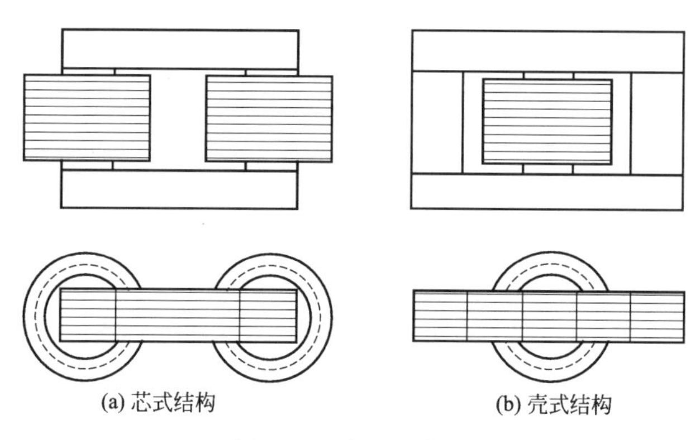

图 3-32　变压器结构

与负载连接的绕组为二次绕组（又称次级、副绕组）。一台变压器可以有多个二次绕组，以产生不同的输出电压。

图 3-32(a) 所示的绕组在外边，即绕组包围铁芯，称为芯式结构；而图 3-32(b) 所示的是铁芯在外，即铁芯包围绕组，称为壳式结构。

为了防止变压器在工作时发热损坏设备，小容量的变压器常用空气自然冷却；而大容量的变压器则将铁芯和绕组放在装有变压器油的油箱内，进行放热，也可提高变压器的绝缘性能。

二、变压器的工作原理

(一) 电压变换

如图 3-33 所示的变压器中，规定一次侧的电压、电流、功率和匝数分别为 U_1、I_1、P_1 和 N_1；二次侧的电压、电流、功率和匝数分别为 U_2、I_2、P_2 和 N_2。当一次侧绕组接在交

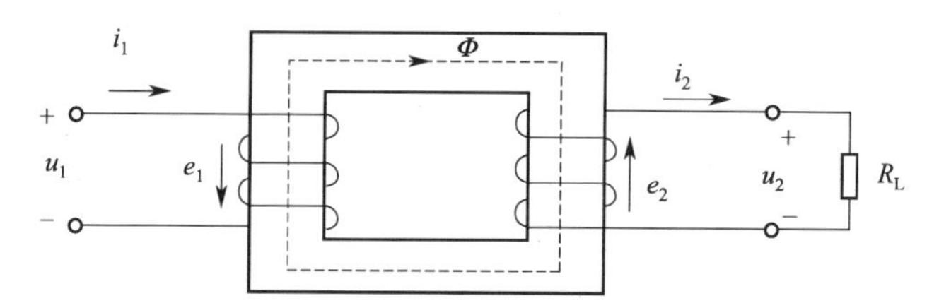

图 3-33　变压器原理

流电源上，在交流电源 u_1 的作用下，流过一次绕组的交变电流为 i_1，在铁芯里产生交变磁通为 Φ，沿铁芯形成闭合回路。磁通 Φ 同时穿过二次绕组，根据电磁感应定律，在二次绕组中产生感应电动势 e_2，则二次绕组两端就有同频率的交流电压产生。

假设变压器空载，$i_2=0$，则：

$$\frac{U_1}{U_2}\approx\frac{E_1}{E_2}=\frac{N_1}{N_2}=K$$

式中 E_1——一次绕组电动势 e_1 的有效值；

E_2——二次绕组电动势 e_2 的有效值；

K——变压器的匝数比，又称为变压器的变比。

上式表明一次与二次绕组中的感应电动势之比等于其匝数之比。当 $K>1$ 时，$U_1>U_2$，为降压变压器；当 $K<1$ 时，$U_1<U_2$，为升压变压器。

(二) 电流变换

变压器的二次绕组接入负载 Z_L 时，二次绕组中流过的电流为 I_2，经推导可得：

$$\frac{I_1}{I_2}\approx\frac{N_2}{N_1}=\frac{1}{K}$$

上式表明一次、二次绕组中的电流之比等于它们的匝数比的倒数。匝数较多的高压侧绕组中的电流较小，匝数较少的低压侧绕组中的电流较大。

(三) 阻抗变换

变压器能变换阻抗，即实现负载阻抗的匹配。负载获得最大功率的条件是负载的电阻等于信号源的内阻，用变压器可以完全实现阻抗匹配的任务。

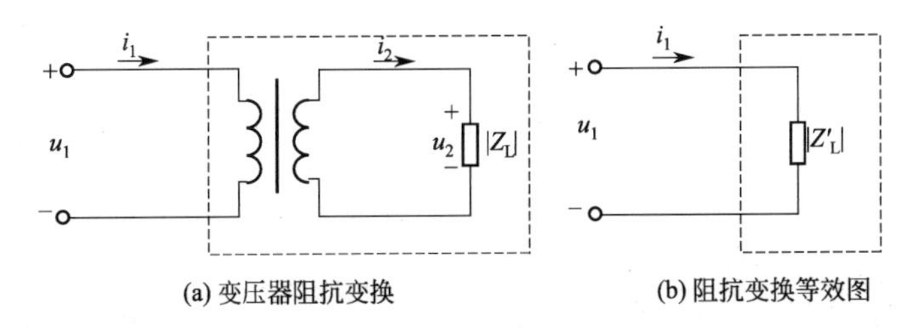

图 3-34 负载阻抗变换

在图 3-34(a) 中负载阻抗 $|Z_L|$ 接在变压器的二次侧，图中虚线框部分可用一个阻抗 $|Z'_L|$ 来代替，如图 3-34(b) 所示，而 $|Z'_L|$ 与虚线框内的电路要等效，即保持电压、电流不变。由此可得出：

$$\frac{U_1}{I_1}=\frac{\frac{N_1}{N_2}U_2}{\frac{N_2}{N_1}I_2}=\left(\frac{N_1}{N_2}\right)^2\frac{U_2}{I_2}$$

由图 3-34 可知：$\frac{U_1}{I_1}=|Z'_L|$，$\frac{U_2}{I_2}=|Z_L|$

即
$$|Z'_L|=\left(\frac{N_1}{N_2}\right)^2|Z_L|=K^2|Z_L|$$

上式说明接在二次侧的负载阻抗 $|Z_L|$，相当于接在一次侧的一个与 $|Z_L|$ 有比例关系的阻抗 $|Z'_L|$，$|Z'_L|$ 将 $|Z_L|$ 扩大了 K^2 倍。

三、变压器的分类

变压器的种类很多，根据其用途不同可分为电力变压器、控制变压器和自耦变压器。根据其相数不同可分为单相变压器和三相变压器。下面介绍几种常见的变压器。

(一) 自耦变压器

自耦变压器是一种特殊的变压器，其特点是二次绕组为一次绕组的一部分，它的电路原理图如图 3-35 所示。

由图 3-35 可知，一次电压与二次电压之比为

$$\frac{U_1}{U_2}\approx\frac{N_1}{N_2}=K$$

$$\frac{I_1}{I_2}\approx\frac{N_2}{N_1}=\frac{1}{K}$$

实际中常用的调压器就是一种自耦变压器，改变二次绕组的匝数就可以得到所需要的输出电压。

(二) 电流互感器

电流互感器是根据变压器的原理构成的。它主要用来扩大交流电流表的量程，同时也使测量电路与高压电路隔离，保证设备和人身安全。

电流互感器的接线原理图及符号如图 3-36 所示。

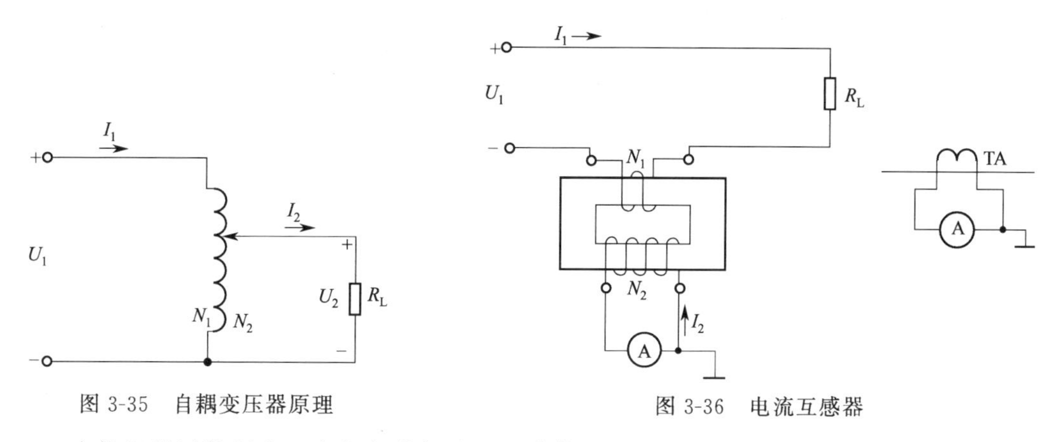

图 3-35 自耦变压器原理

图 3-36 电流互感器

一次绕组的匝数很少，它与负载相连；二次绕组的匝数较多，它与电流表相连接。根据变压器的原理

$$\frac{I_1}{I_2}\approx\frac{N_2}{N_1}=K_i$$

即

$$I_1=K_iI_2$$

式中 K_i——电流互感器的变换系数（通常二次绕组的额定电流设计成标准值 5A 或 1A)。

在实际使用时，二次侧电路不能断开。为了安全起见，电流互感器的铁芯及二次绕组应该接地。

钳形电流表是电流互感器的一种变形，如图 3-37 所示。使用钳形电流表测量导线电流时，把压钳张开，将被测电流导线套入钳形铁口内。这时导线就相当于电流互感器的一次绕组（一匝)，二次绕组在铁芯上并与电流表直接连接。用钳形电流表可方便地检测导线中的电流，而不用断开被测电路。

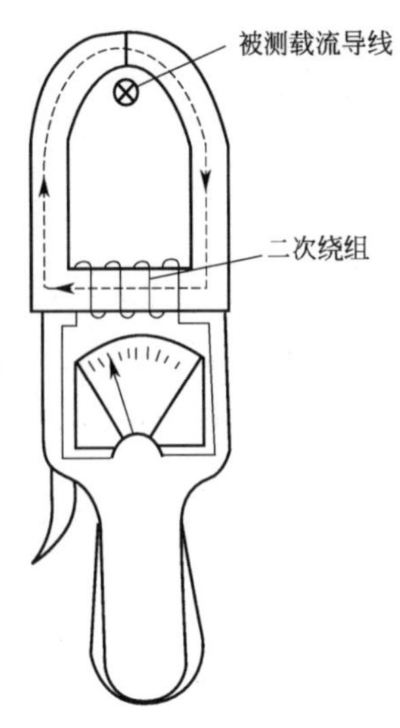

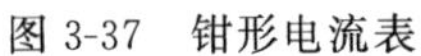
图 3-37　钳形电流表

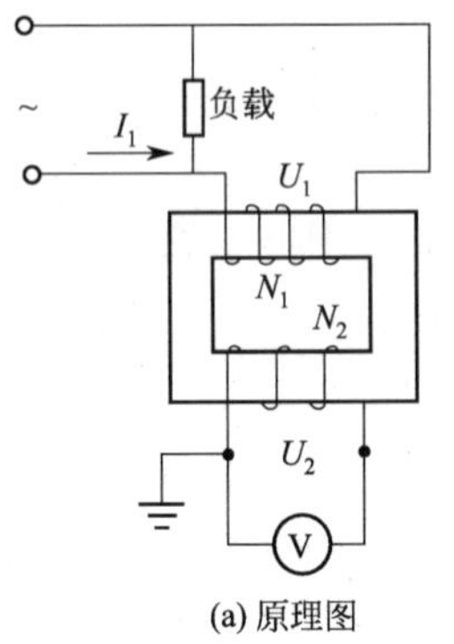

(a) 原理图

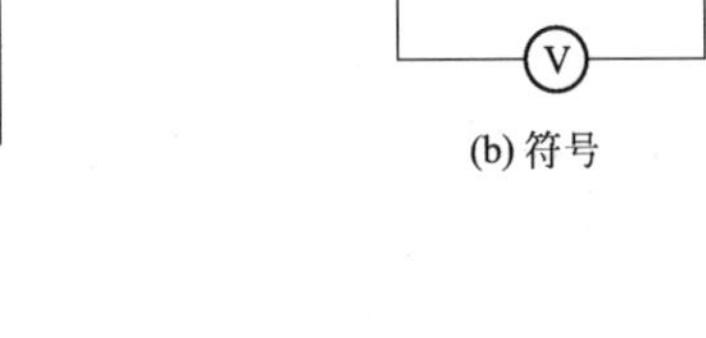

(b) 符号

图 3-38　电压互感器

(三) 电压互感器

电压互感器是一台小容量的降压变压器，其原理图和符号如图 3-38 所示。它的一次绕组匝数较多，并联在被测电路上；二次绕组匝数较少，接到电压表或其他保护、测量装置上以反映一次电压大小。

根据变压器的工作原理，可得

$$\frac{U_1}{U_2}\approx\frac{N_1}{N_2}=K_U$$

或

$$U_1=K_U U_2$$

式中　K_U——电压互感器的变压比（通常二次绕组设计成标准值为 100V）。

在使用电压互感器时，电压互感器的二次绕组不得短路，为了安全起见，在一次绕组和二次绕组端分别接入熔断器进行保护。同时，电压互感器的铁芯、金属外壳和二次绕组的一端必须可靠接地。

四、变压器的铭牌数据

(一) 型号

表示变压器的特征和性能。如型号为 SL7-500/10，其中：S——三相，L——铝线，500——额定容量为 500kV·A，10——高压侧电压为 10kV，7——设计序号。

变压器铭牌

电力变压器

产品型号	SL7-500/10	标准代号	××××
额定容量	500kV·A	产品代号	××××
额定电压	10kV	出厂序号	××××
额定频率	50Hz 3 相		
连接组别	Y,yn0		
阻抗电压	4%		
冷却方式	油冷		
使用条件	户外		

开关位置	高　压		低　压	
	电压/V	电流/A	电压/V	电流/A
Ⅰ	10500	27.5		
Ⅱ	10000	28.9	400	721.7
Ⅲ	9500	30.4		

××电力变压器厂　　　　××××年××月

(二) 额定电压

在规定工作方式运行时，一次绕组所允许的电压为额定电压 U_{1N}，它由变压器的绝缘强度和允许温升来确定。二次绕组的额定电压 U_{2N} 是指一次绕组加上额定电压时二次绕组的空载电压。对单相变压器是指电压有效值，对三相变压器则是指线电压的有效值。单位是 V 或 kV。

(三) 额定电流

变压器在额定负载运行时，一次、二次绕组允许通过的最大电流，即 I_{1N}、I_{2N}，它由变压器允许的温升来确定。对单相变压器是指电流有效值，对三相变压器是指线电流的有效值。单位是 A 或 kA。

(四) 额定容量

额定容量是指变压器二次绕组的额定电压与额定电流的乘积，其单位为伏安（V·A）或千伏安（kV·A），用符号 S_N 表示。

三相变压器 $S_N=\sqrt{3}U_{2N}I_{2N}\approx\sqrt{3}U_{1N}I_{1N}$

(五) 变压器的效率

变压器与交流铁芯线圈一样，功率损耗包括铁损 ΔP_{Fe} 和绕组上的铜损 ΔP_{Cu} 两部分。由于变压器的功率损耗很小，所以变压器的效率一般都很高，通常在 95%以上。

第四节 项目训练

项目 三相异步电动机控制电路安装与调试

一、项目名称

三相异步电动机控制电路安装与调试。

二、项目情境

由××××单位电气维修部门经理（教师或学生）向完成各具体子项目（任务）的执行经理或工作人员布置任务，派发任务单（表 3-3）。

表 3-3 任务单

项目名称	子项目	内容要求	备注
三相异步电动机控制电路安装与调试	三相异步电动机正转控制电路安装与调试	学员按照人数分组训练 1. 根据原理图设计布置图和接线图 2. 三相异步电动机正转控制电路的安装 3. 三相异步电动机正转控制电路的调试	
目标要求	会安装调试常用控制状态下的电动机控制电路板		
实训环境	三相异步电动机、常用电工工具、配线板、主电路导线、控制电路导线、按钮导线、组合开关、螺旋式熔断器、接线端子排、编码套管、万用表、兆欧表、交流接触器、热继电器、时间继电器、行程开关、螺丝钉等		
其他			

组别： 组员： 项目负责人：

三、项目实施

具体完成过程是：按情境建立、项目布置→学生个人准备→组内讨论、检查→发言代表汇报→评价→展示案例、问题指导→组内讨论、修改方案→第二次汇报→评价→问题指导→再讨论、再修改→第三次汇报→评价、验收→拓展任务、巩固训练→师生共同归纳总结→新项目布置等程序，完成本项目具体任务。将学生根据实训平台（条件）按照“项目要求”进行分组实施。

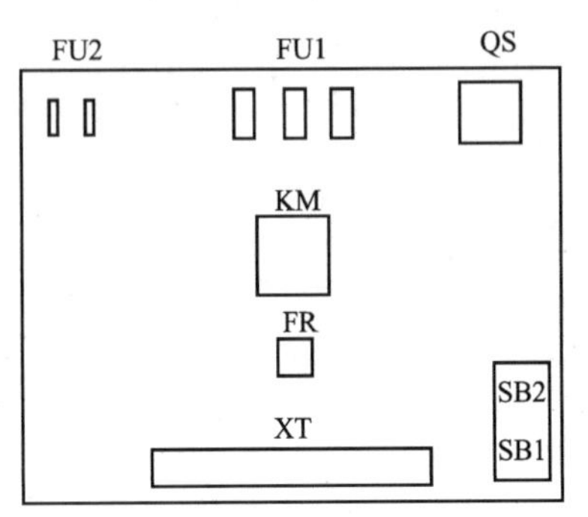

图 3-39　三相异步电动机正转控制电路布置图

(1) 分析电路图，明确电路的控制要求、工作原理、操作方法、结构特点及所用电气元件的规格，选择元器件的类型和检查元器件的质量。

(2) 按电气原理图及负载电动机功率的大小配齐电气元件及导线，画出具有过载保护的接触器自锁正转控制电路的布置图，如图 3-39 所示。

(3) 检查电气元件的外观、电磁机构及触点情况，看元器件外壳有无裂纹，接线桩有无生锈，零部件是否齐全。检查元器件动作是否灵活，线圈电压与电源电压是否相符，线圈有无断路、短路等现象。

(4) 首先确定交流接触器的位置，然后再逐步确定其他电器的位置并安装元器件（组合开关、熔断器、接触器、热继电器和按钮等）。元器件布置要整齐、合理，做到安装时便于布线，便于故障检修。其中，组合开关、熔断器的受电端子应安装在控制板的外侧，紧固用力均匀，紧固程度适当，防止电气元件的外壳被压裂损坏。

(5) 根据原理图画出具有过载保护的接触器自锁正转控制电路的接线图，如图 3-40 所示。按电气接线图确定走线方向并进行布线，根据接线柱的不同形状加工线头，要求布线平直、整齐、紧贴敷设面，走线合理，接点不得松动，尽量避免交叉，中间不能有接头。

(6) 按电气原理图或电气接线图从电源端开始，逐段核对接线，看接线有无漏接、错接，检查导线压接是否牢固，接触良好。

(7) 检查主回路有无短路现象（断开控制回路），检查控制回路有无开路或短路现象（断开主回路），检查控制回路自锁、联锁装置的动作及可靠性。检查电路的绝缘电阻不应小于 1MΩ。

(8) 合上电源开关，空载试车（不接电动机），用验电器检查熔断器出现端。操作正转和停止按钮，检查接触器动作情况是否正常，是否符合电路功能要求，检查电气元件动作是否灵活，有无卡阻或噪声过大现象，有无异味，检查负载接线端子三相电源是否正常。经反复几次操作空载运转，各项指标均正常后方可进行带负载试车。

(9) 合上电源开关，负载试车（连接电动机）。按正转按钮，接触器动作情况是否正常，电动机是否正转；等到电动机平稳运行时，用钳形电流表测量三相电流是否平衡；按停止按钮，接触器动作情况是否正常，电动机是否停止。

四、项目评价

(1) 项目实施过程与结果综合考核　由项目委托方代表（一般来说是教师）对本项目各项任务的完成结果进行验收、评分，对合格的任务进行接收，其中对学员设计、安装、调试过程综合记载，包括素质养成综合评定成绩。

(2) 考核方案设计　学生成绩的构成：A 组项目（课内项目）完成情况累积分（占总

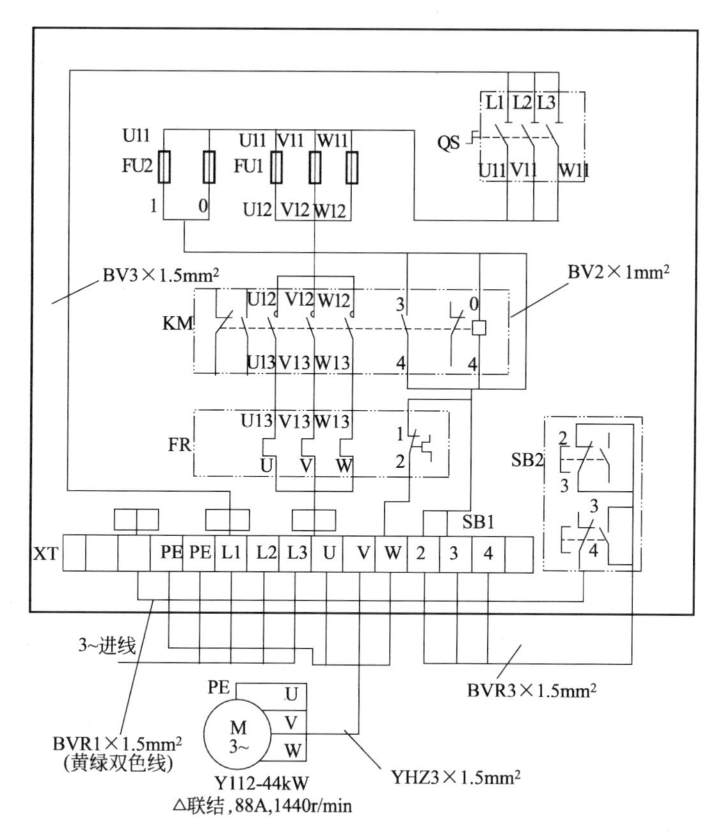

图 3-40 三相异步电动机正转控制电路接线图

成绩的 75%）+B 组项目（过程记载、报告）成绩（占总成绩的 25%）。

具体的考核内容：A 组项目（课内项目）主要考核项目完成的情况作为考核能力目标、知识目标、拓展目标的主要内容，具体包括：完成项目的态度、项目报告质量（材料选择的结论、依据、结构与性能分析、可以参考的改性意见或方案等）、资料查阅情况、问题的解答、团队合作、应变能力、表述能力、辩解能力、外语能力等。

A 组项目（课内项目）完成情况考核评分表见表 3-4。

表 3-4 三相异步电动机正转控制电路安装与调试项目考核评分表

<table>
<tr><td>评分内容</td><td colspan="3">评分标准</td><td>配分</td><td>得分</td></tr>
<tr><td>安装前检查</td><td colspan="3">电气元件漏检或错检，每处扣 2 分</td><td>10</td><td></td></tr>
<tr><td>安装布线</td><td colspan="3">电器布置不合理，扣 5 分；元件安装不牢固，每处扣 4 分；元件安装不整齐、不匀称、不合理，每处扣 3 分；损坏元件，扣 15 分；不按电路图接线，扣 20 分；布线不符合要求，主电路，每根扣 4 分，控制电路，每根扣 2 分；接点不符合要求，每个扣 1 分；漏套或套错编码套管，每个扣 1 分；损伤导线绝缘或线芯，每根扣 4 分；漏接接地线，扣 10 分</td><td>40</td><td></td></tr>
<tr><td>通电试车</td><td colspan="3">热继电器未整定或整定错，扣 5 分；第一次试车不成功，扣 5 分；第二次试车不成功，扣 10 分；第三次试车不成功，扣 20 分，扣完为止</td><td>30</td><td></td></tr>
<tr><td>团结协作</td><td colspan="3">小组成员分工协作不明确扣 5 分；成员不积极参与扣 5 分</td><td>10</td><td></td></tr>
<tr><td>安全文明生产</td><td colspan="3">违反安全文明操作规程扣 5～10 分</td><td>10</td><td></td></tr>
<tr><td colspan="5">项目成绩合计</td><td></td></tr>
<tr><td>开始时间</td><td></td><td>结束时间</td><td></td><td>所用时间</td><td></td></tr>
<tr><td>评语</td><td colspan="5"></td></tr>
</table>

（3）成果汇报或调试。

（4）成果展示（实物或报告） 写出本项目完成报告。

（5）师生互动（学生汇报、教师点评）。

（6）考评组打分。

第五节 习题与思考题

3-1 什么是低压电器？低压电器是如何分类的？

3-2 简述常用低压电器的功能和符号。

3-3 简述三相异步电动机的工作原理。

3-4 三相异步电动机的启动方式有哪些？各有什么特点？

3-5 简述三相异步电动机的制动和正反转控制电路的工作原理。

3-6 三相异步电动机的启动电路有哪些？

3-7 电动机的保护电路有哪些？各有什么作用？

3-8 电动机有哪些性能指标？

3-9 什么是变压器？简述其工作原理。

3-10 变压器的分类有哪些？各有什么特点？

3-11 变压器有哪些性能指标？

第四单元 安全用电

关键词

电击、电伤、触电、现场急救、电气火灾。

学习目标

知识目标

了解电气安全使用方法；

掌握电气测量方法、触电急救与电气火灾急救知识；

熟悉用电操作规程。

能力目标

使学生学会触电急救技能与电气消防技能；

训练学生“触电急救（口对口人工呼吸法、胸外心脏按压法）”、“电气火灾扑救”技能。

第一节 电工测量

对电路中各个物理量（如电压、电流、功率、频率等）及电路参数进行测量的仪表统称为电工测量仪表。电工测量仪表还能间接地对各种非电量（如温度、压力、流量等）进行测量，以保证各种生产设备的正常运行以及对生产过程进行自动控制。因此电工测量及电工测量仪表在现代化的工业生产中起着非常重要的作用。

一、概述

（一）常用电工测量仪表的结构

常用电工测量仪表的构成包括测量线路和测量显示机构两部分。测量线路将被测变量转换成测量机构可以接受的电量。测量显示机构将被测变量转换成指针的机械位移或转换成数字量显示出来。电工测量仪表的框架结构如图 4-1 所示。

被测量 → 测量线路 → 电量 → 测量机构 → 指示值

图 4-1　电工测量仪表构成原理

（二）常用电工测量仪表的分类

常用电工测量仪表的分类方法很多，按其工作原理、结构形式和精度等级不同，可分类如下。

（1）按照被测电量的名称可分为电流表、电压表、功率表、兆欧表、电度表、功率因数表等。

（2）按照被测电量的种类可分为直流表、交流表、交直流两用表。

（3）按照仪表的结构形式可分为磁电系、电磁系、电动系、整流系和感应系仪表。

（4）按照电工测量仪表的精度等级可分为 0.1、0.2、0.5、1.0、1.5、2.5 和 5.0 等七个等级，其基本误差和使用场所见表 4-1。仪表的精度等级数字越小，其精度等级越高，仪表的价格越贵。

表 4-1 电工测量仪表的精度等级

精度等级	0.1	0.2	0.5	1.0	1.5	2.5	5.0
基本误差	±0.1%	±0.2%	±0.5%	±1.0%	±1.5%	±2.5%	±5.0%
使用场所	标准表		实验用表		工程测量用表		

(三) 常用电工测量仪表的符号

各种电工测量仪表在其表盘上都用一些符号标记，用来表示电工仪表的各种技术性能，常用的仪表盘表面标记如表 4-2 所示。

表 4-2 常用电工测量仪表的符号

符号	名称	符号	名称	符号	名称
—	直流表	⊥	垂直	⊙	感应系仪表
～	交流表	⊓	水平		整流系仪表
≃	交直流表	✳	公共端	(1.5)	准确度等级 1.5 级
Ⓐ	电流表		磁电系仪表	☆	绝缘强度试验电压 500V
Ⓥ	电压表		电磁系仪表	[Ⅱ]	Ⅱ级防外磁场
Ⓦ	功率表		电动系仪表	△B	使用条件 B 组仪表

二、电流、电压和功率的测量

(一) 电流表

1. 电流的测量

用来测量电流的仪表称为电流表，因电流有交、直流之分，在测量电流时，应注意遵循以下若干原则。

（1）明确电流的性质。若被测电流是直流电，则使用直流电流表，若被测电流是交流电，则使用交流电流表。

（2）必须将电流表串联在被测电路中，如图 4-2(a)。由于电流表具有一定内阻，串电流表后，总的等效电阻会有所增加，使实际测得的电流小于被测电流。为减小这种误差，要求电流表内阻越小越好。由于电流表内阻很小，故严禁将电流表并联在负载 R_L 的两端。

（3）极性连接正确。串联电流表时，应将电流从标有“+”接线流入，从标有“−”接线端子流出。

（4）注意电流表量程范围。多量程的电流表，使用时应估计被测电流的大不，选择合适

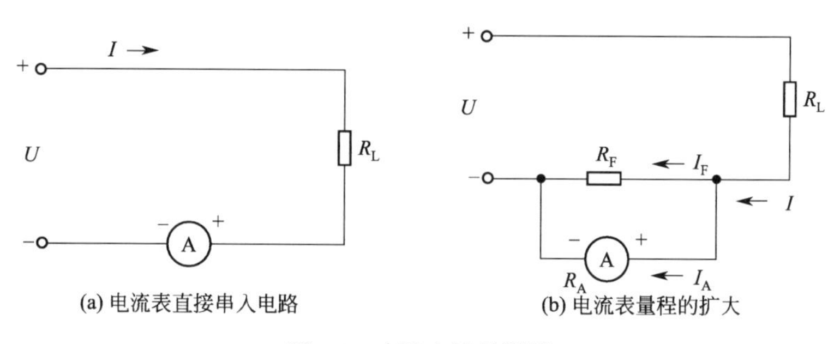

(a) 电流表直接串入电路 (b) 电流表量程的扩大

图 4-2 直流电流的测量

量程。若测量值超过量程，则有可能导致仪表损坏。

2. 直流电流表量程的扩大

当被测电流大于仪表表头量程时，可不更换表头而借助外接分流电阻 R_F 扩大电流表的量程，如图 4-2(b) 所示。若电流表头电阻为 R_A，仪表量程为 I_A，被测大电流为 I，则并联的分流电阻值为 R_F，根据电路定律有

$$I_F R_F = I_A R_A;\ (I - I_A) R_F = I_A R_A$$

当

$$k = \frac{I}{I_A}\ (\text{量程扩大倍数})$$

有

$$R_F = \frac{I_A}{I - I_A} R_A = \frac{1}{\frac{I}{I_A} - 1} R_A = \frac{1}{K-1} R_A$$

3. 交流电流表的量程扩大

当被测交流电流大于仪表量程时，需要用电流互感器来扩大其量程，如图 4-3 所示。

由于电流互感器具有变换电流的作用，对于图 4-3 所示电路，有

$$\frac{I_1}{I_2} = \frac{N_2}{N_1} = K_i$$

即

$$I_1 = K_i I_2$$

一般二次侧电流表均用量程为 5A，只要改变电流互感器的电流比，就可测出不同的一次侧电流。如一只额定电流为 600/5 的电流互感器与一只 5A 的电流表配套使用，当测出二次侧电流为 2A 时，则可知一次侧电流 $I_1 = (600/5) \times 2 = 240\text{A}$。这样就实现交流电流表量程的扩大。

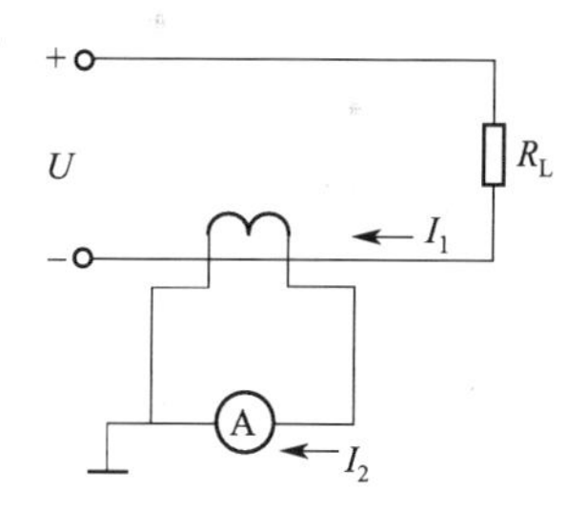

图 4-3 交流电流表量程的扩大

(二) 电压表

1. 电压的测量

用于测量电压的仪表称为电压表。因电压也有交直流之分和测量量程不同，所以在测量电压时应注意以下几点。

(1) 明确电压的性质。选择对应的交流或直流电压表进行测量。

(2) 电压表应并联在负载两端，如图 4-4(a) 所示。

由于电压表具有一定的内阻，并入电路后使负载两端的等效电阻下降，从而使实际测得的电压比负载两端的真实电压略低。为了减小这种误差，就要求电压表的内阻尽可能大。

(3) 注意电压表的正、负极性连接正确。

(4) 如果被测电压的数值大于仪表量程，就必须扩大电压表量程。

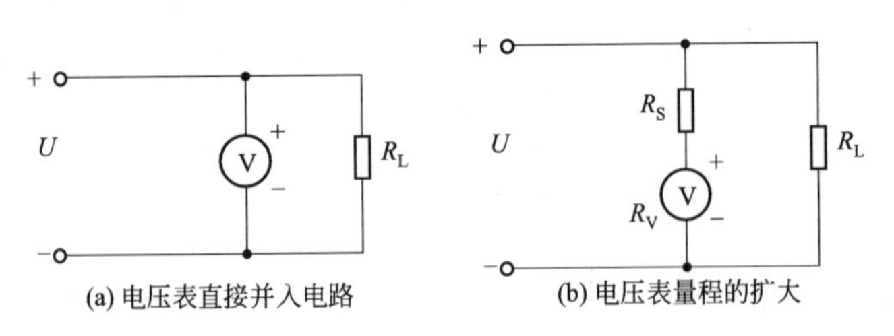

图 4-4　直流电压的测量

2. 电压表量程的扩大

当被测电压高于仪表量程时，可通过串联一个附加电阻 R_S 来进行分压，使电压表本身所承受的最大电压保持不变，如图 4-4(b) 所示。

若电压表的内阻为 R_V，串联电阻为 R_S，电压表本身量程为 U_V，被测电压为 U，则根据电路定律可得：

$$\frac{U-U_V}{R_S}=\frac{U_V}{R_V}$$

可推出

$$R_S=\left(\frac{U}{U_V}-1\right)R_V$$

设　$m=\frac{U}{U_V}$——电压表扩大量程的倍数，得

$$R_S=(m-1)R_V$$

即可计算出需要串联电阻的数值。

(三) 功率表

用来测量电路功率的仪表称为功率表（瓦特表）。图 4-5 是测量功率的原理图。功率表内部有两个线圈：一个用来反映被测电路的电流，称为电流线圈，测量时与被测电路串联（相当于电流表）；另一个用来反映被测电路的电压，称为电压线圈，测量时与被测电路并联（相当于电压表）。图 4-5 中，a、b 为电流线圈引出端，c、d 为电压线圈引出端。

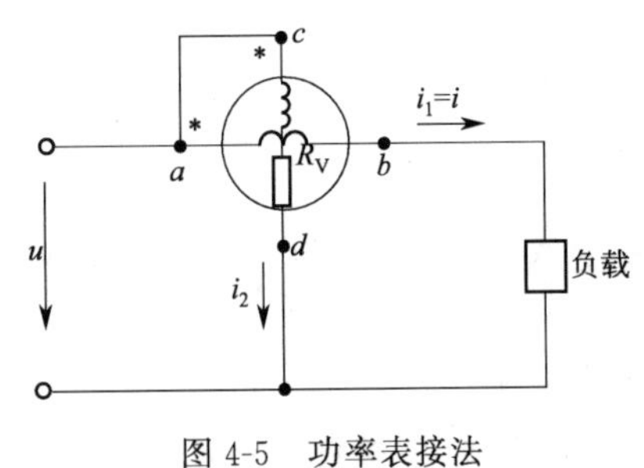

图 4-5　功率表接法

为保证在测量时功率表的指针向正偏转，必须使其电流线圈和电压线圈的“同名端”（用符号“*”表示）接到电源的同一极性上。

选用功率表时，不仅要使被测功率在满标值范围内，还要使被测电路的电压和电流都在相应的量程范围内。当测量低功率因数负载的有功功率时，为了减少误差，可采用低功率因数功率表。

第二节　安全用电

随着社会的进步与发展，不论是人们的日常生活还是工业生产都离不开电。人们经常要接触到用电设备，需要使用用电设备进行生产、生活，这就要安全用电。如何安全用电，防止事故，确保人民群众的生命和财产，保障工业生产的正常运行，就要了解用电安全常识和防护知识。

一、触电类型

触电是指人体触及带电体后，电流对人体造成的伤害。它有两种类型，即电击和电伤。

(一) 电击

电击是指电流通过人体内部，破坏人体内部组织，影响呼吸系统、心脏及神经系统的正常功能，甚至危及生命。电击致伤的部位主要在人体内部，它可以使肌肉抽搐，内部组织损伤，造成发热发麻、神经麻痹等，严重时将引起昏迷、窒息，甚至心脏停止跳动而死亡。数十毫安的工频（变化频率 50Hz）的交变电流可使人遭到致命电击。人们通常所说的触电就是指电击，大部分触电死亡事故都是由电击造成的。

(二) 电伤

电伤是指电流的热效应、化学效应、机械效应及电流本身作用造成的人体伤害。电伤会在人体皮肤表面留下明显的伤痕，常见的有灼伤、烙伤和皮肤金属化等现象。电伤是人体触电事故中危害较轻的一种。

在触电事故中，电击和电伤常会同时发生。

(三) 电流对人体的伤害作用

电流对人体的伤害是电气事故中最主要的事故之一。电流对人体的伤害程度与通过人体电流的大小、种类、频率、持续时间、通过人体的路径及人体电阻的大小等因素有关。

1. 电流大小对人体的影响

通过人体的电流越大，人体的生理反应越明显，感觉越强烈，从而引起心室颤动所需的时间越短，致命的危险性就越大。对工频交流电，按照通过人体的电流大小和人体呈现的不同状态，可将其划分为下列三种。

(1) 感知电流　它是指引起人体感知的最小电流。实验表明，成年男性平均感知电流有效值约为 1.1mA，成年女性约为 0.7mA。感知电流一般不会对人体造成伤害，但是电流增大时，感知增强，反应变大，可能造成坠落等间接事故。

(2) 摆脱电流　人触电后能自行摆脱电源的最大电流称为摆脱电流。一般男性的平均摆脱电流约为 16mA，成年女性为 10mA，儿童的摆脱电流较成年人小。摆脱电流是人体可以忍受而一般不会造成危险的电流。若通过人体电流超过摆脱电流且时间过长会造成昏迷、窒息，甚至死亡。因此摆脱电源的能力随时间的延长而降低。

(3) 致命电流　是指在较短时间内危及生命的最小电流。当电流达到 50mA 以上就会引起心室颤动，有生命危险；100mA 以上，则足以致人死亡；而 30mA 以下的电流通常不会有生命危险。不同的电流对人体的影响，如表 4-3 所示。

表 4-3　电流对人体的影响

电流/mA	通电时间	工频电流下的人体反应	直流电流下的人体反应
0～0.5	连续通电	无感觉	无感觉
0.5～5	连续通电	有麻刺感	无感觉
5～10	数分钟以内	痉挛、剧痛，但可摆脱电源	有针刺感、压迫感及灼热感
10～30	数分钟以内	迅速麻痹、呼吸困难、血压升高，不能摆脱电流	压痛、刺痛、灼热感强烈，并伴有抽筋
30～50	数秒钟到数分钟	心跳不规则、昏迷、强烈痉挛、心脏开始颤动	感觉强烈，剧痛，并伴有抽筋
50～100	超过 3s	昏迷、心室颤动、呼吸、麻痹、心脏麻痹	剧痛、强烈痉挛、呼吸困难或麻痹

电流对人体的伤害与电流通过人体时间的长短有关。通电时间越长，因人体发热出汗和电流对人体组织的电解作用，人体电阻逐渐降低，导致通过人体电流增大，触电的危险性也随之增加。

2. 电源频率对人体的影响

常用的 50～60Hz 的工频交流电对人体的伤害程度最为严重。当电源的频率偏离工频越远，对人体的伤害程度越轻，在直流和高频情况下，人体可以承受更大的电流，但高压高频电流对人体依然是十分危险的。

3. 人体电阻的影响

人体电阻因人而异，基本上按表皮角质层电阻大小而定。影响人体电阻值的因素很多，皮肤状况（如皮肤厚薄、是否多汗、有无损伤、有无带电灰尘等）和触电时与带电体的接触情况（如皮肤与带电体的接触面积、压力大小等）均会影响到人体电阻值的大小。一般情况下，人体电阻为 1000～2000Ω。

4. 电压大小的影响

当人体电阻一定时，作用于人体的电压越高，通过人体的电流越大。实际上通过人体的电流与作用于人体的电压并不成正比，这是因为随着作用于人体电压的升高，人体电阻急剧下降，致使电流迅速增加而对人体的伤害更为严重。

5. 电流路径的影响

电流通过头部会使人昏迷而死亡；通过脊髓会导致截瘫及严重损伤；通过中枢神经或有关部位，会引起中枢神经系统强烈失调而导致残废；通过心脏会造成心跳停止而死亡；通过呼吸系统会造成窒息。实践证明，从左手至脚是最危险的电流路径，从右手到脚、从手到手也是很危险的路径，从脚到脚是危险较小的路径。

(四) 人体的触电形式

1. 单相触电

由于电线绝缘破损、导线金属部分外露、导线或电气设备受潮等原因使其绝缘部分的能力降低，导致站在地上的人体直接或间接地与火线接触，这时电流就通过人体流入大地而造成单相触电事故，如图 4-6 所示。

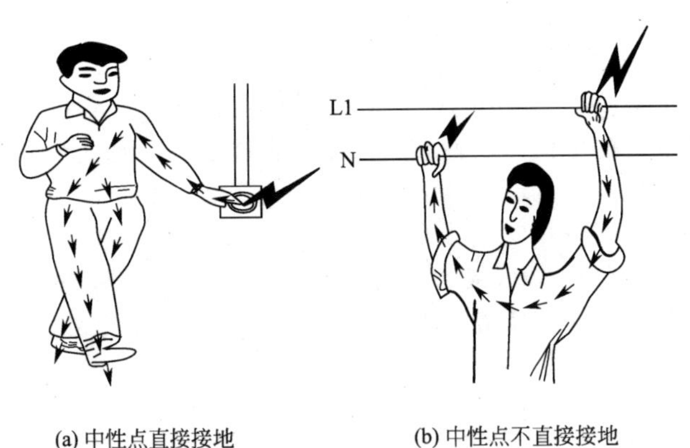

(a) 中性点直接接地　　(b) 中性点不直接接地

图 4-6　单相触电

2. 两相触电

两相触电是指人体两处同时触及同一电源的两相带电体，电流从一相导体流入另一相导体的触电方式，如图 4-7 所示。两相触电加在人体上的电压为线电压，所以不论电网的中性点接地与否，其触电的危险性都很大。

3. 跨步电压触电

对于外壳接地的电气设备，当绝缘损坏而使外壳带电，或导线断落发生单相接地故障时，电流由设备外壳经接地线、接地体（或由断落导线经接地点）流入大地，向四周扩散。如果此时人站立在设备附近地面上，两脚之间也会承受一定的电压，称为跨步电压。跨步电压的大小与接地电流、土壤电阻率、设备接地电阻及人体位置有关。当接地电流较大时，跨步电压会超过允许值，发生人身触电事故。特别是在发生高压接地故障或雷击时，会产生很高的跨步电压，如图 4-8 所示。跨步电压触电也是危险性较大的一种触电方式。

图 4-7　两相触电

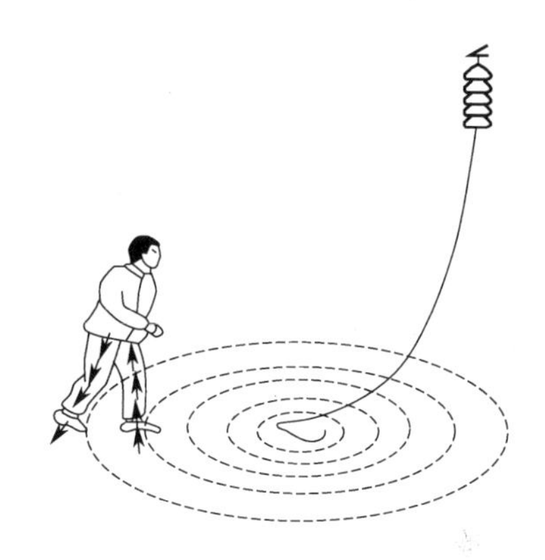

图 4-8　跨步电压触电

4. 感应电压触电

当人触及带有感应电压的设备和线路时所造成的触电事故称为感应电压触电，如一些不带电的线路由于大气变化（如雷电活动）会产生感应电荷，此外，停电后一些可能感应电压的设备和线路未接临时地线，这些设备和线路对地均存在感应电压。

5. 剩余电荷触电

剩余电荷触电是指当人触及带有剩余电荷的设备时，带有电荷的设备对人体放电造成的触电事故。设备带有剩余电荷，通常是由于检修人员在检修中遥表测量停电后的并联电容器、电力电缆、电力变压器及大容量电动机等设备时，检修前后没有对其及时充分放电所造成的。此外，并联电容器因其电路发生故障而不能及时放电，退出运行后又未人工放电，也导致电容器的极板上带有大量的剩余电荷。

二、触电急救知识

一旦发生触电事故时，应立即组织人员急救。急救时必须做到沉着果断、动作迅速、方法正确。首先要尽快地使触电者脱离电源，然后根据触电者的具体情况，采取相应的急救措施。

（一）脱离电源

1. 脱离电源的方法

根据出事现场情况，采用正确的脱离电源方法，是保证急救工作顺利进行的前提。

（1）拉闸断电或通知有关部门立即停电。

（2）出事地附近有电源开关或插头时，应立即断开开关或拔掉电源插头，以切断电源。

（3）若电源开关远离出事地时，可用绝缘钳或干燥木柄斧子切断电源。

（4）当电线搭落在触电者身上或被压在身下时，可用干燥的衣服、手套、绳索、木棒等绝缘物作救护工具，拉开触电者或挑开电线，使触电者脱离电源，或用干木板、干胶木板等绝缘物插入触电者身下，隔断电源。

（5）抛掷裸金属导线，使线路短路接地，迫使保护装置动作，断开电源。

2. 脱离电源时的注意事项

在帮助触电者脱离电源时，不仅要保证触电者安全脱离电源，而且还要保证现场其他人的生命安全。为此，应注意以下几点。

（1）救护者不得直接用手或其他金属及潮湿的物件作为救护工具，最好采用单手操作，以防止自身触电。

（2）防止触电者摔伤。触电者脱离电源后，肌肉不再受到电流刺激，会立即放松而摔倒，造成外伤，特别在高空更是危险，故在切断电源时，须同时有相应的保护措施。

（3）如事故发生在夜间，应迅速准备临时照明用具。

(二) 现场急救

触电者脱离电源后，应及时对其进行诊断，然后根据其受伤害的程度，采取相应的急救措施。

1. 简单诊断

把脱离电源的触电者迅速移至通风干燥的地方，使其仰卧，并解开其上衣和腰带，然后对触电者进行诊断。

（1）观察呼吸情况　看其是否有胸部起伏的呼吸运动或将面部贴近触电者口鼻处感觉有无气流呼出，以判断是否有呼吸。

（2）检查心跳情况　摸一摸颈部的颈动脉或腹股沟处的股动脉有无搏动，将耳朵贴在触电者左侧胸壁乳头内侧二横指处，听一听是否有心跳的声音，从而判断心跳是否停止。

（3）检查瞳孔　当处于假死状态时，大脑细胞严重缺氧，处于死亡边缘，瞳孔自行放大，对外界光线强弱无反应。可用手电照射瞳孔，看其是否回缩，以判断触电者的瞳孔是否放大。

2. 现场急救的方法

根据上述简单诊断结果，迅速采取相应的急救措施，同时向附近医院告急求救。

（1）触电者神志清醒，但有些心慌，四肢发麻，全身无力；或触电者在触电过程一度昏迷，但已清醒过来。此时，应使触电者保持安静，解除恐慌，不要走动并请医生前来诊治或送往医院。

（2）触电者已失去知觉，但心脏跳动和呼吸还存在，应让触电者在空气流动的地方舒适、安静地平卧，解开衣领便于呼吸；如天气寒冷，应注意保温，必要时闻氨水，摩擦全身使之发热，并迅速请医生到现场治疗或送往医院。

（3）触电者有心跳而呼吸停止时，应采用“口对口人工呼吸法”进行抢救。

（4）触电者呼吸或心脏停止跳动时，应采用“胸外心脏按压法”进行抢救。

（5）触电者呼吸和心跳均停止时，应同时采用“口对口人工呼吸法”和“胸外心脏按压法”进行抢救。

应当注意，急救要尽快进行，即使在送往医院的途中也不能终止急救。抢救人员还需有耐心，有些触电者需要进行数小时，甚至数十小时的抢救，方能苏醒。此外不能给触电者打强心针、泼冷水或压木板等。

三、电气火灾消防知识

电气火灾发生后，电气设备和线路可能带电。因此在扑灭电气火灾时，必须了解电气火灾发生的原因，采取正确的补救方法，以防发生人身触电及爆炸事故。

(一) 发生电气火灾的主要原因

电气火灾及爆炸是指因电气原因引燃及引爆的事故。发生电气火灾要具备可燃物和环境及引燃条件。对电气线路和一些设备来说，除自身缺陷、安装不当或施工等方面的原因外，在运行中，电流的热量、电火花和电弧是引起火灾爆炸的直接原因。

1. 危险温度

危险温度是电气设备过热引起的，即电流的热效应造成的。线路发生短路故障、电气设备过载以及电气设备使用不当均可发热超过危险温度而引起火灾。

2. 电火花和电弧

电火花是电极间的击穿放电现象，而电弧是大量电火花汇集而成的。如开关电器的拉、合操作，接触器的触点吸、合等都能产生电火花。

3. 易燃易爆环境

在日常生活及工农业生产中，广泛存在着可燃易爆物质，如在石油、化工和一些军工企业的生产场所中，线路和设备周围存在可燃物及爆炸性混合物；另外一些设备本身可能会产生可燃易爆物质，如充油设备的绝缘在电弧作用下，分解和气化，喷出大量的油雾和可燃气体；酸性电池排出氢气并形成爆炸性混合物等。一旦这些易燃易爆环境遇到火源，即刻着火燃烧。

(二) 电气灭火常识

一旦发生电气火灾，应立即组织人员采用正确方法进行扑救，同时拨打 119 火警电话，向公安消防部门报警，并且应通知电力部门用电监察机构派人到现场指导和监护扑救工作。最方便、最简捷的方法是用电气灭火器进行灭火。

1. 常用灭火器的使用

在扑救电气火灾时，特别是没有断电时，应选择合适的灭火器。表 4-4 列举了三种常用电气灭火器的主要性能及使用方法。

表 4-4 常用电气灭火器的主要性能

种类	二氧化碳	四氯化碳	干粉	1211
规格	<2kg 2～3kg 5～7kg	<2kg 2～3kg 5～8kg	8kg 50kg	1kg 2kg 3kg
药剂	液态的二氧化碳	液态的四氯化碳	钾盐、钠盐	二氟一氯一溴甲烷
导电性	无	无	无	无
灭火范围	电气、仪器、油类、酸类	电气设备	电气设备、石油、涂料、天然气	油类、电气设备、化工、化纤原料
不能扑救的物质	钾、钠、镁、铝等	钾、钠、镁、乙炔	旋转电机火灾	
效果	距着火点 3m 距离	3kg 喷 30s，7m 内	8kg 喷 14～18s，4.5m 内。50kg 喷 50～55s，6～8m	1kg 喷 6～8s，2～3m 内
使用	一手将喇叭口对准火源，另一只手打开开关	扭动开关，喷出液体	提起圈环，喷出干粉	拔下铅封或横锁，用力压下压把即可
保养和检查	置于方便处，注意防冻、防晒和使用期	置于方便处	置于干燥通风处、防潮、防晒	置于干燥处，勿摔碰

2. 灭火器的保管

灭火器在不使用时，应注意对其的保管与检查，保证随时可正常使用。

(1) 灭火器应放置在取用方便之处。

(2) 注意灭火器的使用期限。

(3) 防止喷嘴堵塞；冬季应防冻、夏季要防晒；防止受潮、摔碰。

（4）定期检查，保证完好。如，对二氧化碳灭火器，应每月测量一次，当重量低于原来的1/10时，应充气；对四氯化碳灭火器、干粉灭火器，检查压力情况，少于规定压力时应及时充气。

第三节 训练项目

项目 触电急救与电气消防演习

一、项目名称

触电急救与电气消防演习。

二、项目情境

由××××单位电气维修部门经理（教师或学生）向完成各具体子项目（任务）的执行经理或工作人员布置任务，派发任务单（表4-5）。

表4-5 任务单

项目名称	子项目	内容要求	备注
触电急救与电气消防演习	典型触电情景再现	学员按照人数分组：模拟"单相、两相、跨步电压"触电现象	
	触电急救技术演练	学员按照人数分组，训练 1. 脱离电源技能 2. 现场急救技能 3. 口对口人工呼吸法急救技能 4. 胸外心脏按压法急救技能	
	电气消防技术演练	学员按照人数分组，训练 灭火器的使用	
目标要求	会触电急救与电气火灾急救技术		
实训环境	棕垫、人体模型、木棒、电话机、绝缘手套、绝缘靴、秒表、消毒酒精、药棉、钢丝钳、导线、电气柜、灭火器等		
其他			

组别： 组员： 项目负责人：

三、项目实施

具体完成过程是：按情境建立、项目布置→学生个人准备→组内讨论、检查→发言代表汇报→评价→展示案例、问题指导→组内讨论、修改方案→第二次汇报→评价→问题指导→再讨论再修改→第三次汇报→评价、验收→拓展任务、巩固训练→师生共同归纳总结→新项目布置等程序，完成本项目的具体任务和拓展任务。

将学生根据实训平台（条件）按照"项目要求"进行分组实施。

(一) 典型触电情境再现

模拟"单相、两相、跨步电压"触电现象等。

(二) 触电急救技术演练

口对口人工呼吸法、胸外心脏按压法。

（1）利用人体模型，模拟人体触电事故。

（2）模拟拨打 120 急救电话。

（3）迅速切断触电事故现场电源，或用木棒从触电者身上挑开电线，使触电者迅速脱离触电状态。

（4）将触电者移至通风干燥处，身体平躺，使其躯体及衣物均处于放松状态。

（5）仔细观察触电者的生理特征，根据其具体情况，采取相应的急救方法实施抢救。

（6）口对口人工呼吸抢救

① 使触电者仰卧，迅速解开其衣领和腰带。

② 将触电者头偏向一侧，张开其嘴，清除口腔中的假牙、血块、食物、黏液等异物，使其呼吸道畅通。

③ 救护者站在触电者的一边，使触电者头部后仰，一只手捏紧触电者的鼻子，一只手托在触电者颈后，将颈部上抬，然后深吸一口气，用嘴紧贴触电者嘴，大口吹气，接着放松触电者的鼻子，让气体从触电者肺部排出。按照上述方法，连续不断地进行，每 5s 吹气一次，直到触电者苏醒为止，如图 4-9 所示。

对儿童施行此法，不必捏鼻。如开口有困难，可以紧闭其嘴唇，对准鼻孔吹气体（即口对鼻人工呼吸），效果相似。

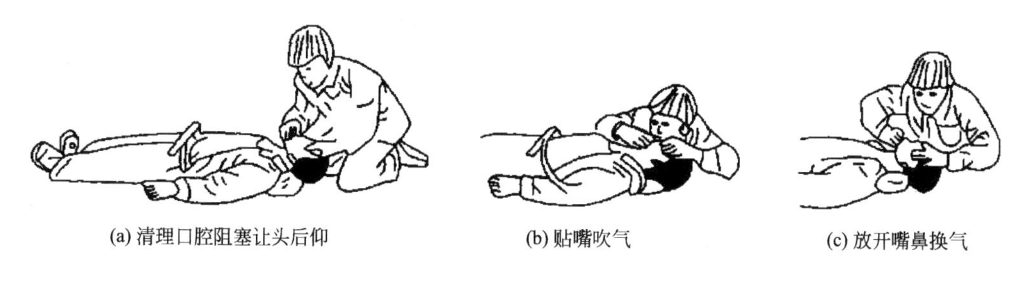

(a) 清理口腔阻塞让头后仰　(b) 贴嘴吹气　(c) 放开嘴鼻换气

图 4-9　口对口人工呼吸法

（7）胸外心脏按压法

① 将触电者放直仰卧在比较坚实的地方（如木板、硬地等），颈部枕垫软物使其头部稍后仰，松开衣领和腰带，抢救者跪跨在触电者腰部两侧，如图 4-10(a) 所示。

② 抢救者将右手掌放在触电者胸骨下二分之一处，中指指尖对准其颈部凹陷的下端，左手掌复压在右手背上，如图 4-10(b) 所示。

③ 抢救者凭借自身重量向下用力按压 3～4cm，突然松开，如图 4-10(c) 和 4-10(d) 所示。按压和放松的动作要有节奏，每秒钟进行一次，不可中断，直至触电者苏醒为止。采用此种方法，按压定位要准确，用力要适当，用力过猛，会给触电者造成内伤；用力过小，使按压无效。对儿童进行按压抢救时更要慎重，每分钟宜按压 100 次左右。

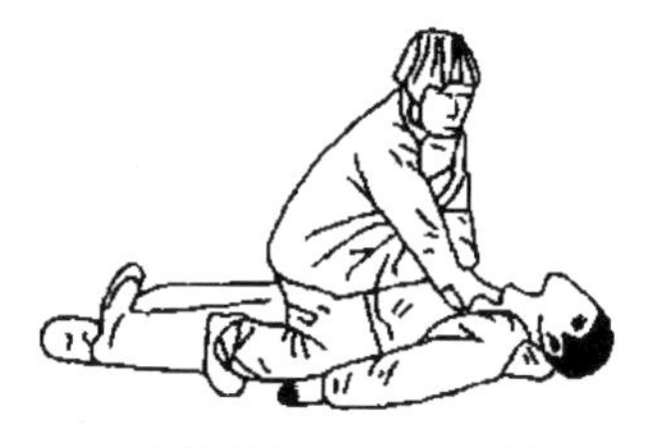

(a) 急救者跪跨在触电者两侧

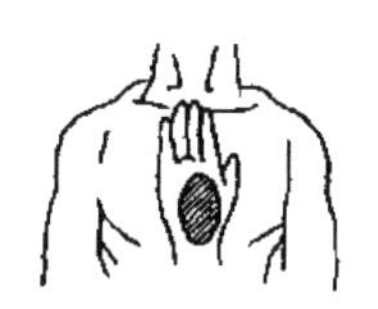

(b) 手掌按压部位

(c) 向下用力按压

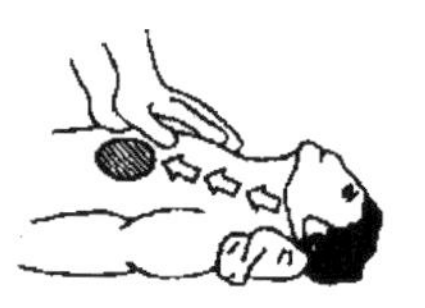

(d) 突然松开

图 4-10　胸外心脏按压法

(三) 电气消防技术演练

常用灭火方法、灭火器保管方法、灭火水枪的使用。

(1) 模拟电气柜火灾现场。

(2) 模拟拨打 119 火警电话报警。

(3) 关断火灾现场电源。切断电源时，应按操作规程规定的顺序进行操作，必要时，请电力部门切断电源。

(4) 无法及时切断电源时，根据火灾特征，选用正确的消防器材。扑救人员应使用二氧化碳等不导电的灭火器，且灭火器与带电体之间应保持必要的安全距离（即 10kV 以下应不小于 1m，110～220kV 不应小于 2m）。

(5) 电气设备发生火灾时，充油电气设备受热后可能发生喷油或爆炸，扑救时应根据起火现场及电气设备的具体情况防止爆炸事故联锁发生。

(6) 用水枪灭火时，宜采用喷雾水枪。这种水枪通过水柱的泄漏电流较小，带电灭火较安全。用普通直流水枪带电灭火时，扑救人员应戴绝缘手套、穿绝缘靴，或穿均压服，且将水枪喷嘴接地。

(7) 讨论、分析火灾产生原因，排除事故隐患。

(8) 清理现场。

四、项目评价

(1) 项目实施结果考核　由项目委托方代表（一般来说是教师）对项目各项任务的完成结果进行验收、评分，对合格的任务进行接收。

(2) 考核方案设计　学生成绩的构成：A 组项目（课内项目）完成情况累积分（占总成绩的 75%）+B 组项目（总结报告）成绩（占总成绩的 25%）。

① A 组项目（课内项目子任务一“触电急救”技术）完成情况考核评分表见表 4-6。

表 4-6　触电急救项目考核评分表

评分内容		评分标准		配分	得分
触电急救训练		采取方法错误扣 5～30 分		30	
		按压力度、操作频率不合适扣 10～30 分		30	
		操作步骤错误扣 10～20 分		20	
团结协作		小组成员分工协作不明确扣 5 分；成员不积极参与扣 5 分		10	
安全文明生产		违反安全文明操作规程扣 5～10 分		10	
项目成绩合计					
开始时间		结束时间		所用时间	
评语					

② A 组项目（课内项目子任务二“电气消防”技术）完成情况考核评分表见表 4-7。

表 4-7　电气消防技术演练项目考核评分表

评分内容		评分标准		配分	得分
电气消防训练		采取方法错误扣 5～30 分		30	
		消防器材选用错误扣 30 分		30	
		操作步骤错误扣 10～20 分		20	
团结协作		小组成员分工协作不明确扣 5 分；成员不积极参与扣 5 分		10	
安全文明生产		违反安全文明操作规程扣 5～10 分		10	
项目成绩合计					
开始时间		结束时间		所用时间	
评语					

(3) 成果汇报或调试。
(4) 成果展示（实物或报告）：写出本项目完成报告。
(5) 师生互动（学生汇报、教师点评）。
(6) 考评组打分。

第四节 习题与思考题

4-1　电工测量仪表的用途是什么？方法有哪些？
4-2　磁电式电流表、电压表的量程扩大采用的措施是什么？各有什么特点？
4-3　简述指针式万用表和数字式万用表的异同。
4-4　了解和掌握万用表的使用。
4-5　什么是触电？触电的类型有哪些？各有什么特点？
4-6　保护接地系统有哪些类型？各有什么特点？
4-7　防止触电的措施有哪些？
4-8　雷电的危害有哪些？如何预防？
4-9　什么是静电？在什么情况下会产生静电？静电的危害是什么？
4-10　在日常生活中，应如何搞好安全用电？如何注意节约用电？

第二篇 工业控制基础

控制篇导言

在工业生产，特别是石油化工、电力轻纺行业的生产过程中，为保证产品质量，保证生产正常、安全、高效、低耗地进行，就必须将能影响产品质量和生产过程的压力（p）、物位（L）、流量（F）、温度（T）及物质成分（A）等几大热工变量控制在规定的范围内。而工业生产过程的容器和设备常常是密闭的；生产条件也更多是高温、深冷、高压或真空等超常状态；且多数工艺介质还具有易燃、易爆、有毒、有腐蚀性等性质。所以，在多数情况下，化工生产过程的控制是人力难以为之的，从而呼唤对工业过程的自动控制，也必须要实现自动化。

一、生产过程自动化

在生产设备上配备一些自动控制装置，代替操作人员的部分直接劳动，使生产在不同程度上自动地进行，即用自动控制装置来管理生产过程的办法，称为生产过程的自动控制，简称过程自动化。自动化系统由“生产过程对象”、“自动化装置”两大部分（四大单元）组成，其中：生产过程对象为独立单元，自动化装置包括测量变送、控制、执行三个单元。如图1所示。

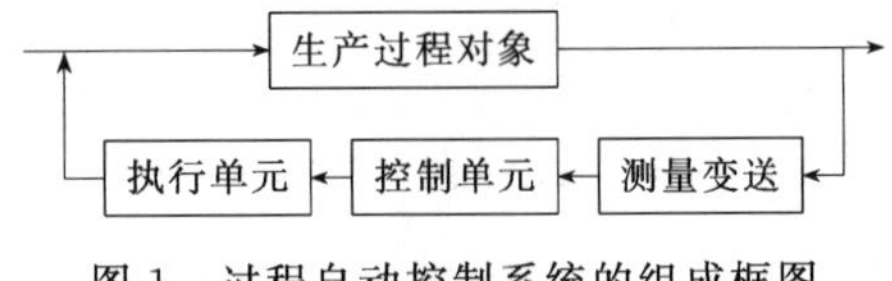

图1　过程自动控制系统的组成框图

(一) 生产过程对象

需要控制的工艺设备（塔、器、槽等）、机器或生产过程。

(二) 自动化装置

包括仪表和新型智能器件。

(1) 测量变送单元：是测量变送仪表，工程上用 T 表示。

(2) 控制单元：各种控制仪表及各类计算机，工程上用 C 表示。

(3) 执行器：各种电动、气动执行仪表，工程上用 Z 表示。

所有单元之间通过国际统一标准信号 4～20mA DC 电流（或 20～100kPa 气压）连接。

例如：水槽液位控制系统（如图 2 所示），其控制的目的是使水槽液位维持在其设定值上（满刻度的 50%）的位置上。

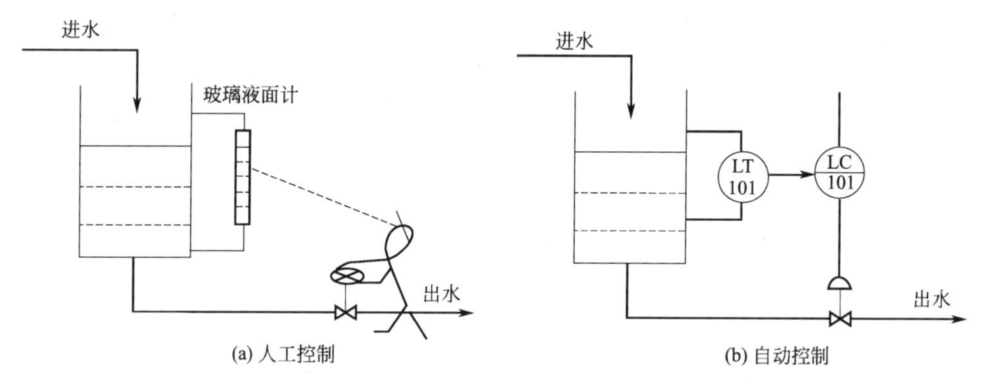

图 2　水槽液位控制系统示意图

人工控制［图 2(a)］：进水量增加时，导致水位增加，人眼睛观察玻璃液面计中的水位变化，并通过神经系统传给大脑，经与大脑中的设定值（50%）比较后，确定水位偏高（或偏低），故发出信息，让手开大（或关小）阀门，调节出水量，使液位变化。这样反复进行，直到液位重新稳定到设定值上，从而实现了液位的人工控制。

自动控制［图 2(b)］：现场的液位变送器 LT 检测出水槽液位，转换成统一的标准信号传送给控制室内的控制器 LC，与控制器 LC 中预先输入的设定信号进行比较后形成偏差，继而将偏差信号按预先确定的某种控制规律（比例、积分、微分的某种组合）进行运算后，产生输出信号给控制阀，使控制阀改变开启度，控制出水量。这样反复进行，直到水槽液位恢复到设定值为止，从而实现水槽液位的自动控制，实现了生产过程自动化。

二、过程控制系统的分类

过程控制系统一般分为：生产过程自动检测系统、自动控制系统、自动报警联锁系统和自动操纵系统等四大类。

(一) 过程自动检测系统

利用各种检测仪表自动连续地对相应的工艺变量进行检测，并能自动指示或记录的系统，称为过程自动检测系统。

自动检测系统由两部分组成：检测对象和检测装置。如图 3 所示。

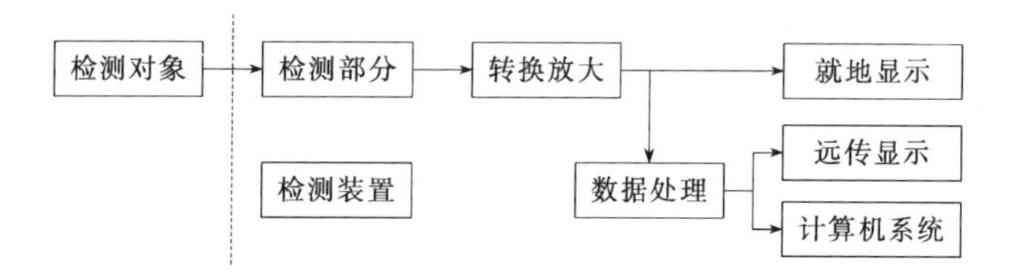

图 3　过程自动检测系统方框图

若检测装置仅由检测部分、转换放大和就地显示环节构成，则为就地显示检测仪表。

如：单圈弹簧管压力表、玻璃温度计等。

若检测装置由检测部分、转换放大和数据处理环节与远传显示仪表（或计算机系统）组成，则将检测、转换、数据处理环节称为“传感器”（如：霍尔传感器、热电偶、热电阻等），它将被测变量转换成规定信号送给远传显示仪表（或计算机系统）进行显示处理。传感器输出信号为国际统一标准信号 4～20mA DC 电流（或 20～100kPa 气压）时，称其为变送器（如：压力变送器、温度变送器等）。

(二) 过程自动控制系统

用自动控制装置对生产过程中的某些重要变量进行自动控制，使工业过程的工艺变量在受到外界干扰影响偏离正常状态后，又自动回复到规定的数值范围的系统。

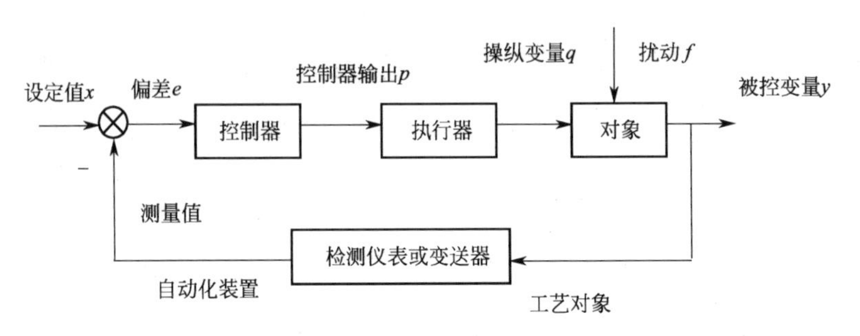

图 4　过程自动控制系统的组成框图

过程的自动控制系统可分为：定值控制系统、程序控制系统、随动控制系统三种，生产过程中“定值控制系统”使用最多，故常以定值控制系统为例来讨论过程自动控制系统，其系统组成框图如图 4 所示。

显然，过程自动控制系统各单元代替人工控制功能的基本对应关系如下。

眼：检测、变送器 LT；

脑：控制器 LC；

手：执行器（阀）。

由图 4 可知：定值控制系统是将生产过程对象中能影响产品质量和生产过程的压力（p）、物位（L）、流量（F）、温度（T）及物质成分（A）等几大工艺变量（控制工程上通称为被控变量 y）经检测元件和变送器，转化为被控变量 y 的测量信号（简称测量值）z，通过比较机构将被控变量 y 的工艺规定指标（简称设定值）x 比较并产生偏差值信号 e；由控制器根据偏差 e 的正负、大小及变化情况，按预定的控制规律实施控制作用，目的是将生产过程的工艺变量（即被控变量 y）始终稳定在其工艺给定指标 x 上。

生产过程稳定后，由于在运行过程中，常由于随机因素（称其为扰动，用 f 表示），影响被控变量 y 变化而偏离工艺给定指标（设定值 x）。工业上通过检测元件和变送器—控制器—执行器形成“闭环负反馈系统”，作用于“对象”的操纵变量 q，使被控变量 y 重新回到其设定值 x 上。为便于联系，单元之间通过国际统一标准信号 4～20mA DC 电流（或 20～100kPa 气压）连接。

(1) 操纵变量 q——控制器操纵执行器之信号，能使被控变量恢复到设定值的物理量或能量，如上例中的出水量。

(2) 扰动 f——除操纵变量外，作用于生产过程对象，引起被控变量变化的随机因素，如进料量的波动。

(三) 过程自动报警与联锁保护系统

为确保生产安全，常对一些关键的生产变量设有自动信号报警与联锁保护系统。当变量接近临界数值时，系统会发出声、光报警，提醒操作人员注意。如果变量进一步接近临界值、工况接近危险状态时，联锁系统立即采取紧急措施，自动打开安全阀或切断某些通路，必要时，紧急停车，以防止事故的发生和扩大。

(四) 过程的自动操纵系统

按预先规定的程序步骤，自动地对生产设备进行周期性操作的系统。

过程控制的应用水平是衡量一个企业先进程度的重要标准，也是衡量一个国家发达程度的主要标志。

三、过程仪表的分类

过程仪表是实现过程控制的工具，种类繁多，从不同的角度可以有不同的分类方法。

(一) 按功能不同

可分为检测仪表、显示仪表、控制仪表和执行器。

(1) 检测仪表：包括各种变量的检测元件、传感器和变送器。

(2) 显示仪表：有模拟量和数字量及屏幕显示形式。

(3) 控制仪表：包括气动、电动控制仪表和计算机控制装置。

(4) 执行器：有气动、电动、液动等类型。

这些仪表之间的关系如图 5 所示。

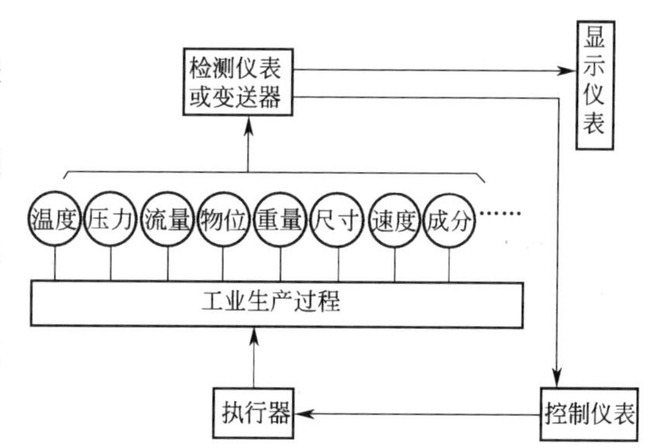

图 5　过程控制仪表的关系图

习惯上，常将显示仪表列入检测仪表范围，将执行器列入控制仪表范围。

(二) 按使用的能源不同

可分为气动仪表和电动仪表。

(1) 气动仪表：以压缩空气为能源，性能稳定、可靠性高、防爆性能好且结构简单。特别适合于石油、化工等有爆炸危险的场所。

(2) 电动仪表：以电为能源，信息传递快，传送距离远，是实现远距离集中显示和控制的理想仪表。

(三) 按结构形式分

可分为基地式仪表、单元组合仪表、组件组装式仪表等。

(1) 基地式仪表：这类仪表集检测、显示、记录和控制等功能于一体。功能集中，价格低廉，适合于单变量的就地控制系统。

(2) 单元组合仪表：所谓单元组合仪表是根据检测系统和控制系统中各组成环节的不同功能和使用要求，将整套仪表划分成能独立实现一定功能的若干单元（有变送、控制、显示、执行、设定、计算、辅助、转换等八大单元），各单元之间采用统一信号进行联系（气动仪表标准信号为 20～100kPa，电动仪表标准信号为 4～20mA DC）。使用时可根据控制系统的需要，对各单元进行选择和组合，从而构成多种多样的、复杂程度各异的检测系统和控制系统。单元组合仪表也称作积木式仪表。

(3) 组件组装式仪表：是一种功能分离、结构组件化的成套仪表（或装置）。

(四) 按信号形式分

可分为模拟仪表和数字仪表。

（1）模拟仪表：模拟仪表的外部传输信号和内部处理的信号均为连续变化的模拟量（如4～20mA电流，1～5V电压等）。前文中提及的单元组合仪表均属模拟仪表。

（2）数字仪表：数字仪表的外部传输信号有模拟信号和数字信号两种，但内部处理信号都是数字量（0,1），如可编程调节器等。

四、仪表及过程自动化的发展

伴随着过程控制系统的发展，实现过程控制的工具也同样在不断地更新换代。

过程控制仪表逐步趋于成熟，工业自动化水平不断提高。20世纪70年代中期的DDZ-Ⅲ型仪表，以集成运算放大器为主要放大元件，以24V DC为能源，采用4～20mA DC为统一标准信号制的组合型仪表。它在体积基本不变的情形下，大大增加了仪表的功能，其工作在现场的仪表均为安全火花型防爆仪表，配上安全栅后，构成安全火花防爆系统，相当安全，在化工、炼油等行业得到了广泛的应用，并曾一度占主导地位，一些中小企业及大企业的部分装置至今仍在使用。进入80年代后，由于微处理器的发展，出现了DDZ-S型智能式单元组合仪表，它以微处理器为核心，能源、信号都同于DDZ-Ⅲ型，其可靠性、准确性、功能等都远远优于DDZ-Ⅲ型仪表。

20世纪80年代开始，世界进入了知识爆炸时期，由于各种高新技术的飞速发展，以微型计算机为核心，控制功能分散、显示操作集中，集控制、管理于一体的分散型控制系统（DCS），从而将过程控制仪表及装置推向高级阶段。与此同时，可编程序控制器（PLC）也从逻辑控制领域向过程控制领域伸出触角，以其优良的技术性能和良好的性能/价格比在过程控制领域中占据了一席之地。

如今，现场总线（Field Bus）这种用于现场仪表与控制系统和控制室之间的一种开放式、全分散、全数字化、智能、双向、多变量、多点、多站的通信系统，除使现场设备能完成过程的基本控制功能外，还增加了非控制信息监视的可能性，日益受到控制人员的欢迎。

第五单元 被控对象

关键词

被控对象、被控变量 y、操纵变量 q、扰动 f、放大系数 K、时间常数 T、滞后时间 τ、容量、阶跃扰动、脉冲扰动。

学习目标

知识目标

熟悉对象的内涵及其特性，理解对象变量之间的关系，明确扰动通道和控制通道的概念关系；

了解被控变量、操纵变量对系统性能的影响，掌握被控变量与操纵变量的合理确定方法。

能力目标

会分析生产过程中典型“对象”之间的变量关系以及扰动信号 f 和操纵变量信号 q 对被控对象的作用。

第一节 对象的特性

在工业生产中，被控对象（简称对象）泛指工业生产设备。常见的有动设备、各类热交换器、塔器、反应器、储液槽、各种泵 、压缩机等。一些生产过程容易操作，工艺变量能够控制得比较平稳；另一些生产过程却很难操作，工艺变量会产生大幅度的波动，稍有不慎就会超出工艺允许范围而影响生产工况，甚至造成生产事故。只有充分了解和熟悉了生产工艺过程，明确了对象的特性，才能得心应手地操作生产过程，使生产工况处于最佳状态。因此，研究和熟悉常见控制对象的特性对工程技术人员来说有着十分重要的意义。

所谓对象特性就是指对象在输入作用下，其输出变量（被控变量）随时间变化而变化的特性。通常对象有两种输入，如图 5-1 所示，即操纵变量的输入信号 q 和外界扰动信号 f，

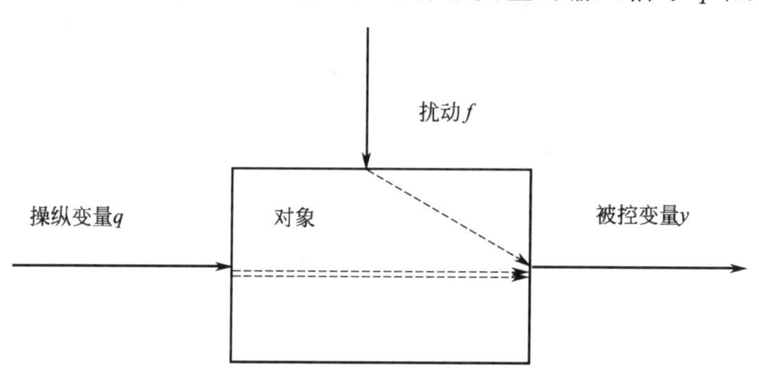

图 5-1　对象信号框图

其输出信号只有一个被控变量 y。

工程上常把操纵变量 q 与被控变量 y 之间的作用途径称为控制通道，而把扰动信号 f 与被控变量 y 的作用途径称为扰动通道。

针对生产过程（工业对象），操纵变量 q 受控制器控制，使被控变量 y 稳定在工艺设定值上；扰动信号 f 随机发生，对被控变量产生影响，使得 y 偏离工艺设定值。自动化的实质就是如何用操纵变量 q 作用对象克服扰动信号 f 的作用，维持被控变量 y 稳定在其工艺设定值上。

工程上常见的扰动信号 f 大致有“阶跃”和“脉冲”两种：如图 5-2 所示。

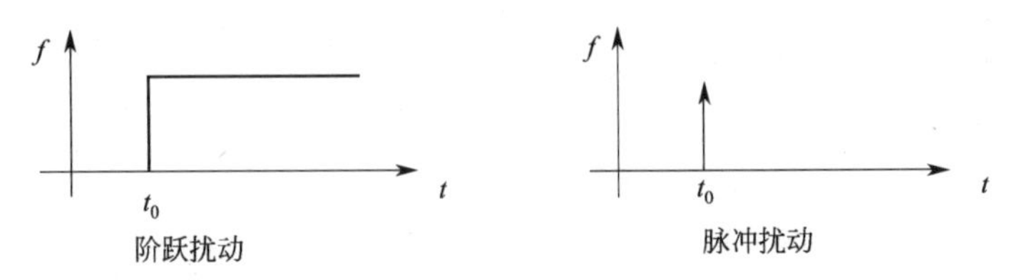

图 5-2 扰动示意图

从图可得以下结论。

阶跃扰动：在某一时刻，扰动发生后其大小和方向始终不变的扰动叫阶跃扰动。

脉冲扰动：在某一时刻，扰动发生后其大小和方向突然消失的扰动叫脉冲扰动。

工业生产中，对生产过程影响最大的扰动为阶跃扰动。

一、与对象有关的两个基本概念

(一) 对象的负荷

当生产过程处于稳定状态时，单位时间内流入或流出对象的物料或能量称为对象的负荷，也叫生产能力。如液体储槽的物料流量，精馏塔的处理量，锅炉的出汽量等。负荷变化的性质（大小、快慢和次数）也常被视作是系统的扰动 f。负荷的稳定是有利于自动控制的，负荷的波动（尤其大的负荷）将对工艺过程产生很大影响。

(二) 对象的自衡

如果对象的负荷改变后，无需外加控制作用，被控变量 y 能自行趋于一个新的稳定值，这种性质被称为对象的自衡性。有自衡性的对象易于自动控制。

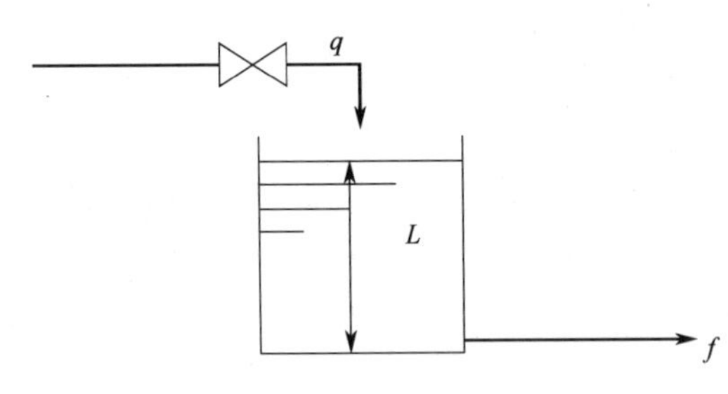

图 5-3 水槽（对象）液位示意图

如图 5-3 所示，对象（水槽）的被控变量 y（液位 L）稳定后，如扰动 f 变化（譬如出水量突然减小），引起液位突然增大，使得槽内压力增加，在没有外界控制作用下，由于压力作用，水槽流出量将增加，液位有自动回落并回归原来设定值的趋势，这类对象有自衡性，易于自动控制。

二、描述对象特性的有关参数

一个具有自衡性质的对象，在输入作用下，其输出最终变化了多少，变化的速度如何，以及它是如何变化的，可以由放大系数 K、时间常数 T、滞后时间 τ 加以描述。

(一) 放大系数 K

放大系数是指对象的输出信号（被控变量 y）的变化量与引起该变化的输入信号（操纵

变量 q 或扰动信号 f）变化量之间的比值。

从图 5-1 可以看出：对象的通道静态放大系数 $K_0=\Delta y/\Delta q$；扰动通道的放大系数 $K_f=\Delta y/\Delta f$。

K_0 大，说明在相同操纵变量 q 作用下，被控变量的变化大，有利于系统的自动控制（但 K_0 不能太大，否则，控制系统稳定性变差）；K_f 大，说明对象中扰动作用强，不利于系统的自动控制，工程上常常希望 K_f 不要太大。

(二) 时间常数 T

时间常数是反映对象在输入变量作用下，被控变量变化快慢的一个参数。T 越大，表示在阶跃输入作用下，被控变量的变化越慢，达到新的稳定值所需的时间就越长，工程上希望对象的 T 不要太大。

(三) 滞后时间 τ

有的过程对象在输入变量变化后，输出不是立即随之变化的，而是需要间隔一定的时间后才发生变化。这种对象的输出变化落后于输入变化的现象称为滞后现象。滞后时间 τ 就是描述对象滞后现象的动态参数，滞后时间 τ 分为纯滞后 τ_0 和容量滞后 τ_n；τ_0 是由于对象传输物料或能量需要时间而引起的，一般由距离与速度来确定。而 τ_n 一般由多容或大容量的设备而引起。滞后时间 $\tau=\tau_0+\tau_n$；相对于控制通道，τ 越小越好，相对于扰动通道，τ 适度大点好。

(四) 容量

对象的生产能力被称为“容量”，有单容和多容之分。

当工业过程确定后，对象的特性也相应地已被确定。必须研究对象的特性，针对不同对象采用不同的控制措施，才能保证高质量的生产效益。

现以图 5-3 所示的液位储槽为例来说明对象的基本特性。从图中可以看出，对象为一水槽，被控变量 y 为液位 L，操纵变量 q 是受人工（或仪表）控制的进水流量 q，干扰 f 为出水流量，根据前述基本概念，可确定进水阀到液面之间的对象部分为控制通道；在控制阀开度不变的情况下，进水流量的意外变化或出水流量的随意改变都会影响液位 L 的变化，这部分都是扰动通道。其中 K_0、T、τ 分别如图 5-4 所示。

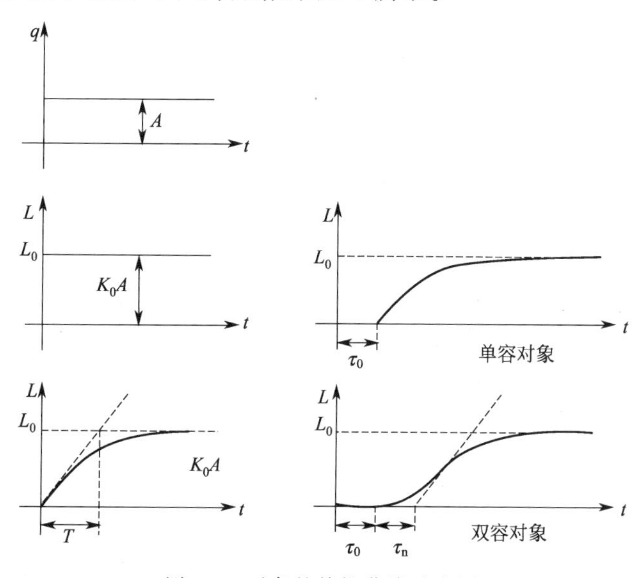

图 5-4　对象的特性曲线示意图

当对象（水槽）的扰动 f 发生一个阶跃变化时，其输出变量（被控变量）液位 L 需经

一段时间 τ_0 才开始变化（纯滞后），再经一段过渡过程时间后才达到稳态值 L_0；液位以初速度变化达到新的稳态值 L_0 所需的时间为时间常数 T；在液位达到稳态值后其大小 $L_0=K_0A$（输入变化量，即操纵变量 q 的变化量的 K_0 倍）。因过程只涉及 1 个水槽，属单容对象。如对象涉及 2 个容器，则对象为双容对象，其容量滞后为 τ_n，它表示从被控变量开始变化到过渡过程曲线拐点处的切线之间所需的时间。

三、扰动通道特性对控制质量的影响

（1）扰动通道静态放大系数 K_f 越大，扰动引起的输出越大，这就使被控变量偏离设定值越多。从控制的角度看，希望 K_f 越小越好。

（2）扰动通道时间常数 T_f 越大，对扰动信号的滤波作用就越大，可抑制扰动作用，希望 T_f 越大越好。

（3）扰动通道滞后时间对控制系统无影响，因为 τ_f 的大小仅取决于扰动对系统影响进入的时间早晚。

四、控制通道特性对控制质量的影响

控制通道特性对被控变量的影响与扰动通道有着本质的不同，因为控制作用总是力图使被控变量与设定值一致，而扰动作用总是使被控变量与设定值相偏离。因此，控制通道特性对控制系统的影响基本如下。

（1）控制通道静态放大系数 K_0 越大，则控制作用越强，克服扰动的能力越强，系统的稳态误差越小，同时，K_0 越大被控变量对操纵变量的控制作用反应越灵敏，响应越迅速。但 K_0 变大的同时，将使系统的稳定性变差。为保证控制系统的品质指标提高，兼顾系统的稳定性平稳，通常 K_0 适当选大一点。

（2）控制通道时间常数 T_0 较大，控制器对被控变量的控制作用就不够及时，导致控制过程延长，控制系统质量下降；T_0 较小时，又将引起系统不稳定，因此，T_0 适中最佳。

（3）控制通道滞后时间 τ 越大，对系统的控制肯定不利。另外，在生产过程控制中，经常用 τ/T_0 作为反映过程控制难易程度的一种指标。一般认为 $\tau/T_0 \leqslant 0.3$ 的过程对象较容易控制，而 τ/T_0 0.5～0.6 的对象较难控制。

第二节 训 练 项 目

项目　典型生产过程对象的认知

一、项目名称

典型生产过程对象的认知。

二、项目情境

由教师（代表管理方）对学生（员工）根据实训现场（或校外实训基地）的生产设备，进行工作任务的布置与分配，明确“典型生产过程对象认知”项目训练的目的、要求及内容，派发任务单（表 5-1）。

表 5-1　任务单

项目名称	子项目	内容要求	备注
典型生产过程对象认知	离心泵工艺分析	学员按照人数分组训练 1. 学会分析离心泵工艺过程 2. 确定被控变量、操纵变量、扰动信号；分析之间的调节关系	
	传热设备工艺分析	学员按照人数分组训练 1. 学会分析换热器工艺过程 2. 确定被控变量、操纵变量、扰动信号；分析之间的调节关系	
	精馏塔工艺分析	学员按照人数分组训练 1. 学会分析精馏塔工艺过程 2. 确定被控变量、操纵变量、扰动信号；分析之间的调节关系	
	热水锅炉工艺分析	学员按照人数分组训练 1. 学会分析锅炉工艺过程 2. 确定被控变量、操纵变量、扰动信号；分析之间的调节关系	
目标要求	学会分析典型对象工艺过程并明确变量之间的制约关系		
实训环境	校外实训基地、校内实训室		
其他			

组别：　　　　组员　　　　　　　　　　　　项目负责人：

三、项目实施

具体完成过程是：按情境建立、项目布置→学生个人准备→组内讨论、检查→发言代表汇报→评价→展示案例、问题指导→组内讨论、修改方案→第二次汇报→评价→问题指导→再讨论、再修改→第三次汇报→评价、验收→拓展任务、巩固训练→师生共同归纳总结→新项目布置等程序，完成本项目的具体任务。

学生根据实训平台（条件）按照“项目要求”进行分组实施。

子任务一　离心泵工艺分析

（1）在实训现场，针对典型流体输送设备“离心泵”，由教师引领、学员自主练习，熟悉离心泵的工艺生产过程。

（2）以小组为单位，画出被控对象（设备）工艺流程草图，分析被控变量、操纵变量、扰动信号以及它们之间的制约关系。

工业生产中，流体输送是必不可少的，如图 5-5 所示。

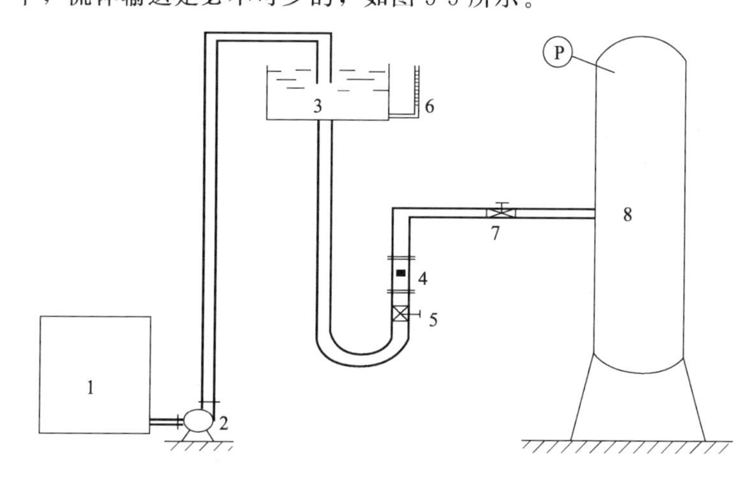

图 5-5　工业生产中的流体流动示意图

1—低位槽；2—泵；3—高位槽；4—流量计；5，7—阀门；6—示液管；8—精馏塔流体输送过程中，若在无外加能量的情况下，流体只能利用流体的压差或液体的位差来克服流动的阻力，从高能状态向低能状态流动，即实现流体的“自流”。然而，实际生产过程中流体从一处向另一处输送，往往需要提高其位置或增加其静压强，或克服管路沿途的阻力，这就需要向流体施加机械功，即向流体补加足够的机械能。向流体做功以提高流体机械能的装置就是流体输送机械。离心泵是化工生产中应用最广泛的液体输送机械，离心泵之所以能够被广泛地采用，因其具有以下的优点：①结构简单，操作容易，便于调节和自控；②流量均匀，效率较高；③流量和扬程的适用范围较广；④适用于输送腐蚀性或含有悬浮物的液体。

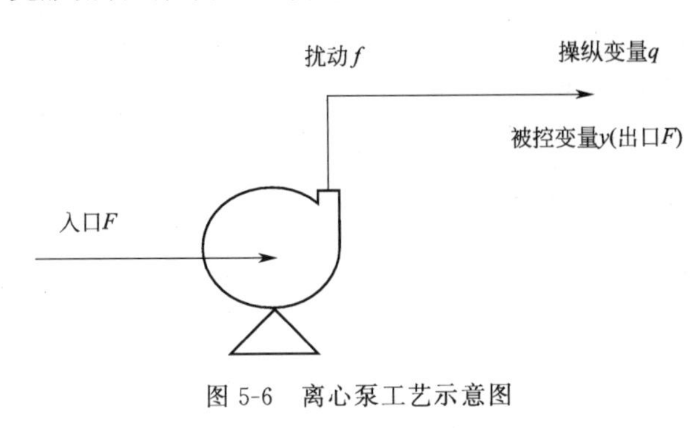

图 5-6　离心泵工艺示意图

离心泵的工艺流程如图 5-6 所示，物料从离心泵进口管路吸入泵体，液体在叶轮离心力的作用下从叶轮中心被抛向外缘并获得了能量，使叶轮外缘的液体静压强提高，具有较高压强的液体从泵的排出口进入排出管路，送至所需的场所。

从图 5-6 中可以看出：离心泵的出口流量 F 是被控变量 y，工艺上一般要求其恒定在工艺指标上（设定值 x_0），从控制工程角度出发，是将出口管道作为“被控对象”进行特性分析，对象的操纵变量 q、扰动信号 f 都是泵的出口流量 F。它们之间的关系可表述为：出口流量 F 稳定后，由于扰动信号 f 变化，必将引起被控变量 y（出口流量 F）变化，使其偏离设定值 x_0，通过控制器调节，改变操纵变量 q 的大小，使被控变量 y（出口流量 F）回到其设定值 x_0 上。从图 5-6 可以分析：当操纵变量 q 增大时，被控变量 y（出口流量 F）也增大，称对象是“正作用”方向。

子任务二　传热设备工艺分析

（1）在实训现场，针对典型传热设备“换热器”，由教师引领、学员自主练习，熟悉换热器的工艺生产过程。

（2）以小组为单位，画出被控对象（设备）工艺流程草图，分析被控变量、操纵变量、扰动信号以及之间的制约关系。

换热器是化工、石油、轻工、动力等许多工业部门使用的一种通用设备。在整个生产过程中占有相当重要的地位。据资料统计，在一般石油化工企业中，各种换热设备约占全厂设备总数的 40%左右。由于化工生产中对换热器有不同的要求，换热设备有各种形式。按冷、热流体间热量交换的方式，可将换热器分成间壁式、直接混合式和蓄热式三种类型。按换热器用途分，可分成加热器、冷凝器、冷却器等；按换热器的结构（及传热面形状）来分，可分成管式换热器、板式换热器和特殊形式换热器等；按换热器所用材料的不同来分，可分成金属材料换热器和非金属材料换热器等。具体生产中，由于管式间壁换热器使用较多，学员可通过现场设备分析，“管式换热器”工艺过程如图 5-7 所示。

由图 5-7 中可看出：换热器的出口热流体温度 T 是被控变量 y，工艺上一般要求其恒定在工艺指标上（设定值 x_0），对象的操纵变量 q 是载热体的流量、扰动信号 f 是换热器的冷流体流量（或出口流量）F。之间的关系为：出口热流体温度 T 稳定后，由于扰动信号 f 变化，将引起被控变量 y（出口热流体温度 T）变化，使其偏离设定值 x_0，通过控制器调节，改变操纵变量 q 的大小，使被控变量 y（出口热流体温度 T）回到其设定值 x_0 上。当操纵变量 q 增大时，被控变量 y（出口热流体温度 T）也增大，故称对象为“正作用”方向。

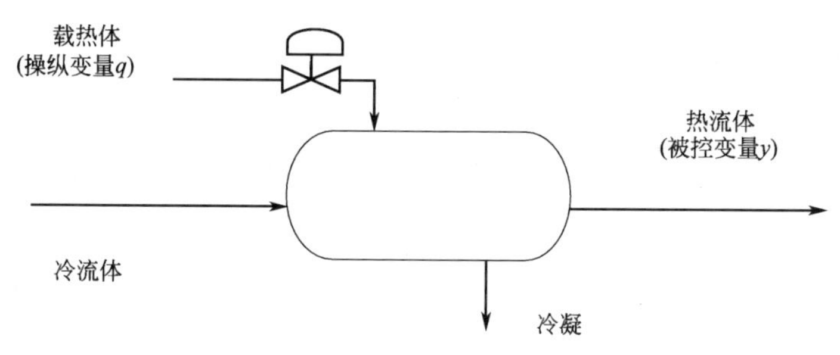

图 5-7　换热器工艺示意图

子任务三　精馏塔工艺分析

（1）在实训现场，针对典型生产设备“精馏塔”由教师引领、学员自主练习，熟悉精馏塔的工艺生产过程。

（2）以小组为单位，画出被控对象（设备）工艺流程草图，分析被控变量、操纵变量、扰动信号以及它们之间的制约关系。

精馏塔的主要功能是分离液体均相混合物，按照操作方式是否连续可分为间歇精馏和连续精馏，生产中以连续精馏为主。连续精馏的生产工艺如图 5-8 所示。

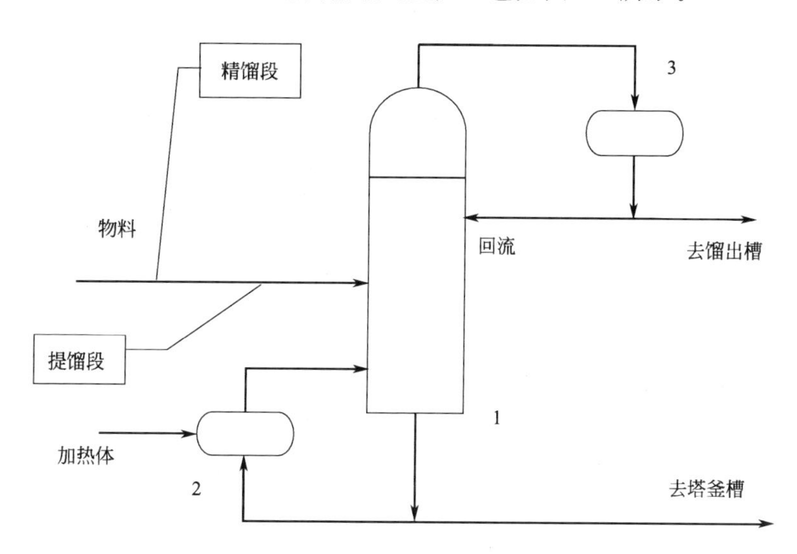

图 5-8　精馏塔工艺示意图

1—精馏塔；2—再沸器；3—回流罐

原料经预热器加热到一定温度后进入精馏塔，以进料口为界，塔顶被称为“精馏段”，塔釜被称为“提馏段”。

在精馏塔内，蒸气沿塔上升，上升气相中易挥发组分增加，难挥发组分减少。从塔顶引出的蒸气进入冷凝器冷凝，冷凝液一部分作为塔顶产物（又称馏出液），经塔顶冷凝、冷却，进入馏出液储槽，一部分回流至塔内作为液相回流，称为“回流液”。在精馏塔内，下降液体中难挥发组分增加，易挥发组分减少，塔釜排出来的液体称为塔底产品或釜残液，进入储槽。

精馏段控制：如塔顶馏出液为主要产品，通常采用精馏段指标控制，以精馏段某一点温度 T（或成分）为被控变量 y，以回流量为操纵变量 q，精馏段为“对象”，当回流量增加时，被控变量 y（精馏段温度 T）下降，称对象为“反作用”方向。

提馏段控制：若塔釜液为主要产品，通常采用提馏段指标控制，以提馏段某一点温度 T（或成分）为被控变量 y，以塔釜加热蒸汽量 F 为操纵变量 q，提馏段为“对象”，当加热蒸汽量 F 增加时，被控变量 y（精馏段温度 T）上升，称对象为“正作用”方向。

子任务四 热水锅炉工艺分析

（1）在实训现场，针对典型生产设备“热水锅炉”由教师引领、学员自主练习，熟悉热水锅炉的工艺生产过程。

（2）以小组为单位，画出被控对象（设备）工艺流程草图，分析被控变量、操纵变量、扰动信号及其之间的制约关系。

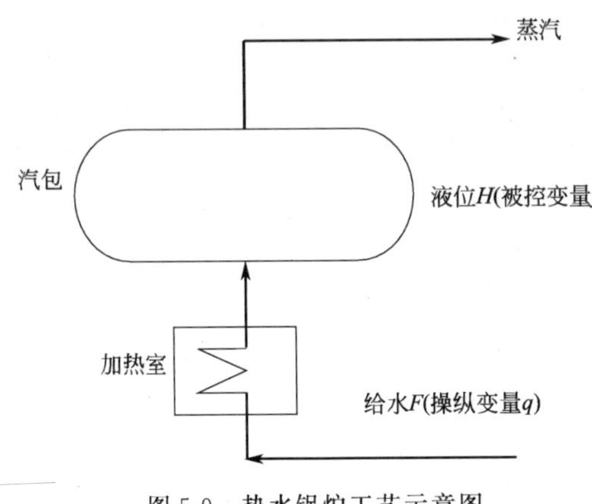

图 5-9 热水锅炉工艺示意图

常压锅炉工艺流程：软水以一定的流量进入常压锅炉，在炉内获得热量产生水蒸气，水蒸气由出口排出供应用热设备，锅炉残水由炉底排出。如图 5-9 所示。

工艺上常常以锅炉内水位 H 为被控变量 y，进水流量 F 为操纵变量 q，保持炉内水位 H（被控变量 y）稳定在其设定值 x_0 上。如蒸汽负荷（扰动信号 f）增加，造成炉内水位 H 下降，经过控制器调节，增大给水量 F（操纵变量 q），恢复炉内水位 H 高度，保证锅炉正常安全运行。因操纵变量 q 增加时，由于炉内水位 H（被控变量 y）也增加，因此，称对象为“正作用”方向。

四、项目评价

（1）项目实施过程考核与结果考核相结合 由项目委托方代表（教师，也可以是学生）对本项目各子任务的完成结果进行验收、评分；学生进行“成果展示”，经验收合格后进行接收。

（2）考核方案设计 学生成绩的构成：A 组项目（课内项目）完成情况累积分（占总成绩的 75%）+B 组项目（自选项目）成绩（占总成绩的 25%）。其中 B 组项目的内容是由学生自己根据市场的调查情况，完成一个与 A 组项目相关的具体项目。

具体的考核内容：A 组项目（课内项目）主要考核项目完成的情况作为考核能力目标、知识目标、拓展目标的主要内容，具体包括：完成项目的态度、项目报告质量、资料查阅情况、问题的解答、团队合作、应变能力、表述能力、辩解能力、外语能力等。B 组项目（自选项目）主要考核项目确立的难度与适用性、报告质量、面试问题回答等内容。

① A 组项目（课内项目）完成情况考核评分表见表 5-2。

表 5-2 典型生产过程对象认知项目考核评分表

评分内容		评分标准		配分	得分
典型生产过程对象认知		工艺流程：采取方法错误扣 5～30 分		30	
		变量分析：不合适扣 10～30 分		30	
		成果展示：（报告）错误扣 10～20 分		20	
团结协作		小组成员分工协作不明确扣 5 分，成员不积极参与扣 5 分		10	
安全文明生产		违反安全文明操作规程扣 5～10 分		10	
项目成绩合计					
开始时间		结束时间		所用时间	
评语					

② B组项目（自选项目）完成情况考核评分表见表5-3。

表5-3 自选项目考核评分表

评分内容		评分标准			配分	得分
自选项目		设备选择：采取方法错误扣5～30分			30	
		操作注意事项：不合适扣10～30分			30	
		成果展示：(报告)错误扣10～20分			20	
团结协作		小组成员分工协作不明确扣5分，成员不积极参与扣5分			10	
安全文明生产		违反安全文明操作规程扣5～10分			10	
项目成绩合计						
开始时间		结束时间		所用时间		
评语						

（3）成果展示（实物或报告）：写出本项目完成报告（主题是工艺流程、变量关系分析、操作规程）。

（4）师生互动（学生汇报、教师点评）。

第三节 习题与思考题

5-1 什么是被控对象？主要有什么特点？

5-2 什么是单容对象？什么是多容对象？

5-3 对象的静态特性有哪些？对自动控制系统有何影响？

第六单元 检测仪表及应用

关键词

测量误差、引用误差、仪表的精度级、变差、压力测量、物位测量、流量测量、温度测量。

学习目标

知识目标

了解测量过程及测量误差的分类；

掌握仪表误差与仪表性能指标之间的关系；

掌握压力、物位、流量、温度等仪表的使用特点及应用方式。

能力目标

能够根据工艺与控制要求合理选用常用的温度、压力、流量和物位检测仪表；

能根据仪表技术说明书的要求正确使用常用检测仪表，能对变送器实施正确的调零、零点迁移、量程扩展操作；

能根据现场仪表技术说明书的维护要求，对现场仪表的常见故障和线路故障合理分析，并加以排除；

能通过检测仪表获取过程变量的信息，以便对工业生产过程进行有效的监视和控制。

第一节 测量概述

一、测量的基本知识

(一) 测量过程

测量是将被测变量与其相应的标准单位进行比较，从而获得确定的量值。检测过程是将研究对象与带有基准单位的测量工具进行转换、比较的过程，实现这种转换、比较的工具就是过程检测仪表。

(二) 测量误差

测量的目的就是为了获得真实值，而测量值与真实值不可能完全一样，始终存在一定的差值。这个差值就是测量误差。

1. 按误差的表示方式分

(1) 绝对误差　仪表的测量值与被测量真实值之差称作绝对误差。

$$\Delta = Z - Z_t \approx Z - Z_0 \tag{6-1}$$

式中　Z——测量值，即检测仪表的指示值；

Z_t——真实值，通常用更精确仪表的指示值 Z_0 近似地表示实际值；

Δ——绝对误差。

绝对误差越小，说明测量结果越准确，越接近真实值。但绝对误差不具可比性。

（2）相对误差　用绝对误差与近似真实值的百分比表示测量误差较为确切，即相对误差。

$$\delta=\Delta/Z_0\times100\% \tag{6-2}$$

（3）引用误差　也叫满度百分误差，用仪表指示值的绝对误差与仪表的量程之比的百分数来表示，即

$$\delta=\Delta/M=\Delta/(X_{max}-X_{min})\times100\% \tag{6-3}$$

式中　δ——引用误差；

M——仪表的量程，$M=X_{max}-X_{min}$；

X_{max}——仪表量程上限值；

X_{min}——仪表量程下限值。

因此，绝对误差与相对误差的大小反映的是测量结果的准确程度，而引用误差的大小反映的是仪表性能的好坏。

2. 按误差出现的规律来分

（1）系统误差（又叫规律误差）——大小和方向具有规律性的误差叫系统误差，一般可以克服。

（2）过失误差（又叫疏忽误差）——测量者在测量过程中疏忽大意造成的误差叫过失误差，操作者在工作过程中，加强责任心，提高操作水平，可以克服疏忽误差。

（3）随机误差（又叫偶然误差）——同样条件下反复测量多次，每次结果均不重复的误差叫随机误差，是由偶然因素引起的，不易被发觉和修正。

3. 按误差的工作条件分

（1）基本误差——是仪表在规定的工作条件（如温度、湿度、振动、电源电压、电源频率等）下，仪表本身所具有的误差。

（2）附加误差——是仪表在偏离规定的工作条件下使用时附加产生的误差。此时产生的误差等于基本误差与附加误差之和。

二、检测仪表的基础知识

（一）检测仪表的分类

（1）根据敏感元件与被测介质是否接触，可分为接触式检测仪表和非接触式检测仪表。

（2）按精度等级及使用场合的不同，可分为标准仪表和工业用表，分别用于标定室、实验室和工业生产现场（或控制室）。

（3）按被测变量分类，一般分为压力、物位、流量、温度检测仪表和成分分析仪表等。

（4）按仪表的功能分类，通常可分为显示仪表、记录型仪表和讯号型仪表等。

（二）检测仪表的品质指标

1. 精确度（准确度）

仪表的精确度是描述仪表测量结果准确程度的指标。

在实际检测过程中，都存在一定的误差，其大小一般用精度来衡量。仪表的精度，是仪表最大引用误差 δ_{max} 去掉正负百分号后的数值。

工业过程中常用仪表的精度等级来表示仪表的测量准确程度，是国家规定的系列指标，也是仪表允许的最大引用误差，我国仪表精度等级大致有：

Ⅰ级标准表——0.005、0.02、0.05；

Ⅱ级标准表——0.1、0.2、0.35、0.5；

一般工业用仪表——1.0、1.5、2.5、4.0。

仪表精度等级越小，精确度越高。当一台仪表的精度等级确定以后，仪表的允许误差也随之确定了。仪表的允许误差表示为 $\delta_{表允}$，合格仪表的精度 δ_{max} 不超过其仪表的最大允许误差 $\delta_{表允}$。这叫精度合格。

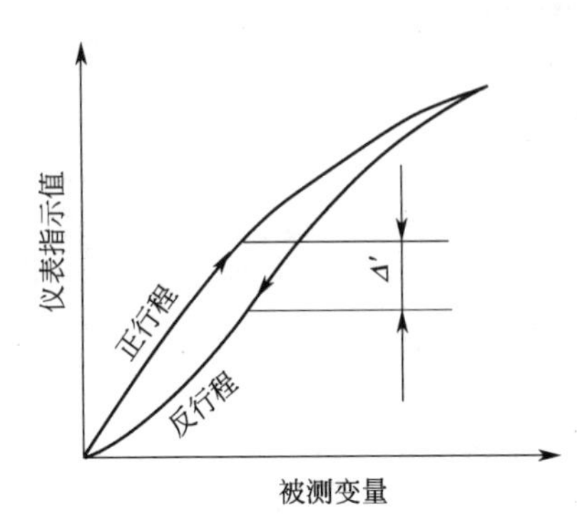

图 6-1 仪表变差示意图

2. 变差（回差）

在外界条件不变的情况下，用同一台仪表对某一参数进行正、反行程测量时，其所得到的仪表指示值是不相等的，对同一点所测得的正、反行程的两个读数之差就叫该点的变差（也叫回差）。如图 6-1 所示。它用来表示测量仪表的恒定度。

变差说明了仪表的正向（上升）特性与反向（下降）特性的不一致程度。可用下式表示：

$$变差=\frac{(X_{上}-X_{下})_{最大}}{M}\times 100\% \tag{6-4}$$

式中 $(X_{上}-X_{下})_{最大}$——同一点所测得的正、反行程的两个读数之差的最大值；

M——仪表的量程。

合格仪表的最大变差不能大于仪表的最大允许误差 $\delta_{表允}$。这叫恒定度合格。可见：一台合格仪表必须满足其精度和恒定度（变差）同时合格，缺一不可。

此外，在工业生产过程中，仪表往往需要满足工艺要求，即仪表的最大允许误差 $\delta_{表允}$ 要不超过工艺允许的最大误差 $\delta_{工允}$。

一般来说，一台合格仪表至少要满足：

$$|\delta_{max}|\leqslant|\delta_{表允}| \tag{6-5}$$

$$|变差_{max}|\leqslant|\delta_{表允}| \tag{6-6}$$

仪表的定级或校验通过上述公式计算（即确定仪表的精度等级）。

一台能满足工艺要求的合格仪表必须通过下述公式计算（即选择仪表的精度等级）：

$$|\delta_{表允}|\leqslant|\delta_{工允}| \tag{6-7}$$

【例 6-1】 某台测温仪表的量程范围为 100～600℃，在校验时发现最大绝对误差为 ±7℃，试确定该仪表的精度等级。

解：由于该表的最大绝对误差 Δ=±7℃，根据式(6-3) 有

$$\delta_{max}=\frac{\Delta_{max}}{M}\times 100\%=\frac{7}{600-100}\times 100\%=1.4\%$$

去掉%后，该表的精度值为 1.4，介于国家规定的精度等级 1.0 和 1.5 之间。按式(6-5)，这台测温仪表的精度级定为 1.5 级，即仪表最大允许的引用误差 $\delta_{表允}=1.5\%$。

【例 6-2】 工艺要求检测温度指标为 (300±3)℃，现拟用一台 0～500℃的温度表来检测该温度，试选择该表的精度等级。

解：因为 $\delta_{工允}=\frac{\Delta_{工允}}{M}\times 100\%=\frac{\pm 3}{500-0}\times 100\%=\pm 0.6\%$

按选表的准则公式(6-7) 可知：该表应选择 0.5 级的精度等级；即符合 $|\delta_{表允}|\leqslant|\delta_{工允}|$，

0.5≤0.6。

【例 6-3】 仪表工得到一块 0～4MPa，1.5 级的普通弹簧管压力表的校验单，试判断该表是否合格？

被校表显示值/MPa		0	1	2	3	4
标准表显示值/MPa	上行	0	0.96	1.98	3.01	4.02
	下行	0.02	1.03	2.01	3.02	4.02

解：由表中值可得：$\Delta_{max}=1-0.96=0.04$

$$|X_{上}-X_{下}|_{max}=1.03-0.96=0.07$$

则

$$\delta_{max}=\frac{\Delta_{max}}{M}\times100\%=\frac{0.04}{4}\times100\%=1\%$$

而仪表的精度级 $\delta_{表允}=1.5\%$

$$变差=\frac{|X_{上}-X_{下}|_{max}}{M}\times100\%=\frac{0.07}{4}\times100\%=1.75\%$$

根据合格仪表的条件来判断，该表不合格。因为，在校表时，要求仪表的精度、变差都小于仪表的允许误差，该表的允许误差为 1.5%，而其最大引用误差为 1%，变差为 1.75%，虽然精度合格，但恒定度不合格，所以该表不合格。

3. 灵敏度与灵敏限

灵敏度是表征仪表对被测变量变化的灵敏程度的指标。是指仪表的输入变化量与仪表的输出变化量（指示值）之间的关系。对同一类仪表，标尺刻度确定后，仪表的测量范围越小，灵敏度越高。但灵敏度高的仪表精确度不一定高。

灵敏限是指能引起仪表指示值发生变化的被测量的最小改变量。一般来说，灵敏限的数值不应大于仪表最大允许绝对误差的一半。

(三) 测量仪表的构成

工业检测仪表的品种繁多，结构各异，但是它们的基本构成都是相同的，一般均由测量、传送和显示（包括变送）等三部分组成。

测量部分一般与被测介质直接接触，是将被测变量转换成与其成一定函数关系信号的敏感元件；传送部分主要起信号传送放大作用；显示部分一般是将中间信号转换成与被测变量相应的测量值显示、记录下来。

第二节 压力检测及仪表

工程上把垂直作用在物体单位面积上的力称为压力。在工业生产中，尤其化工、炼油生产中，借助于对压力或差压（压力差）的检测，可以实现对液位、流量或质量等工艺变量的检测。此外，为保证生产的正常进行，确保设备的安全运行，对压力检测或控制的要求很高。因此，压力是工业生产中最重要和最普遍的检测变量之一。

一、压力检测仪表的分类

压力检测仪表按照其转换原理不同，可分为液柱式、弹性式、活塞式和电气式四大类，其工作原理、主要特点和应用场合如表 6-1 所示。

表 6-1 压力检测仪表分类比较

<table>
<tr><th colspan="3">压力检测仪表的种类</th><th>检测原理</th><th>主要特点</th><th>用 途</th></tr>
<tr><td rowspan="5">液柱式压力计</td><td colspan="2">U形管压力计</td><td rowspan="5">液体静力平衡原理（被测压力与一定高度的工作液体产生的重力相平衡）</td><td rowspan="5">结构简单、价格低廉、精度较高、使用方便
但测量范围较窄，玻璃易碎</td><td rowspan="5">适用于低微静压测量，高精确度者可用作基准器，不适于工厂使用</td></tr>
<tr><td colspan="2">单管压力计</td></tr>
<tr><td colspan="2">倾斜管压力计</td></tr>
<tr><td colspan="2">补偿微压计</td></tr>
<tr><td colspan="2">自动液柱式压力计</td></tr>
<tr><td rowspan="4">弹性式压力计</td><td colspan="2">弹簧管压力表</td><td rowspan="4">弹性元件弹性变形原理</td><td>结构简单、牢固，使用方便，价格低廉</td><td>用于高、中、低压的测量，应用十分广泛</td></tr>
<tr><td colspan="2">波纹管压力表</td><td>具有弹簧管压力表的特点，有的因波纹管位移较大，可制成自动记录型</td><td>用于测量 400kPa 以下的压力</td></tr>
<tr><td colspan="2">膜片压力表</td><td>除具有弹簧管压力表的特点外，还能测量黏度较大的液体压力</td><td>用于测量低压</td></tr>
<tr><td colspan="2">膜盒压力表</td><td>用于低压或微压测量，其他特点同弹簧管压力表</td><td>用于测量低压或微压</td></tr>
<tr><td rowspan="2">活塞式压力计</td><td colspan="2">单活塞式压力表</td><td rowspan="2">液体静力平衡原理</td><td rowspan="2">比较复杂和贵重</td><td rowspan="2">用于做基准仪器，校验压力表或实现精密测量</td></tr>
<tr><td colspan="2">双活塞式压力表</td></tr>
<tr><td rowspan="7">电气式压力表</td><td rowspan="2">压力传感器</td><td>应变式压力传感器</td><td>导体或半导体的应变效应原理</td><td rowspan="2">能将压力转换成电量，并进行远距离传送</td><td rowspan="7">用于控制室集中显示、控制</td></tr>
<tr><td>霍尔式压力传感器</td><td>导体或半导体的霍尔效应原理</td></tr>
<tr><td rowspan="5">压力（差压）变送器（分常规式和智能式）</td><td>力矩平衡式变送器</td><td>力矩平衡原理</td><td rowspan="5">能将压力转换成统一标准电信号，并进行远距离传送</td></tr>
<tr><td>电容式变送器</td><td>将压力转换成电容器电容的变化</td></tr>
<tr><td>电感式变送器</td><td>将压力转换成电感的变化</td></tr>
<tr><td>扩散硅式变送器</td><td>将压力转换成硅杯的阻值的变化</td></tr>
<tr><td>振弦式变送器</td><td>将压力转换成振弦振荡频率的变化</td></tr>
</table>

二、弹簧管压力表

弹簧管压力表品种规格繁多，测压范围宽，测量精度较高，仪表刻度均匀，坚固耐用，应用广泛。

单圈弹簧压力表由单圈弹簧管和一组传动放大机构简称机芯（包括拉杆、扇形齿轮、中心齿轮）及指示机构（包括指针、面板上的分度标尺）和表壳组成。其结构原理图如图 6-2 所示。

被测压力由接头 9 通入，迫使弹簧管 1 的自由端 B 向右上方扩张。自由端 B 的弹性变形位移通过拉杆 2 使扇形齿轮 3 作逆时针偏转，带动中心齿轮 4 作顺时针偏转，使其与中心齿轮同轴的指针 5 也作顺时针偏转，从而在面板 6 的刻度标尺上显示出被测压力 p 的数值。由于自由端的位移与被测压力呈线性关系，所以弹簧管压力表的刻度标尺为均匀分度。

应用中要注意弹簧管的材料应随被测介质的性质、被测压力的高低而不同。一般在 $p<20$MPa（约 200kgf/cm^2）时，采用磷铜；$p>20$MPa 时，则选用不锈钢或合金钢。但是，在选用压力表时，必须注意被测介质的化学性质。一般在仪表的外壳上用表 6-2 所列的色标来标注。

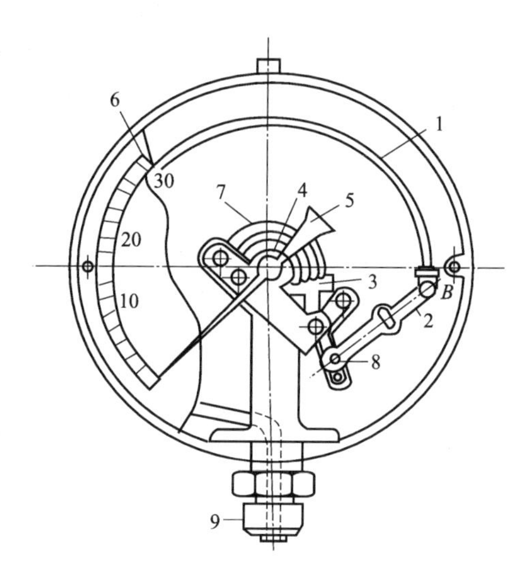

图 6-2　弹簧管压力表示意图

1—弹簧管；2—拉杆；3—扇形齿轮；4—中心齿轮；
5—指针；6—面板；7—游丝；8—调整螺丝；9—接头

表 6-2　仪表色标颜色和被测介质的关系

被测介质	氧气	氢气	氨气	氯气	乙炔	可燃气体	惰性气体或液体
色标颜色	天蓝	深绿	黄色	褐色	白色	红色	黑色

三、差压变送器

差压变送器属于自动控制系统中的变送单元。变送单元在自动检测和控制系统中的作用，是将各种被测工艺变量，如压力、液位、流量、温度等物理变量变换成相应的统一标准信号，并传送到指示记录仪、运算器和调节器等，供指示、记录和控制。

差压变送器不仅可用于测量设备内的压力（p）、差压（Δp），而且还可以用于测量流量和液位。

(一) 模拟差压变送器

图 6-3 所示为 TV1151 系列电容式模拟压力/差压变送器的外形，采用先进的差动金属电容传感技术、大规模集成电路、表面安装技术和严格的生产工艺制造而成。

图 6-3　TV1151 电容式差压变送器

技术性能如下。

测量范围：0～0.25kPa～42MPa；

精确度：±0.2%；±0.5%；

适用介质：液体、气体、蒸汽；

过载压力：4MPa、7MPa、14MPa、31MPa；

电源电压：12～45V DC，带 LED 显示表时为 15～45V DC，通常 24V DC；

输出信号：4～20mA DC；

最大负载：50×(电源电压$-U$)Ω，带 LED 显示表时 U 为 15，通常 U 为 12；

现场指示：$3\frac{1}{2}$LED 数字显示表；

工作温度：−40～85℃；
温度系数：零点和量程均为0.5%/10℃；
稳定性：±0.3%FS/年（FS：Full Scale满量程）；
启动时间：2s，不需预热；
容积变化：<0.16cm³；
阻尼：0.2～1.67s之间可调；
电源影响：小于输出量程的0.005%/V；
负载影响：供电电压恒定时，负载变化没有影响；
位置影响：最大可产生0.25kPa的零点误差，通过调零消除，对量程没有影响；
静压影响：在最大量程时影响<0.6%/7MPa；
振动影响：在200Hz振动时，误差<0.1%/FS/g；
湿度影响：0～95%相对湿度无影响；
防爆：隔爆型dⅡBT5；本安型iaⅡCT6；
重量：约5.4kg（不带附件）。

(二) 智能型差压变送器

20世纪80年代初，美国霍尼韦尔公司首先推出了ST3000系列智能压力变送器，这是计算机技术和通信技术发展到一定阶段的必然产物。随后世界上其他仪表公司也都推出了相类似的智能变送器，如横河公司的EJA系列（如图6-4所示）、富士公司的FCX系列、罗斯蒙特公司的1151系列等。

图6-4 EJA110A智能差压变送器

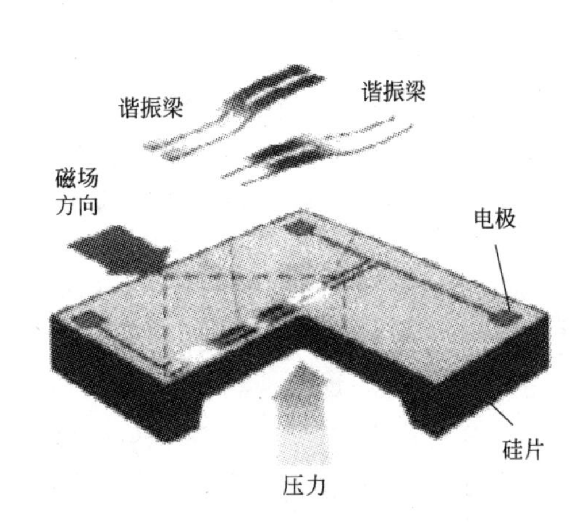

图6-5 硅谐振梁的结构

智能型变送器相对于传统的模拟变送器，有如下特点。

(1) 在检测部件中，除了压力（差压）传感元件外，一般还有温度传感元件。产品采用微电子加工技术（MEMS）、超大规模的专用集成电路（ASIC）和表面安装技术，因此仪表结构紧凑，可靠性高，体积很小。

(2) 智能变送器的精度较高，一般都在±0.1%～±0.2%，有的还能达到±0.075%；测量范围很宽，量程比达40、50、100甚至400（传统变送器不超过10）。

(3) 智能变送器可使用手持通信器（又称手操器或手持终端），远距离设定仪表的零点和量程，仪表可以在不通信号压力的情况下更改测量范围，这对于操作人员难以到达或不能接近的场合是极为方便的。

（4）智能变送器和DCS之间可以实现数字通信。

EJA智能变送器是日本横河电机株式会社20世纪90年代中期最新推出的产品，采用微电子加工技术（MEMS），在一个单晶硅芯片表面的中心和边缘制作两个形状、尺寸、材质完全一致的H形状的谐振梁，如图6-5所示。谐振梁在自激振荡回路中作高频振荡。单晶硅片的上下表面受到的压力不等时，将产生形变，导致中心谐振梁因压缩力而频率减小，边缘谐振梁因受拉伸力而频率增加。两频率之差信号直接送到CPU进行数据处理，然后：①经D/A转换成4～20mA输出信号，通信时叠加Brain（协议）或Hart（协议）数字信号；②直接输出符合现场总线（Fieldbus Foundation TM）标准的数字信号。

图6-6　BT200手操器

（5）EJA变送器组态灵活简便，可通过计算机或手操器对变送器组态，也可通过变送器上的量程设置按钮和调零按钮，进行现场调整。图6-6所示为与EJA配套用于组态的BT200手操器。

(三) 差压变送器的使用

1. 零点调整

零点调整的任务就是在仪表输入信号为零（或被测变量的下限值）时，通过相关调整，使仪表输出信号为下限（零点）值。如一块电动差压变送器，其测量范围0～50kPa，输出信号为4～20mA，则在输入0kPa的差压信号时，应使仪表的输出电流为4mA，否则调整之。

2. 量程调整

零点是仪表的下限调整，量程则是上限调整。即仪表测量输入上限值时，通过适当的调整，使仪表的输出信号为上限（满度）值。譬如，在输入50kPa的差压信号时，应使仪表的输出电流为20mA，否则调整之。

3. 零点迁移

同时改变差压变送器的上、下限，而量程不变。

(四) 差压变送器的信号制和连接方式

仪表的信号制是指组成系统的各仪表之间的信号联系、传递的信号标准。气动信号为0.02～0.10MPa，电动信号为4～20mA DC或1～5V DC。

仪表信号的传递方式是指控制室内的控制仪表与现场的变送器之间的信号联系方式。例如，变送单元仪表的输出信号传递到控制室有四线制传递方式和两线制传递方式。

四线制传递方式是指变送单元仪表的供电电源和输出信号各用两根导线传递，共有四根导线，如图6-7所示。

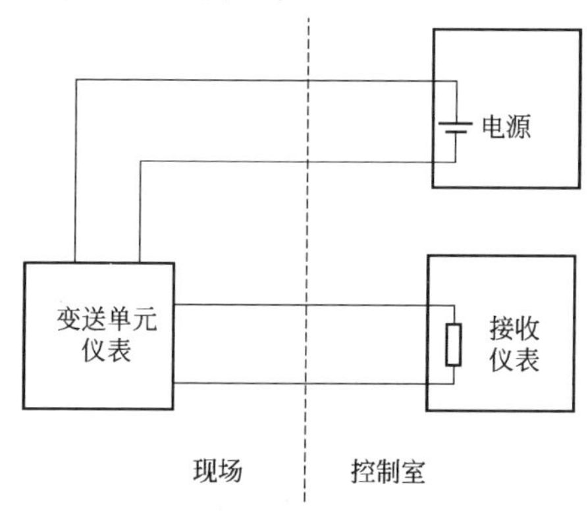

图6-7　四线制信号传递方式

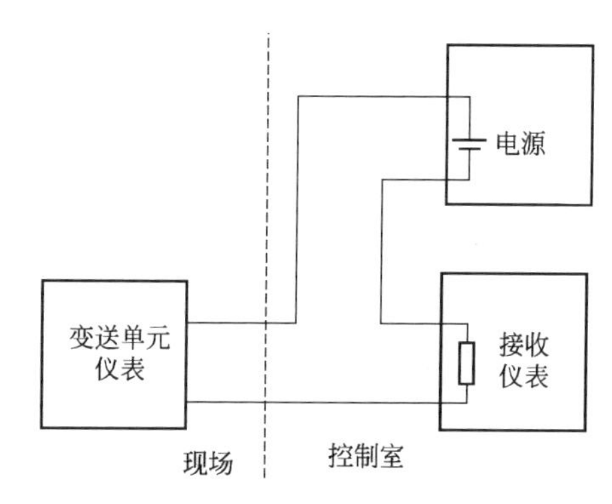

图6-8　二线制信号传递方式

两线制传递方式是变送单元仪表与控制室仪表之间只用两根导线进行信号传递和电源的供给，电源线和信号线合二为一，如图 6-8 所示。两线制不仅节省了大量的电缆和安装费用，而且还有利于系统的安全防爆、降低故障率等。

四、压力检测仪表的选择及安装

(一) 压力检测仪表的选择

根据实际生产过程的要求、被测介质的性质、现场环境条件等因素，来选择压力检测仪表的类型、测量范围和精度等级。

1. 仪表类型的选择

根据工艺要求、被测介质的物理化学性质及现场环境等因素来确定仪表的类型。对于特殊的介质，应选用专用的压力表，如氨压力表、氧压力表等。

2. 仪表测量范围的选择

根据被测压力的大小来确定测量仪表的检测范围。一般规定，测量稳定压力时，被测压力的最大值不得大于仪表满量程 M 的 2/3；测量脉动压力时，被测压力的最大值不得大于仪表满量程 M 的 1/2；测量高压时，被测压力的最大值不得大于仪表满量程 M 的 3/5。为了保证测量的准确度，一般被测量压力的最小值应大于仪表满量程 M 的 1/3。

3. 仪表精度的选择

根据工艺生产中所允许的最大测量误差来决定。考虑到生产的成本，一般所选的仪表精度只要能满足生产的需要即可，即 $|\delta_{表允}| \leqslant |\delta_{工允}|$ 。

【例 6-4】 现要选择一只安装在往复式压缩机出口的压力表，被测压力的范围为 22～25MPa，工艺要求测量误差不得大于 1MPa，且要求就地显示。试正确选择压力表的型号、精度及测量范围。

解：往复式压缩机的出口压力为脉动压力，则有：

$$22 \geqslant M/3 \text{ 和 } 25 \leqslant M/2 \quad \text{可得：} 66 \geqslant M \geqslant 50$$

查表，可选测压范围为 0～60MPa。

工艺允许最大误差 $\delta_{工允} = \dfrac{\Delta_{max}}{M} \times 100\% = \dfrac{1}{60} \times 100\% = 1.67\%$

根据 $|\delta_{表允}| \leqslant |\delta_{工允}|$，选择精度级为 1.5 级的压力表。

查表可得，选 Y-100 型，测量范围 0～60MPa，精度等级为 1.5 级的弹簧管压力表。

(二) 压力表的安装

1. 测压点的选择

测压点选择的好坏，直接影响到测量效果。测压点必须能反映被测压力的真实情况。一般选择与被测介质呈直线流动的管段部分，且使取压点与流动方向垂直；测液体压力时，取压点应在管道下部；测气体压力时，取压点应在管道上方。

2. 导压管的铺设

导压管粗细要合适，在铺设时应便于压力表的保养和信号传递。在取压口到仪表之间应加装切断阀。当遇到被测介质易冷凝或冻结时，必须加保温板热管线。

3. 压力表的安装

压力表安装时，应便于观察和维修，尽量避免振动和高温影响。应根据具体情况，采取相应的防护措施，如图 6-9 所示。压力表在连接处应根据实际情况加装密封垫片。

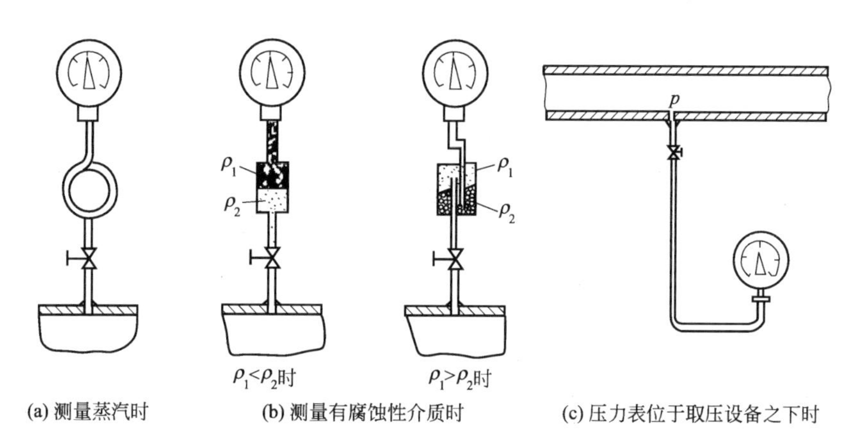

(a) 测量蒸汽时　(b) 测量有腐蚀性介质时　(c) 压力表位于取压设备之下时

图 6-9　压力表安装示意图

第三节 物位检测及仪表

一、物位检测的基本概念

物位是液位、界位和料位的总称。相应的检测仪表分别称为液位计、界位计和料位计。

表 6-3　物位检测仪表的分类

<table>
<tr><th colspan="4">物位检测仪表的种类</th><th>检测原理</th><th>主要特点</th><th>用途</th></tr>
<tr><td rowspan="11">接触式</td><td rowspan="2">直读式</td><td colspan="2">玻璃管液位计</td><td rowspan="2">连通器原理</td><td rowspan="2">结构简单，价格低廉，显示直观，但玻璃易损，读数不十分准确</td><td rowspan="2">现场就地指示</td></tr>
<tr><td colspan="2">玻璃板液位计</td></tr>
<tr><td rowspan="3">差压式</td><td colspan="2">压力式液位计</td><td rowspan="3">利用液柱或物料堆积对某定点产生压力的原理而工作</td><td rowspan="3">能远传</td><td rowspan="3">可用于敞口或密闭容器中，工业上多用差压变送器</td></tr>
<tr><td colspan="2">吹气式液位计</td></tr>
<tr><td colspan="2">差压式液位计</td></tr>
<tr><td rowspan="3">浮力式</td><td rowspan="2">恒浮力式</td><td>浮标式</td><td rowspan="2">基于浮于液面上的物体随液位的高低而产生的位移来工作</td><td rowspan="2">结构简单，价格低廉</td><td rowspan="2">测量储罐的液位</td></tr>
<tr><td>浮球式</td></tr>
<tr><td>变浮力式</td><td>沉筒式</td><td>基于沉浸在液体中的沉筒的浮力随液位变化而变化的原理而工作</td><td>可连续测量敞口或密闭容器中的液位、界位</td><td>需远传显示、控制的场合</td></tr>
<tr><td rowspan="3">电气式</td><td colspan="2">电阻式液位计</td><td rowspan="3">通过将物位的变化转换成电阻、电容、电感等电量的变化来实现物位的测量</td><td rowspan="3">仪表轻巧，滞后小，能远距离传送，但线路复杂，成本较高</td><td rowspan="3">用于高压腐蚀性介质的物位测量</td></tr>
<tr><td colspan="2">电容式液位计</td></tr>
<tr><td colspan="2">电感式液位计</td></tr>
<tr><td rowspan="3">非接触式</td><td colspan="3">核辐射式物位仪表</td><td>利用核辐射透过物料时，其强度随物质层的厚度而变化的原理工作的</td><td>能测各种物位，但成本高，使用和维护不便</td><td>用于腐蚀性介质的物位测量</td></tr>
<tr><td colspan="3">超声波式物位仪表</td><td>利用超声波在气、液、固体中的衰减程度、穿透能力和辐射声阻抗各不相同的性质工作的</td><td>准确性高，惯性小，但成本高，使用和维护不便</td><td>用于对测量精度要求高的场合</td></tr>
<tr><td colspan="3">光学式物位仪表</td><td>利用物位对光波的折射和反射原理工作</td><td>准确性高，惯性小，但成本高，使用和维护不便</td><td>用于对测量精度要求高的场合</td></tr>
</table>

物位检测仪表的种类很多，大体上可分成接触式和非接触式两大类。表 6-3 给出了常见

的各类物位检测仪表的工作原理、主要特点和应用场合。

下面具体介绍几种应用广泛的物位检测仪表。

二、差压式液位计

(一) 差压式液位计的工作原理

差压式液位计是根据流体静力学原理工作的，即容器内液位的高度 L 与液柱上下两端面的静压差成比例。在图 6-10 中，根据流体静力学原理，A 点和 B 点的压力差 Δp 为：

$$\Delta p = p_B - p_A = \rho g L$$

一般被测介质的密度 ρ 是已知的，重力加速度 g 是常量，所以差压 Δp 正比于液位 L，即液位 L 的测量问题转换成了差压 Δp 的测量。因此，所有压力、压差检测仪表只要量程合适，都可用来测量物位。

(二) 零点迁移

实际应用差压液位计时，由于周围环境的影响，在安装时常会遇到以下几种情况。

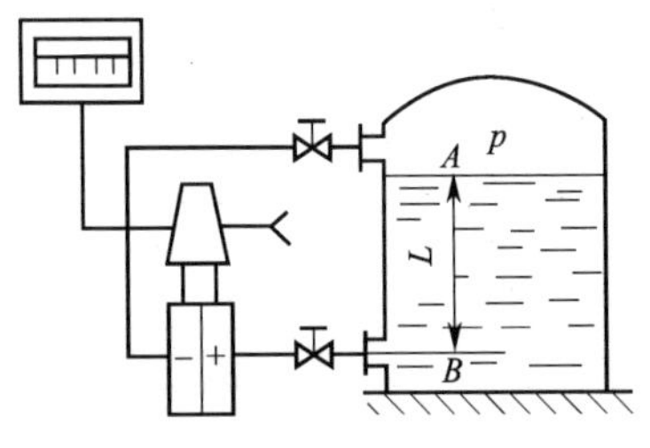

图 6-10 差压变送器测液位示意图

1. 零点无迁移

如图 6-10 所示，在使用电动差压变送器时，差压变送器的安装高度与最低液位正好在同一水平线上，此时

$$\Delta p = p_B - p_A = \rho g L$$

当 $L=0$ 时，$\Delta p=0$

$$I_O = I_{Omin} = 4\text{mA DC}$$

当 $L=L_{max}$时

$$\Delta p = \Delta p_{max}$$

$$I_O = I_{Omax} = 20\text{mA DC}$$

当液位在 $0 \sim L$ 之间变化时，Δp 在 $0 \sim \Delta p_{max}$之间变化，它们之间形成一一对应的关系，这就是所谓“无迁移”情况。

2. 零点正迁移

若差压变送器与容器的液相取压点不在同一水平面上，如图 6-11 所示。变送器此时

正压室受到的压力 $p_+ = p_0 + \rho g L + \rho g l$

负压室受到的压力 $p_- = p_0$

差压 $\Delta p = p_+ - p_- = \rho g L + \rho g l$

显然，当 $L=0$ 时，$\Delta p > 0$（显示仪表的指示大于零），此时差压变送器需要零点“正迁移”，迁移量 $=\rho g l$ 。

3. 零点负迁移

如果被测介质易挥发或有腐蚀性，为了保护变送器，防止管线阻塞或腐蚀，并保持负压室的液柱高度恒定，保证测量精度，需要在负压管线上加隔离液。如图 6-12 所示。

此时

$$\Delta p = p_+ - p_- = (p_0 + \rho_1 g L + \rho_2 g l_1) - (p_0 + \rho_2 g l_2) = \rho_1 g L - \rho_2 g (l_2 - l_1)$$

式中 ρ_1——被测介质的密度；

ρ_2——隔离液的密度。

显然，当 $L=0$ 时，$\Delta p < 0$，显示仪表指示小于零，差压变送器需要零点“负迁移”。

为了使液位 $L=0$ 时，显示仪表的指示也为零，调整差压变送器的零点迁移装置，使之抵消液位 L 为零时，差压变送器指示不为零的那一部分固定差压值，这就是“零点迁移”。

迁移的实质只是改变了仪表上、下限，相当于测量范围进行了平移，不改变仪表的量程。

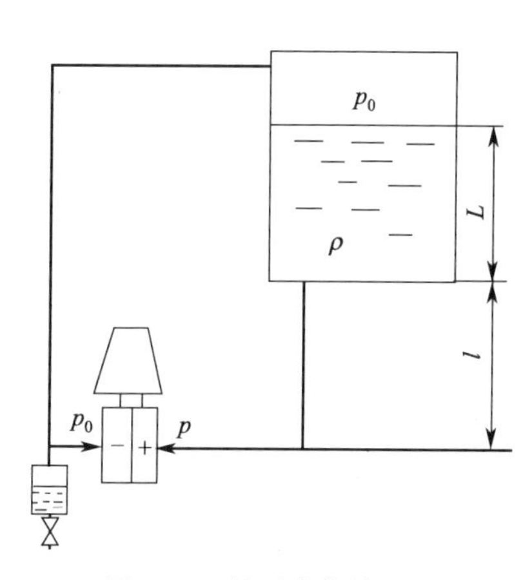

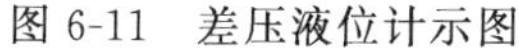
图 6-11　差压液位计示图

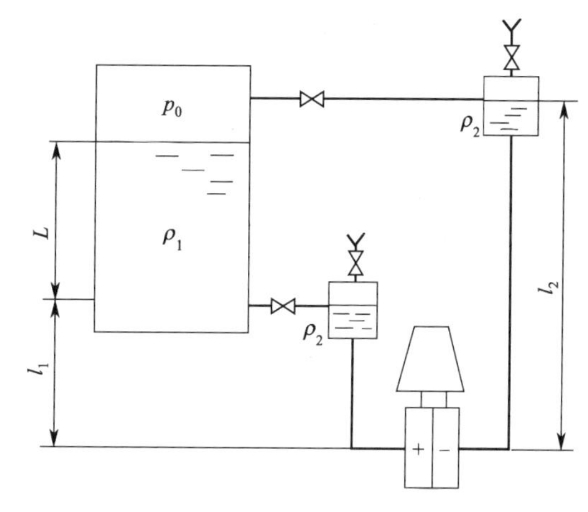

图 6-12　加装隔离罐的差压液位计示图

三、其他物位检测仪表

1. 电容式物位计

电容式物位计是利用电学原理，直接把物位变化转换为电容变化，再把电容变化值转换为统一的电信号进行传输、处理，最后显示出来。电容式物位计基于检测元件的电容量随物位变化而变化的原理工作的，只要测出电容量的变化，就可以知道物位高低的数值。

电容检测元件是根据圆筒电容器原理进行工作的，结构形式如图 6-13 所示，它有两个长度为 L，直径分别为 D 和 d 的圆筒金属导体，中间隔以绝缘物质便构成圆筒形电容器。当将检测元件放入被测介质中时，在电容器两电极间就会进入与被测液位等高度的液体，当液体变化时，电容器被液体遮盖住的那部分电容的介电常数就会发生变化，从而导致电容发生变化。由测量线路将这个变化电容检测出来，并转换为 0～10mA DC 或 4～20mA DC 的标准电流信号输出，就实现了对液位的连续测量。

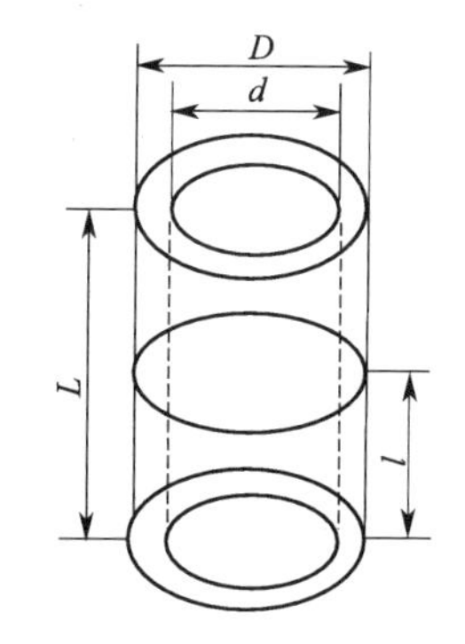

图 6-13　电容式液位原理示图

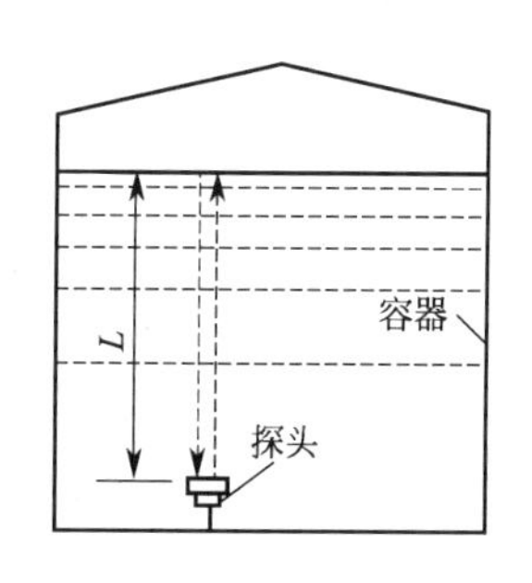

图 6-14　超声波液位原理示图

2. 超声波物位检测仪表

声波在气体、液体、固体中具有一定的传播速度，而且在穿过介质时会被吸收而衰减。声波在穿过不同密度的介质分界面处还会产生反射。根据声波从发射至接收回波的时间间隔与物位高度成正比的关系，就可以测量物位。

当声波从液体（或固体）传播到气体，由于两种介质的密度相差悬殊，声波几乎全部被反射。因此，当置于容器底部的换能器向液面发射弹出的声脉冲时（见图 6-14），经过时间 t，换能器可接收到从液面反射回来的回波声脉冲。设探头到液面的距离为 L，超声波在液

体中的传播速度为 v，则存在以下关系

$$L=\frac{1}{2}vt$$

对于特定的液体，v 是已知的，一旦测出从发出到接收到声波的时间 t，就可确定液位的高度 L。

第四节 流量检测及仪表

一、流量检测的基本概念

在工业生产中，经常需要检测生产过程中各种介质（液体、气体、蒸汽等）的流量，以便为生产操作、管理和控制提供依据。

流量分为瞬时流量和累积流量。瞬时流量是指在单位时间内流过管道某一截面流体的数量，简称流量，其单位一般用立方米/秒（m^3/s）、千克/秒（kg/s）。累积流量是指在某一段时间内流过流体的总和，即瞬时流量在某一段时间内的累积值，又称为总量，单位用千克（kg）、立方米（m^3）。

流量和总量又有质量流量、体积流量两种表示方法。单位时间内流体流过的质量表示为质量流量。以体积表示的称为体积流量。

流量的检测方法很多，所对应的检测仪表种类也很多，表 6-4 对流量检测仪表进行了分类比较。

表 6-4 流量检测仪表分类比较

流量检测仪表种类		检测原理	特点	用途	
差压式	孔板	基于节流原理，利用流体流经节流装置时产生的压力差而实现流量测量	已实现标准化，结构简单，安装方便，但差压与流量为非线性关系	管径>50mm、低黏度、大流量、清洁的液体、气体和蒸汽的流量测量	
	喷嘴				
	文丘里管				
转子式	玻璃管转子流量计	基于节流原理，利用流体流经转子时，节流面积的变化来实现流量测量	压力损失小，检测范围大，结构简单，使用方便，但需垂直安装	适于小管径、小流量的流体或气体的流量测量，可进行现场指示或信号远传	
	金属管转子流量计				
容积式	椭圆齿轮流量计	采用容积分界的方法，转子每转一周都可送出固定容积的流体，则可利用转子的转速来实现测量	精度高，量程宽，对流体的黏度变化不敏感，压力损失小，安装使用较方便，但结构复杂，成本较高	小流量、高黏度、不含颗粒和杂物、温度不太高的流体流量测量	液体
	皮囊式流量计				气体
	旋转活塞流量计				液体
	腰轮流量计				液体、气体
靶式流量计		利用叶轮或涡轮被液体冲转后，转速与流量的关系进行测量	安装方便，精度高，耐高压，反应快，便于信号远传，需水平安装	可测脉动、洁净、不含杂质的流体的流量	
电磁流量计		利用电磁感应原理来实现流量测量	压力损失小，对流量变化反应速度快，但仪表复杂、成本高、易受电磁场干扰、不能振动	可测量酸、碱、盐等导电液体溶液以及含有固体或纤维的流体的流量	
旋涡式	旋进旋涡型	利用有规则的旋涡剥离现象来测量流体的流量	精度高、范围广、无运动部件、无磨损、损失小、维修方便、节能好	可测量各种管道中的液体、气体和蒸汽的流量	
	卡门旋涡型				
	间接式质量流量计				

通常把测量流量的仪表称为流量计，把测量总量的仪表称为计量表。

二、差压式流量计

差压式流量计（也称节流式流量计）是基于流体流动的节流原理，利用流体流经节流装置时产生的静压差来实现流量测量的。由节流装置（包括节流元件和取压装置）、导压管和差压计或差压变送器及显示仪表所组成。

（一）测量原理

流体在管道中流动，流经节流装置时，由于流通面积突然减小，流体必然产生局部收缩，流速加快。根据能量守恒原理，动压能和静压能在一定条件下可以互相转换，流速加快的结果必然导致静压能的降低，因而在节流装置的上、下游之间产生了静压差。这个静压差的大小和流过此管道流体的流量有关，它们之间的关系可用下式表示：

$$F_m = \alpha\varepsilon \frac{\pi}{4} d^2 \sqrt{2\rho_1 \Delta p}$$

$$F_V = q_m / \rho_1$$

式中　F_m——流体的质量流量；

F_V——流体的体积流量；

α——流量系数；

ε——流量的膨胀系数；

d——节流件开孔直径；

ρ_1——工作状态下，被测流体密度；

Δp——压差。

当 α、ε、ρ_1、d 均为常数时，流量与压差的平方根成正比。由于流量与压差之间的非线性关系，在用节流式流量计测量流量时，流量标尺刻度是不均匀的。

（二）标准节流装置

设置在管道内能够使流体产生局部收缩的元件，称为节流元件。所谓标准节流装置，就是指它们的结构形式、技术要求、取压方式、使用条件等均有统一的标准。实际使用过程中，只要按照标准要求进行加工，可直接投入使用。

目前常用的标准节流装置有孔板、喷嘴、文丘里管，其结构如图 6-15 所示。

1. 标准节流装置的使用条件

（1）流体必须充满圆管和节流装置，并连续地流经管道；

（2）管道内的流束（流动状态）必须是稳定的，且是单向、均匀的，不随时间变化或变化非常缓慢；

（3）流体流经节流件时不发生相变；

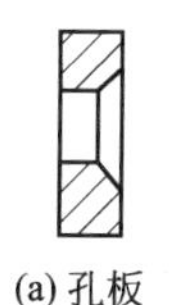

(a) 孔板

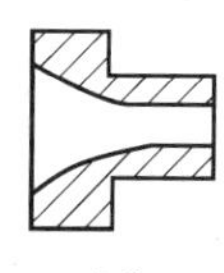

(b) 喷嘴

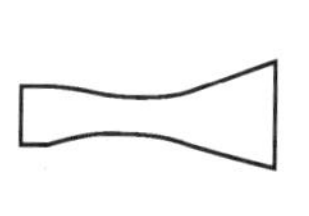

(c) 文丘里管

图 6-15　标准节流装置

（4）流体在流经节流件以前，其流束必须与管道轴线平行，不得有旋转流。

2. 标准节流装置的选择原则

（1）在允许压力较小时，可采用文丘里管和文丘里喷嘴；

（2）在检测某些容易使节流装置沾污、磨损和变形的脏污或腐蚀性等介质的流量时，采用喷嘴较孔板为好；

（3）在流量值和差压值都相等条件下，喷嘴的开孔界面比值 β 较孔板的小，这种情况下，喷嘴有较高的检测精度，而且所需的直管长度也较短；

（4）在加工制造和安装方面，以孔板最简单，喷嘴次之，文丘里管、文丘里喷嘴最为复杂，造价也高，并且所需的直管长度也较短。

3. 节流装置的安装

（1）应使节流元件的开孔与管道的轴线同心，并使其端面与管道的轴线垂直。

（2）在节流元件前后长度为管径2倍的一段管道内壁上，不应有明显的粗糙或不平。

（3）节流元件的上下游必须配置一定长度的直管。

（4）标准节流装置（孔板、喷嘴），一般只用于直径 $D>50$mm 的管道中。

(三) 差压检测及显示

节流元件将管道中流体的流量转换为压差，该压差由导压管引出，送给差压计来进行测量。用于流量测量的差压计形式很多，如双波纹管差压计、膜盒式差压计、差压变送器等，其中差压变送器使用得最多。

由于流量与差压之间具有开方关系，为指示方便，常在差压变送器后增加一个开方器，使输出电流与流量变成线性关系后，再送显示仪表进行显示。差压式流量检测系统的组成框图如图6-16所示。

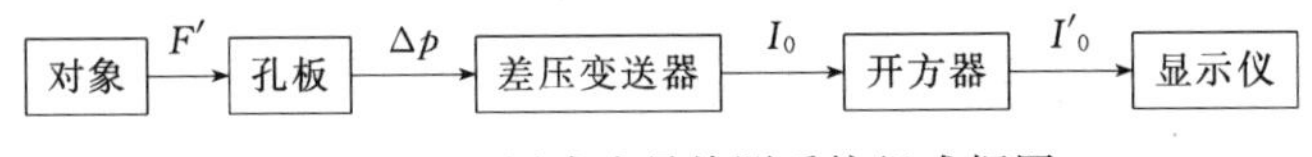

图6-16 差压式流量检测系统组成框图

(四) 差压式流量计的投运

差压式流量计在现场安装完毕，经检测校验无误后，就可以投入使用。

开表前，必须先使引压管内充满液体或隔离液，引压管中的空气要通过排气阀和仪表的放气孔排除干净。

在开表过程中，要特别注意差压计或差压变送器的弹性元件不能受突然的压力冲击，更不要处于单向受压状态。差压式流量计的测量示意图如图6-17所示，现将投运步骤说明如下：

（1）打开节流装置引压口截止阀1和2；

（2）打开平衡阀5，并逐渐打开正压侧切断阀3，使差压计的正、负压室承受同样压力；

（3）开启负压侧切断阀4，并逐渐关闭平衡阀5，仪表即投入使用。

仪表停运时，与投运步骤相反。

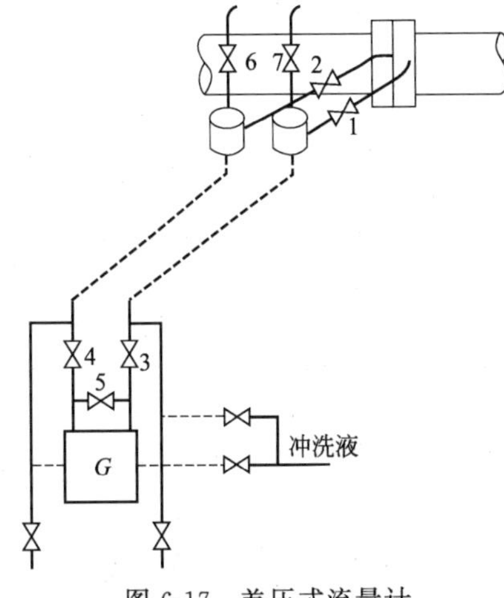

图6-17 差压式流量计

1，2—引压口截止阀；3—正压侧切断阀；4—负压侧切断阀；5—平衡阀；6，7—排气阀

在运行中，如需在线校验仪表的零点，只需打开平衡阀5，关闭切断阀3、4即可。

三、其他流量仪表

1. 转子流量计

转子流量计是改变流通面积测量流量的最典型仪表，特别适合于测量小管径中洁净介质的流量，且流量较小时测量精度也较高。

转子流量计的结构如图6-18所示，是由上大下小的锥形圆管和转子（也叫浮子）组成的，作为节流装置的转子悬浮在垂直安装的锥形圆管中。

当流体自下而上流经锥形管时，由于受到流体的冲力，转子便向上运动。随着转子的上升，转子与锥形管间的环形流通面积增大，流速减小，直到转子在流体中的重量与流体作用在转子上的力相等时，转子停留在某一高度，维持力平衡。流量发生变化时，转子移到新的位置，继续保持力平衡。在锥形管上若标以流量刻度，则从转子最高边缘所处的位置便知流量的数值。也可将转子的高度通过机械结构转换成电信号（或气信号），进行自动记录、远传和自动控制流量。

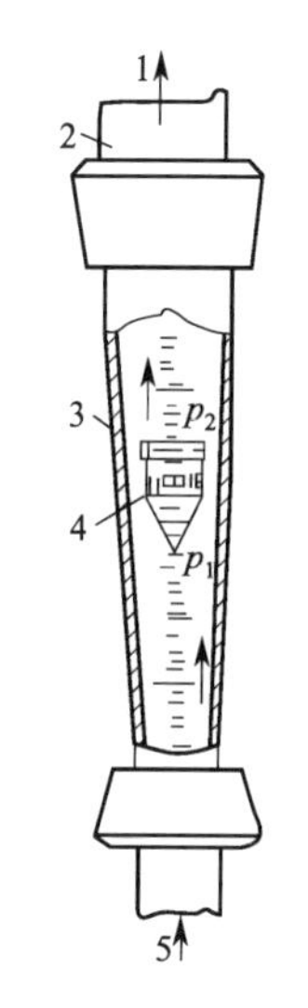

图 6-18　标准节流装置

1，5—流体；2—管道；3—锥形管；4—转子

2. 椭圆齿轮流量计

椭圆齿轮流量计是容积式流量计中的一种，它对被测流体的黏度变化不敏感，特别适合于高黏度的流体（如重油、聚乙烯醇、树脂等），甚至糊状物的流量测量。

椭圆齿轮流量计的主要部件是测量室（即壳体）和安装在测量室内的两个互相齿合的椭圆齿轮 A 和 B，两个齿轮分别绕自己的轴相对旋转，与外壳构成封闭的月牙形空腔。如图 6-19 所示。

当流体流过椭圆齿轮流量计时，由于要克服阻力将会引起压力损失，而使得出口侧压力 p_2 小于进口侧压力 p_1，在此压力差的作用下，产生作用力矩而使椭圆齿轮连续转动。

椭圆齿轮流量计的体积流量 F_V 为

$$F_V = 4nV_0$$

式中　n——椭圆齿轮的转速；

V_0——月牙形测量室容积。

可见，在 V_0 一定的条件下，只要测出椭圆齿轮的转速 n，便可知道被测介质的流量 F_V。

椭圆齿轮流量计特别适用于高黏度介质的流量检测。它的测量精度很高（±0.5%），压力损失小，安装使用较方便。目前椭圆齿轮流量计有就地显示和远传显示两种形式，配以一定的传动机构和积算机构，还可以记录或显示被测介质的总量。

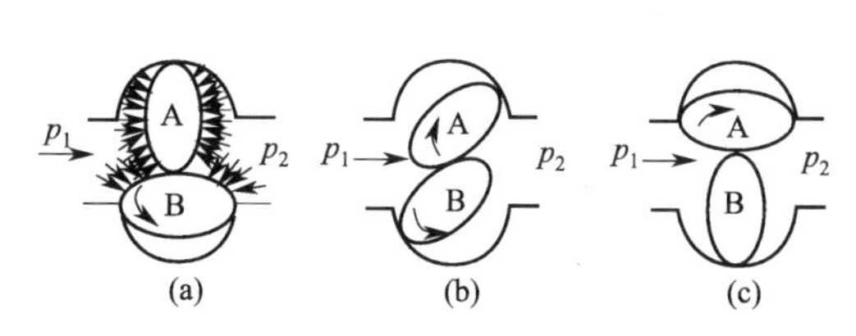

图 6-19　椭圆齿轮流量计原理图

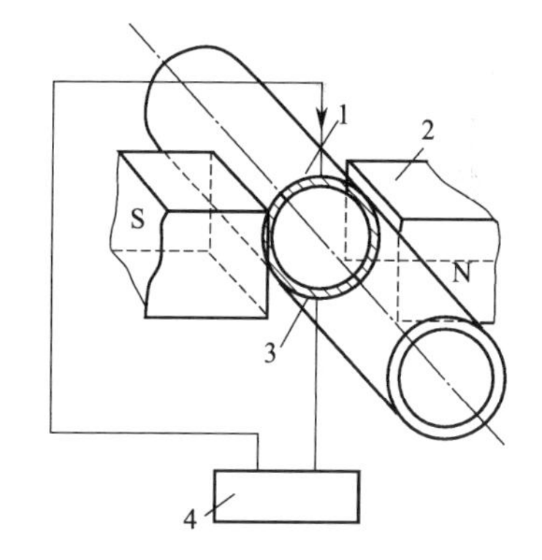

图 6-20　电磁流量计原理图

1—导管；2—磁极；3—电极；4—仪表

3. 电磁流量计

应用法拉第电磁感应定律作为检测原理的电磁流量计，是目前化工生产中检测导电液体流量的常用仪表。

图 6-20 为电磁式流量计原理图，将一个直径为 D 的管道放在一个均匀磁场中，并使之垂直于磁力线方向。管道由非导磁材料制成，如果是金属管道，内壁上要装有绝缘衬里。当导电液体在管道中流动时，便会切割磁力线。在管道两侧各插入一根电极，则可以引出感应电动势。其大小与磁场、管道和液体流速有关，由此可得出

$$F_V = \pi DE/(4B)$$

式中　E——感应电势；

B——磁感应强度；

D——管道内径。

显然，只要测出感应电势 E，就可知道被测流量 F 的大小。

这种测量方法可测量各种腐蚀性液体以及带有悬浮颗粒的浆液，不受介质密度和黏度的影响，但不能测量气体、蒸汽和石油制品等流量。

4. 涡轮流量计

涡轮流量计是一种速度式流量仪表，它具有结构简单、精度高、测量范围广、耐压高、温度适应范围广、压力损失小、维修方便、重量轻、体积小等特点。一般用来测量封闭管道中低黏度液体或气体的体积流量或总量。

涡轮流量计由涡轮流量变送器和显示仪表两部分组成。其中，涡轮变送器包括壳体、涡轮、导流器、磁电感应转换器和前置放大器几部分，如图 6-21 所示。

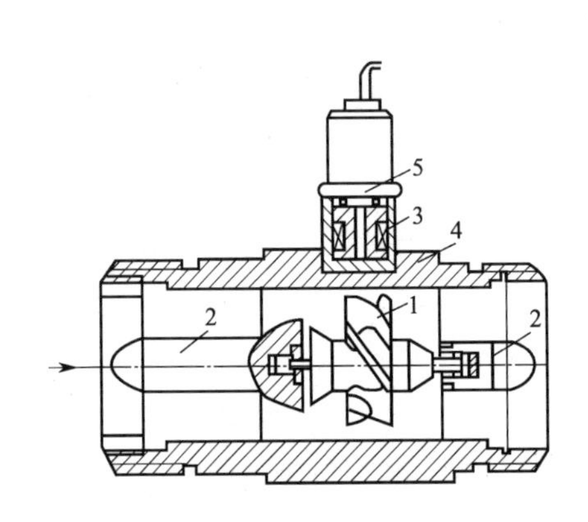

图 6-21 涡轮流量计原理图

1—涡轮；2—导流器；3—磁电感应转换器；4—外壳；5—前置放大器

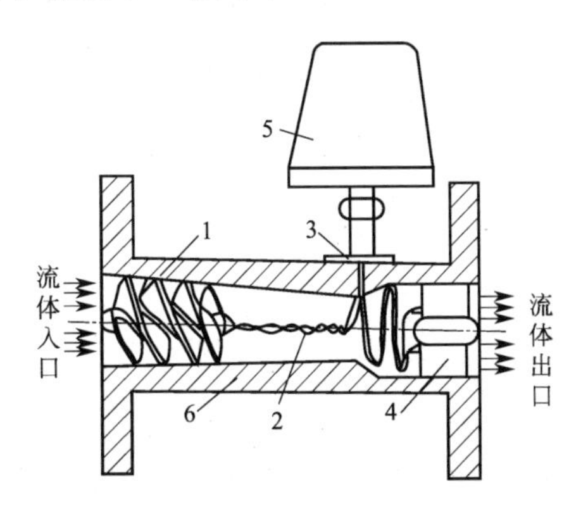

图 6-22 旋涡流量计原理图

1—螺旋导流架；2—流体旋涡流；3—检测元件；4—除旋整流架；5—放大器；6—壳体

被测流体冲击涡轮叶片，使涡轮旋转，涡轮的转速与流量的大小成正比。经磁电感应转换装置把涡轮的转速转换成相应频率的电脉冲，经前置放大器放大后，送入显示仪表进行计数和显示，根据单位时间内的脉冲数和累计脉冲数即可求出瞬时流量和累积流量。

5. 旋涡流量计

旋涡流量计是根据流体振动原理而制成的一种测量流体流量的仪表。它具有精度高，结构简单，无可动部件，维修简单，量程比宽，使用寿命长，几乎不受被测介质的压力、温度、密度、黏度等因素影响等特点，因而被广泛应用。

旋涡流量计由测量管与变送器两部分组成，如图 6-22 所示。当被测流体进入测量管，通过固定在壳体上的螺旋导流架后，形成一股具有旋转中心的涡流。在螺旋导流架后检测元件处，因测量管逐渐收缩，而使涡流的前进速度和涡旋逐渐加强。在此区域内，流体中心是一束速度很高的旋涡流，沿着测量管中心线运动。在检测元件后，由于测量管内腔突然变大，流速突然急剧减缓，导致部分流体形成回流。这样，从收缩部分出来的旋涡流的旋涡中心，受到回流的影响后改变前进方向，于是，旋涡流不是沿着测量管的中心线运动，而是围绕中心线旋转，即旋进。旋进频率与流速成正比，只要测出旋涡流的旋进频率，就可以获知被测流量值。

四、各种流量检测元件及仪表的选用

流量检测元件及仪表的选用应根据工艺条件和被测介质的特性来确定。要想合理选用检测元件及仪表，必须全面了解各类检测元件及流量仪表的特点和正确认识它们的性能。各类流量检测元件及仪表和被测介质特性关系如表 6-5 所示。

各种流量检测元件及仪表可根据流量刻度或测量范围、工艺要求和流体参数变化以及安装要求、价格、被测介质或对象的不同进行选择。

表 6-5 流量检测元件及仪表与被测介质特性的关系

仪表种类		介质											
		清洁液体	脏污液体	蒸汽或气体	黏性液体	腐蚀性液体	腐蚀性浆液	含纤维浆液	高温介质	低温介质	低流速液体	部分充满管道	非牛顿液体
节流式流量计	孔板	○	●	○	●	◎	×	×	○	●	×	×	●
	文丘里管	○	●	○	●	●	×	×	●	●	●	×	×
	喷嘴	○	●	○	●	●	×	×	○	●	●	×	×
	弯感	○	●	○	×	◎	×	×	○	×	×	×	●
电磁流量计		○	○	×	×	○	○	○		×	◎		◎
旋涡流量计		○	●	◎	●	◎	×	×	◎	◎	×	×	×
容积式流量计		○	×	○	○	●	×	×	◎	◎	◎	×	×
靶式流量计		○	◎	○	◎	◎	●	×	◎	●	×	×	●
涡轮流量计		○	●	○	◎	◎	×	×	●	◎	●	×	×
超声波流量计		○	●	×	●	●	×	×	×	●	●	×	×
转子流量计		○	●	○	◎	◎	×	×	◎	×	◎	×	×

注：○表示适用；◎表示可以用；●表示在一定条件下可以用；×表示不适用。

第五节 温度检测及仪表

一、温度的基本概念

(一) 温度的基本概念

温度是表征物体冷热程度的物理量。在工业生产中，许多化学反应或物理反应都必须在规定的温度下才能正常进行，否则将得不到合格的产品，甚至会造成生产事故。因此，温度的检测与控制是保证产品质量、降低生产成本、确保安全生产的重要手段。

(二) 测温仪表的分类

(1) 按测量范围分：把测量 600℃以上温度的仪表叫高温计，测量 600℃以下温度的仪表叫温度计。

(2) 按工作原理分：分为膨胀式温度计、热电偶温度计、热电阻温度计、压力式温度计、辐射高温计和光学高温计等。

(3) 按感温元件和被测介质接触与否分：分为接触式与非接触式两大类。

测温仪表的分类及性能比较见表 6-6。

表 6-6　测温仪表的分类及性能比较

测温范围		温度计名称	简单原理及常用测温范围	优点	缺　点
接触式	热膨胀	玻璃温度计	液体受热时体积膨胀 −100～600℃	价廉、精度较高、稳定性较好	易破损，只能安装在易观察的地方
		双金属温度计	金属受热时线性膨胀 −50～600℃	示值清楚、机械强度较好	精度较低
		压力式温度计	温包内的气体或液体因受热而改变压力 −50～600℃	价廉、最易就地集中检测	毛细管机械强度差，损坏后不易修复
	热电阻	热电阻温度计	导体或半导体的阻值随温度而改变 −200～600℃	测量准确、可用于低温或低温差测量	和热电偶相比，维护工作量大，振动场合容易损坏
	热电偶	热电偶温度计	两种不同金属导体接点受热产生热电势 −50～1600℃	测量准确，和热电阻相比安装、维护方便，不易损坏	需要补偿导线，安装费用较高
非接触式	热辐射	光学高温计	加热体的亮度随温度高低而变化 700～3200℃	测温范围广，携带使用方便，价格便宜	只能目测，必须熟练才能测得比较准确的数据
		光电高温计	加热体的颜色随温度高低而变化 50～2000℃	反应速度快，测量较准确	构造复杂，价格高，读数麻烦
		辐射高温计	加热体的辐射能量随温度高低而变化 50～2000℃	反应速度快	误差较大

二、工业用一次测温仪表

(一) 热电偶

热电偶温度计的测温原理是基于热电偶的热电效应。测温系统包括热电偶、显示仪表和导线三部分，如图 6-23 所示。

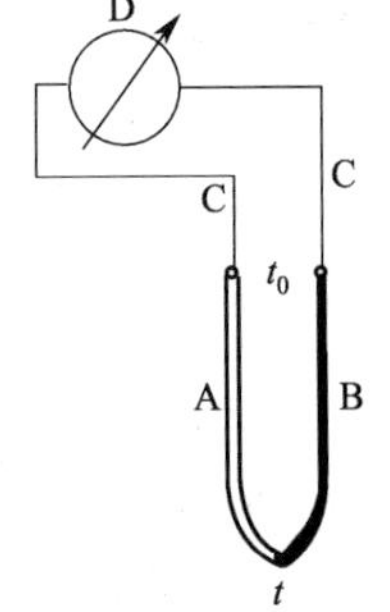

图 6-23　热电偶测温系统图
A，B—热电极；
C—导线；
D—显示仪表

热电偶是由两种不同材料的导体 A 和 B 焊接或铰接而成，连在一起的一端称作热电偶的工作端（热端、测量端），另一端与导线连接，叫做自由端（冷端、参比端）。导体 A、B 称为热电极，合称热电偶。

使用时，将工作端插入被测温度的设备中，冷端置于设备的外面，当两端所处的温度不同时（热端为 t，冷端为 t_0），在热电偶回路中就会产生热电势，这种物理现象称为热电效应。

热电偶回路的热电势只与热电极材料及测量端和冷端的温度有关，记作 $E_{AB}(t,t_0)$。

$$E_{AB}(t,t_0)=E_{AB}(t)-E_{AB}(t_0)$$

若冷端温度 t_0 恒定、两种热电极材料一定时，$E_{AB}(t_0)=C$ 为常数，则

$$E_{AB}(t,t_0)=E_{AB}(t)-C=f(t)$$

即只要组成热电偶的材料和参比端的温度一定，热电偶产生的热电势 E 仅与热电偶测量端的温度 T 有关，而与热电偶的长短和直径无关。只要测出热电势的大小，就能得出被测介质的温度，通过测量直流电势 E(mV)，便可获得被测温度 T 的大小。

当组成热电偶的两种导体材料相同时或热电偶两端所处温度一样时，热电偶回路的总热电势为零。当使用第三种材质的金属导线连接到测量仪表上时，只要第三导线与热电偶的两个接点温度相同，对原热电偶所产生的热电势没有影响。

组成热电极的材料不同，所产生的热电势也就不同，与二次仪表配套的关系也就不同，一次表与二次表之间的配套关系叫“分度号”，目前常用的热电偶分度号及主要性能如表 6-7 所示。

表 6-7 常用热电偶及主要性能

热电偶名称	代号	分度号	$E(100,0)$ /mV	主要性能	测温范围/℃	
					长期使用	短期使用
铂铑$_{10}$-铂	WRP	S	0.645	热电性能稳定，抗氧化性能好，适用于氧化性和中性气氛中测量，但热电势小，成本高	20～1300	1600
铂铑$_{30}$-铂铑$_{6}$	WRR	B	0.033	稳定性好，测量温度高，参比端在 0～100℃ 范围内可以不用补偿导线；适于氧化气氛中的测量；热电势小，价格高	300～1600	1800
镍铬-镍硅	WRN	K	4.095	热电势大，线性好，适于在氧化性和中性气氛中测量，且价格便宜，是工业上使用最多的一种	−50～1000	1200
镍铬-铜镍	WRK	E	6.317	热电势大，灵敏度高，价格便宜，中低温稳定性好。适用于氧化或弱还原性气氛中测量	−50～800	900
铜-铜镍	WRC	T	4.277	低温时灵敏度高，稳定性好，价格便宜。适用于氧化和还原性气氛中测量	−40～300	350

各种热电偶热电势与温度的一一对应关系都可以从标准数据中查得，表征热电偶热电势与温度的一一对应关系的标准数据表称为热电偶的分度表。附录二给出了几种常用热电偶在不同温度下产生的热电势。

【例 6-5】 用一只镍铬-镍硅热电偶测量炉温，已知热电偶工作端温度为 800℃，自由端温度 25℃，求热电偶产生的热电势 E_K（800，25）。

解：由附录二可以查出，$E_K(800,0)=33.277$ (mV)

$$E_K(25,0)=1.000 \text{ (mV)}$$

则 $$E_K(800,25)=E_K(800,0)-E_K(25,0)=32.277 \text{ (mV)}$$

【例 6-6】 某铂铑$_{10}$-铂热电偶（分度号 S）在工作时，自由端温度 $t_0=30$℃，测得热电势 $E_S(t,t_0)=14.195$mV，求被测介质的实际温度。

解：查表得 $$E_S(30,0)=0.173 \text{ (mV)}$$

则 $$E_S(t,0)=E_S(t,30)+E_S(30,0)=14.195+0.173=14.368 \text{ (mV)}$$

查表可得 14.368mV 所对应的温度是 1400℃。

1. 热电偶的结构

热电偶一般由热电极、绝缘子、保护套管和接线盒等部分组成。绝缘子（绝缘瓷圈或绝缘瓷套管）分别套在两根热电极上，以防短路。再将热电极以及绝缘子装入不锈钢或其他材质的保护套管内，以保护热电极免受化学和机械损伤。参比端为接线盒内的接线端。如图 6-24 所示。

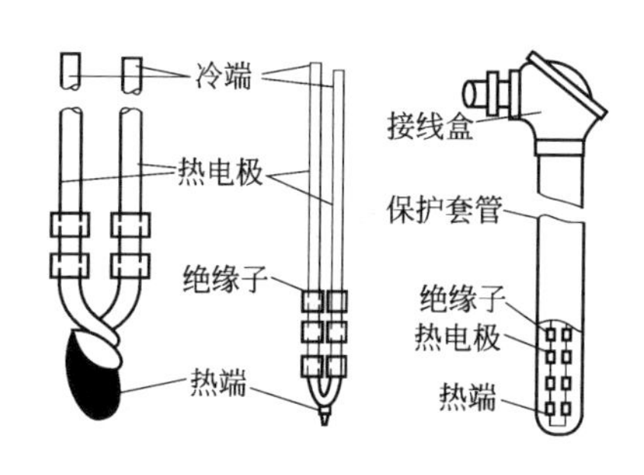

图 6-24 普通热电偶结构

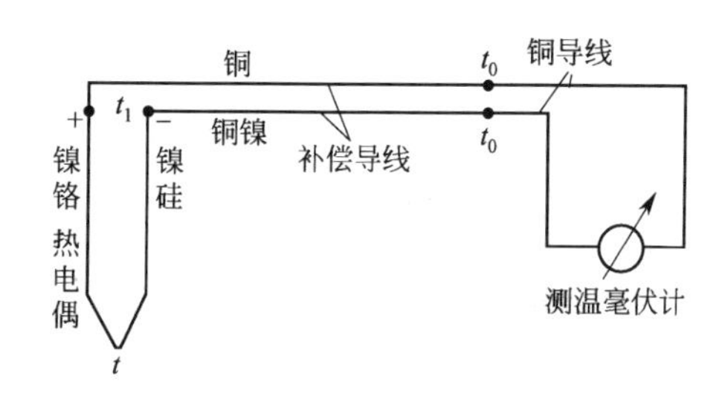

图 6-25 补偿导线连接

热电偶的结构形式很多，除了普通热电偶外，还有薄膜式热电偶和套管式（或称铠装）热电偶。

2. 热电偶冷端温度的影响及补偿

热电偶分度表是在参比端温度为0℃的条件下得到的。要使配热电偶的显示仪表的温度标尺或温度变送器的输出信号与分度表吻合，就必须保持热电偶参比端温度恒为0℃，或者对指示值进行一定修正，或自动补偿，以使被测温度能真实地反映在显示仪表上。

（1）利用补偿导线将冷端延伸　为对热电偶进行冷端温度补偿，首先需要将参比端延伸到温度恒定的地方。由于热电偶的价格和安装等因素，使热电偶的长度非常有限，冷端温度易受工作温度、周围设备、管道和环境温度的影响，且这些影响很不规则，使冷端温度难以保持恒定。要将冷端温度放到温度恒定的地方，就要使用补偿导线。

补偿导线通常使用廉价的金属材料做成，不同分度号的热电偶所配的补偿导线也不同。使用补偿导线将热电偶延长，把冷端延伸到离热源较远、温度又较低的地方。补偿导线的接线图如图6-25所示。各种补偿导线有规定的材料和颜色，以供配用的热电偶分度号使用。常用的补偿导线见表6-8所示。

表6-8　常用热电偶的补偿导线

补偿导线型号	配用热电偶		补偿导线材料		补偿导线绝缘层颜色	
	名　称	分度号	正　极	负　极	正　极	负　极
SC	铂铑$_{10}$-铂	S	铜	铜镍	红	绿
KC	镍铬-镍硅	K	铜	铜镍	红	蓝
EX	镍铬-铜镍	E	镍铬	铜镍	红	棕
TX	铜-铜镍	T	铜	铜镍	红	白

（2）冷端温度补偿　虽可采用补偿导线将冷端延伸出来，但不能保证参比端温度恒定为0℃。为解决此问题，常采用下列参比端温度补偿方法。

① 冰浴法：将补偿导线延伸到冰水混合物中。这种方法只适合实验室使用，工业生产中使用很不方便。

② 查表法：当参比端温度不为0℃时，被测介质的真实温度应根据所用仪表的指示温度数值t'，在分度表中查出对应的热电势E'，再查出与冷端温度t_0'相应的热电势E_0'，两者相加得到真实的热电势E，再在表中查出与E对应的温度值，即为工作端的真实温度。

即：

$$E=E'+E_0'=E(t',0)+E(t_0,0)$$

③ 校正仪表零点法：断开测量电路，调整仪表指针的零点，使之指示室温，即参比端温度，再接通测量电路即可。此法在工业中经常使用，但测量精度低。

④ 补偿电桥法：目前使用最多的方法。如图6-26所示，在热电偶的测量电路中附加一个电势，该电势一般由补偿电桥提供。补偿电桥中$R_1 \sim R_3$为锰铜绕制的等值的固定电阻，R_t为与补偿导线的末端处于同一温度场中的铜电阻。当环境温度变化时，该电桥产生的电势也随之变化，而且在数值和极性上恰好能抵消冷端温度变化所引起的热电势的变化值，以达到自动补偿的目的。即在工作端温度不变时，如果冷端温度在一定范围内变化，总的热电势值将不受影响，从而很好地实现了温度补偿。

在现代工业中，参比端一般都延伸到控制室中，而控制室温度一般恒定为20℃，所以在使用补偿电桥法时，需先把仪表的机械零点预先调到20℃。

（二）热电阻温度计

热电阻温度计是基于金属导体的电阻值随温度的变化而变化的特性来进行温度测量的，将被测温度t转换成直流电阻的变化值R（欧姆）。

热电阻测温系统由热电阻、显示仪表、连接导线三部分组成，如图6-27所示。

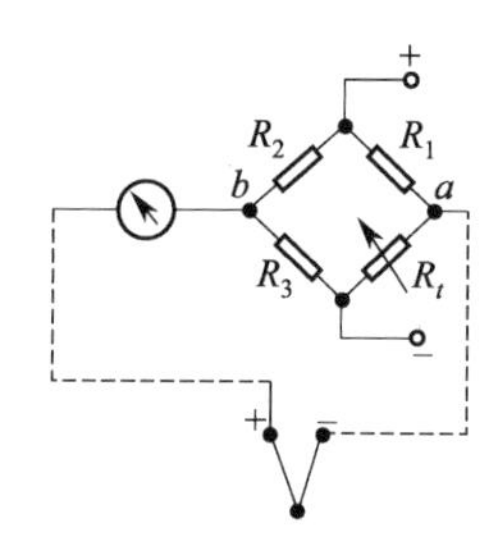

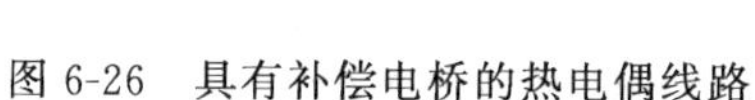
图 6-26　具有补偿电桥的热电偶线路

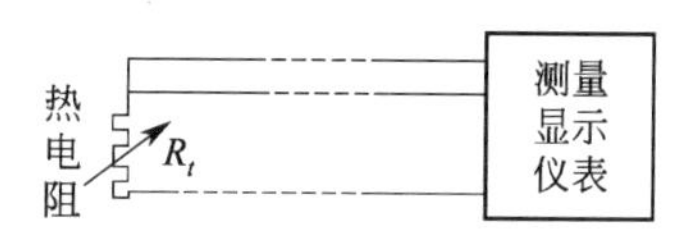

图 6-27　热电阻测温系统

热电阻温度计适用于测量−200～500℃范围内液体、气体、蒸汽及固体表面的温度。热电阻的输出信号大，比相同温度范围内的热电偶温度计具有更高的灵敏度和测量精度，而且无需冷端补偿；电阻信号便于远传，较电势信号易于处理和抗干扰。但其连接导线的电阻值易受环境温度的影响而产生测量误差，所以必须采用三线制接法。

1. 常用热电阻及其分度号

工业上常用的热电阻有铜热电阻和铂热电阻，其性能比较见表 6-9。

表 6-9　工业常用热电阻性能比较

名称	分度号	0℃时的电阻值/Ω	特　点	用　途
铜电阻	Cu 50	50	物理、化学性能稳定，特别是在−50～150℃范围内，使用性能好；电阻温度系数大，灵敏度高，线性好；电阻率小，体积大，热惰性较大；价格低	是用于测量−50～150℃温度范围内各种管道、化学反应器、锅炉等工业设备中各种介质的温度。还可用于测量室温
	Cu 100	100		
铂电阻	Pt 50	50	物理、化学性能较稳定，复现性好；精确度高；测温范围为−200～650℃；在抗还原性介质中性能差，价格高	适用于−200～500℃范围内各种管道、化学反应器、锅炉等工业设备的介质温度测量；可用于精密测温及作为基准热电阻使用
	Pt 100	100		

2. 热电阻的结构

热电阻分为普通型热电阻、铠装热电阻和薄膜热电阻三种。普通型热电阻一般由电阻体、保护套管、接线盒、绝缘杆等部件构成，如图 6-28 所示。

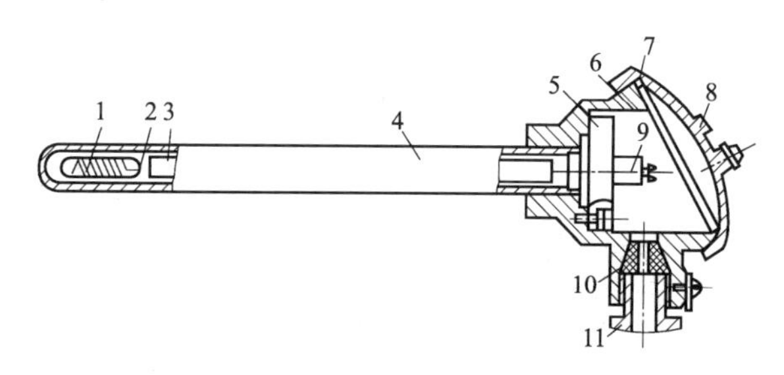

图 6-28　普通热电阻结构

1—电阻；2—引出线；3—绝缘管；4—保护套管；5—接线座；6—接线盒；7—密封圈；8—盖；9—接线柱；10—引线孔；11—引线螺母

（三）温度变送器

温度变送器是单元组合仪表变送单元的一个重要品种，其作用是将热电偶或热电阻输出的电势值或电阻值转换成统一标准信号，再送给单元组合仪表的其他单元进行指示、记录或控制，以实现对温度（温差）变量的显示、记录或自动控制。

温度变送器的种类很多，常用的有 DDZ-Ⅲ型温度变送器、智能型温度变送器等。

DDZ-Ⅲ型温度变送器以 24V DC 为能源，以 4～20mA DC 为统一标准信号，其作用是将来自热电偶或热电阻或者其他仪表的热电势、热电阻阻值或直流毫伏信号，对应地转换成 4～20mA DC 电流（或 1～5V DC 电压）。由于热电偶的热电势和热电阻的电阻值与温度之间均呈非线性关系，使用中希望显示仪表能进行线性指示，需对温度变送器进行线性化处理。Ⅲ型热电偶温度变送器采用非线性反馈实现线性化，Ⅲ型热电阻温度变送器采用正反馈来实现线性化，保证输出电流与温度呈线性关系。

三、工业常用的温度二次显示仪表

显示仪表直接接受检测元件、变送器或传感器送来的信号，经测量线路和显示装置，对被测变量予以指示、记录或以字、符、数、图像显示。

显示仪表按其显示方式可分为模拟式、数字式和图像显示三大类。

（一）模拟式显示仪表

所谓模拟式显示仪表，就是以指针或记录笔的偏转角或位移量来模拟显示被测变量连续变化的仪表。根据其测量线路，又可分为直接变换式（如动圈式显示仪表）和平衡式（如电子自动平衡式显示仪表）。其中电子自动平衡式又分为电子电位差计、电子自动平衡电桥。

（二）数字式显示仪表

数字式显示仪表接受来自传感器或变送器的模拟量信号，在表内部经模/数（A/D）转换变成数字信号，再由数字电路处理后直接以十进制数码显示测量结果。数字式显示仪表具有测量速度快、精度高、抗干扰能力强、体积小、读数清晰、便于与工业控制计算机联用等特点，已经越来越普遍地应用于工业生产过程中。

（三）无纸记录仪表（图像显示）

无纸、无笔记录仪是一种以 CPU 为核心，采用液晶显示、无纸、无笔、无机械传动的记录仪。直接将记录信号转化为数字信号，然后送到随机存储器进行保存，并在大屏幕液晶显示屏上显示出来。记录信号由工业专用微处理器（CPU）进行转化、保存和显示，所以可以随意放大、缩小地显示在显示屏上，观察、记录信号状态非常方便。必要时还可以将记录曲线或数据送往打印机打印或送往微型计算机保存和进一步处理。

该仪表的输入信号种类较多，可以与热电偶、热电阻、辐射感温器或其他产生直流电压、直流电流的变送器相配合，对工艺变量进行数字记录和数字显示；可以对输入信号进行组态或编辑，并具有报警功能。

四、测温仪表的选择与安装

（一）测温仪表的选择

（1）被测介质的温度是否需要指示、记录和自动控制；

（2）仪表的测温范围、精度、稳定性、变差及灵敏度等；

（3）仪表的防腐性、防爆性及连续使用的期限；

（4）测温元件的体积大小及互换性；

（5）被测介质和环境条件对测温元件是否有损坏；

（6）仪表的反应时间；

（7）仪表使用是否方便，安装维护是否容易。

（二）测温元件的安装

（1）当测量管道中的介质温度时，应保证测量元件与流体充分接触。因此要求测温元件的感温点应处于管道中流速最大处，且应迎着被测介质流向插入，不得形成顺流，至少应与被测介质流向垂直。

(2) 应避免因热辐射或测温元件外露部分的热损失而引起的测量误差。安装时应保证有足够的插入深度；还要在测温元件外露部分进行保温。

(3) 如工艺管道过小，安装测温元件处可接装扩大管。

(4) 使用热电偶测量炉温时，应避免测温元件与火焰直接接触，应有一定的距离，同时不可装在炉门旁边。接线盒不能和炉壁接触，避免热电偶冷端温度过高。

(5) 用热电偶、热电阻测温时，应避免干扰信号的引入。接线盒的出线孔向下，以防水汽、灰尘等进入而影响测量。

(6) 测温元件安装在正压、负压管道或设备中时，必须保证安装孔的密封。

(三) 连接导线和补偿导线的安装

(1) 线路电阻要符合仪表本身的要求，补偿导线的种类及正、负极不要接错。

(2) 连接导线和补偿导线必须预防机械损伤，应尽量避免高温、潮湿、腐蚀性及爆炸性气体与灰尘，禁止铺设在炉壁、烟筒及热管道上。

(3) 为保护连接导线与补偿导线不受机械损伤，并削弱外界电磁场对（电子式显示仪表的干扰，导线应加屏蔽。

(4) 补偿导线中间不准有接头，且最好与其他导线分开敷设。

(5) 配管及穿管工作结束后，必须进行核对与绝缘试验。

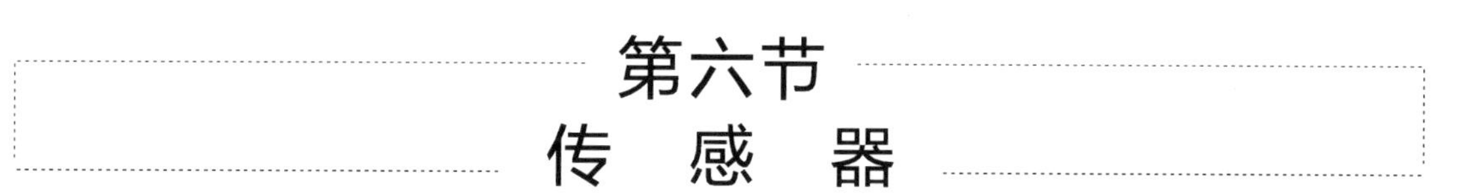

第六节 传感器

一、传感器的组成及分类

(一) 传感器的基本概念

能感受规定的被测量并按照一定的规律转换成可用输出信号的器件或装置被称为传感器，通常由敏感元件和转换元件组成。其中敏感元件是指传感器中能直接感受或响应被测量的部分；转换元件是指传感器中能将敏感元件感受或响应的被测量转换成适于传输或测量的电信号部分。传感器的组成如图 6-29 所示。

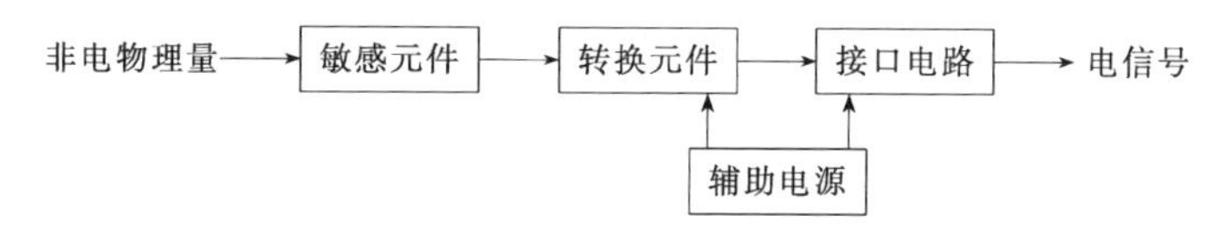

图 6-29　传感器组成框图

图 6-29 中接口电路的作用是把转换元件输出的电信号变换为便于处理、显示、记录和控制的可用的电信号。在工业控制系统中这个电信号就是标准信号或 4～20mA DC。其电路的类型视转换元件的不同而定。

(二) 传感器的分类

由于传感器的作用原理有很多种，造成传感器的种类很多。常用传感器的分类方法有以下几种。

1. 按被测物理量分类

根据被测量的性质进行分类，把种类繁多的被测量分为基本被测量和派生被测量两类。例如力可视为基本被测量，从力派生出压力、重量、应力、力矩等派生被测量。当需要测量这些被测量时，只要采用力传感器就可以了。了解基本被测量和派生被测量的关系，对于正确使用何种传感器很有帮助。

常见的非电量基本被测量和派生被测量的关系如表 6-10 所示。这种分类方法的优点是比较明确地表达了传感器的用途，便于使用者根据其用途选用。其缺点是没有区分每种传感器在转换机理上有何共性和差异，不便于使用者掌握基本原理及分析方法。

表 6-10 基本被测量和派生被测量

基本被测量		派生被测量
位移	线位移	长度、厚度、应变、振动、磨损、平面度
	角位移	旋转度、偏转角、角振动
速度	线速度	速度、振动、流量、动量
	角速度	转速、角振动
加速度	线加速度	振动、冲击、质量
	角加速度	角振动、转矩、转动惯性
力	压力	重量、应力、力矩
时间	频率	周期、计数、统计分布
温度		热容、气体速度、涡流
光		光通量与密度、光谱分布
湿度		水汽、水分、露点

2. 按传感器工作原理分类

按传感器的原理、规律和效应分类情况如表 6-11 所示。

表 6-11 按工作原理分类情况表

传感器的种类			工作原理	应用范围
电学式传感器	电阻式	电位器式	利用变阻器将被测非电量转换为电阻信号的原理	位移、压力、力、应变、力矩、气体流量、液位、液体流量
		触点变阻式		
		电阻应变片式		
		压阻式		
	电容式		利用改变电容的几何尺寸或改变介质的性质和含量，而使电容量变化的原理	压力、位移、液位、厚度、水分含量
	电感式		利用改变磁路几何尺寸、磁体位置来改变电感或互感的电感量或压磁效应原理	位移、压力、力、振动、加速度
	磁电式		利用电磁感应原理	流量、转速、位移
	电涡流式		利用金属在磁场中运动切割磁力线，在金属内形成涡流的原理	位移、厚度
磁学式传感器			利用铁磁物质的一些物理效应	位移、力矩
光电式传感器			利用光电器件的光电效应和光学原理	光强、光通量、位移、浓度
电势型传感器			利用热电效应、光电效应、霍尔效应等原理	温度、磁通量、电流、速度、光通量、热辐射
电荷型传感器			利用压电效应原理	力、加速度
半导体型传感器			利用半导体的压阻效应、内光电效应、磁电效应及半导体与气体接触产生物质变化等原理	温度、湿度、压力、加速度、磁场、有害气体的测量

续表

<table>
<tr><th colspan="2">传感器的种类</th><th>工　作　原　理</th><th>应　用　范　围</th></tr>
<tr><td colspan="2">谐振式传感器</td><td>利用改变电或机械的固有参数来改变谐振频率的原理</td><td>压力</td></tr>
<tr><td rowspan="5">电化学式传感器</td><td>电位式</td><td rowspan="5">离子导电原理为基础</td><td rowspan="5">分析气体成分、液体成分、溶于液体的固体成分、液体的酸碱度、电导率、氧化还原电位</td></tr>
<tr><td>电导式</td></tr>
<tr><td>电量式</td></tr>
<tr><td>极谱(极化)式</td></tr>
<tr><td>电解式</td></tr>
</table>

3. 按能量的关系分类

将传感器分为有电源传感器和无电源传感器。

4. 输出信号的性质分类

将传感器分为模拟式传感器和数字式传感器。

二、常见传感器的应用

随着科学技术的发展，在工业生产中的机械制造、机电技术应用、机器人、生物工程、生产自动化及自动控制等领域，传感器已成为必不可少的“感觉器官”，成为实现自动检测和自动控制的首要环节。

本章前面已介绍的压力、流量、物位、温度、成分五大变量的检测及变送就是传感器应用中的一部分。而所介绍的压力检测仪表、电容式压力变送器、热电偶温度计、热电阻温度计、热导式成分分析仪表等，都是众多传感器其中之一，但基本都属于模拟式传感器的范畴。随着微型计算机技术的发展，对信号的检测、控制和处理必然进入数字化阶段。然而，计算机数字处理系统常常需要 A/D 转换，精度受到一定影响。而数字式传感器能够直接将非电量转换为数字量，其测量精度、分辨率、稳定性、抗干扰性大大提高。下面重点介绍几种常用的数字式位置传感器。

目前比较常用的位置式传感器有：光栅传感器、光电式传感器和感应同步器等。

（一）光栅传感器（计量式）

如图 6-30 所示，在镀膜玻璃上均匀刻制上许多有明暗相间、等间距分布的细小条纹就构成了光栅。把两块栅距相等的光栅，面向相对地叠合在一起，就形成了明暗相间的条纹——莫尔条纹。当光栅位置移动时，莫尔条纹也相应移动，光栅读数头根据莫尔条纹明暗相间的分布“变化带”，将光信号就方便地转换成正弦周期型的电信号了。再经过“辨向逻辑”（确定位移方向）和细分技术（增加脉冲数目）将电信号转换成相对应的脉冲信号，再由光栅数显仪表将位移大小以数字形式显示出来。光栅传感器的组成框图如图 6-31 所示。

光栅传感器主要用于长度和角度的精密测量，尤其在数控系统中对位置检测、坐标测量有着十分广泛的应用。

（二）光电式传感器（编码器）

将机械传动的模拟量（位移）转换成以数字代码形式输出的电信号，这类传感器称为编码器，它是光电式传感器其中之一。编码器以其高精度、高分辨率和高可靠性被广泛用于各种位移的测量。

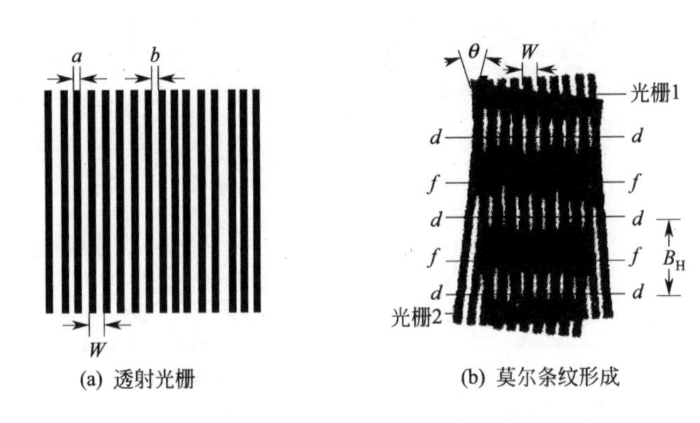

(a) 透射光栅　　(b) 莫尔条纹形成

图 6-30　光栅及莫尔条纹示意图

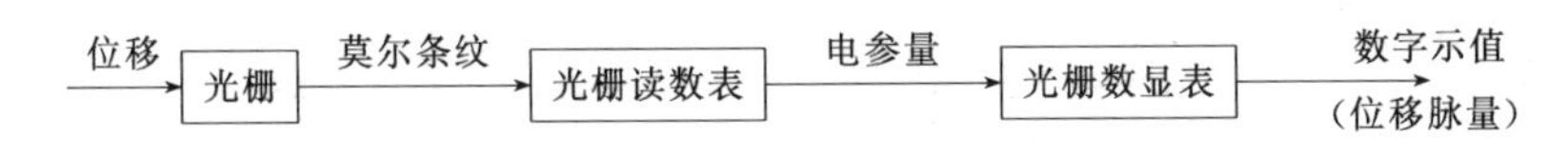

图 6-31　光栅传感器结构图

光电式编码器主要由安装在旋转轴上的编码圆盘（码盘）、窄缝以及安装在码盘两边的光源和光敏元件组成。如图 6-32 所示。

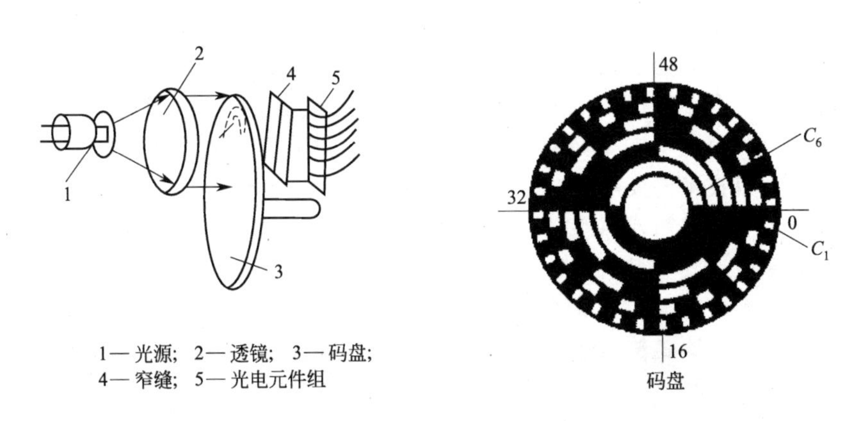

1— 光源；2— 透镜；3— 码盘；
4— 窄缝；5— 光电元件组

码盘

图 6-32　光电式编码器示意图

图中编码器码盘是一个以 6 位二进制从内到外排列的透光和不透光的圆盘。当光源投射在码盘上时，转动码盘，通过亮区的光线经窄缝后，由光敏元件接收。光敏元件的排列与码道一一对应，对应于亮区和暗区的光敏元件输出的信号，前者为“1”，后者为“0”。光码盘旋转至不同位置时，光敏元件输出信号的组合，反映出按一定规律编码的数字量，代表了码盘轴的角位移大小。可见：编码器主要应用于“角位移”的精密检测。

（三）感应同步器

感应同步器是利用两个平面印刷电路绕组的互感相对位置不同而变化的原理，将直线位移或角位移转换成电信号的。

这两个绕组类似变压器的原边绕组和副边绕组，所以又称为平面变压器。感应同步器有直线式和旋转式两种，分别用于直线位移和角位移的测量。如图 6-33 所示。

不管哪种形式的感应同步器都是利用其两个绕组的相对位置变化而产生电磁感应电动

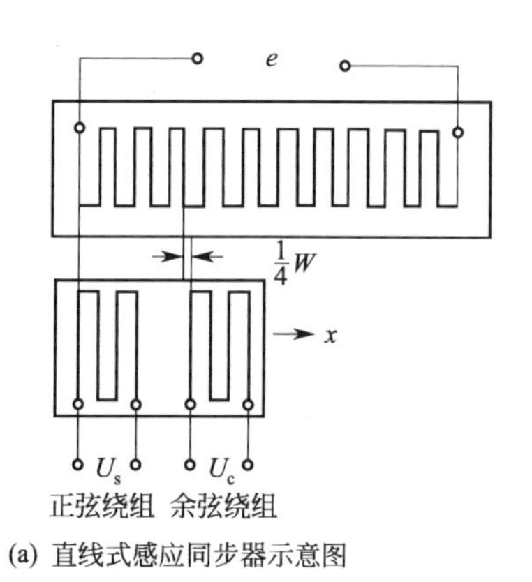

(a) 直线式感应同步器示意图

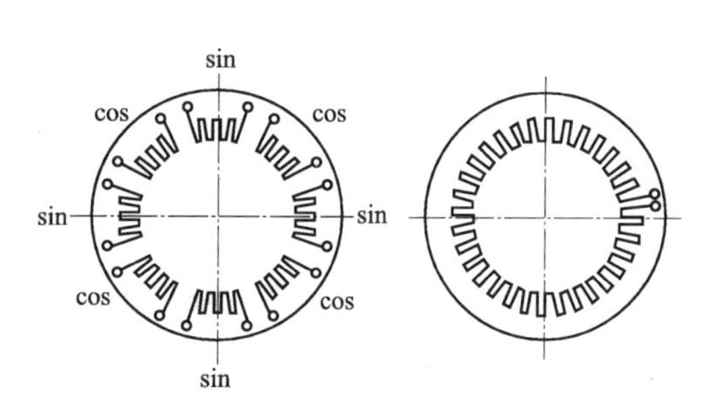

(b) 旋转式感应同步器示意图

图 6-33　感应同步器示意图

势，再通过信号检测处理，最后经过译码显示出位移的数字量。感应同步器广泛用于坐标镗床、铣床的定位和雷达跟踪系统。

第七节 训练项目

项目一　弹簧管压力表的应用与调校

一、项目训练目的

(1) 通过弹簧管压力表的调整与鉴定训练，熟悉弹簧管压力表的组成结构和工作原理。

(2) 掌握弹簧管压力表的零位、量程、线性的调整及示值误差校验方法。

(3) 会进行仪表实测误差的计算，根据数据分析，评价仪表是否合格。

二、项目实施

(1) 在实训现场，对弹簧管压力表及压力表校验仪进行观察、解读，包括其铭牌数据、型号规格、精度等级、量程范围、各部件安装结构及管路的连接情况等。打开弹簧管压力表表壳观察仪表内部结构组成，再将其复位组装好。

(2) 以小组为单位，进行弹簧管压力表的校验和调整操作。

① 实训仪器及工具

a. 压力表校验仪一台；

b. 工作液、变压器油若干；

c. 标准弹簧管压力表一块，推荐精度等级 0.4 级，测量范围 0～2.5MPa；

d. 被校普通弹簧管压力表一块，推荐精度等级 1.6 级，测量范围 0～1.6MPa；

e. 300×36 活动扳手两把；

f. 螺丝刀一把；

g. 起针器一个。

② 实训项目准备

a. 将压力表校验仪平放在工作台上，按图 6-34 安装连接。

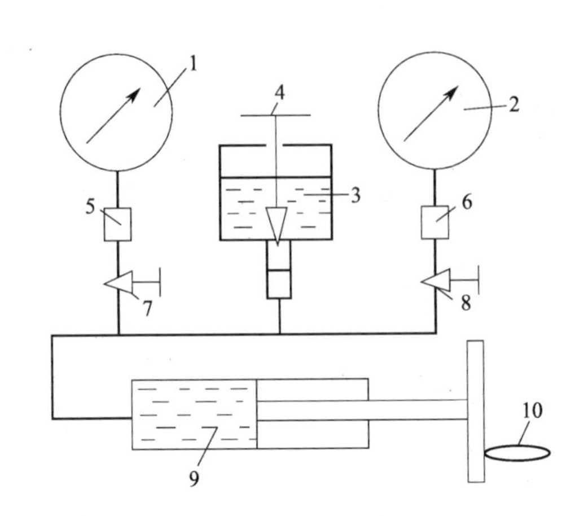

图 6-34 弹簧管压力表校验连接图

1—标准压力表；2—被校压力表；3—油杯；4—油杯阀；5,6—两端螺母；7,8—截止阀；9—手摇压力泵；10—手轮

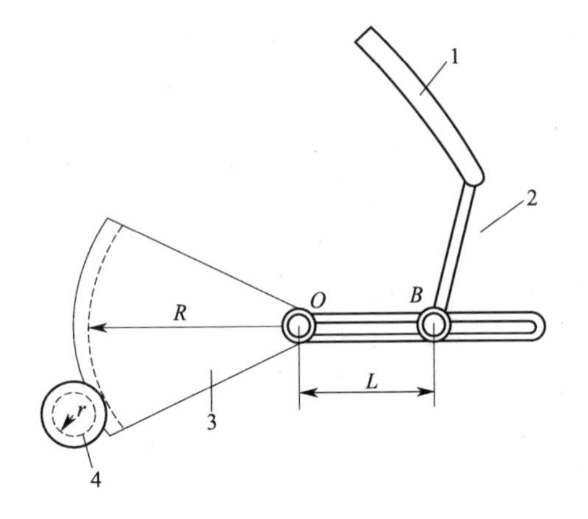

图 6-35 齿轮放大机构示意图

1—弹簧管；2—拉杆；3—扇形齿轮；4—中心齿轮

b. 将工作液注入校验器，吸入手摇泵（吸油过程）。将截止阀 7、8 关死，摇动手轮 10，将手摇泵活塞推到底部。旋开油杯阀 4，揭开油杯盖，将工作液注满油杯 3。之后反向旋转手轮，使其活塞慢慢退出，将工作液吸入手摇泵（应使油杯内仍然留有适量工作液），装上油杯盖和油杯阀。

c. 排除传压管路系统内的空气。由于在充入工作液之前管路内通大气，此时管路内仍然有空气存在，因此在实验前还要做排气的工作。关闭油杯阀 4，打开截止阀 7、8，正向轻摇手轮，直至看到两压力接头处有工作液即将溢出时，关闭截止阀，打开油杯阀，反向旋转手轮，给手摇泵补足工作液，再关闭油杯阀。

d. 利用活动扳手将标准压力表和被校压力表分别装在压力表校验器左右两边两端螺母上，打开截止阀 7、8，用手摇泵加（或减）压即可进行压力表的调校。

③ 调整

a. 零位调整　弹簧管压力表未输入被测压力时指针应对准表盘零位刻度线，否则可用特制的取针器将指针取下对准零位，重新固定。对有零位指针挡的压力表，一般应升压到第一个数字刻度线改装指针，以实现调零。

b. 量程调整　零位调准后，当通入标准压力至测量值上限时其示值超差，则应进行量程调整。方法是调整扇形齿轮与拉杆的连接位置，以改变图 6-35 中 OB 的长短，从而改变齿轮放大机构的放大系数（若 B 点远离 O 点，则放大系数变小，反之则变大）实现调准量程。通常要结合调整零位反复数次才能达到要求。

c. 线性调整　当校验中发现各校验点误差相差过大时应进行线性调整。方法是松开固定机芯的螺丝，适当转动机芯，以改变扇形齿轮与拉杆的夹角，顺时针转动，夹角变小，逆时针转动则相反。经验证明，扇形齿轮与拉杆夹角为 90°时，线性最好。

④ 示值误差校验　校验时，先检查零位偏差，如合格，则可在被校表测量范围内选定 0%，25%，50%，75%，100%五点做线性刻度校验。选定之后便可利用手摇压力泵逐渐地加压（或减压）进行正（或反）行程校验。每个校验点应分别在轻敲表壳前、后两次读数，然后记录标准表示值，被校表轻敲前、后的示值和轻敲位移量。

a. 正行程校验　从仪表的下限分度点开始，慢慢地旋进手摇压力泵加压，使得标准压力表的读数依次对准各校验分度点，在全行程范围内读取各点的被校压力表读数进行记录，将数据填入表 6-12。

b. 反行程校验　待正行程校验完成后，从略高于仪表的上限分度点开始，慢慢地旋出手摇压力泵降压，使得标准压力表的读数依次对准各校验分度点，在全行程范围内读取各点的被校压力表读数进行记录。

在示值校验过程中应注意在正行程校验的操作过程中，不允许加压过头后再返回校验点；反之，反行程操作过程中，也不允许减压过量后再返回校验点。若因操作不当而在某校验点出现过冲现象，则应减压（或加压）至上一个校验点附近后重新加压（或减压）。

校验结束后，打开油杯阀，取下压力表，摇回手轮。根据实训结果计算出相应的基本误差和变差（回差），并给出结论分析填入实验数据表 6-12 中。

表 6-12　普通弹簧管压力表校验记录表

被校压力表　型号__　　测量范围__　　精度__
标准压力表　型号__　　测量范围__　　精度__
压力表校验仪名称__　　型　　号__

原　始　记　录

标准表示值/MPa	被校表示值/MPa		轻敲后被校表示值/MPa		绝对误差/MPa		正反行程示值之差
	正行程	反行程	正行程	反行程	正行程	反行程	
零值误差							
实测基本误差							
变差(回差)							
轻敲位移量							

结论及分析：

三、项目评价

(1) 项目实施过程考核与结果考核相结合　由项目委托方代表（教师，也可以是学生）对项目一各项任务的完成结果进行验收、评分；学生进行“成果展示”，经验收合格后进行接收。

(2) 考核方案设计　学生成绩的构成：主要考核项目完成的情况作为考核能力目标、知识目标、拓展目标的主要依据。课内项目完成情况累积分占总成绩的 75%，总结报告成绩占总成绩的 25%。具体包括：完成项目的态度、项目报告质量（材料选择的结论、依据、结构与性能分析、可以参考的改性意见或方案等）、资料查阅情况、问题的解答、团队合作、应变能力、表述能力、辩解能力、外语能力等。项目完成情况考核表如表6-13 所示。

表 6-13 弹簧管压力表的使用与调校项目考核评分表

评分内容	评分标准		配分	得分
吸油和排气	截止阀和油杯阀开关方向错误每处扣 2 分，手摇泵手轮旋转方向错误每处扣 2 分，扣完即止		10	
零点、量程、线性调整	零点调整不正确每次扣 4 分，量程调整调整螺钉移动方向错误每次扣 6 分，线性调整不当每次扣 3 分，扣完即止		25	
示值误差校验	加压或降压过头再返回校验点每次扣 3 分，标准表读数未对准每处扣 4 分，被校表读数不正确每处扣 5 分，轻敲不当每处扣 2 分，扣完即止		25	
正确进行数据处理，给出结论	数据处理正确，结论合理 20 分，数据处理有缺陷或结论不正确 10～15 分，数据处理方法错误 0 分		20	
团结协作	小组成员分工协作不明确扣 5 分；成员不积极参与扣 5 分		10	
安全文明操作	违反安全文明操作规程扣 5～10 分		10	
项目成绩合计				
开始时间		结束时间	所用时间	
评语				

(3) 成果汇报或调试。

(4) 成果展示（实物或报告）：写出本项目完成报告。

(5) 师生互动（学生汇报、教师点评）。

(6) 考评组打分。

项目二 温度检测系统的构建与联校

一、项目训练目的

(1) 通过构建温度检测系统，巩固所学检测系统的知识，加深对测量系统的认识和理解。

(2) 学会温度检测系统的实际连接方法，会利用所学知识分析、解决系统简单故障。

(3) 掌握温度检测系统联校方法，学会利用误差理论评估检测系统质量的方法。

二、项目实施

(1) 在实训现场，对电位差计、电阻器、温度变送器及无纸记录仪进行观察、解读，包括其铭牌数据、型号规格、精度等级、量程范围等。

(2) 以小组为单位，进行温度检测系统的构成与联校操作。

① 实训仪器及工具

a. UJ-36a 直流电位差计一台；

b. ZX-54 精密直流电阻器一台；

c. KBW-1121，KBW-1241 型温度变送器各一台；

d. AR3000 型无纸记录仪两台；

e. 24V DC 直流稳压电源两台。

② 在实训室条件下，选择相应种类的标准仪表和工具充当温度信号发生器，并选择与其配套的温度变送器以便将各种非标准信号转换为单元组合仪表中规定的标准信号。熟练掌

握选定仪表的使用方法和操作步骤。本项目中推荐使用 UJ-36a 直流电位差计作为热电偶信号发生器，使用 ZX-54 精密直流电阻器作为热电阻信号发生器。

③ 根据指导老师提出的温度检测系统的基本要求，绘制检测系统组成示意图（图 6-36）及仪表背面接线图。进行各种温度检测仪表的选型，并将所选的各种仪器、设备技术参数记录在表 6-14 中。

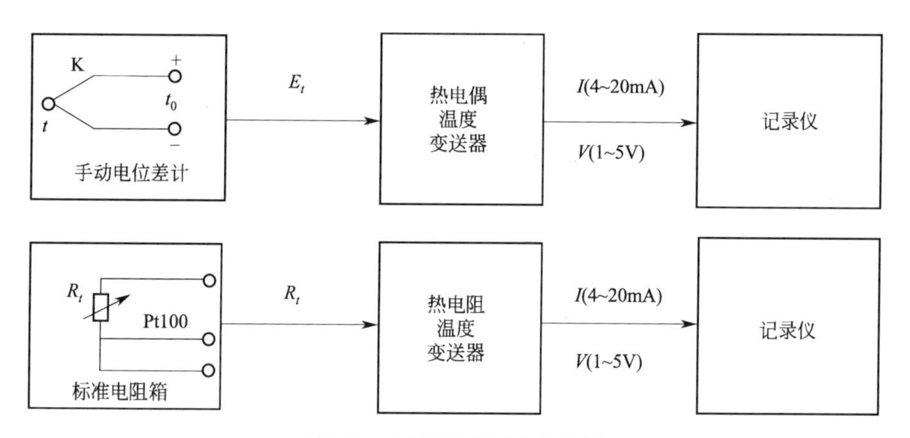

图 6-36　温度检测系统连接图

表 6-14　实验用主要仪器、设备技术参数一览表

名　称						
型号						
规格						
精度						
数量						
编号						
制造厂家						
出厂日期						

④ 根据温度检测系统的组成方案正确进行接线。外部线路（图 6-37）反复仔细检查无误经指导老师同意后方可通电运行。

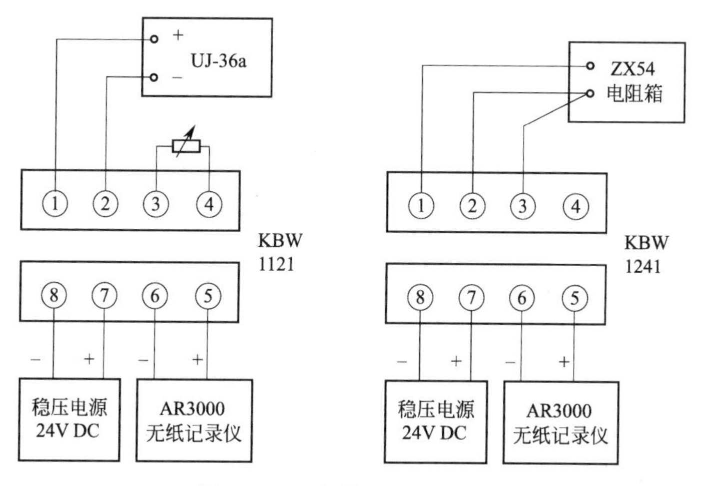

图 6-37　温度检测系统接线图

⑤ 根据仪表操作手册，对 AR3000 型无纸记录仪进行组态练习，熟练掌握组态过程的关键步骤及注意事项。按照各种温度检测系统的信号要求，正确对指定的某个通道进行特定信号的组态。

⑥ 对温度检测系统进行联校，写出联校步骤，并将结果记录在表 6-15 中。根据各环节的基本误差，应用系统误差计算方法，进行系统误差分析，评估系统的检测质量。

表 6-15 温度系统误差测试数据表

室温：$t_0=$ 补偿电势：

温度检测系统校验点/℃						
系统标准输入电势值/mV 或系统标准输入电阻/Ω						
系统(考虑补偿)标准输入电势值/mV						
系统实际输入值/mV(Ω)	正行程					
	反行程					
绝对误差/mV(Ω)	正行程					
	反行程					
实测基本误差	%		系统允许基本误差			± %
实测变差	%		系统允许变差			%

结论及分析：

三、项目评价

（1）项目实施过程考核与结果考核相结合　由项目委托方代表（教师，也可以是学生）对项目二各项任务的完成结果进行验收、评分；学生进行“成果展示”，经验收合格后进行接收。

（2）考核方案设计　学生成绩的构成：主要考核项目完成的情况作为考核能力目标、知识目标、拓展目标的主要依据。课内项目完成情况累积分占总成绩的 75%，总结报告成绩占总成绩的 25%。具体包括：完成项目的态度、项目报告质量（材料选择的结论、依据、结构与性能分析、可以参考的改性意见或方案等）、资料查阅情况、问题的解答、团队合作、应变能力、表述能力、辩解能力、外语能力等。项目完成情况考核表如表6-16所示。

表 6-16 温度检测系统的构建与联校项目考核评分表

评分内容	评分标准	配分	得分
绘制示意图和接线图	绘制正确、合理、熟练 10 分，绘制正确，不熟练 6～8 分，绘制有部分不准确 3～5 分，绘制错误 0 分	10	
电路接线	供电电源接错扣 15 分，每个仪表极性接错一个扣 8 分，扣完即止	15	
组态无纸记录仪	通道外部接线错误每处扣 9 分，通道信号组态错误每处扣 8 分，通道参数单位量程等不当每处扣 3 分，扣完即止	15	
系统联校	输出信号不变化扣 10 分，温度显示未调准确扣 4 分，实际输入值读数错误每次扣 6 分，正、反行程顺序错误每次扣 4 分，扣完即止	20	

续表

评分内容		评分标准		配分	得分
正确进行数据处理，给出结论		数据处理正确，结论合理 20 分，数据处理有缺陷或结论不正确 10～15 分，数据处理方法错误 0 分		20	
团结协作		小组成员分工协作不明确扣 5 分；成员不积极参与扣 5 分		10	
安全文明生产		违反安全文明操作规程扣 5～10 分		10	
项目成绩合计					
开始时间		结束时间		所用时间	
评语					

(3) 成果汇报或调试。

(4) 成果展示（实物或报告）：写出本项目完成报告。

(5) 师生互动（学生汇报、教师点评）。

(6) 考评组打分。

项目三　液位变送器的使用与调校

一、项目训练目的

(1) 通过液位变送器的调整与鉴定训练，熟悉差压式液位变送器的整体结构及各部分的作用，进一步理解电容式差压变送器的工作原理及整机特性。

(2) 掌握差压式液位变送器的零点、量程、线性的调整及示值误差校验方法。

(3) 会进行仪表实测误差的计算，根据数据分析，评价仪表是否合格。

二、项目实施

(1) 在实训现场，对液位变送器、电阻器、直流毫安表及直流稳压电源进行观察、解读，包括其铭牌数据、型号规格、精度等级、量程范围等。

(2) 以小组为单位，进行液位变送器的应用与校验操作。

① 实训仪器及工具

a. 带进水、排水管道和精密刻度尺的有机玻璃储槽一套；

b. 1151DP 型差压变送器及配套三阀组一套；

c. C41 直流毫安表一台；

d. ZX-54 精密直流电阻器一台；

e. 24V DC 直流稳压电源一台。

② 按照图 6-38 所示，进行系统管路安装与电路接线。差压变送器的安装高度与最低液位在同一水平线上，负压室放空，差压变送器正压室的信号，即作为差压信号输入。将差压变送器固定好后，再按图连接电气线路。接线时，一定要注意电源极性。在完成接线后，应仔细检查接线是否正确，变送器引压管路有无泄漏。请指导教师确认无误后，方能通电运行。在后续操作过程中严格遵守没通电，不加压；先卸压，再断电的原则。

③ 液位变送器零点和量程调整

a. 一般检查　观察仪表的结构，熟悉零点、量程、阻尼调节、正负迁移等调整螺钉的位置。零点和量程电位器调整螺钉位于变送器电气壳体的铭牌后面，移开铭牌即可进行调校。当顺时针转动调整螺钉，使变送器输出增大。标记 Z 为调零螺钉，标记 R 为调量程螺

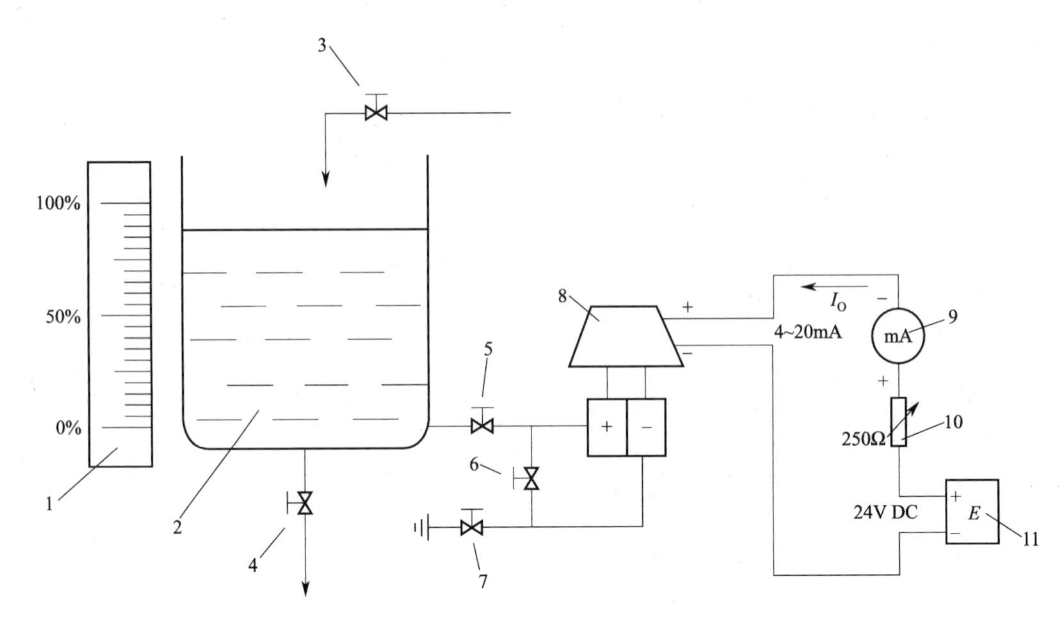

图 6-38 液位变送器校验连接图

1—精密刻度尺；2—储槽；3—进水阀；4—排水阀；5—高压阀；6—平衡阀；7—低压阀；
8—1151DP 型差压变送器；9—直流毫安表；10—标准电阻箱；11—直流稳压电源

钉，标记 L 为线性调整，标记 D 为阻尼调整。零点迁移插头位于放大器板元件侧。在进行零点和量程的调整之前首先要将阻尼电位器按逆时针方向旋到底，关闭阻尼。再者要将迁移插件插到无迁移的中间位置，取消迁移。检查电路的电源极性和电压数值，切莫将变送器直接与 220V 电源直接连接，并检查变送器引压管路有无泄漏。待检查无误后可接通电源，预热 15min 后，方可进行调整。

b. 零点调整　打开排水阀，使有机玻璃储槽内的水排放至 0％的位置。调整零点电位器（标记 Z），使输出电流为 4mA。

c. 量程调整　关闭排水阀，打开进水阀，使有机玻璃储槽内的水位上升至 100％的位置。调整量程电位器（标记 R），使输出电流为 20mA。

由于零点和量程的调整相互影响，故需重复上述步骤对零点和满度反复调整，直至两项符合要求为止。

d. 线性调整　调整进水阀或排水阀使液位为满量程的 1/2，此时输出电流应为 12mA，如不符合要求时，则调节线性度电位器（标记 L），再重复 b、c、d 步骤直至满足要求。线性误差不超过调校量程的±0.1％。

④ 示值误差校验　将输入信号的测量范围平均分成 5 点（液位刻度范围的 0％、25％、50％、75％、100％），对液位变送器进行示值误差校验。其相对应的输出电流值 I_o 应分别为 4mA、8mA、12mA、16mA、20mA。

a. 正行程校验　打开进水阀逐渐向储槽内注水，在注水过程中使液位依次缓慢地对准各个校验分度点的刻度线（不得超过刻度线后再返回，每次对准分度点时可以关死阀门进行读数和记录），读取各点的标准电流表读数并记录。

b. 反行程校验　待正行程校验完成后，继续注水使液位略高于上限分度点，之后关死进水阀门，并慢慢打开排水阀放水，在放水过程中使液位依次缓慢地对准各个校验分度点的刻度线，读取各点的标准电流表读数并记录。

正、反行程校验结束后计算出相应的基本误差和变差（回差），与实验结果一起填入实验数据表 6-17 中。如果基本误差和变量差不符合要求，则要重新调整零位和量程，直到满足要求为止。

表 6-17　液位变送器校验记录表

<table>
<tr><td colspan="8">被　校　仪　表</td></tr>
<tr><td>名　称</td><td></td><td>型　号</td><td></td><td>精度级别</td><td colspan="3"></td></tr>
<tr><td>测量范围</td><td></td><td>被测介质</td><td></td><td>制造厂家</td><td colspan="3"></td></tr>
<tr><td colspan="8">示　值　校　验</td></tr>
<tr><td colspan="2">校验刻度点/%</td><td colspan="3">仪表输出/mA</td><td colspan="2">绝对误差/mA</td><td rowspan="2">正反行程示值之差/mA</td></tr>
<tr><td>分度点/%</td><td>对应水位/mm</td><td>标准输出</td><td>正行程</td><td>反行程</td><td>正行程</td><td>反行程</td></tr>
<tr><td></td><td></td><td></td><td></td><td></td><td></td><td></td><td></td></tr>
<tr><td></td><td></td><td></td><td></td><td></td><td></td><td></td><td></td></tr>
<tr><td></td><td></td><td></td><td></td><td></td><td></td><td></td><td></td></tr>
<tr><td></td><td></td><td></td><td></td><td></td><td></td><td></td><td></td></tr>
<tr><td></td><td></td><td></td><td></td><td></td><td></td><td></td><td></td></tr>
<tr><td colspan="2">实测基本误差</td><td colspan="2">%</td><td colspan="2">允许基本误差</td><td colspan="2">±　%</td></tr>
<tr><td colspan="2">实测变差</td><td colspan="2">%</td><td colspan="2">允许变差</td><td colspan="2">%</td></tr>
<tr><td colspan="8">结论及分析：</td></tr>
</table>

三、项目评价

（1）项目实施过程考核与结果考核相结合　由项目委托方代表（教师，也可以是学生）对项目三各项任务的完成结果进行验收、评分；学生进行“成果展示”，经验收合格后进行接收。

（2）考核方案设计　学生成绩的构成：主要考核项目完成的情况作为考核能力目标、知识目标、拓展目标的主要依据。课内项目完成情况累积分占总成绩的 75%，总结报告成绩占总成绩的 25%。具体包括：完成项目的态度、项目报告质量（材料选择的结论、依据、结构与性能分析、可以参考的改性意见或方案等）、资料查阅情况、问题的解答、团队合作、应变能力、表述能力、辩解能力、外语能力等。项目完成情况考核表如表 6-18 所示。

表 6-18　液位变送器的使用与调校项目考核评分表

<table>
<tr><td colspan="2">评 分 内 容</td><td colspan="2">评　分　标　准</td><td>配　分</td><td>得　分</td></tr>
<tr><td colspan="2">电路和管路连接</td><td colspan="2">变送器供电电源接错 220V 扣 15 分，每个仪表极性接错一个扣 8 分，变送器引压管泄漏扣 5 分，扣完即止</td><td>15</td><td></td></tr>
<tr><td colspan="2">零点、量程、线性调整</td><td colspan="2">零点调整不准每次扣 4 分，量程调整不准每次扣 6 分，线性调整不当每次扣 3 分，阻尼电位器和迁移插件设置不当每处扣 2 分，扣完即止</td><td>20</td><td></td></tr>
<tr><td colspan="2">示值误差校验</td><td colspan="2">注水或防水过头再返回校验点每次扣 3 分，液位校验点未对准每处扣 4 分，毫安表读数不正确每处扣 5 分，扣完即止</td><td>25</td><td></td></tr>
<tr><td colspan="2">正确进行数据处理，给出结论</td><td colspan="2">数据处理正确，结论合理 20 分，数据处理有缺陷或结论不正确 10～15 分，数据处理方法错误 0 分</td><td>20</td><td></td></tr>
<tr><td colspan="2">团结协作</td><td colspan="2">小组成员分工协作不明确扣 5 分；成员不积极参与扣 5 分</td><td>10</td><td></td></tr>
<tr><td colspan="2">安全文明生产</td><td colspan="2">违反安全文明操作规程扣 5～10 分</td><td>10</td><td></td></tr>
<tr><td colspan="5">项目成绩合计</td><td></td></tr>
<tr><td>开始时间</td><td></td><td>结束时间</td><td></td><td>所用时间</td><td></td></tr>
<tr><td colspan="2">评语</td><td colspan="4"></td></tr>
</table>

（3）成果汇报或调试。

（4）成果展示（实物或报告）：写出本项目完成报告。

（5）师生互动（学生汇报、教师点评）。

（6）考评组打分。

第八节 习题与思考题

6-1 测量误差的分类有几种？

6-2 工业检测仪表如何进行分类的？

6-3 检测仪表的品质指标有哪些？分别表示什么意义？

6-4 压力检测仪表分为几类？各依据什么原理工作？

6-5 某反应器工作压力为16MPa，要求测量误差不超过±0.6MPa，现用一只2.6级、0～26MPa的压力表进行测量，问是否满足对测量误差的要求？应选用几级的压力表？

6-6 某合成氨塔的压力控制指标为（14±0.4）MPa，要求就地指示塔内压力，试选用压力表（给出类型、测量范围、精度级、型号）。

6-7 压力表安装应注意什么？

6-8 物位检测仪表包括哪些类型？分别根据什么工作原理？

6-9 用差压变送器测量液位，在什么情况下会出现零点迁移？何为“正迁移”？何为“负迁移”？其实质是什么？

6-10 电容式、超声波式和光学式物位计分别依据什么工作原理？

6-11 常用的流量检测仪表有哪些？各依据什么工作原理？

6-12 温度检测仪表分为哪几类？各有哪些特点？

6-13 热电偶测温系统由哪几部分组成？各起什么作用？简述热电偶的测温原理。

6-14 常用的热电偶有哪几种？与之配套的补偿导线是什么材料的？补偿导线起什么作用？需要注意什么问题？

6-15 什么叫热电偶的冷端温度补偿？补偿方法有哪些？

6-16 用镍铬-康铜热电偶测温时，如果冷端温度为0℃，测得的热电势为37.808mV，问被测温度是多少度？当参比端温度为30℃时，如果测得的热电势仍然是37.808mV，求被测温度为多少度？

6-17 热电阻测温系统由哪几部分组成？热电阻测温的工作原理是什么？常用的热电阻有哪些？

6-18 温度变送器起什么作用？

6-19 显示仪表的显示方式有几种？

6-20 为什么热电阻与各类显示仪表配套时都要用三线制接法？

6-21 某反应器的反应温度为（600±6）℃，介质为还原性气体，试确定测温元件和显示仪表的型号与分度号，显示仪表的精度等级和测量范围。

6-22 什么叫传感器？它由哪几部分组成？它在自动检测控制系统中起什么作用？

6-23 常用的位置数字传感器分类有哪几种？各有什么特点？

第七单元 控制仪表及应用

关键词

控制规律、比例规律、积分规律、微分规律、控制器、执行器、气开阀、气关阀。

学习目标

知识目标

了解控制规律的内涵及分类；

掌握常用控制规律内容及特点；

掌握执行器的选用原则。

能力目标

能够根据工艺与控制要求合理选用控制规律；

能够根据工艺与控制要求合理选用执行器及其开关特性。

工业生产过程中，对于生产装置的温度、压力、流量、液位等工艺变量常常要求维持在一定的数值上，或按一定的规律变化，以满足生产工艺的要求。生产自动化，就是利用一定的仪器设备，使得上述要求自动实现。实际上，一个生产过程的自动化，就是类似人做某件事情，需要眼看、脑想、手动三步曲一样。前面一章中学习的检测变送仪表就相当于工业生产中的“眼睛”，本章介绍的控制仪表、执行器就分别相当于工业生产的“大脑”和“手脚”。检测变送仪表将获得的生产中各工艺变量的信息送至控制器，控制器则按一定的控制规律去控制执行器动作，改变操纵变量（物料量或能量），使生产过程中的工艺变量保持在人们期望的数值上，或按照预定的规律变化，从而实现生产过程的自动化。在整个自动化控制系统中，检测变送仪表、控制器、执行器等仪器仪表合称为控制装置。本章重点讨论控制规律及常用控制仪表。

第一节 常用控制规律

所谓控制规律，是指控制器的输出信号与输入信号之间随时间变化的规律。控制器的输入信号，就是检测变送仪表送来的“测量值”（被控变量的实际值）与“设定值”（工艺要求被控变量的预定值）之差——偏差。控制器的输出信号就是送到执行器并驱使其动作的控制信号。整个控制系统的任务就是检测出偏差，进而纠正偏差。控制器在此过程中起着至关重要的作用。

控制器对偏差按照一定的数学关系，转换为控制作用，施加于对象（生产中需要控制的设备、装置或生产过程），纠正由于扰动作用引起的偏差。被控变量能否回到设定值位置，以何种途径、经多长时间回到设定值位置，很大程度上取决于控制器的控制规律。

尽管不同类型的控制器，其结构、原理各不相同，但基本控制规律却只有四种，即双位控制规律、比例（P）控制规律、积分（I）控制规律和微分（D）控制规律。这几种基本控制规律有的可以单独使用，有的需要组合使用。如双位控制、比例控制、比例-积分（PI）控制、比例-微分（PD）控制、比例-积分-微分（PID）控制。

不同的控制规律适用于不同的生产过程，必须根据工艺要求合理选择相应的控制规律。若选用不当，不仅不能获得预期的控制效果，反而会使控制过程恶化，甚至酿成事故。因此，只有熟悉了常用控制规律的特点与适用对象，才能做出正确的选择。

一、双位控制

在所有的控制规律中，双位控制规律最为简单，也最容易实现。其动作规律是：当测量值大于或小于设定值时，控制器的输出为最大（或最小），即控制器的输出要么最大，要么最小。相应的执行机构也就只有两个极限位置——要么全开，要么全关。双位控制由此得名。

图 7-1 为一个储槽的液位双位控制示意图。它是利用电极式液位传感器，通过继电器 J 和电磁阀，实现液位的双位控制。当液位低于设定值 L_0 时，电极与导电的液体断开，继电器无电流通过，电磁阀全开，物料进入储槽。由于流进储槽的物料量大于流出的物料量，使得液面不断上升。当液面上升至 L_0 时，电路接通，继电器得电，吸动电磁阀全关。储槽的物料只出不进，因此液面又开始下降。于是再次出现继电器失电、电磁阀全开的动作过程。如此循环往复，储槽的液位就维持在 L_0 附近的一个小范围内。

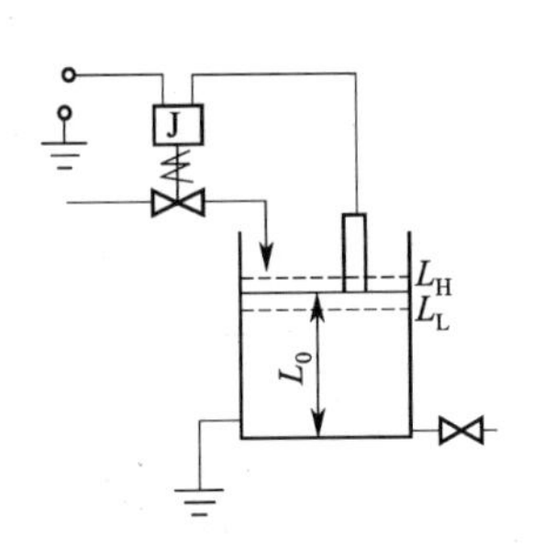

图 7-1　双位控制示意图

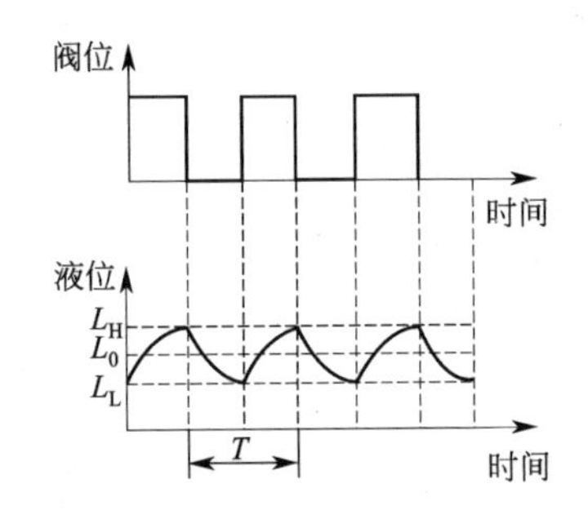

图 7-2　具有中间区双位控制过程

上述液位的双位控制，若按照上面的方式工作，势必使得系统的各部件动作过于频繁。尤其是阀门的频繁打开与关闭，会加速磨损，缩短使用寿命。因此，实际中的双位控制大都设立一个中间区。

具有中间区的双位控制过程如图 7-2 所示。当液位 L 低于 L_L 时，电磁阀是打开的，物料流入使液面上升。当液位上升至 L_0 时电磁阀并不动作，而是待液位上升至 L_H 时，电磁阀才开始关闭，物料停止流入，液位下降。同理，只有液位下降至 L_L 时电磁阀才再度打开，液位又开始上升。设立这样一个中间区，会使得控制系统各部件的动作频率大大降低。中间区的大小可根据要求设定。

双位控制系统结构简单、成本低、容易实现，但控制质量较差。大多应用于允许被控变量上下波动的场合，如管式加热炉、恒温箱、空调、电冰箱中的温度控制，为气动仪表提供气源的压缩空气罐中的压力控制等。

二、比例（P）控制

在上述双位控制系统中，执行机构只有全开和全关两个位置，因此被控变量始终处于等幅振荡状态。这对于被控变量要求稳定的场合就不适用了。

如果设计的控制系统，能使执行机构的行程（如上例中电磁阀的开度）变化与被控变量偏差的大小成一定比例关系的话，就可能使上述储槽的物料流入量等于流出量，从而使液位能稳定在某一值上，即系统在连续控制下达到平衡状态。这种控制器输出的变化与输入控制器的偏差大小成比例关系的控制规律，称为比例控制规律。

对于具有比例控制规律的控制器，称为比例控制器。比例控制器的输出信号 P（指变化量）与输入偏差信号 e（假如设定值不变，偏差变化量就是输入变化量）之间成比例关系，即：

$$e \rightarrow \boxed{K_p} \rightarrow P \qquad P=K_p e \tag{7-1}$$

式中　K_p——一个可调的比例放大倍数（或称比例增益）。

在研究控制器的特性时，常常用阶跃信号模拟偏差输入。这种阶跃信号，表示在某一个瞬间突然阶梯式跃变加到系统上的一个扰动，并持续保持跃变的幅值。显然，这种扰动形式，对系统而言比较突然，比较危险，对被控变量的影响也最大。如果一个自动控制系统能有效地克服阶跃扰动的影响，则对于克服其他缓变扰动的影响一定不成问题。另外，阶跃信号形式简单，便于在实验室模拟实现。后面所说的“控制器阶跃响应”，均是指控制器在接受阶跃偏差后，其输出随时间的变化情况。

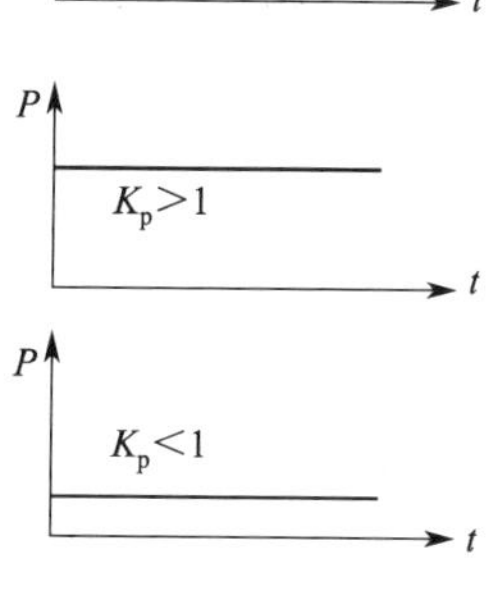

图 7-3　比例控制器阶跃响应

图 7-3 表示出了比例控制器在阶跃输入下的比例控制特性。一般情况下，比例放大倍数 K_p 是可以调整的（K_p 可以大于 1，也可以小于 1）。因此，比例控制器实际上就是一个放大倍数可调的放大器。

在比例控制规律中，放大倍数 K_p 的大小表征了比例控制作用的强弱。K_p 越大，比例控制作用越强（注意：并不是越大越好），反之越弱。在工程实际中，常常不用 K_p 表征比例作用强弱，而引入了一个比例度 δ 的参数，来表征比例作用的强弱。δ 的定义式为：控制器输入相对变化量与输出相对变化量的百分数。

即
$$\delta=\frac{e/(y_{max}-y_{min})}{P/(P_{max}-P_{min})}\times 100\% \tag{7-2}$$

式中　$y_{max}-y_{min}$——控制器输入的最大变化范围，即仪表的量程范围；
$P_{max}-P_{min}$——控制器输出的最大变化范围。

式(7-2) 的物理意义是：当控制器输出变化全范围时，输入偏差变化占输入范围的百分数。它也可改写为：

$$\delta=\frac{e}{P}\times\frac{P_{max}-P_{min}}{y_{max}-y_{min}}\times 100\%$$

对比式(7-1) 可得：

$$\delta=\frac{1}{K_p}\times\frac{P_{max}-P_{min}}{y_{max}-y_{min}}\times 100\% \tag{7-3}$$

对于一台具体的控制器而言，$P_{max}-P_{min}$ 和 $y_{max}-y_{min}$ 均为定值，因此可令：

$$\frac{P_{max}-P_{min}}{y_{max}-y_{min}}=K \tag{7-4}$$

所以 δ 又可表示为：

$$\delta=K\times\frac{1}{K_p}\times 100\% \tag{7-5}$$

【例 7-1】 已知一台气动比例控制器的温度刻度范围是 400～800℃，控制器的输出信号范围是 20～100kPa。当指示指针从 600℃移动到 700℃时，相应的控制器输出信号从 40kPa 变化到 80kPa，求控制器的比例度为多少？

解：依据题意可知，控制器的输入偏差　$e=700-600=100℃$

输出的变化范围　$P=80-40=40\text{kPa}$

由式(7-2) 可得：$\delta=\dfrac{e/(y_{max}-y_{min})}{P/(P_{max}-P_{min})}\times100\%=\dfrac{100/(800-400)}{40/(100-20)}\times100\%=50\%$

在单元组合仪表（DDZ、QDZ）中，控制器的输入信号和输出信号都是统一的标准信号，并且变化范围相同，所以式(7-5) 中的 $K=1$。因此，单元组合仪表中控制器的比例度表达式为：

$$\delta=\frac{1}{K_p}\times100\% \tag{7-6}$$

可见，比例控制器中的比例度与比例放大倍数是倒数关系。K_p 越大，δ 越小，比例控制作用就越强。δ 的取值，一般从百分之几到百分之几百之间连续可调（如 DDZ-Ⅲ型控制器的 $\delta=1\%\sim200\%$），通过控制器上的比例度旋钮进行调整。实际应用中，比例度的大小应视具体情况而定，既不能太大，也不能太小。比例度太大，控制作用太弱，不利于系统克服扰动的影响，余差太大，控制质量差，就没有什么控制作用了。比例度太小，控制作用太强，容易导致系统的稳定性变差，引发振荡。由于比例度不可能为零（即 K_p 不可能为无穷大），所以，余差就不会为零。因此，也常常把比例控制作用叫“有差规律”。为此，对于反应灵敏、放大能力强的被控对象，为求得整个系统稳定性的提高，应当使比例度稍大些；而对于反应迟钝、放大能力又较弱的被控对象，比例度可选小一些，以提高整个系统的灵敏度，也可相应减少余差。

单纯的比例控制适用于扰动不大，滞后较小，负荷变化小，要求不高，允许有一定余差存在的场合。比例控制规律普遍使用。

三、比例积分（PI）控制

比例控制规律是基本控制规律中最基本的、应用最普遍的一种。其最大优点是控制及时、迅速。只要有偏差产生，控制器立即产生控制作用。但是，不能最终消除余差的缺点限制了它的单独使用。克服余差的办法是在比例控制的基础上加上积分控制作用。

积分（I）控制规律的数学表达式为：

$$P_i = K_i\int e\mathrm{d}t \tag{7-7}$$

式中　K_i——积分速度；

$\int e\mathrm{d}t$——表示对偏差 e 与微小时间段 $\mathrm{d}t$ 乘积的累积。

由上式可知，积分控制器的输出 P 与输入偏差 e 对时间的积分成正比。这里的“积分”，指的就是“累积”的意思。累积的结果是与基数和时间有关的，积分控制器的输出，不仅与输入偏差的大小有关，而且还与偏差存在的时间有关。只要偏差存在，输出就不会停止累积（输出值越来越大或越来越小），一直到偏差为零时，累积才会停止。所以，积分控制可以消除余差。积分控制规律又称为无差控制规律。

如果输入的偏差 e 为阶跃信号，即从 t_0 时刻以后 e 为常数（设为 A），则积分输出为：

$P_i=K_i\int e\mathrm{d}t=K_i\int A\mathrm{d}t=K_iAt$

式中，K_i、A 均为常数。因此，控制器输出 P 随着时间的推移将线性增长，增长的快慢取决于积分速度 K_i。实用中采用积分时间 T_i 代替 K_i，$T_i=1/K_i$。所以式(7-7) 又可以写成：

$$P_{\mathrm{i}}=\frac{1}{T_{\mathrm{i}}}\int e\mathrm{d}t \tag{7-8}$$

则阶跃输入时的积分响应可表示为：

$$P_{\mathrm{i}}=\frac{1}{T_{\mathrm{i}}}At$$

图 7-4 描绘了积分控制在不同的积分时间下的阶跃响应。由图可见，积分时间 T_{i} 的大小表征了积分控制作用的强弱。T_{i} 越小，积分曲线上升得越快，意味着积分控制作用越强；反之，T_{i} 越大，积分曲线上升得越慢，积分控制作用越弱。当 T_{i} 太大时，就失去积分控制作用。同样，并非 T_{i} 越小越好，而是要根据不同的被控对象和被控变量选取适当的 T_{i} 值。

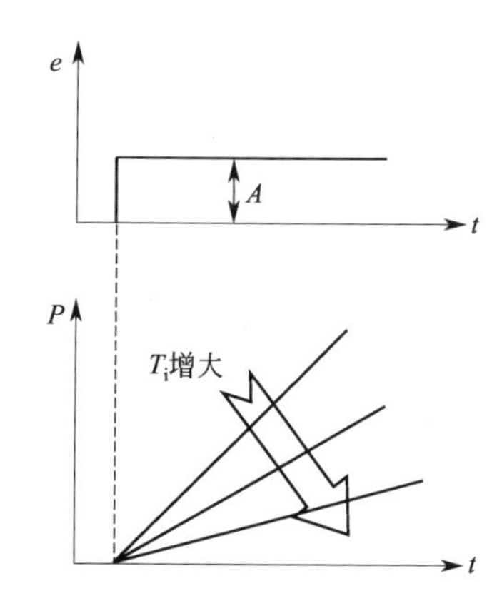

图 7-4　积分控制阶跃响应

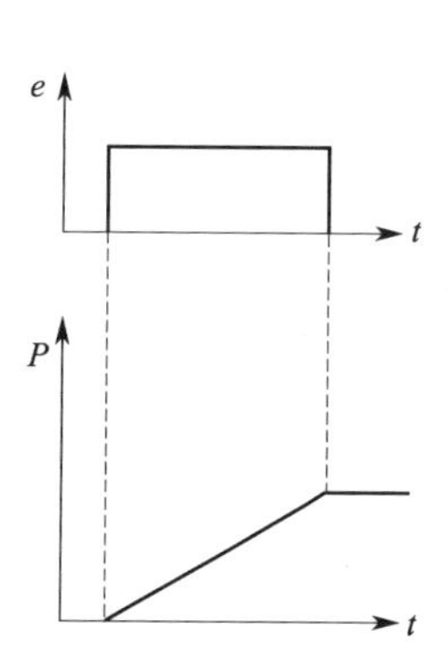

图 7-5　积分动态特性

值得一提的是，在积分控制过程中，当偏差被积分控制作用消除后，其输出并非也随之消失，而是可以稳定在任意值上。因为实际积分控制器中的输出累积，是通过对电容（气容）充、放电（气）实现的，这种电容（气容）具有非常好的保持特性。正是有了输出的这种控制作用，才能维持被控变量的稳定。其动态过程可用图 7-5 示意之。

积分控制虽然能消除余差，但它存在着控制不及时的缺点。因为积分输出的累积是渐进的，其产生的控制作用总是落后于偏差的变化，不能及时有效地克服干扰的影响，难以使控制系统稳定下来。所以，实用中一般不单独使用积分控制规律，而是和比例控制作用一起，构成比例积分（PI）控制器。这样，取二者之长，互相弥补，既有比例控制作用的迅速及时，又有积分控制作用消除余差的能力。因此，比例积分控制可以实现较为理想的过程控制。

比例积分控制规律的数学表达式为：

$$P_{\mathrm{pi}}=P_{\mathrm{p}}+P_{\mathrm{i}}=K_{\mathrm{p}}\left(e+\frac{1}{T_{\mathrm{i}}}\int e\mathrm{d}t\right) \tag{7-9}$$

上式中的 P_{p}、P_{i} 分别表示比例部分输出和积分部分输出，其中积分部分的输出是叠加在比例输出的基础上。若输入是幅值为 A 的阶跃偏差时，代入式(7-9) 可得：

$$P_{\mathrm{pi}}=K_{\mathrm{p}}A+\frac{K_{\mathrm{p}}}{T_{\mathrm{i}}}At$$

画出其阶跃响应如图 7-6 所示。图中垂直上升部分 $K_{\mathrm{p}}A$ 是比例输出；缓慢上升部分 $\frac{K_{\mathrm{p}}}{T_{\mathrm{i}}}At$ 是

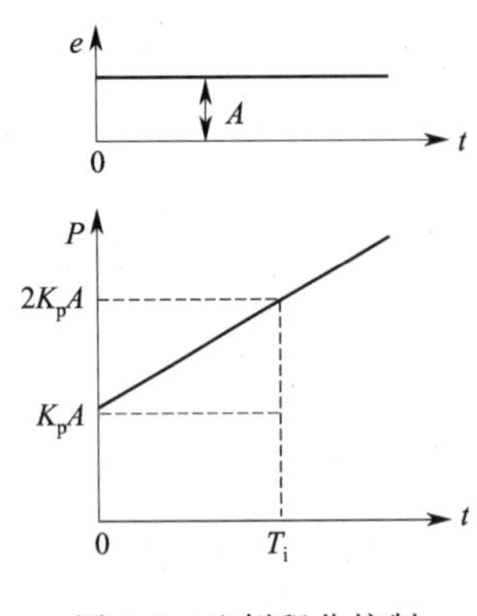

图 7-6 比例积分控制阶跃响应

积分输出。利用上述关系式，可以用实验测定积分时间 T_i 和比例放大倍数 K_p。方法是：给 PI 控制器输入一个幅值为 A 的阶跃信号后，立即记录下输出的跃变值 K_pA，同时启动秒表，当输出上升至 K_pA 的两倍时停表，记下的时间就是积分时间（因为 $t=T_i$ 时，$P=2K_pA$）；跃变值 K_pA 除以 A 就是 K_p 值。

比例积分控制器有两个可调参数，即比例度 δ 和积分时间 T_i。其中积分时间 T_i 以“分”为刻度单位。如 DDZ-Ⅲ型控制器的 T_i 为 0.1min 到 20min，通过控制器上的旋钮可以调整之。

比例积分控制器是目前应用最广泛的一种控制器，多用于工业上液位、压力、流量等控制系统。由于引入积分作用能消除余差，弥补了纯比例控制的缺陷，获得较好的控制质量。但是积分作用的引入，会使系统的稳定性变差。对于有较大惯性滞后的控制系统，要尽可能避免使用积分控制作用。

四、比例微分（PD）控制

上面介绍的比例积分控制规律，虽然既有比例作用的及时、迅速，又有积分作用的消除余差能力，但对于有较大时间滞后的被控对象使用不够理想。这里的“时间滞后”指的是：当被控对象受到扰动作用后，其被控变量没有立即发生变化，而是有一个时间上的延迟，例如容量滞后。此时的比例积分控制作用就显得迟钝、不及时。为此，人们设想：能否根据偏差的变化趋势来做出相应的控制动作呢？就像有经验的操作人员那样，既根据偏差的大小来改变阀门的开度（比例作用），又根据偏差变化的速度大小来预计将要出现的情况，提前进行过量控制，“防患于未然”。这就是具有“超前”控制作用的微分控制规律。微分控制器输出的大小取决于输入偏差变化的速度。其数学表达式为：

$$P_d = T_d \frac{de}{dt} \tag{7-10}$$

式中 T_d——微分时间；

$\frac{de}{dt}$——偏差变化的速度。

上式说明：微分输出只与偏差的变化速度有关，而与偏差的大小，以及偏差的存在与否无关。如果偏差为一固定值，不管它有多大，只要它不变化，即 $\frac{de}{dt}=0$，则输出的变化一定为零。即控制器没有任何控制作用。

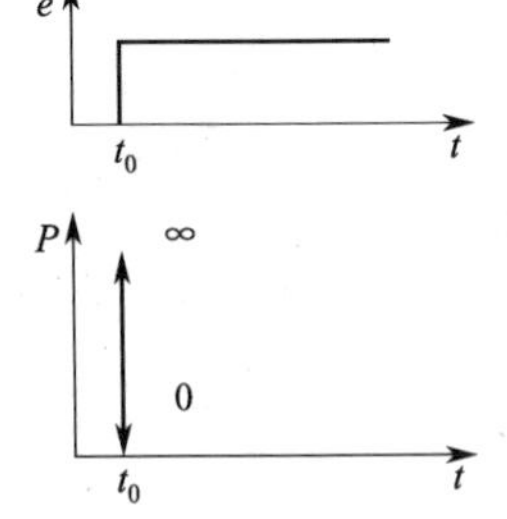

图 7-7 理想微分特性

上式表示了一种理想的微分控制特性。如果在 t_0 时刻输入一个阶跃偏差，则控制器只在 t_0 时刻输出一个无穷大（$dt\to0$，$de/dt\to\infty$）的信号，其余时间输出均为零，如图 7-7 所示。这种理想的微分控制既无法实现（瞬间输出达无穷大），也没有什么实用价值。

实际的微分作用如图 7-8 所示。在阶跃偏差输入的瞬间，输出有一个较大的跃升（如 DDZ-Ⅲ型控制器为 5 倍的偏差输出），然后按照指数规律逐渐下降至零。显然，这种实际微分控制作用的强弱，主要看输出下降的快与慢。决定其下降快慢的重要参数就是微分时间 T_d。T_d 越大，下降得就越慢，微分输出维持的时间就越长，因此微分作用越强；反之则越弱。当 $T_d=0$ 时，就没有微分控制作用了。同理，微分时间 T_d 的选取，也是根据需要确定。在控制器上有微分时间调节旋钮，可连续调整 T_d 值的大小（DDZ-Ⅲ型控制器的 $T_d=0\sim5$min），还设有微分作用通/断开关。

综上所述，微分控制作用的特点是：动作迅速，具有超前调节功能，可有效改善被控对象有较大时间滞后的控制品质；但它不能消除余差，尤其是对于恒定偏差输入时，根本就没有控制作用。因此，不能单独使用微分控制规律。实用中，常和比例、积分控制规律一起组成比例微分（PD）或比例积分微分（PID）控制器。

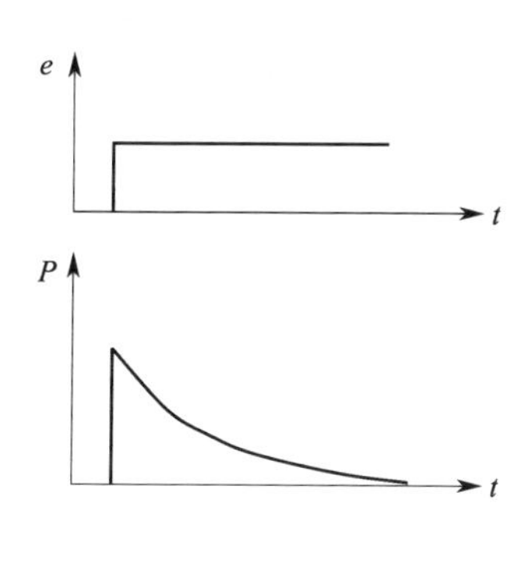

图 7-8 实际微分控制特性

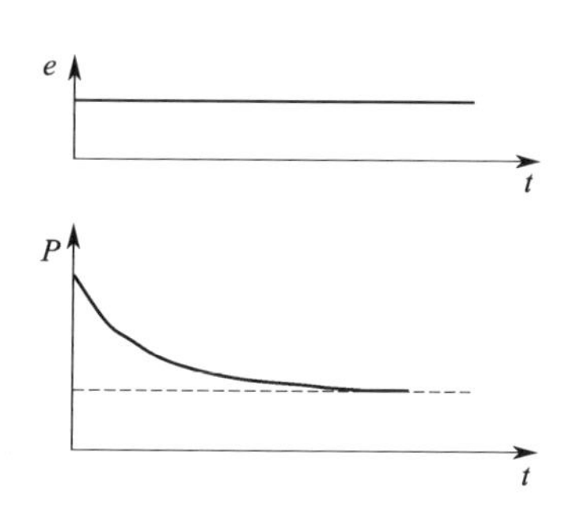

图 7-9 比例微分控制特性

比例微分控制规律的数学表达式为：

$$P_{pd}=K_p\left(e+T_d\frac{de}{dt}\right) \tag{7-11}$$

其阶跃响应如图 7-9 所示。图中的曲线下降部分就是实际的微分作用，虚线部分是比例作用。可见，在微分控制作用消失以后，还有比例控制作用在继续“作用”。微分与比例作用合在一起，比单纯的比例作用更快。尤其是对容量滞后大的对象，可以减小动偏差的幅度，节省控制时间，显著改善控制质量。

五、比例积分微分（PID）控制

最为理想的控制当属于比例-积分-微分控制（简称 PID 控制）规律了。它集三者之长：既有比例作用的及时迅速，又有积分作用的消除余差能力，还有微分作用的超前控制功能。PID 控制规律的数学表达式为：

$$P_{pid}=K_p\left(e+\frac{1}{T_i}\int e\mathrm{d}t+T_d\frac{de}{dt}\right) \tag{7-12}$$

其阶跃响应如图 7-10 所示。

当偏差阶跃出现时，微分立即大幅度动作，抑制偏差的这种跃变；比例也同时起消除偏差的作用，使偏差幅度减小，由于比例作用是持久和起主要作用的控制规律，因此可使系统比较稳定；而积分作用慢慢地把余差克服掉。只要三作用控制参数（δ、T_i、T_d）选择得当，便可以充分发挥三种控制规律的优点，得到较为理想的控制效果。

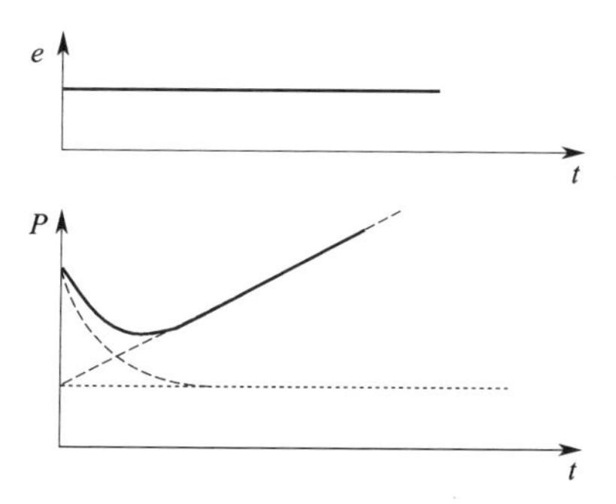

图 7-10 PID 控制器阶跃响应

一个具有三作用的 PID 控制器，当 $T_i=\infty$、$T_d=0$ 时，为纯比例控制器；当 $T_d=0$ 时为比例积分（PI）控制器；当 $T_i=\infty$时为比例微分（PD）控制器。使用中，可根据不同的需要选用相应的组合进行控制。通过改变 δ、T_i、T_d 这三个可调参数，以适应生产过程中的各种情况。对于设计并已经安装好的控制系统而言，主要是通过调整控制器参数来改善控制质量。

三作用控制器常用于被控对象动态响应缓慢的过程，如 pH 等成分参数与温度系统。目前，生产上的三作用控制器多用于精馏塔、反应器、加热炉等温度自动控制系统。

第二节 基本控制器及其应用

控制仪表是实现生产过程自动化的重要工具。在过程控制系统中，我们前一章讨论过的检测变送仪表将被控变量转换成测量信号后，除了送至显示仪表进行指示和记录以外，更重要的是要送至控制器，在控制器内与设定值进行比较后得出偏差，然后由控制器按照预定的控制规律对偏差进行运算，输出控制信号，操纵执行机构动作，使被控变量达到预期要求，最终实现生产过程的自动化。本节重点讨论我们经常使用的电动控制器和数字控制器。

一、电动控制器

电动控制器以交流 220V 或直流 24V 作为仪表能源，以直流电流或直流电压作为输出信号。之所以选用直流信号，是因为直流信号不受传输线路中的电感、电容及负荷性质的影响，不存在相移问题，抗干扰能力强；直流信号传输，容易实现模拟量到数字量的转换，从而方便地与工业控制计算机配合使用；其次直流信号获取方便，应用灵活。

电动控制器以单元组合仪表应用最为广泛。电动单元组合仪表（DDZ）经历了Ⅰ型、Ⅱ型和Ⅲ型的发展过程。DDZ-Ⅰ型仪表，以交流 220V 作为电源，信号是 0～10mA 直流，仪表的元件是电子管，由于Ⅰ型表体积大、耗能高、性能差，早已被淘汰。DDZ-Ⅱ仪表的供电和信号大小与 DDZ-Ⅰ型仪表一样，但它采用晶体管分立元件作为电子元件。虽然Ⅱ型表在诸多性能方面比Ⅰ型表优越，但它也逐渐被 DDZ-Ⅲ型仪表所取代。

DDZ-Ⅲ型仪表采用直流 24V 集中统一供电，并配有蓄电池作为备用电源，以备停电之急需。在Ⅲ型仪表中广泛采用了线性集成运算放大器，使仪表的元件减少、线路简化、体积减小、可靠性和稳定性提高。在信号传输方面，Ⅲ型仪表采用了国际标准信号制：现场传输信号为 4～20mA DC，控制室联络信号为 1～5V DC。这种电流传送-电压接收的并联制信号传输方式，使每块仪表都有可靠接地，便于同计算机、巡回检测装置等配套使用。它的 4mA 零点有利于识别断电、断线故障，且为两线制传输创造了条件。此外，Ⅲ型仪表在结构上更为合理，功能也更加完善。例如，它的安全火花防爆性能为电动仪表在易燃、易爆场合的放心使用提供了条件。

（一）控制器的组成

基型控制器的组成框图如图 7-11 所示。由方框图可知：基型控制器由控制单元和指示单元两大部分组成。指示单元包括测量指示电路和设定指示电路；控制单元包括输入电路、比例微分（PD）运算电路、比例积分（PI）运算电路、输出电路以及软手动和硬手动操作电路等。控制器的测量信号和设定信号均是以零伏为基准的 1～5V 直流电压信号，外设定信号由 4～20mA 的直流电流，流过 250Ω 的精密电阻后转换成 1～5V 的直流电压信号。内外设定由开关 K_6 进行切换，当切换至外设定时，面板上的外设定指示灯点亮。

控制器共有“自动”、“保持”、“软手动”和“硬手动”四种工作状态，通过面板上的联动开关进行切换。当控制器处于“自动”工作状态时，输入的测量信号和设定信号在输入电路进行比较后得出偏差，后面的比例微分电路和比例积分电路对偏差进行 PID 运算，然后经输出电路转换成 4～20mA 的直流电流输出，控制器对被控变量进行自动控制。当控制器

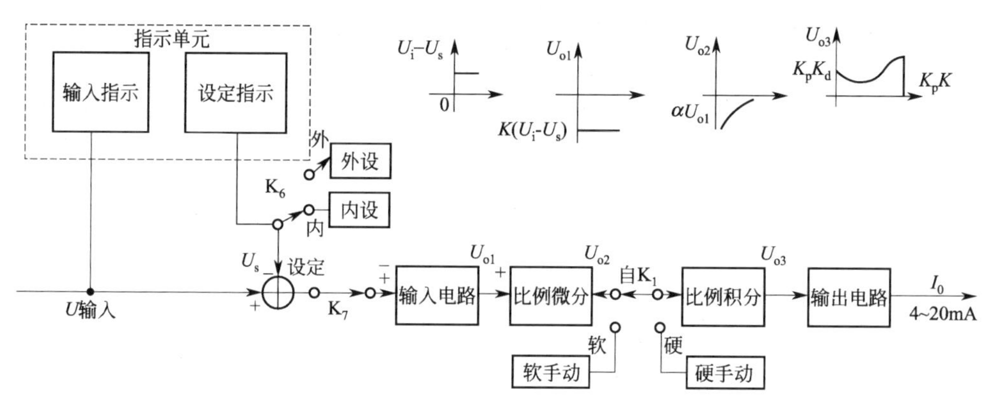

图 7-11　基型控制器组成框图

处于“软手动”或“硬手动”工作状态时，由操作者一边观察面板上指示的偏差情况，一边在面板上操作相应的扳键或操作杆，对被控变量进行人工控制。

图 7-12 为全刻度指示型 DTL-3110 基型控制器的正面示意图。图中各部分的名称及作用如下。

1——自动/软手动/硬手动切换开关：用于选择控制器的工作状态。

2——设定值、测量值显示表：能在 0～100％的范围内分别显示设定值和测量值。黑色指针指示设定值，红色指针指示测量值，二者的位置之差即为输入控制器的偏差。

3——内设定信号的设定轮：在“内设定”状态下调整设定值。

4——输出指示器（或阀位指示器）：用于指示控制器输出信号的大小。

5——硬手动操作杆：当控制器处于“硬手动”工作状态时，移动该操作杆，能使控制器的输出迅速地改变到所需的数值（一种比例控制方式）。

6——软手动操作按键：当控制器处于“软手动”工作状态下，向左或向右按动该键时，控制器的输出可根据按下的轻、重，按照慢、快两种速度线性下降或上升（一种积分控制方式）。松开按键时，按键处于中间位置，控制器的输出可以长时间保持松开前的值不变，即前面所说的“保持”工作状态。

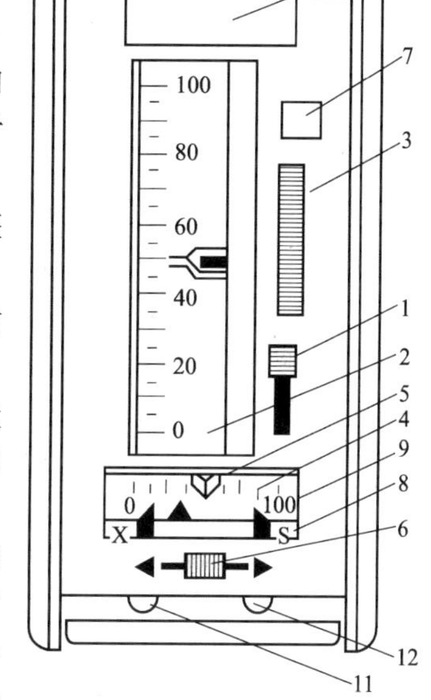

图 7-12　DTL-3110 控制器正面示意图

7——外设定指示灯：灯亮表示控制器处于“外设定”状态。

8——阀位标志：用于标志控制阀的关闭（X）和打开（S）方向。

9——输出记忆指针：用于阀位的安全开启度上下限指示。

10——位号牌：用于标明控制器的位号。当设有报警单元的控制器报警时，位号牌后面的报警指示灯点亮。

11——输入检查插孔：用于便携式手动操作器或数字电压表检测输入信号。

12——手动输出插孔：当控制器出现故障或需要维护时，将便携式手动操作器的输出插头插入，可以无扰动地切换到手动控制。

另外，当从控制器的壳体中抽出机芯时，可在其右侧面看到：比例度、积分时间和微分时间调整旋钮；积分时间切换开关（×1 挡和×10 挡）；正/反作用切换开关；内/外设定切换开关；微分作用通/断开关等操作部件。

根据控制器的输出变化方向与偏差变化方向的关系，可将控制器分为正作用控制器和反作用控制器。正作用控制器是指当偏差（测量值－设定值）增加时，控制器的输出也随之增加；反作用控制器则是指输出随偏差的增加而下降。控制器正、反作用的选择，应根据工艺要求和自动控制系统中诸环节的作用方向来决定。

（二）控制器的操作

控制器的操作一般按照下述步骤进行。

1. 通电前的准备工作

（1）检查电源端子接线极性是否正确；

（2）按照控制阀的特性安放好阀位标志的方向；

（3）根据工艺要求确定正/反作用开关的位置。

2. 用手动操作启动

（1）用软手动操作　将工作状态开关切换到“软手动”位置，用内设定轮调整好设定信号，再用软手动操作按键控制控制器的输出信号，使输入信号（即被控变量的测量值）尽可能接近设定信号。

（2）用硬手动操作　将工作状态开关切换至“硬手动”位置，用内设定轮调整好设定信号，再用硬手动操作杆调节控制器的输出信号，控制器的输出以比例方式迅速达到操作杆指示的数值。

上述的软手动操作较为精准，但是操作所需时间较长；硬手动操作速度较快，但是操作较为粗糙。

3. 由手动切换到自动

在手动操作使输入信号接近设定值后，待工艺过程稳定了便可将自动/手动开关切换到“自动”位置。在切换前，若已知 PID 参数，可以直接调整 PID 旋钮到所需的数值。若不知 PID 参数值，应使控制器的 PID 参数分别为：比例度最大、积分时间最长、微分开关断开。然后在“自动”工作状态下进行参数整定。

控制器工作状态间的切换要求无扰动。所谓“无扰动”，即不因为任何切换导致输出值（阀位）的改变。这点在生产中很重要。

“自动”与“软手动”间的切换是双向无平衡（无需事先做平衡工作）无扰动的，由“硬手动”切换至“软手动”或由“硬手动”切换至“自动”均是单向无平衡无扰动，只有“自动”和“软手动”切换至“硬手动”的操作，需要事先进行平衡——预先调整硬手动操作杆，使之与“自动”或“软手动”操作时的输出值相等，才能实现无扰动切换。

4. 自动控制

当控制器切换到自动工作状态后，需要进行 PID 参数的整定。整定前先把“自动/手动”开关拨到“软手动”位置，使控制器处于“保持”工作状态，然后再调整 PID 旋钮，以免因参数整定引起扰动。整定方法如下。

（1）PI 控制　将控制器的积分时间调至最大，微分开关置于“断”。把比例度由最大逐渐阶梯式减少，例如从 200%→100%→50%，每减小一次比例度，都要观察输入信号的变化。当出现周期性工况（被控参数出现等幅振荡）时，停止减少比例度，反过来稍微增加比例度，直至周期性工况消失为止。比例度调整结束后，接着调整积分时间。将积分时间由最大逐渐减小，一边减小一边观察输入信号的变化情况，直至出现周期性工况，然后反过来稍微增加积分时间，使周期性工况消失为止。

（2）PID 控制 将控制器的三参数分别设为：比例度最大，积分时间最大，微分时间最小（$T_d=0$ 且微分作用开关置“通”）。然后把比例度从最大逐渐阶梯式减小，一边减小一边观察输入信号的变化情况，直至出现周期性工况为止。出现周期性工况后，逐渐增加微分时间，直到周期性工况消失，然后再减少比例度至出现周期性工况，再增大微分时间，使之消失。重复上述过程，当比例度减得过小时，怎么增加微分时间也不能使周期工况消失，应停止增加微分时间，并且把比例度稍微增大至周期工况消失。

调整好比例度和微分时间后，接着逐渐减小积分时间，直至周期工况又出现时，反过来稍微增大积分时间，使周期工况消失。

5. 内/外设定的切换

内设定与外设定的切换也应该是无扰动的。方法是：当由内设定切换至外设定时，先让控制器处于“软手动”工作状态，使其输出保持不变，然后再将内设定切向外设定，并调整外设定值，使其和内设定值相等，最后将工作状态切至“自动”。当由外设定切向内设定时，也应按照上述过程操作，只是调整的是内设定值，使其和外设定值相等。

二、数字控制器

上面介绍的电动控制器是连续的模拟控制仪表。随着工业生产规模的不断扩大和自动化程度的不断提高，模拟控制仪表很难满足生产要求。因为一块模拟仪表只能控制一个变量，而大型企业中，需要检测和控制的变量数以万计，若都采用模拟控制仪表，其占地之大，布线之繁，操作之不便，使得控制系统的可用性和可靠性都会大为降低。使用数字控制仪表即可解决上述问题。

（一）数字控制器的特点

所谓数字控制仪表是指具有微处理器的过程控制仪表。它采用数字化技术，实现了控制技术、通信技术和计算机技术的综合运用。数字控制仪表以微处理器为运算和控制的核心，主要是接受检测变送仪表送来的标准模拟信号（4～20mA DC 或 1～5V DC），经过模/数（A/D）转换后变成微处理器能够处理的数字信号，然后再经过数/模（D/A）转换，输出标准的模拟信号去控制执行机构。数字控制器与常规的模拟控制器相比，具有如下特点。

1. 实现了仪表、计算机一体化

将微处理器引入仪表，使仪表与计算机实现了一体化。这样可以充分发挥计算机强大的记忆功能以及快速的控制功能，使得仪表的电路简化、性能改善、功能增强。

2. 具有丰富的运算、控制功能

控制器内的运算模块和控制模块，可以实现多种运算和控制功能。只要将各种模块按照系统要求进行组态（对可调用的被称为“模块”的子程序，进行适当的选用、连接工作叫做“组态”），编制成用户程序，就可以完成各种运算处理和复杂控制。除了 PID 控制功能以外，还可以组成串级控制、比值控制、前馈控制、选择性控制、自适应控制等一系列复杂的过程控制。

3. 通用性强、使用方便

数字控制器在外形结构的面板布置上保留了模拟式仪表的模式，显示及操作也沿用模拟仪表的方式，易为人们接受和掌握，所以使用非常方便。

用户程序使用“面向过程语言”（简称 POL 语言）来编制，易于学习和掌握。即便不懂计算机语言的人，只要稍加培训，便可以自行编制适用于各种被控对象的程序。

4. 使用灵活、便于扩展

数字控制器内部的功能模块采用软接线，外部采用硬接线，可以与模拟仪表兼容，为技术改造和革新提供了有利条件。

更改控制规律十分灵活和方便。在不增加设备、不改变硬件连接的情况下，仅仅通过修改程序，即可获得不同的控制规律和控制方案。

控制器具有标准通信接口，可以方便地与局部显示、操作站连接，实现小规模系统的集中监视和操作；还可以挂到数据总线上，与上位计算机进行通信，构成中、大规模集散系统。

5. 可靠性高、维护方便

控制器的软件自诊断功能，可以随时发现系统存在的问题，并能立即采取相应的保护措施。操作人员可按照控制器的提示，排除故障。

由于数字控制器可以实现“单机多控”，能“以软代硬”，且控制器内使用的元器件为高品质的大规模集成电路，可使控制系统使用的仪表数和接点数大为减少，系统的故障率降低，可靠性提高，并且维护、维修都较为方便。

（二）数字控制器的组成原理

尽管组成数字控制器的方式、方法各不相同，但其工作原理大同小异。除了数字控制器的软件外，控制器的硬件由微处理机、过程通道、通信接口、编程器以及一些辅助装置等部分组成。其基本组成框图如图 7-13 所示。

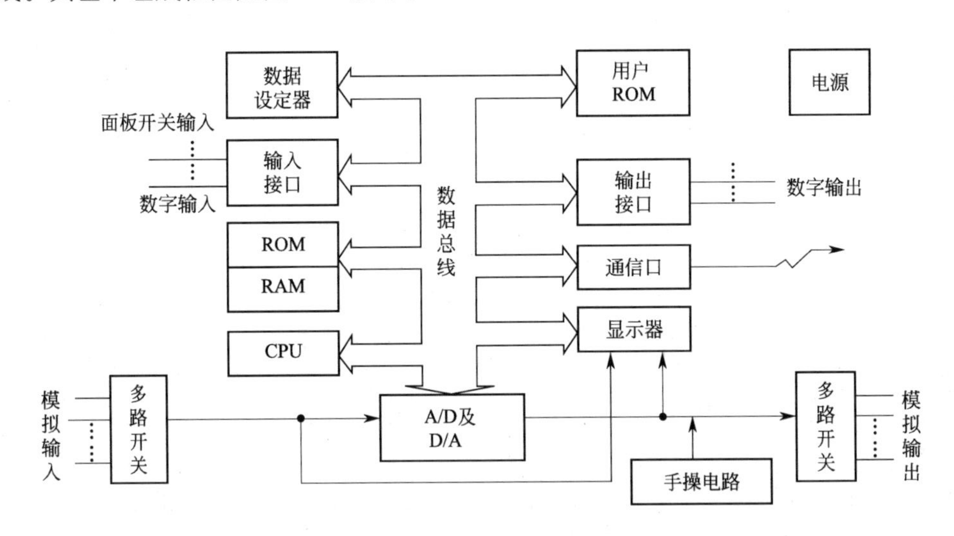

图 7-13　数字控制器组成框图

由图 7-13 可知，数字控制器以 CPU 为核心的硬件系统，与一般组成一台计算机的硬件系统基本相同，主要的不同是数字控制器还具有过程输入通道和过程输出通道。

过程输入通道的作用是将现场检测变送仪表送来的信号变换成数字量，以便微处理机能进行相应的运算。由于现场有模拟信号和数字信号两种，因此输入通道有模拟输入通道和数字输入通道。

过程输出通道的作用是将微处理机产生的数字量，转换成相应的模拟量，以控制执行器的动作。输出通道同样也有模拟与数字之分。

（三）数字控制器应用举例

数字控制器的种类很多，应用最多的是单回路控制器。其品种有以下五类。

1. 可编程序控制器

可编程序控制器是目前功能最强的一类单回路数字控制器，又称多功能控制器。它是在PID控制器的基础上，加上一些辅助运算器组合而成。它的内部有许多功能模块，使用时只要调用相应模块，用简单的语言编制成用户程序，再写入EPROM（可编程序只读存储器），就可以获得所需的运算与控制功能。如DK系列中的KMM可编程序控制器。

2. 固定程序控制器

固定程序控制器又称为通用指示控制器。这类控制器的工作程序是事先编制好的，经固化后存储在控制器内。使用时，只需通过相应的功能开关直接选择使用即可，不需要另外编程。它的面板与电动模拟控制器相似，具有测量值（PV）、设定值（SV）和输出值（MV）指示表；能进行手动/自动操作的切换和控制模式（串级、计算机、跟踪）的设定；可以进行数据的设定和显示以及实现联锁报警等。如DK系列中的KMS固定程序控制器。

3. 可编程脉宽输出控制器

它是以电动阀、电磁阀和旋转机构为执行器的可编程序控制器。

4. 混合控制器

这类控制器主要用于控制混合物的成分，使之按比例混合。它将设定器送来的设定信号和由其他仪表来的驱动脉冲信号，作为设定积算值和测量积算值，然后按一定的比率进行PI控制，实现高精度的混合。

5. 批量控制器

批量控制器主要用于批量装载的控制。工作时，在接受批量启动指令后，根据被测流量预先设定的批量，依照程序对瞬时流量进行PI控制。它可以单独构成定量装载控制系统，也可以与混合控制器组合构成混合装载系统，用于高精度定量的装载控制。

下面以目前应用较多的KMM可编程序控制器为例，对它的组成及使用做一简单介绍。

KMM可编程序控制器是日本山武-霍尼韦尔公司DK系列仪表中的一个主要品种。它是为了把集散控制系统中的控制回路，彻底分散为单一回路而开发的。KMM实质上是一台用于过程控制的微型计算机，它集强大的控制功能、高级的数据运算与处理功能、先进的通信功能等于一身，是电动模拟控制仪表所无法比拟的。但是，KMM在外形设计、信号制、人工操作方式等方面，与DDZ-Ⅲ型控制器相似或一致。因此使用非常方便。

图7-14是KMM控制器的正面面板布置图。各部件的功能及其操作方法如下。

（1）上、下限报警灯——用于被控变量的上限和下限报警，越限时灯亮。

（2）仪表异常指示灯——灯亮表示控制器发生异常，此时内部的CPU停止工作，控制器转到“后备手操”运行方式。在异常状态下，各指针的示值均无效。

（3）通信指示灯——灯亮表示该控制器正在与上位系统通信。

（4）联锁状态指示灯和复位按钮——灯常亮，表示控制器已进入联锁状态。有三种情况可进入该状态，一是控制器处于初始化方式；二是有外部联锁信号输入（灯闪亮）；再就是控制器的自诊断功能检查出某种异常情况。一旦进入联锁状态，即使导致进入该状态的原因已经消除，控制器仍然不能脱离联锁状态，只能进行手动操作。要转变为其他操作方式，必须按下复位按钮[R]，使联锁指示灯熄灭才行。

（5）串级运行方式按钮和指示灯——按下[C]键，键上面的橙色指示灯亮，

控制器进入“串级”（CAS）运行方式，由第一个PID1运算单元（控制器内有两个PID运算单元）的输出值，或外来的设定值作为第二个PID2运算单元的目标值，进行PID运算控制。

（6）自动运行方式按钮和指示灯——按下[A]键，键上面的绿色指示灯亮，控制器进入

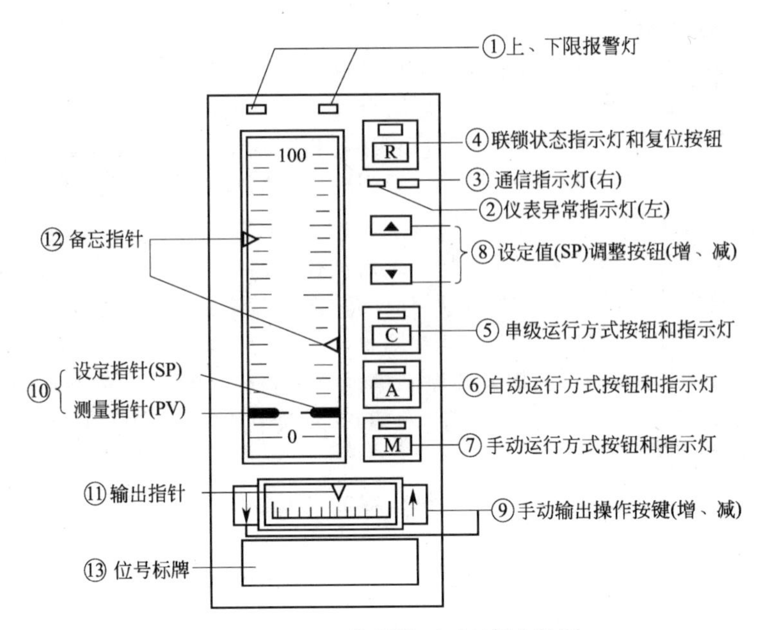

图 7-14 KMM 控制器正面面板布置图

“自动”（AUTO）运行方式。此时，控制器内的 PID 运算单元以面板上设定值按钮▲、▼所设定的值进行运算，实现定值控制。

（7）手动运行方式按钮和指示灯——按下M键，键上面的红灯亮，控制器进入“手动”（MAN）运行方式。此时，控制器的输出值由面板上的↑键和↓键调节，按↑键输出增加；按↓键输出减少。增加或减少的数值由面板下部的表头指示出。

（8）设定值（SP）调整按钮——用于调整本机的内设定值。当控制器是定值控制时，按下▲键增加设定值，按下▼键减少设定值，大小由设定指针指示出。在“手动”方式时，不能对 SP 值进行设定。

（9）手动输出操作按键——作用及操作方法见上面的（7）。

（10）设定指针（SP）和测量指针（PV）——在立式大表头动圈式指示计上，红色指针指示的是测量值（PV）；绿色指针指示的是设定值（SP）。

（11）输出指针（MV）——在面板下部的卧式小表头动圈指示计上，在 0～100%范围内指示出控制器的输出值，对应 4～20mA DC。

（12）备忘指针——这是两只黑色指针，它们分别给出正常时的测量值和设定值。

（13）位号标牌——用于书写仪表的表号、位号或特征号。

另外，在 KMM 机芯的右侧面，还有许多功能开关和重要的操作部件。例如，用于人机对话的数据设定器（可自由装卸，以便多台控制器使用）；用来设定正面面板上 PV、SP 指示表的具体指示内容，PID 控制的正、反作用的切换，显示切换，允许数据输入，赋初值等六个辅助开关；还有当控制器的自诊断功能检测出严重故障时，用来代替控制器工作的备用手操器等。

KMM 的功能强大，它可以接受五个模拟输入信号（1～5V DC），四个数字输入信号。输出三个模拟信号（1～5V DC），其中一个可以为 4～20mA DC，输出三个数字信号。

在 KMM 投入运行前，要根据需要进行程序编制和种种设置，这些工作一般由仪表工作人员根据工艺要求来进行。工艺操作人员必须熟悉控制器的各标志部件和各功能部件的作用以及操作方法，这样才能在正常和非正常状态下进行正确的操作。

第三节 执　行　器

所谓“执行器”，就是用来执行控制器下达命令的仪表，以改变操纵变量实现对工艺变量的控制作用。因此执行器是控制系统中不可缺少的一个重要环节。

执行器通过改变物料的流通量，使得被控变量能按照人们预期的方向变化。例如通过控制燃气的流量，可以控制加热炉内的温度；通过控制流入储槽的物料量，可以实现对储槽液位的控制等。

执行器按其使用的能源，可以分为气动执行器、电动执行器和液动执行器三大类。

电动执行器接受来自控制器的4～20mA DC直流电流，并将其转换成相应的角位移或直线位移，去操纵调节机构（调节阀），改变控制量，使被控变量符合要求。电动执行器有角行程和直行程两种。具有角位移输出的叫做DKJ型角行程电动执行器，它能将4～20mA DC的输入电流转换成0°～90°的角位移输出；具有直行程位移输出的叫做DKZ型直行程电动执行器，它能将4～20mA DC的输入电流转换成推杆的直线位移。这两种电动执行器都是以220V交流电源为能源，以两相交流电动机为动力，因此不属于安全火花型防爆仪表。

电动执行器的优点主要是反应迅速，便于集中控制。但因其结构复杂，防火防爆性能差，使用受到一定限制。

液动执行器主要是利用液压推动执行机构。它具有推力大、适合负荷较大的优点，但因其辅助设备庞大且笨重，生产中很少使用。

目前应用最多的是气动执行器。气动执行器习惯上称为气动调节阀，它以纯净的压缩空气作为能源，具有结构简单、动作平稳可靠、输出推力较大、维修方便、防火防爆等特点，广泛应用于石油、化工等工业生产的过程控制中。气动执行器除了可以方便地与各种气动仪表配套使用外，还可以通过电/气转换器或电/气阀门定位器，与电动仪表或计算机控制装置联用。本节主要介绍气动执行器的组成、工作原理及其选用。

一、气动执行器的组成及工作原理

气动执行器由执行机构和调节机构两部分组成。其中执行机构是执行器的推动装置，它根据控制信号的大小产生相应的推力，推动调节机构动作。调节机构是执行器的调节部分，它直接与被控介质接触，以控制介质的流量。

根据执行机构结构的不同，气动执行器有薄膜式和活塞式两种。下面以薄膜式为例，介绍其结构和工作原理。图7-15所示为薄膜式气动执行器的外形示意图。

1. 气动执行机构

执行机构主要由上下膜盖、膜片、弹簧和推杆等部件组成，如图7-16的上半部分所示。

当来自控制器的统一标准信号经电气转换仪表转换成20～100kPa的气压信号，进入由上下膜盖与中间膜片组成的气室时，在弹性膜片上产生一个向下（或向上——当信号由下膜盖引入时）的推力，使膜片和与之相连的推杆一起下（上）移；同时，平衡弹簧因受到压缩而变形，产生一个反作用力，直到这两个力平衡，推杆便稳定在某个位置上，相应的阀门就有某个开度。阀杆的位移（或行程）与控制信号的大小成正比关系。当输入信号消失，在弹簧回复力作用下恢复原状。

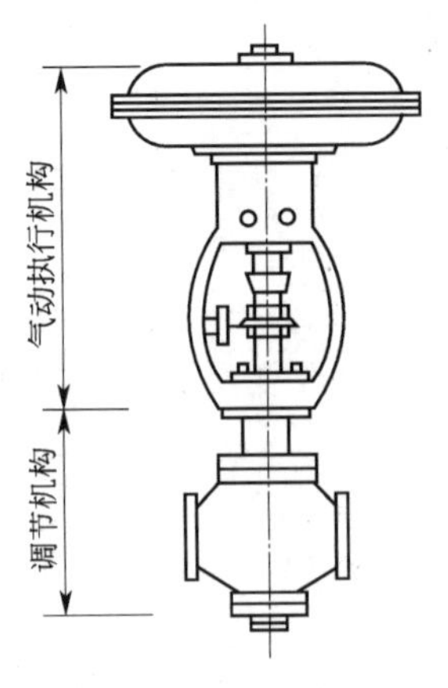

图 7-15 薄膜式气动执行器外形图

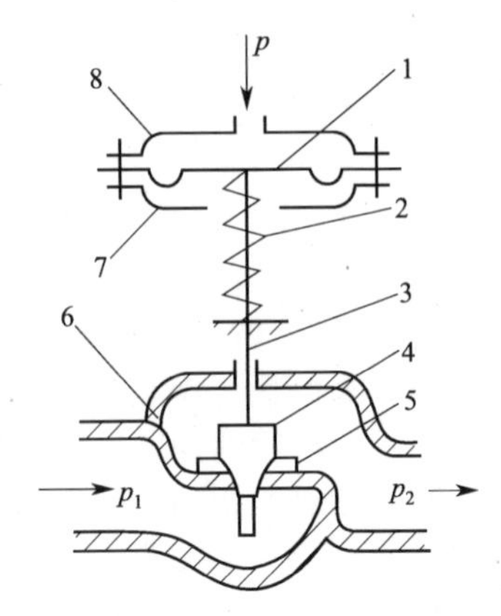

图 7-16 薄膜式气动执行器结构原理图

1—膜片；2—弹簧；3—推杆（上）阀杆（下）；4—阀芯；5—阀座；6—阀体；7—下膜盖；8—上膜盖

执行机构有正作用和反作用两种形式。正作用执行机构的信号压力是从上膜盖引入，推杆随信号的增加向下产生位移；反作用执行机构的信号压力是从下膜盖引入，推杆随信号的增加向上产生位移。二者可以通过更换个别部件相互改装。

2. 调节机构

调节机构实际上就是一个阀门，是一个局部阻力可以改变的节流元件。主要由阀体、阀芯和阀座等组成，如图 7-16 中的下半部分所示。阀芯由阀杆与上半部的推杆用螺母连接，使其可以随推杆一起动作，改变阀芯与阀座之间的流通面积，达到控制流经管道内流量的目的。

二、调节阀的类型及工作方式

（一）调节阀的类型

调节阀的结构形式很多，其分类主要是依据阀体及阀芯的形式。主要类型有以下几种。

1. 直通单座阀

直通单座阀如图 7-17(a) 所示。它的阀体内只有一个阀芯和阀座，其特点是结构简单，价格低廉，全关时的泄漏量小。但因为阀座前后有压力差的作用，使得阀芯不易平衡，尤其是高压差大口径时的阀芯稳定性很差。所以该阀仅适用于低差压的场合。

2. 直通双座阀

图 7-17(b) 所示为直通双座阀。阀体内有两个阀芯和阀座，流体流过上下阀芯时也会产生不平衡力，但是这两个不平衡力的方向相反，可以相互抵消。因此阀芯的稳定性比直通单座阀要好得多。因其不平衡力小，动作较灵敏，阀的口径也可以做得较大，所以应用很普遍。但由于加工装配等原因，很难使两个阀芯同时关闭，因此全关时的泄漏量较大。

3. 角形阀

角形阀如图 7-17(c) 所示。除了流体的进出口成 90°外，其余部分与单座阀相似。该阀的流路简单，阻力小，易于清洗，阀体内不易积存污物，特别适合于高黏度以及含有悬浮颗粒介质的控制。流体的流向一般是底进侧出，但在高压场合，为了减少流体对阀芯的冲蚀，也可侧进底出。

4. 三通阀

三通阀有三个出入口与管道相连，分为分流式和合流式两种。分流式如图 7-17(d) 所

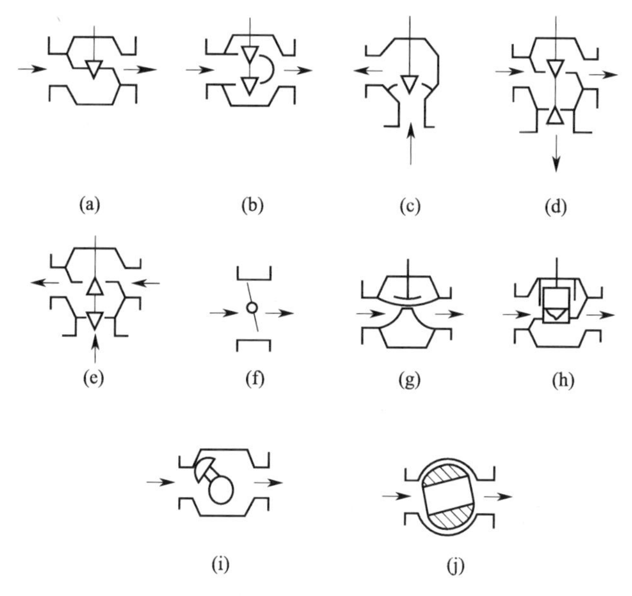

图 7-17　调节阀阀体主要类型示意图

示，它可把一路流体分成两路。合流式如图 7-17(e) 所示，它将两路流体合成一路。工作时，阀芯移动，一路流量增加，另一路流量减少，二者成一定比例而总量不变。一般用于代替两个直通阀，对热交换器等装置的旁路进行控制。

5. 蝶形阀

蝶形阀又称挡板阀，如图 7-17(f) 所示。它是通过气动信号作用于杠杆，杠杆再带动挡板偏转，进而改变流通面积。蝶形阀适用于低压差、大流量的气体控制；也可用于含少量悬浮物及纤维或黏度不高的液体控制，但泄漏量大。

6. 隔膜阀

隔膜阀如图 7-17(g) 所示。为了防止阀芯被腐蚀，在阀芯和阀座间装有耐腐蚀的隔膜，如聚四氟乙烯、氯丁橡胶等。阀体内也采用了耐腐蚀的衬里，如橡胶、陶瓷、聚乙烯等。工作时，由阀芯带动隔膜上下动作，改变隔膜与阀体堰面间的流通面积而控制流体的流量。该阀流路简单，几乎无泄漏，适合于腐蚀性介质的控制，也可用于控制有毒介质、易燃易爆介质、贵重介质以及真空场合等。

7. 笼式阀

笼式阀又称为套筒阀，其结构如图 7-17(h) 所示。笼式阀的外形与一般直通阀相似，在阀体内有一个圆柱形套筒（或笼子），套筒内有阀芯，套筒壁上有许多不同形状的孔（窗口）。当阀芯在套筒内上下移动时，就改变了“窗口”的流通面积，即可改变流体流量。笼式阀的可调比（调节阀所能控制的最大流量与最小流量之比）大，不平衡力小，振动小，结构简单，套筒的互换性好，更换不同的套筒即可得到不同的流量特性，部件所受的汽蚀也小，是一种性能优良的调节阀，特别适用于差压较大以及需要降低噪声的场合。但使用中要求流体洁净，不能含有固体颗粒。

8. 凸轮挠曲阀

该阀又叫做偏心旋转阀，结构如图 7-17(i) 所示。它的阀芯呈扇形球面状，与挠曲臂和轴套一起铸成，固定在转轴上，阀芯从全关到全开的转角为 90°左右。阀体为直通型。其特点有：可调比大（可达 50：1 或 100：1），使用温度范围宽（－195～＋400℃），对流体的阻力小，密封性能好，体积小，重量轻，价格低。适用于黏度大的介质及一般场合。

9. 球阀

球阀的阀芯有“V”形和“O”形两种开口形式。图 7-17(j) 所示为“O”形阀芯的球阀，它一般用于双位式控制的切断场合；“V”形阀芯的球阀一般用于流量特性近似等百分比的控制系统。

（二）调节阀的工作方式

气动薄膜调节阀的工作方式有气开式和气关式两种。

1. 气开式

气开式调节阀是指：当输入的气压信号小于 20kPa 时，阀门为关闭状态，当输入的气压增大时，阀门开度增加。即“有气则开，无气（≤20kPa）则关”。图 7-18 中的（b）和（c）为气开阀。其中图 7-18(b) 的执行机构为正作用，阀芯反装；图 7-18(c) 的执行机构则为反作用，阀芯正装。

2. 气关式

气关式与气开式调节阀正好相反：当输入的气压信号小于 20kPa 时，阀门为全开状态，当输入的气压增大时，阀门开度减小。即“有气则关，无气（≤20kPa）则开”。如图 7-18（a）、（d）所示。其中图 7-18(a) 的执行机构为正作用，阀芯正装；图 7-18(d) 的执行机构则为反作用，阀芯反装。

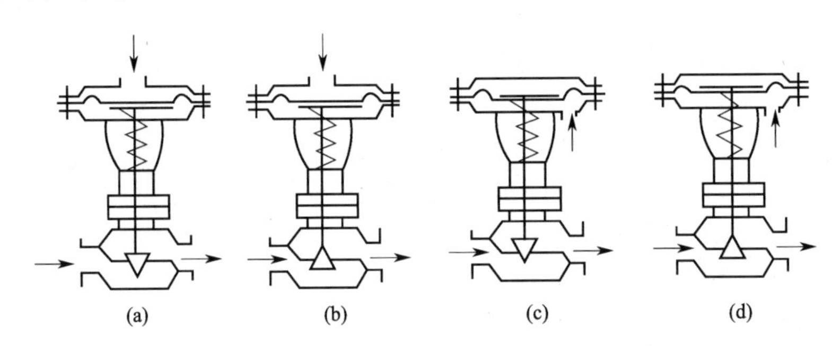

图 7-18 调节阀工作方式示意图

气开式和气关式调节阀的结构大体相同，只是输入信号引入的位置和阀芯的安装方向不同。

调节阀气开气关类型的选择很重要，选择的原则主要是考虑生产的安全。当信号压力中断时，应避免损坏设备和伤害人员。例如：控制加热炉的燃气流量时，一般应选用气开式。当控制器出现故障或执行器供气中断时，气开式的阀门会全关，停止燃气供应，可避免炉温继续升高而导致事故。再如：对于易结晶的流体介质，应选用气关式，当出现意外时，气关式的阀门全开；若选用气开式，则阀门全关，就会使得管道内的介质结晶，导致不良后果。

三、调节阀的流量特性

调节阀流量特性是指流体介质流过阀门的相对流量与阀门的相对开度之间的关系，即：

$$\frac{F}{F_{\max}}=f\left(\frac{l}{L}\right) \tag{7-13}$$

式中 $\frac{F}{F_{\max}}$ ——调节阀在某一开度时的流量 F 与全开时流量 $F_{\max}$ 之比，即相对流量；

$\frac{l}{L}$ ——调节阀在某一开度下的行程 l 与全开时行程 L 之比，即相对开度。

调节阀的流量特性主要有快开型、直线型、抛物线型和等百分比型等几种，其相应的阀芯形状和特性曲线分别如图 7-19 和图 7-20 所示。在特性图中在流量接近零处，由于阀杆、阀芯与阀座间的弹性、摩擦与咬合，可调节的最小流量不为零。于是有可调比：$R=\frac{F_{max}}{F_{min}}$，普通调节阀的可调比在 30 以上。

（一）快开型

图 7-19 中阀芯端面最平的是快开型调节阀，对应的特性如图 7-20 中的曲线 1。可见，在小开度时，流量就很大，随着行程增加，流量很快达到最大，“快开”由此得名。一般情况下，阀芯行程达到阀座口径的四分之一时，流量就已经达到最大，再开也不会改变流量了。因此，快开型多用于双位控制或程序控制等。

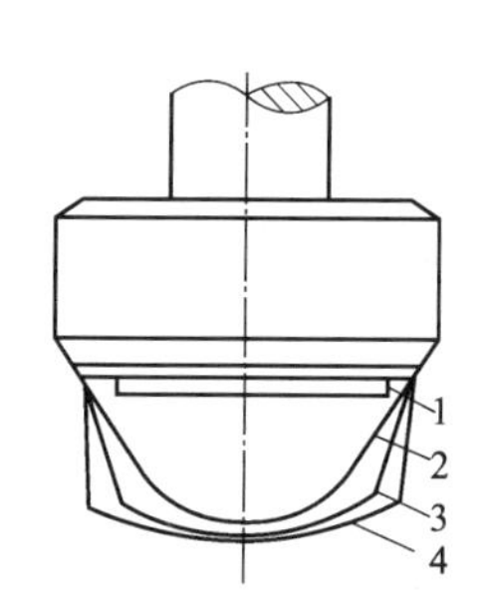

图 7-19　不同流量特性的阀芯形状

1—快开；2—直线；3—抛物线；4—等百分比

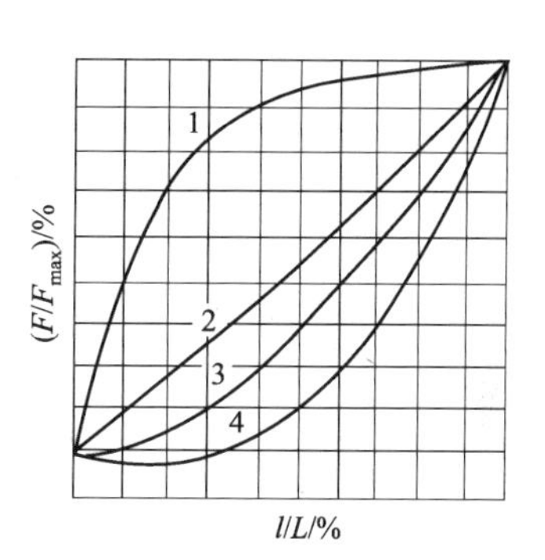

图 7-20　理想流量特性

（二）直线型

直线型流量特性是指相对流量与相对开度成直线关系，即阀芯单位行程变化时，引起的流量变化为常数，如图 7-20 中的曲线 2 所示。例如，阀位分别是在 10%、40%和 80%的行程点上，行程每变化 10%所引起的流量变化均为 10%。但是，所处行程点上流量的相对变化量却分别是 100%、25%和 12.5%。可见，在流量小（小开度）时流量的相对变化值大，在流量大（大开度）时流量变化相对值小。这就意味着小开度时控制作用太强，容易引起振荡；在大开度时控制作用太弱，调节缓慢，不够及时，不利于负荷变化大的对象控制。

（三）等百分比型

等百分比型又称为对数型。它的单位行程变化所引起的相对流量变化与此点的相对流量成正比，即调节阀的放大倍数随相对流量增加而增加，如图 7-20 中的曲线 4 所示。其特点是：在行程变化相同的数值情况下，流量小时，流量变化量小，调节平稳缓和；流量大时，调节灵敏有效。

（四）抛物线型

抛物线型介于直线型和等百分比型之间，它的相对流量与相对开度之间成抛物线关系，如图 7-20 中的曲线 3 所示。

四、调节阀的选择与安装

（一）调节阀的选择

调节阀的选择一般应考虑三个方面：气开/气关形式、结构形式和流量特性。

1. 气开/气关形式的选择

气开/气关形式的选择关系到生产的安全，选择的原则在本节的第二部分已经叙及。

2. 结构形式的选择

结构形式的选择首先要考虑工艺条件，如介质的压力、温度、流量等；其次考虑介质的性质，如黏度、腐蚀性、毒性、状态、洁净程度；还要考虑系统的要求，如可调比、噪声、泄漏量等。

例如，当阀前后压差较小，要求泄漏量小时，可选用直通单座阀；当阀前后压差大，且允许有较大的泄漏量时，宜选用直通双座阀；对于高黏度、含有悬浮物或压力较高的介质，最好选用角形阀；腐蚀性强的介质要用隔膜阀；要求低噪声时应选笼式阀；对于低压大流量大口径管道可用蝶形阀等。一般情况下优先选用直通单座阀、直通双座阀和笼式阀。

3. 流量特性的选择

调节阀生产厂提供的流量特性都是理想特性，常用的有快开型、直线型和等百分比（对数）型三种。

因为快开型调节阀符合两位式动作的要求，所以它适用于双位控制或程序控制的场合。直线型和对数型调节阀的选用，要根据系统特性、负荷变化等因素来决定。一般选择等百分比（对数）型调节阀比较有把握。

对于调节阀口径的确定，一般由仪表工作人员按要求进行计算后再行确定。

（二）调节阀的安装

调节阀在实际使用中能否起到良好作用，除了与上述的选择是否得当有关外，还与调节阀的安装有关。安装得合理，将便于拆卸、维护和维修，使其能保持良好的运行工况。因此，安装时应注意下述几点。

（1）调节阀应垂直安装在水平管道上，特殊情况需要水平或倾斜安装时，除公称通径小于 50mm 的调节阀以外，都必须在阀前后加装支撑件。

（2）调节阀应尽量安装在靠近地面或楼板的地方，上下都要留有足够的空间，以利操作和维护维修。必要时应设置平台。

（3）调节阀的环境温度应在－30～＋60℃之间。当阀安装于有振动的场合时，应考虑防振措施。

（4）当调节阀用于高黏度、易结晶、易汽化以及低温流体时，应采取防冷和保温措施。

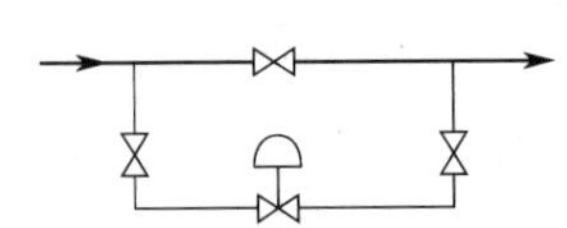

图 7-21 调节阀旁路示意图

（5）安装时要保证流体流动方向与阀体上的箭头方向一致。

（6）调节阀应设置旁路阀，以便在调节阀出现故障时可通过旁路阀继续维持生产的正常进行。调节阀的两端应装切断阀，如图 7-21 所示。一般切断阀选用闸阀，旁路阀选用球阀。

（7）当调节阀用于较高黏度或含悬浮物的流体时，应加装冲洗管线。

五、电/气转换器与电/气阀门定位器

气动执行器在使用中，常配备一些辅助装置，常用的有电/气转换器和阀门定位器以及手轮机构。手轮机构是在开车或事故情况下，用于人工操作调节阀的；阀门定位器主要是用于改善调节阀的静态和动态特性，还可通过它实现“分程控制”，而电/气转换器主要将来自于控制器的电信号转换成可以被调节阀接受的气信号。

（一）电/气转换器

电/气转换器的作用是将 4～20mA DC 转换成 20～100kPa 的标准气信号。其结构框图如图 7-22(a) 所示。

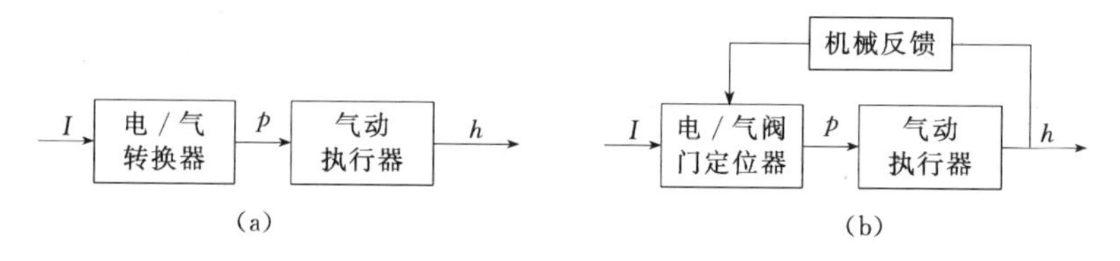

图 7-22　电/气阀门定位器、转换器示意图

(二) 电/气阀门定位器

电/气阀门定位器除了能起到电/气转换器的作用（即将 4～20mA DC 转换成 20～100kPa 的气信号）之外，还具有机械反馈环节，可以使阀门位置按照控制器送来的信号准确定位。电/气阀门定位器的结构框图如图 7-22(b) 所示。

电/气转换器在很多方面都与电/气阀门定位器一样，通过"零点"、"量程"调整螺钉调整，将 4～20mA DC 转换成 20～100kPa 的标准气压信号输出。在"分程控制"时，可使用两台定位器（或转换器），只需通过调整它们的零点和量程，使其中一台在输入 4～12mA DC 时，输出为 20～100kPa；而另一台输入为 12～20mA DC 时，输出也为 20～100kPa。用一台控制器通过这两个定位器（或转换器）控制两个执行器，就可实现"分程控制"。

控制阀的流量特性也可通过改变定位器中机械反馈机构中反馈凸轮的几何形状来改变。

第四节　训 练 项 目

项目一　差压变送器的应用

(1) 在实训现场，对差压变送器进行观察、解读，包括其铭牌数据、型号规格、各部件名称、安装及管（电）路的连接情况等。

(2) 以小组为单位，进行差压变送器的校验及零点迁移操作。

① 实训仪表及工具　减压阀 2 个、压力表 1 个、气动定值器 1 个、单管压力计 1 个、高压阀 1 个、电动差压变送器 1 个、毫安表 1 只、电阻箱 1 个、直流电源 1 个、气源 1 个、管件若干。

② 按照图 7-23 所示，进行系统安装，先将差压变送器固定好后，再按图连接好电气线路，气源经减压阀、气动定值器提供差压变送器正压室的气压信号，即作为差压信号输入（因为负压室放空）。调整气动定值器，观察标准压力表，可得输入差压信号 Δp 的大小。

③ 按照工作任务要求，通过各部件的调整，使输出电流表的指示值与标准值相比较而得到的误差控制在一定的范围内，使各项技术指标都满足差压变送器铭牌要求进行精度校验。

a. 差压变送器的检查

(a) 检查各正、负压接口是否正确，电源线、信号线连接是否正确。

(b) 关闭阀 5，打开阀 7 和阀 6，向差压变送器正、负压室同时通入额定工作压力，观察仪表有无泄漏，若有，应查找原因并进行消除。

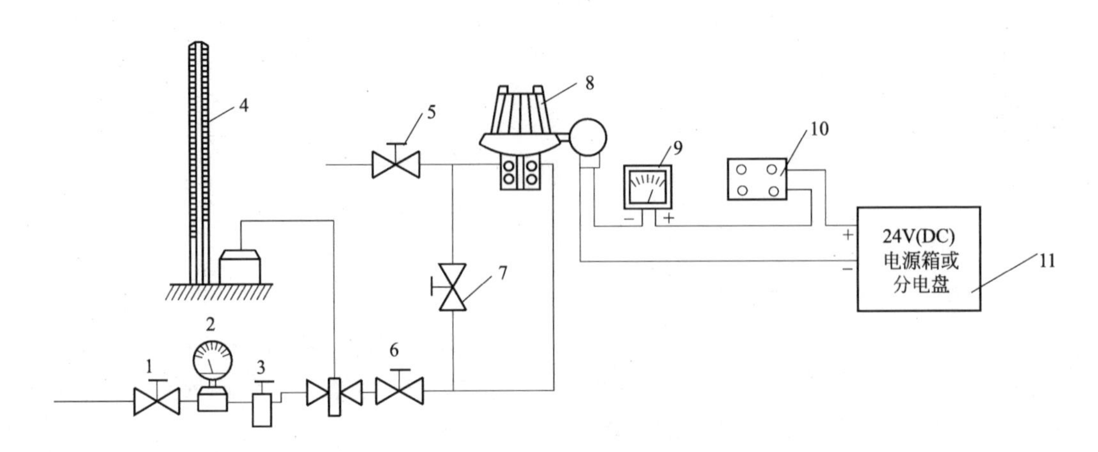

图 7-23 差压变送器实训接线图

1—减压阀；2—压力表；3—气动定值器；4—单管压力计；5—减压阀；6—高压阀；7—平衡阀；8—差压变送器；9—0.2 级直流毫安表；10—电阻箱（变送器负载为 350Ω）；11—24V DC 电源箱

b. 差压变送器的基本误差和变差校验

(a) 零点调整　关闭阀 6，打开阀 5 和阀 7，使得正、负压室都通大气，即 $\Delta p=0\text{Pa}$，观察此时输出电流是否为 4mA，如果不对，用调零装置进行调整。

(b) 量程调整　待差压变送器零位调整好以后，关闭阀 7，打开阀 5 和阀 6，用定值器逐渐加压增至量程上限 5000Pa，相当于 $\Delta p=5000\text{Pa}$，此时差压变送器的输出电流应等于 20mA。如果不等于 20mA，应调整量程调整装置，使得差压变送器的输出电流为 20mA。

应当注意，零点调整和量程调整要反复进行调整，直到两者均合格为止。

(c) 精度检验　将差压测量范围平均分成 5 个测量点进行校验。其方法是：从 $\Delta p=0\text{Pa}$ 开始，改变定值器逐渐加压增至 $\Delta p=1250\text{Pa}$、$\Delta p=2500\text{Pa}$、$\Delta p=3750\text{Pa}$、$\Delta p=5000\text{Pa}$，分别读取正行程时对应输出电流值，然后依次减小压力，读取反行程时对应的输出电流值，将读取的电流值记入表 7-1 中，并根据测量数据算出基本误差和变差，从而确定仪表的精度。

表 7-1　差压变送器校验数据记录表

输入差压 Δp/Pa	0	1250	2500	3750	5000
标准输出电流/mA	4	8	12	16	20
正行程输出电流/mA					
正行程测量误差/mA					
反行程输出电流/mA					
反行程测量误差/mA					
基本误差/%					
变差					
精度					

如果基本误差和变差不符合要求，要反复调整零位和量程直到满足要求为止。如果线性误差太大，应调整相应的装置。

④ 会进行零点迁移调整，对测量范围为 0～5000Pa 的差压变送器进行零点正迁移，迁

移量为 2000Pa，使测量范围变为 2000～7000Pa。

在前面测量范围已调到 0～5000Pa 的基础上，输入 2000Pa 的差压信号，此时，只允许调整零点迁移装置，使输出电流为 4mA。接着再输入 7000Pa 的差压信号，调整量程调整装置，使输出电流为 20mA。将结果填入实验数据记录表。若不理想，则稍加调整即可。

⑤ 注意事项

a. 严禁电接错。

b. 严格按照“没通电，不加压，先卸压，再断电”规则进行。

项目二　PID 调节器的应用

(1) 在实训现场，结合实际的调节器产品，仔细阅读其使用说明书，对调节器进行认真的观察、解读，包括其铭牌数据、型号规格、面板示值、各操作部件名称与功能、与其他仪表的连接情况等。

(2) 以小组为单位，熟悉调节器的操作方法，进行在线的手动/自动无扰动切换、内/外设定切换、正/反作用选择等操作，合理选择调节器的控制规律（P、I、D)。

调节器的具体操作方法会因生产厂家的不同而不同，但主要功能是相同的。使用前一定要仔细阅读该调节器的使用说明书。智能调节器功能非常强大，可是操作按钮却很少，很多功能的调用是靠菜单操作来实现的，这就更需要使用说明书的指导。

对于调节器控制规律的选择，只有掌握了各种控制规律的特点，才能针对不同的控制系统进行合理的选择。例如比例控制规律，其控制作用及时，但它不能消除余差，既可以单独使用，也可以与积分、微分组合使用，组成 P、PI、PD、PID 控制规律。在要求不高的场合就单独使用；在有无余差要求的场合，就要与积分组合使用；在被控对象容量滞后较大时，就要与微分作用组合使用；在各方面要求都较高的情况下，就应该选择 PID 组合。积分与微分作用由于各自的特点，均不能单独使用，这在控制规律的实际选择时尤其要引起注意。

(3) DTL-3110 基型调节器的操作　调节器的操作一般按照下述步骤进行。

① 通电前的准备工作

a. 检查电源端子接线极性是否正确；

b. 按照控制阀的特性安放好阀位标志的方向；

c. 根据工艺要求确定正/反作用开关的位置。

② 用手动操作启动

a. 用软手动操作　将工作状态开关切换到“软手动”位置，用内设定轮调整好设定信号，再用软手动操作按键控制调节器的输出信号，使输入信号（即被控变量的测量值）尽可能接近设定信号。

b. 用硬手动操作　将工作状态开关切换至“硬手动”位置，用内设定轮调整好设定信号，再用硬手动操作杆调节调节器的输出信号，调节器的输出以比例方式迅速达到操作杆指示的数值。

上述的软手动操作较为精准，但是操作所需时间较长；硬手动操作速度较快，但是操作较为粗糙。

③ 由手动切换到自动　在手动操作使输入信号接近设定值后，待工艺过程稳定了便可将自动/手动开关切换到“自动”位置。在切换前，若已知 PID 参数，可以直接调整 PID 旋钮到所需的数值。若不知 PID 参数值，应使调节器的 PID 参数分别为：比例度最大、积分

时间最长、微分开关断开。然后在“自动”工作状态下进行参数整定。

调节器工作状态间的切换要求无扰动。所谓“无扰动”，即不因为任何切换导致输出值（阀位）的改变，这点在生产中很重要。

“自动”与“软手动”间的切换是双向无平衡（无需事先做平衡工作）无扰动的，由“硬手动”切换至“软手动”或由“硬手动”切换至“自动”均是单向无平衡无扰动，只有“自动”和“软手动”切换至“硬手动”的操作，需要事先进行平衡——预先调整硬手动操作杆，使之与“自动”或“软手动”操作时的输出值相等，才能实现无扰动切换。

④ 自动控制　当调节器切换到自动工作状态后，需要进行PID参数的整定。整定前先把“自动/手动”开关拨到“软手动”位置，使调节器处于“保持”工作状态，然后再调整PID旋钮，以免因参数整定引起扰动。整定方法如下。

a. PI控制　将调节器的积分时间调至最大，微分开关置于“断”。把比例度由最大逐渐阶梯式减少，例如从200%→100%→50%，每减小一次比例度，都要观察输入信号的变化。当出现周期性工况（被控参数出现等幅振荡）时，停止减少比例度，反过来稍微增加比例度，直至周期性工况消失为止。比例度调整结束后，接着调整积分时间。将积分时间由最大逐渐减小，一边减小一边观察输入信号的变化情况，直至出现周期性工况，然后反过来稍微增加积分时间，使周期性工况消失为止。

b. PID控制　将调节器的三参数分别设为：比例度最大，积分时间最大，微分时间最小（$T_d=0$且微分作用开关置“通”）。然后把比例度从最大逐渐阶梯式减小，一边减小一边观察输入信号的变化情况，直至出现周期性工况为止。出现周期性工况后，逐渐增加微分时间，直到周期性工况消失，然后再减少比例度至出现周期性工况，再增大微分时间，使之消失。重复上述过程，当比例度减得过小时，怎么增加微分时间也不能使周期工况消失，应停止增加微分时间，并且把比例度稍微增大至周期工况消失。

调整好比例度和微分时间后，接着逐渐减小积分时间，直至周期工况又出现时，反过来稍微增大积分时间，使周期工况消失。

⑤ 内/外设定的切换　内设定与外设定的切换也应该是无扰动的。方法是：当由内设定切换至外设定时，先让调节器处于“软手动”工作状态，使其输出保持不变，然后再将内设定切向外设定，并调整外设定值，使其和内设定值相等，最后将工作状态切至“自动”。当由外设定切向内设定时，也应按照上述过程操作，只是调整的是内设定值，使其和外设定值相等。

项目三　执行器的应用

（一）训练步骤

（1）在实训现场，对执行器进行观察、解读，包括其铭牌数据、型号规格、各部件名称及其作用、电/气线路及管路的连接等。

（2）以小组为单位，进行气（电）动调节阀的管路、气（电）路的连接、调节阀的行程调整等相关操作。

以应用较多的气动薄膜调节阀为例，其主要技术性能指标有：基本误差、正反行程变差、灵敏限、流量系数误差、流量特性误差、允许泄漏量等。表7-2列出了常用的性能指标，以供测试时参考。图7-24所示为调节阀基本误差、变差及灵敏限测试装置示意图。主要性能指标的测试方法如下。

表 7-2 气动薄膜调节阀主要技术性能指标

指标名称	调节阀种类									
	单座阀、双座阀、角形阀		三通阀		高压阀		低温阀		隔膜阀	
	不带定位器	带定位器	不带定位器	带定位器	不带定位器	带定位器	不带定位器	带定位器	不带定位器	带定位器
基本误差/%	±4	±1	±4	±1	±4	±1	±6	±1	±10	±1
正反行程变差/%	2.5	1	2.5	1	2.5	1	5	1	6	1
灵敏限/%	1.5	0.3	1.5	0.3	1.5	0.3	2	0.3	3	0.3
流量系数误差/%	±10（$C \leqslant 5$ 为±15）		±10		±10		±10（$C \leqslant 5$ 为±15）		±20	
流量特性误差/%	±10（$C \leqslant 5$ 为±15）		±10		±10		±10（$C \leqslant 5$ 为±15）			
允许泄漏量/%	单座角形阀 0.01 双座阀 0.1		0.1		0.01		单座阀 0.01 双座阀 0.1		无泄漏	

① 基本误差（非线性误差） 将 0.02MPa 的起始压力信号输入到薄膜气室中，然后将气压信号从 0.02MPa、0.04MPa、0.06MPa、0.08MPa 逐点增加，直至最大信号 0.10MPa，并将阀的相对开度按 0%、25%、50%、75%、100%进行逐点对应，在信号压力上升过程中（正行程），逐点记录下实际行程值，算出各点误差。用同样方法将输入信号从最大到最小逐点进行测试，记录下各点实际行程，算出误差，比较各点的非线性偏差值，计算出阀的基本误差或非线性误差，对照表 7-2 的指标要求判别是否合格。

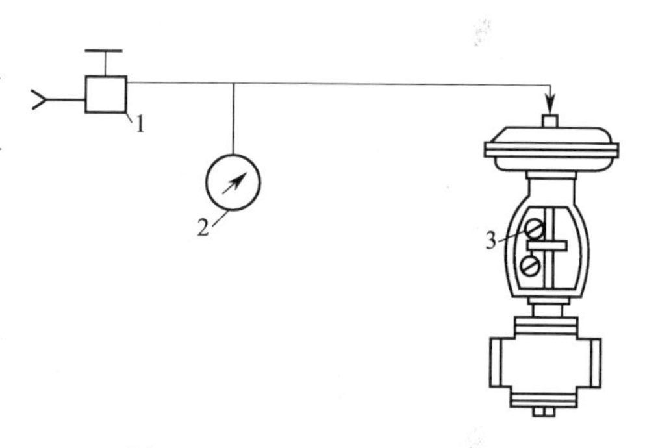

图 7-24 调节阀测试装置之一
1—定值器；2—压力表；3—百分表

② 正、反行程变差 在基本误差测试中已经获得计算变差的数据，要求同一信号压力值的阀杆正、反行程最大偏差不超过表 7-2 的规定。

③ 灵敏限 在图 7-24 的测试中，分别在信号压力为 0.028MPa、0.06MPa 和 0.092MPa 的条件下，对应阀杆行程的 10%、50%和 90%位置上，增加或减小信号压力，记录下当阀杆移动 0.01mm 时所需要的信号压力变化量，看是否符合表 7-2 的规定值。

④ 允许泄漏量 在调节阀的薄膜气室中输入规定的气压，使阀全关闭，然后将室温下的水以规定的压力按流进方向输入阀中，测出阀的另一侧的泄漏量，判别是否满足表 7-2 中的要求。

气动薄膜调节阀对使用者而言，主要是进行基本误差、正反行程变差的测试。影响上述性能指标达不到要求的因素主要是：阀杆、阀芯可动部件移动受阻——可能是填料压得过紧，加大了阀杆的摩擦力；可能是由于阀杆阀芯的同心度不好或使用中阀杆变形，造成阀杆、阀芯移动时与填料及导向套摩擦；或可能是压缩弹簧的特性变化及刚度不合格等。泄漏量大——可能是阀芯阀座受到腐蚀所致，此时就需要更换阀芯和阀座；可能是阀芯阀座盖不严，如此则需要重新研磨。填料密封性能不好——可能是由于填料压盖松了或填料本身老化所致。实际校验中，应根据具体情况作具体分析，找出原因，调整或更换零部件，使其符合要求。

（二）验收评价

（1）项目实施过程考核与结果考核相结合　由项目委托方代表（教师，也可以是学生）对项目三各项任务的完成结果进行验收、评分；学生进行“成果展示”，经验收合格后进行接收。

（2）考核方案设计　学生成绩的构成：A组项目（课内项目）完成情况累积分（占总成绩的75%）+B组项目（自选项目）成绩（占总成绩的25%）。其中B组项目的内容是由学生自己根据市场的调查情况，完成一个与A组项目相关的具体项目。

具体的考核内容：A组项目（课内项目）主要考核项目完成的情况作为考核能力目标、知识目标、拓展目标的主要内容，具体包括：完成项目的态度、项目报告质量、资料查阅情况、问题的解答、团队合作、应变能力、表述能力、辩解能力、外语能力等。B组项目（自选项目）主要考核项目确立的难度与适用性、报告质量、面试问题回答等内容。

① A组项目（课内项目）完成情况考核评分表，见表7-3。

表7-3　简单控制系统集成与调试项目考核评分表

评分内容	评分标准	配分	得分
简单控制系统集成与调试	简单控制系统投运：采取方法错误扣5～30分 PID参数整定：不合适扣10～30分 成果展示（报告）：错误扣10～20分	30 30 20	
团结协作	小组成员分工协作不明确扣5分，成员不积极参与扣5分	10	
安全文明生产	违反安全文明操作规程扣5～10分	10	
项目成绩合计			
开始时间	结束时间	所用时间	
评语			

② B组项目（自选项目）完成情况考核评分表见表7-4。

表7-4　自选项目考核评分表

评分内容	评分标准	配分	得分
自选项目	系统选择：采取方法错误扣5～30分 操作规范：不合适扣10～30分 成果展示（报告）：错误扣10～20分	30 30 20	
团结协作	小组成员分工协作不明确扣5分，成员不积极参与扣5分	10	
安全文明生产	违反安全文明操作规程扣5～10分	10	
项目成绩合计			
开始时间	结束时间	所用时间	
评语			

（3）成果展示（实物或报告）：写出本项目完成报告（主题是自动控制系统概况、带控制点的工艺流程图绘制、仪表选型介绍、系统投运及参数整定过程）。

（4）师生互动（学生汇报、教师点评）

第五节 习题与思考题

7-1　什么是控制规律？基本控制规律有哪几种？

7-2　双位控制规律有何特点？为何双位控制要设立中间区？

7-3　比例控制规律有何特点？为什么比例控制不能消除余差？

7-4　已知一比例控制器的量程为 100～200℃，输出为 20～100kPa。当仪表指示值从 140℃升至 170℃时，相应的输出从 30kPa 变至 70kPa，求此时的比例度为多少？当指示值变化多少时，控制器输出作全范围变化？

7-5　积分控制规律有何特点？为什么一般不单独使用积分控制规律？

7-6　微分控制规律有何特点？能否单独使用微分控制？为什么？

7-7　试述三参数（δ、T_i、T_d）分别对控制器控制作用强弱的影响。

7-8　PID 三作用控制器如何分别实现 P、PI、PD 控制规律？

7-9　DDZ-Ⅲ型控制器（基型）有哪几种工作状态？不同工作状态间的切换要求是什么？如何操作？

7-10　什么叫数字控制器？数字控制器有哪些特点？

7-11　KMM 数字控制器有何特点？其面板设置与 DDZ-Ⅲ型控制器有何异同？

7-12　气动执行器由哪两部分组成？它的气开、气关是如何定义的？在实际应用中应如何选定？

7-13　直通单座阀和直通双座阀各有何特点？

7-14　调节阀有哪几种常见的流量特性？各适应什么场合？

7-15　调节阀的选择应考虑哪些问题？

7-16　阀门定位器有哪些作用？

第八单元 常规控制系统

关键词

简单控制系统组成、系统过渡过程及品质指标、复杂控制系统、系统投运。

学习目标

知识目标

了解简单控制系统组成及复杂控制系统分类；

掌握控制流程图的识图方法；

掌握控制系统方案的确定方法和投运步骤。

能力目标

能熟练默画简单控制系统组成框图；

能够读懂典型控制系统控制流程图；

会确定系统控制方案并正确投运。

第一节 概述

前面介绍过生产过程控制系统的组成及其分类和特点。本单元将重点讨论其中的过程自动检测和过程自动控制两大系统。

一、过程自动检测系统

实现被测变量的自动检测、数据处理及显示（记录）功能的系统叫过程自动检测系统，自动检测系统由两部分组成：检测对象和检测装置。如图 8-1 所示。

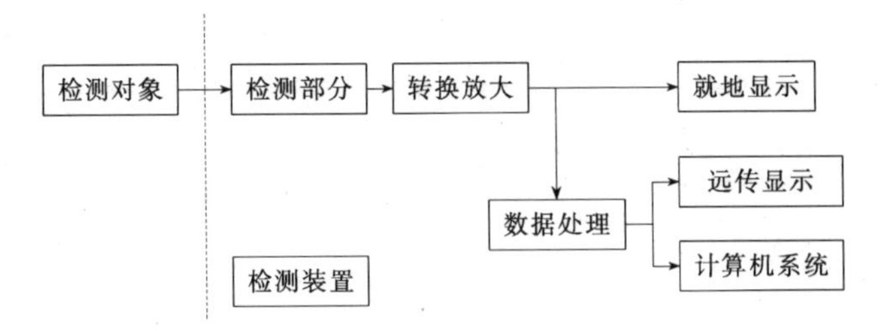

图 8-1　过程自动检测系统方框图

若检测装置由检测部分、转换放大和就地显示环节构成，则实际为一块就地显示的检测仪表。如：单圈弹簧管压力表、玻璃温度计等。

若检测装置由检测部分、转换放大和数据处理环节与远传显示仪表（或计算机系统）组成，则把检测、转换、数据处理环节称为“传感器”（如：霍尔传感器、热电偶、热电阻等），它将被测变量转换成规定信号送给远传显示仪表（或计算机系统）进行显示处理。若传感器输出信号为国际统一标准信号 4～20mA DC 电流（或 20～100kPa 气压），则称其为变送器（如：压力变送器、温度变送器等）。

二、过程自动控制系统

能替代人工，来操作生产过程的装置组成了过程自动控制系统。由于生产过程中“定值系统”使用最多，所以，常常通过“定值系统”来讨论过程自动控制系统。

图 8-2 是一个简单的“定值系统”范例——水槽液位控制系统。其控制的目的——使水槽液位维持在其设定值上（譬如水槽液位 L 满刻度的 50%）的位置上。

图 8-2(a) 为人工控制。假如进水量增加，导致水位增加，人眼睛观察玻璃液面计中的水位变化，并通过神经系统传给大脑，经与大脑中的设定值（50%）比较后，知道水位偏高（或偏低），故发出信息，让手开大（或关小）阀门，调节出水量，使液位变化。这样反复进行，直到液位重新稳定到设定值上，从而实现了液位的人工控制。

图 8-2(b) 为自动控制，现场的液位变送器 LT 将水槽液位检测出来，并转换成统一的标准信号传送给控制室内的控制器 LC，控制器 LC 再将测量信号与预先输入的设定信号进行比较得出偏差，并按预先确定的某种控制规律（比例、积分、微分的某种组合）进行运算后，输出统一标准信号给控制阀，控制阀改变开启度，控制出水量。这样反复进行，直到水槽液位恢复到设定值为止，从而实现水槽液位的自动控制。

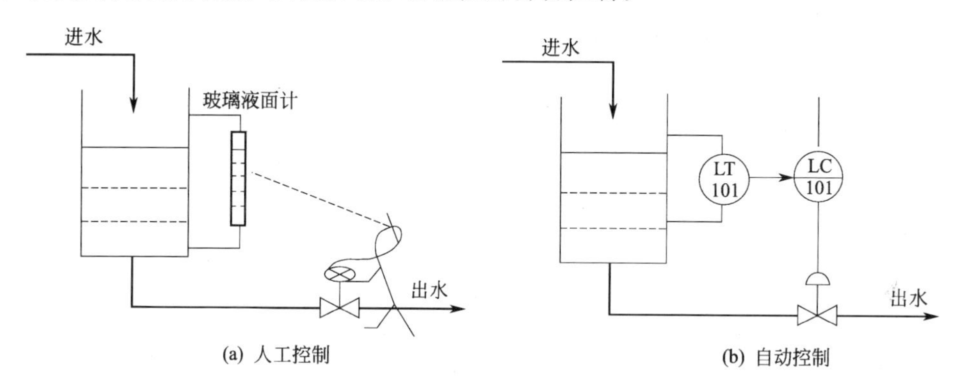

图 8-2 水槽液位控制系统示意图

因此，过程自动控制系统的基本组成框图如图 8-3 所示，从图中可知：过程自动控制系统主要由工艺对象和自动化装置（执行器、控制器、检测变送器）两个部分组成。其中：

对象——是指需要控制的工艺设备（塔、器、槽等）、机器或生产过程。如上例中的水槽。

检测元件和变送器——其作用是把被控变量转化为测量值，如上例中的液位变送器是将液位检测出来并转化成统一标准信号（如：4～20mA DC）。

比较机构——其作用是将设定值与测量值比较并产生偏差值。

控制器—— 其作用是根据偏差的正负、大小及变化情况，按预定的控制规律实施控制作用。比较机构和控制器通常组合在一起。它可以是气动控制器、电动控制器、可编程序调节器、集中分散型控制系统（DCS）等。

执行器——其作用是接受控制器送来的信号，相应地去改变操纵变量 q 以稳定被控变量 y。最常用的执行器是气动薄膜调节阀。

被控变量 y ——是指被控对象中，通过控制能达到工艺要求设定值的工艺变量。如上例中的水槽液位。

设定值 x——是被控变量的希望值，由工艺要求决定，如上例中的 50%液位高度。

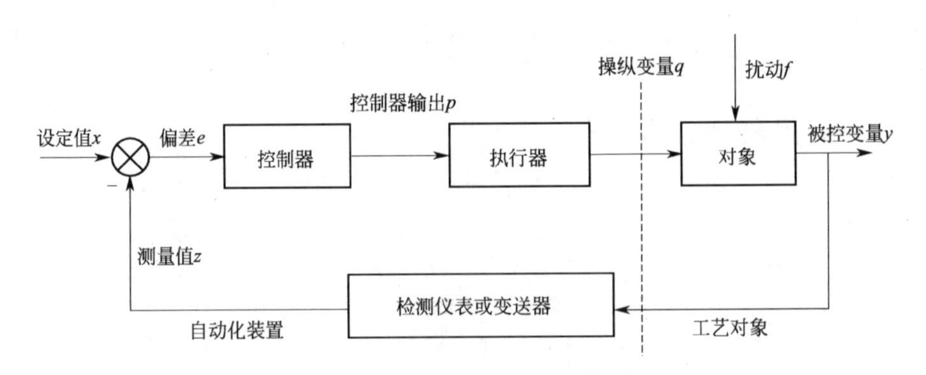

图 8-3 过程自动控制系统的组成框图

测量值 z——是指被控变量的实际测量值。

偏差 e——是指设定值与被控变量的测量值（统一标准信号）之差。

操纵变量 q——是由控制器操纵，能使被控变量恢复到设定值的物理量或能量。如上例中的出水量。

扰动 f——除操纵变量外，作用于生产过程对象并引起被控变量变化的随机因素。如进料量的波动。

三、过程自动控制系统的过渡过程和品质指标

（一）控制系统的过渡过程

在工业生产中，被控变量稳定是人们所希望的。但扰动却随时存在，在扰动作用下，被控变量会偏离设定值。而控制系统的作用就是调整操纵变量使被控变量回到其设定值上来。为此介绍几个常用的基本概念。

（1）静态：被控变量不随时间变化的平衡状态称为自动控制系统的静态。

（2）动态：被控变量随时间变化的不平衡状态称为自动控制系统的动态。

（3）过渡过程：自动控制系统由一个平衡状态过渡到另一个平衡状态的动态过程，称为自动控制系统的过渡过程。

过渡过程能反映出控制系统的质量好坏。而过渡过程与所受扰动的情况有着直接的关系。扰动没有固定的形式，是随机的。为了分析和设计控制系统时方便，常采用形式和大小固定的扰动信号来描述扰动过程，其中最常用的、也是工程上较常见的扰动形式，是扰动的突然加入，造成被控变量突然地增加（或减少）。这种扰动形式被称为阶跃扰动，如图 8-4 所示。

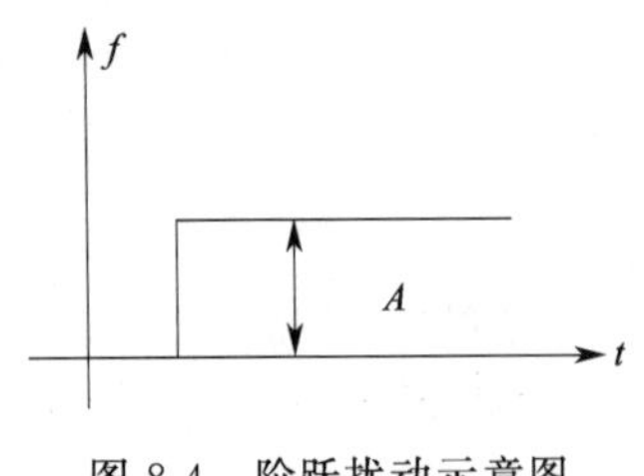

图 8-4 阶跃扰动示意图

在阶跃扰动下，过渡过程大体有图 8-5 所示的几种形式。其中图 8-5(a) 为发散振荡过程，它表明系统在受到扰动作用后，控制系统不但不能把被控变量调回到设定值上来，反而使系统的振荡越来越剧烈，从而远离设定值；图 8-5(b) 为等幅振荡过程，它表明控制系统使被控变量在设定值附近作等幅振荡，也不会稳定在设定值；图 8-5(c) 为衰减振荡过程，它表明被控变量振荡一段时间后，最终能趋向一个稳定状态；图 8-5(d) 为非周期衰减的单调过程，被控变量经过很长时间后才能慢慢稳定到某一数值上。

其中，图 8-5(a)、图 8-5(b) 属于不稳定的过渡过程，是生产上所不允许的。图 8-5(c)、图 8-5(d) 属于稳定的过渡过程，但图 8-5(d) 过渡过程时间太长，一般不采用。总上所示，图 8-5(c) 是最理想的过渡过程形式。

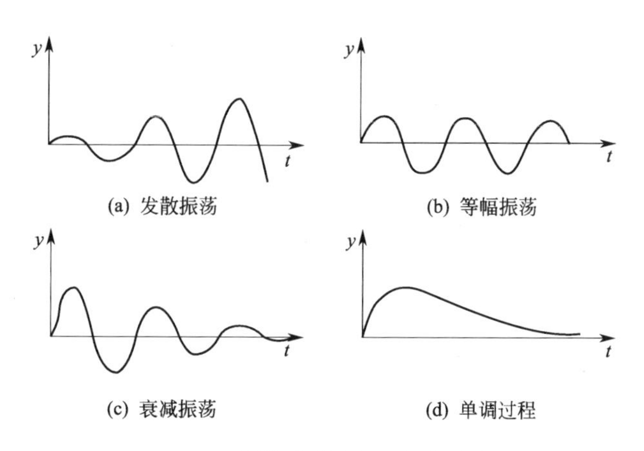

图 8-5　过渡过程的几种基本形式

（二）控制系统的品质指标（针对定值系统）

一个好的控制系统应该具有稳定性好、准确性好、速度快等特点。

控制系统的过渡过程能反映出控制系统的品质质量。而过渡过程中，人们最希望得到的是衰减振荡系统，但同样是衰减振荡系统，质量也有区别。所以为了评价控制系统的质量，我们习惯用下面几个参数为品质指标，来表征控制系统的好坏。如图 8-6 所示。

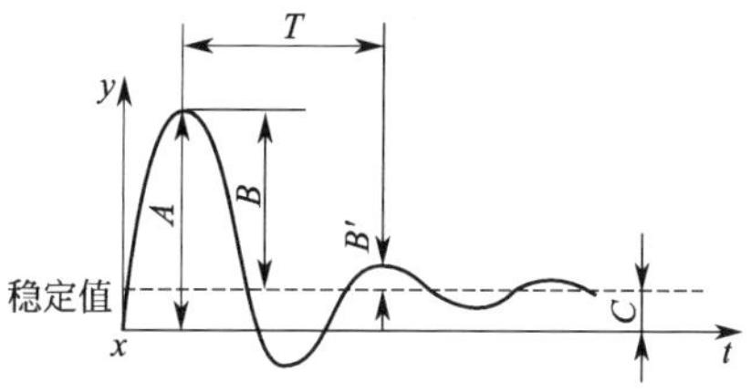

图 8-6　过渡过程质量指标示意图

1. 最大偏差 *A*（或超调量 *B*）

它是衡量过渡过程稳定性的一个动态指标。它有两种表示方法，其一是用被控变量偏离设定值的最大程度来描述，即最大偏差，用图 8-6 中的 A 表示，它是一个绝对值的概念，并不十分确切；其二可用被控变量偏离新稳态值 $y(\infty)$ 的最大程度来描述，即绝对超调量，用图 8-6 中的 B 表示，不管最大偏差 A 还是绝对超调量 B 都不能确切地描述被控变量偏离设定值的最大程度，所以，工程实际中比较常用是一个相对值的概念，即相对超调量 σ：

$$\sigma=B/y(\infty)\times100\%$$

由图可见：$A=B+C$。如果系统的新稳定值等于设定值，那么最大偏差 A 就等于绝对超调量 B，我们希望相对超调量 σ 越小越好。

2. 衰减比 *n*

它是衡量控制系统稳定性的一个动态指标。它是指过渡过程曲线同方向相邻两个峰值之比。若第一个波与同方向第二个波的波峰分别为 B、B'，则衰减比 $n=B/B'$，或习惯表示为 $n:1$。可见 n 愈小，B' 越接近 B，过渡过程愈接近等幅振荡，系统不稳定；而 n 愈大，过渡过程愈接近单调过程，过渡过程时间太长。所以一般认为衰减比 4∶1 至 10∶1 为宜。

3. 余差 *C*

它是衡量控制系统准确性的静态指标。是指被控变量的设定值 x_0 与过渡过程终了时的新稳态值 $y(\infty)$ 之差，用 C 表示。

$$C=x_0-y(\infty)$$

4. 振荡周期 *T*（或振荡频率 *f*）

过渡过程曲线相邻两波峰之间的时间称作振荡周期，用 T 表示。其倒数称为工作频率，

用 f 表示。它是衡量控制系统控制速度的品质指标。

此外，还有一些指标，就不一一介绍了。

作为好的控制系统，一般希望最大偏差或超调量小一些（系统稳定性好），余差小一些（控制精度高），振荡周期短一些（控制速度快），衰减比适宜。但这些指标之间既相互矛盾，又互相关联，不能同时满足。因此，应根据具体情况分出主次，优先保证主要指标。

第二节 简单控制系统及其控制方案的确定

一、简单控制系统的组成

所谓简单控制系统，是指由一个测量变送器、一个控制器、一个执行器和一个控制对象所构成的闭环控制系统，也称为单回路控制系统。如图 8-7 所示，为一典型的液位简单控制系统实例。其中，图 8-7(a) 为简单控制系统组成框图，图 8-7(b) 为简单控制系统组成控制符号图。

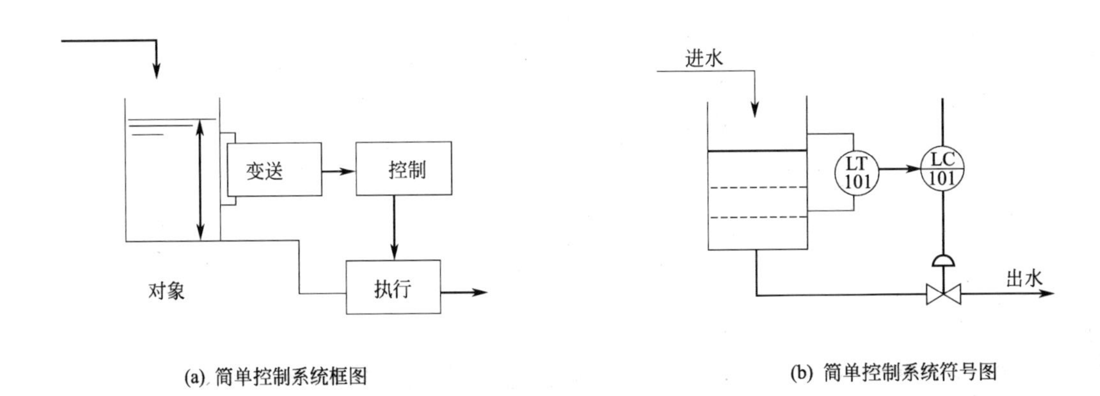

图 8-7 液位控制系统示意图

从图中不难看出简单控制系统构成简单，所需仪表数量很少，投资也很小，操作维护也比较方便，而且在一般情况下，都能满足生产过程中工艺对控制质量的要求。

二、控制符号图

控制符号图通常包括字母代号、图形符号和数字编号等。将表示某种功能的字母及数字组合成的仪表位号置于图形符号之中，就表示出了一块仪表的位号、种类及功能。

（一）图形符号

1. 连接线

通用的仪表信号线均以细实线表示。在需要时，电信号可用虚线表示；气信号在实线上打双斜线表示。

2. 仪表的图形符号

仪表的图形符号是一个细实线圆圈。对于不同的仪表，其安装位置也有区别，图形符号如表 8-1 所示。

表 8-1　仪表安装位置的图形符号

序号	安装位置	图形符号	序号	安装位置	图形符号
1	就地安装仪表		4	就地仪表盘面安装仪表	
2	嵌在管道中的就地安装仪表		5	集中仪表盘后安装仪表	
3	集中仪表盘面安装仪表		6	就地仪表盘后安装仪表	

（二）字母代号

（1）同一字母在不同位置有不同的含义或作用。处于首位时表示被测变量或被控变量；处于次位时作为首位的修饰，一般用小写字母表示；处于后继位时代表仪表的功能或附加功能。例如：

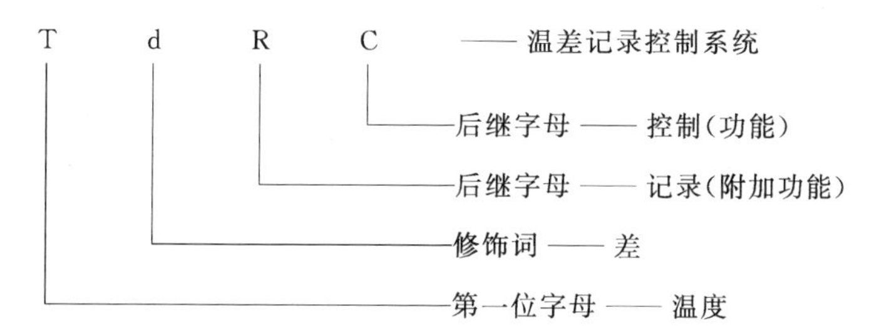

根据上述规定，我们不难看出：TdRC 实际上是一个“温差记录控制系统”的代号。

（2）常用字母功能

① 首位变量字母：压力（P），流量（F），物位（L），温度（T），成分（A）。

② 后继功能字母：变送器（T），控制器（C），执行器（K）。

③ 附加功能：R—仪表有记录功能；I—仪表有指示功能；都放在首位和后继字母之间。S—开关或联锁功能；A—报警功能；都放在最末位。需要说明的是，如果仪表同时有指示和记录附加功能，只标注字母代号“R”；如果仪表同时具有开关和报警功能，只标注代号“A”；当“SA”同时出现时，表示仪表具有联锁和报警功能。常见字母变量的功能见表 8-2 所示。

表 8-2　字母代号的含义

字母	第一位字母		后继字母
	被测变量或初始变量	修饰词	功能
A	分析(成分) Analytical		报警 Alarm
B	喷嘴火焰 Burner Flame		供选用 User's Choice
C	电导率 Conductivity		控制 Control
D	密度 Density	差 Differential	

续表

字母	第一位字母		后继字母
	被测变量或初始变量	修饰词	功能
E	电压(电动势) Voltage		检测元件 Primary Element
F	流量 Flow	比(分数) Ratio	
G	尺度(尺寸) Gauging		玻璃 Glass
H	手动(人工触发) Hand(Manually Initiated)		
I	电流 Current		指示 Indicating
J	功率 Power	扫描 Scan	
K	时间或时间程序 Time or Time Sequence		自动-手动操作器 Automatic-Manual
L	物位 Level		指示灯 Light
M	水分或湿度 Moisture or Humidity		
N	供选用 User's Choice		供选用 User's Choice
O	供选用 User's Choice		节流孔 Orifice
P	压力或真空 Pressure or Vacuum		试验点(接头) Testing Point(Connection)
Q	数量或件数 Quantity or Event	积分、积算 Integrate,Totalize	积分、积算 Integrate,Totalize
R	放射性 Radioactivity		记录、打印 Recorder or Print
S	速度、频率 Speed or Frequency	安全 Safety	开关或联锁 Switch or Interlock
T	温度 Temperature		传送 Transmit
U	多变量 Multivariable		多功能 Multivariable
V	黏度 Viscosity		阀、挡板、百叶窗 Valve, Damper,Louver
W	重量或力 Weight or Force		套管 Well
X	未分类 Undefined		未分类 Undefined
Y	供选用 User's Choice		继动器或计算器 Relay or Computing
Z	位置 Position		驱动、执行或未分类的执行器 Drive,Actuate or Actuate of Undefined

(三) 仪表位号及编号

每台仪表都应有自己的位号，一般由数字组成，写在仪表符号（圆圈）的下半部。例如：108 表示第Ⅰ工段 08 号仪表。

综上所述，图 8-8 表示了一个“温差控制器带记录和报警功能”，并且安装在第一工段 08 号位置上。需要说明的是，在工程上执行器使用最多的是气动执行阀，所以控制符号图中，常用阀的符号代替执行器符号。同时，也不难得出图 8-7(b) 简单液位控制系统的控制符号图，其中，液位变送器用符号 LT 表示，液位控制器用符号 LC 表示，101 表示仪表的工段及位号。

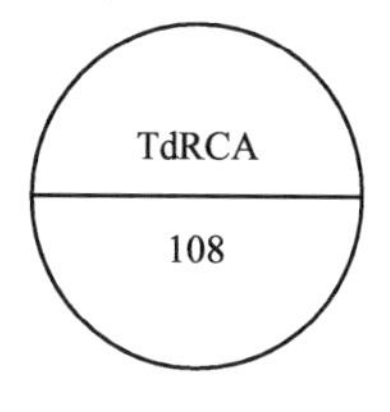

图 8-8　仪表控制符号示图

(四) 仪表符号图实例

见图 8-9 所示。

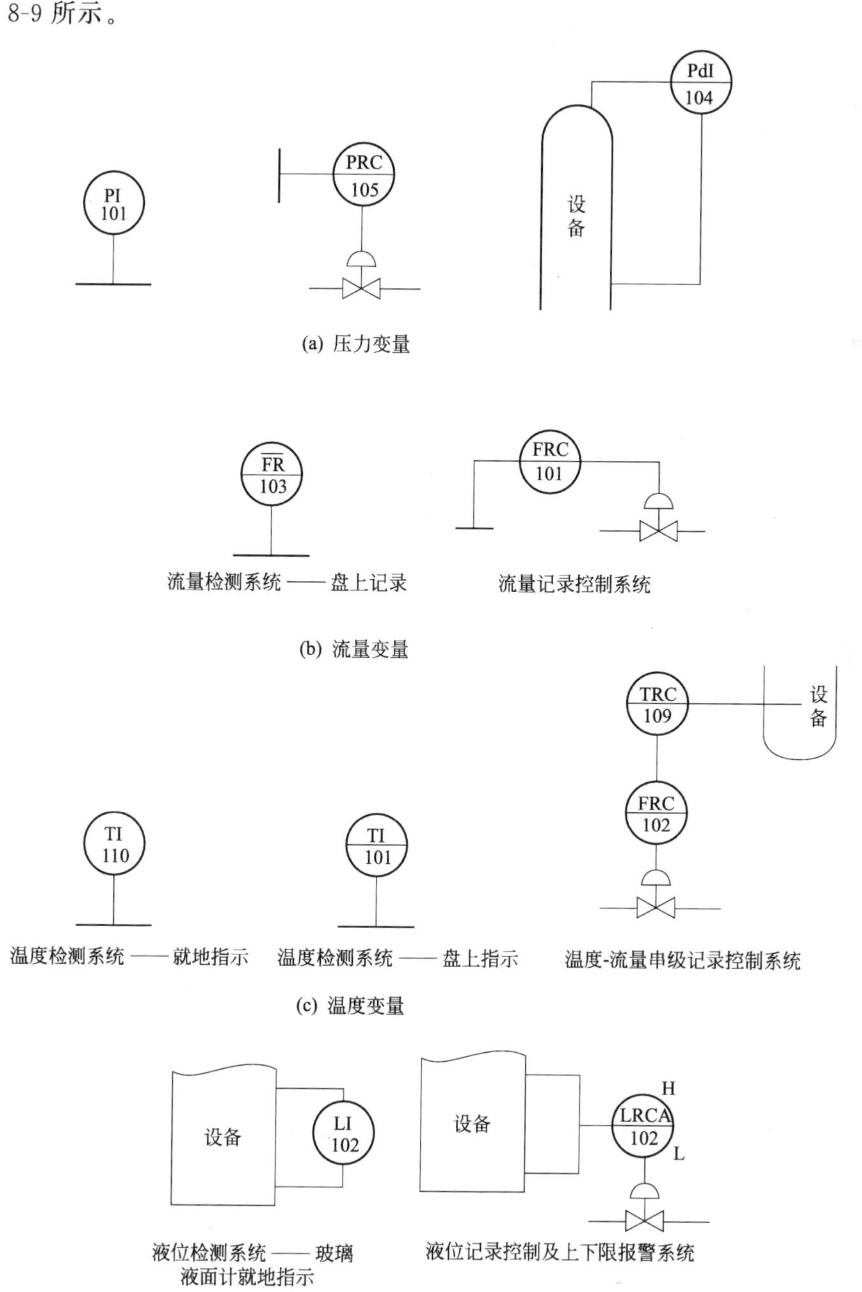

图 8-9　仪表符号图实例

三、简单控制系统控制符号图识图初步

如图 8-10 所示，是一个“氨冷器温度控制系统”带控制点的工艺流程图。图中有两个简单控制系统，“温度控制系统”是通过气氨的流量来控制氨冷器的物料出口温度的，是主系统。其中，TT 为温度变送器、TC 为温度控制器、执行器为气动调节阀。“液位控制系统”是通过液氨的流量来控制氨冷器的液氨液位的，是辅助系统。其中，LT 是液位变送器、LC 为液位控制器、执行器为气动控制阀。辅助系统“液位”是为了稳定主系统“温度”而引入的附加系统。

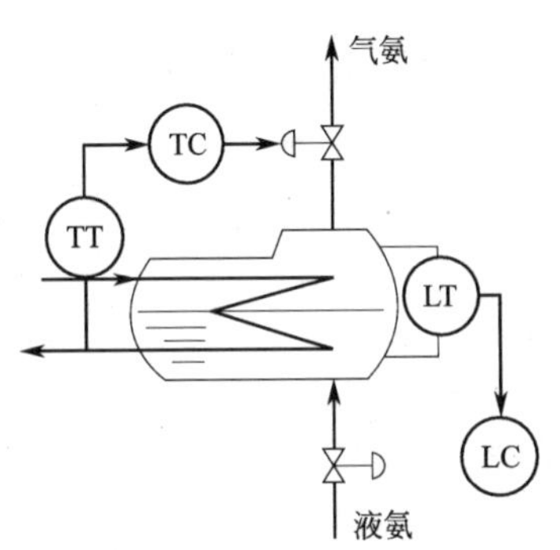

图 8-10 冷却器温度控制符号图

四、控制方案的确定

对于简单控制系统来说，控制方案的确定包括系统被控变量的选择、操纵变量的选择、执行器的选择和控制规律的确定等内容。

（一）被控变量的选择

被控变量的选取对于提高产品质量、安全生产以及生产过程的经济运行等因素具有决定性的意义。因此，必须深入了解工艺机理，找出对产品质量、产量、安全、节能等方面具有决定性的作用，同时又要考虑人工难以操作，或者人工操作非常紧张、步骤较为烦琐的工艺变量来作为被控变量。这里给出大家一般性的选用原则。

（1）被控变量一定是反映工艺操作指标或状态的重要变量。

（2）如果工艺变量本身（如温度、压力、流量、液位等）就是工艺要求控制的指标（称直接指标），应尽量选用直接指标作为被控变量。

（3）如果直接指标无法获得或很难获得，则应选用与直接指标有“单值对应关系”的间接指标作为被控变量。

（4）被控变量应该是为了保持生产稳定且需要经常控制调节的变量。

（5）被控变量一般应该是独立可控的，不致因调整它而引起其他变量有明显变化的变量。

（6）被控变量应该是易于测量、灵敏度足够大的变量。

了解被控变量选择的要求，有利于控制系统的正常操作。

（二）操纵变量的选择

在过程生产中，扰动是客观存在的，它是影响控制系统平稳操作的一种消极因素，而操纵变量则是专门用来克服扰动的影响，使控制系统重新恢复稳定（即让被控变量回归其设定值）的因素。因此正确选择操纵变量，是十分重要的。操纵变量的选择应考虑以下原则。

（1）操纵变量应对被控变量的影响大，反应灵敏，且使控制通道的放大系数大，时间常数小，滞后小，并能保证对被控变量的控制作用有力且及时。

（2）使扰动通道的时间常数尽量大，放大系数尽量小，把执行器（调节阀）尽量靠近扰动输入点，以减小扰动的影响。

（3）操纵变量是工艺上合理且允许调整又可以控制的变量。

（三）执行器的选择

在过程控制中，使用最多的是气动执行器，其次是电动执行器。而气动执行器中主要是以气动薄膜控制阀为主，选用的原则主要是考虑“安全”准则。气动调节阀分气开、气关两种形式，主要根据控制器输出信号为零（或气源中断）时，工艺生产的安全状态是需要阀开

或闭来选择气开、气关阀的。若气源中断时，工艺需要控制阀关死，则应选用“气开阀”；若气源中断时，工艺需要调节阀全开，则应选用“气关阀”。

（四）控制规律选择

控制器控制规律的选择对于系统的控制品质具有决定性的影响，所以选用合适的控制规律将十分重要，大致如下。

（1）对于对象控制通道滞后小，负荷变化不大，工艺要求不太高，被控变量可以有余差以及一些不太重要的控制系统，可以只用比例控制规律（P）。如中间储罐的液位、精馏塔的塔釜液位等。

（2）对于控制通道滞后较小，负荷变化不大，而工艺变量不允许有余差的系统，如流量、压力和要求严格的液位控制，应当选用比例积分控制规律（PI）。

（3）由于微分作用对克服容量滞后有较好的效果，对于容量滞后较大的对象（如温度）一般引入微分规律，构成 PD 或 PID 控制规律。对于纯滞后，微分作用无效。对于容量滞后小的对象，可不必用微分规律。

当控制通道的时间常数或滞后时间很大时，并且负荷变化也很大的场合，简单控制系统很难满足工艺要求，就应当采用复杂系统来提高过程控制的质量。一般情况下，可按表 8-3 来选用控制规律。

表 8-3　控制规律选择参考表

变　量	流　量	压　力	液　位	温　度
控制规律	PI	PI	P、PI	PID

例如，图 8-11 中，工艺要求冷凝器的液位要控制在设定值的 50%左右，经分析发现，该冷凝器的液位是能反映冷凝器工作状态的一个重要变量，而且是工艺要求的直接指标，也就是需要经常控制、又独立可调且易于检测的变量，因此我们把液位选择为被控变量应该最为合适。然而，能影响冷凝器液位的因素较多，如进入冷凝器的液态丙烯流量的大小，气态丙烯排出流量的大小，冷凝器内的温度、压力等都可以导致液位发生变化。经分析，我们认为液态丙烯的流量对液位影响最大，也最直接，而且还不是主物料流量，因此可以作为操纵变量。

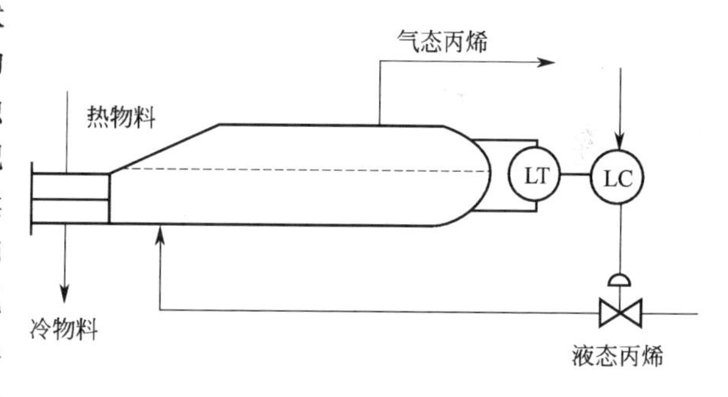

图 8-11　冷凝器的液位控制

执行器应选用“气开阀”，这是因为在任何时候，都不能是冷凝器的液态丙烯液位过高使气态丙烯带液而出现事故，也就是说，一旦控制器 LC 送出信号为零（或气源中断），应使执行器（控制阀）关死，那么恢复气源或控制器有控制信号来时，控制阀应能打开。

由于上述举例为液位控制，因此可选择比例 P 或比例积分 PI 控制规律。

第三节　控制器的参数整定

当控制系统方案已经确定，设备安装完毕后，那么控制系统的品质指标就主要取决于控制器参数的数值了。因此，如何确定最合适的比例度 δ、积分时间 T_i 和微分时间 T_d，以保证控制系统的质量就成为非常关键的工作了。所以，我们把确定最合适的比例度 δ、积分时间 T_i 和微分时间 T_d 的方法称为控制器的参数整定。控制器参数的整定方法很多，现介绍几种工程上常用的方法。

一、经验试凑法

这是一种在实践中很常用的方法。具体做法是：在闭环控制系统中，根据控制对象的情况，先将控制器参数设在一个常见的范围内，如表 8-4 所示。然后施加一定的干扰，以 δ、T_i、T_d 对过程的影响为指导，对 δ、T_i、T_d 逐个整定，直到满意为止。试凑的顺序有两种。

表 8-4 控制器参数的大致范围

控制系统	δ/%	T_i/min	T_d/min	说明
流量	40～100	0.1～1		对象时间常数小、有杂散干扰；δ 应大，T_i 应短，不必用微分
压力	30～70	0.4～3		对象滞后一般不大；δ 略小，T_i 略大，不用微分
液位	20～80			δ 小，T_i 较大，要求不高时可不用积分，不用微分
温度	20～60	3～10	0.5～3	对象多容量，容量滞后大，δ 小，T_i 大，加微分作用

（1）先试凑比例度，直到取得两个完整波形的过渡过程为止。然后，把 δ 稍放大 10% 到 20%，再把积分时间 T_i 由大到小不断凑试，直到取得满意波形。最后再加微分，进一步提高质量。

在整定中，若观察到曲线振荡频繁，应当增大比例度（目的是减小比例作用）以减小振荡；曲线最大偏差大且趋于非周期时，说明比例控制作用小了，应当加强，即应减小比例度；当曲线偏离设定值，长时间不回复，应减小积分时间；如果曲线一直波动不止，说明振荡严重，应当加长积分时间以减弱积分作用；如果曲线振荡的频率快，很可能是微分作用强了，应减小微分时间；如果曲线波动大而且衰减慢，说明微分作用较小，未能抑制住波动，应加长微分时间。总之，一面看曲线，一面分析和调整，直到满意为止。

（2）从表 8-4 中取 T_i 的某个值。如果需要微分，则取 $T_d=(1/3\sim1/4)T_i$。然后对 δ 进行凑试，也能较快达到要求。实践证明，在一定范围内适当组合 δ 与 T_i 数值，可以获得相同的衰减比曲线。也就是说，δ 的减小可用增加 T_i 的办法来补偿，而基本上不影响控制过程的质量。所以，先确定 T_i、T_d 再确定 δ 也是可以的。

二、衰减曲线法

衰减曲线法比较简单，可分两种方法。

（一）4∶1衰减曲线法

当系统稳定时，在纯比例作用下，用改变设定值的办法加入阶跃干扰，观察记录曲线的衰减比。然后逐次从大到小地改变比例度，直到出现4∶1的衰减比为止。如图 8-12 所示。记下此时的比例度 δ_S（称 4∶1 衰减比例度）和衰减周期 T_S，再按表 8-5 的经验数据来确定 PID 值。

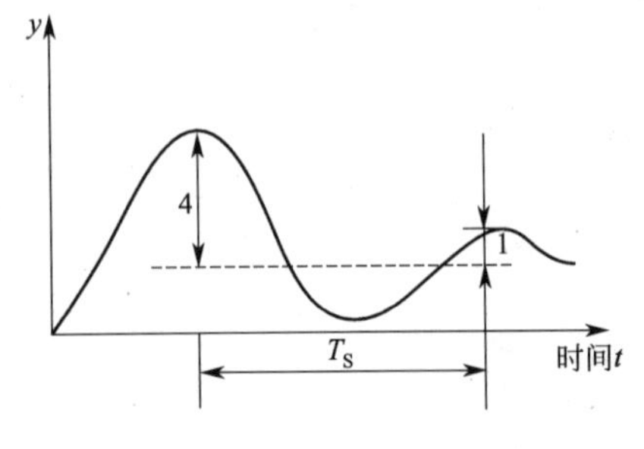

图 8-12 4∶1 衰减曲线示图

表 8-5　4∶1 衰减曲线法参数计算表

调节作用	$\delta/\%$	$T_i/\min$	$T_d/\min$
比例	δ_S		
比例积分	$1.2\delta_S$	$0.5T_S$	
比例积分微分	$0.8\delta_S$	$0.3T_S$	$0.1T_S$

(二) 10∶1衰减曲线法

有些控制系统的过渡过程，4∶1 衰减仍嫌振荡过强，可采用 10∶1 衰减曲线法。见图 8-13，方法同上。得到 10∶1 衰减曲线，记下此时的比例度 δ'_S和上升时间 T'_S，再按表 8-6 的经验公式来确定 PID 数值。

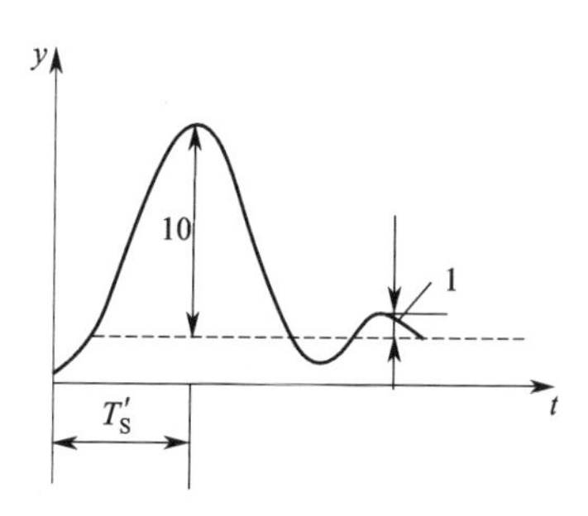

图 8-13　10∶1 衰减曲线示图

在加阶跃干扰时，加得幅度过小，则过程的衰减比不易判别，过大又为工艺条件所限制。所以一般在设定值的 5% 左右。扰动必须在工艺稳定时再加入，否则得不到正确的 δ_S、T_S 或 δ'_S、T'_S值。对于一些变化比较迅速、反应快的过程，在记录纸上严格得到 4∶1 衰减曲线较难，一般以曲线来回波动两次达到稳定，就近似地认为达到 4∶1 衰减过程了。

表 8-6　10∶1 衰减曲线法参数计算表

调节作用	$\delta/\%$	$T_i/\min$	$T_d/\min$
比例	δ'_S		
比例积分	$1.2\delta'_S$	$2T'_S$	
三作用	$0.8\delta'_S$	$1.2T'_S$	$0.4T'_S$

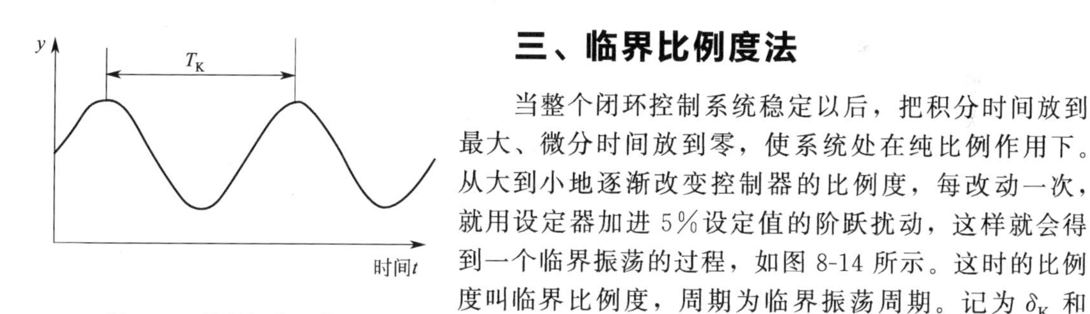

图 8-14　临界振荡示意图

三、临界比例度法

当整个闭环控制系统稳定以后，把积分时间放到最大、微分时间放到零，使系统处在纯比例作用下。从大到小地逐渐改变控制器的比例度，每改动一次，就用设定器加进 5% 设定值的阶跃扰动，这样就会得到一个临界振荡的过程，如图 8-14 所示。这时的比例度叫临界比例度，周期为临界振荡周期。记为 δ_K 和 T_K，然后按表 8-7 的经验公式来确定控制器的各参数值。

表 8-7　临界比例度法参数计算表

控制作用	比例度 $\delta/\%$	积分时间 $T_i/\min$	微分时间 $T_d/\min$	控制作用	比例度 $\delta/\%$	积分时间 $T_i/\min$	微分时间 $T_d/\min$
P	$2\delta_K$			PD	$1.8\delta_K$		$0.1T_K$
PI	$2.2\delta_K$	$0.85T_K$		PID	$1.7\delta_K$	$0.5T_K$	$0.125T_K$

以上三种方法是工程上常用的方法，简单比较一下，不难看出，临界比例度法方法简单，容易掌握和判断，一般适用于流量、压力、液位和温度控制系统，但对于临界比例度比较小的系统不适用，容易超出允许范围。

衰减曲线法能适用于一般情况下的各种控制系统，但对于干扰频繁和记录曲线不规则、不断有小摆动的系统不适用，因为找不出正确的 4∶1 衰减比例度 δ_S 和衰减周期 T_S，自然也就无法计算出合适的 δ 和 T_i、T_d。

经验试凑法，简单方便，容易掌握，能适用于各种系统，特别对于外界干扰作用频繁、记录曲线不规则的系统，这种方法很合适。但时间上有时很不经济，有时对一个不熟悉的系统要花很多天的时间。但不管怎样，经验试凑法是用得最多的一种控制器参数整定方法。

第四节 简单控制系统的投运及应用举例

不管是哪种控制系统，其投运一般都分三大步骤，即准备工作、手动操作、自动运行。

一、准备工作

(1) 熟悉工艺过程。了解工艺机理、各工艺变量间的关系、主要设备的功能、控制指标和要求等。

(2) 熟悉控制方案，对所有的检测元件和控制阀的安装位置、管线走向等要心中有数，并要掌握过程控制工具的操作方法。

(3) 对检测元件、变送器、控制器、执行器和其他有关装置，以及气源、电源、管路等进行全面检查，保证处于正常状态。

(4) 负反馈控制系统的构成　过程控制系统应该是具有被控变量负反馈的闭环系统。即如果被控变量值偏高，则控制作用应该使之降低，反之亦反。

“负反馈”的实现，完全取决于构成控制系统各个环节的作用方向。也就是说，控制系统中的对象、变送器、控制器、执行器都有作用方向，可用“+”、“−”号来表示。为使控制系统构成负反馈，则四个环节的作用方向的乘积应为“−”。以下就各环节的作用方向进行分析。

① 被控对象的作用方向　确认被控变量和操纵变量，当控制阀开大时，如果被控变量增加，则对象为“正作用方向”（记为“+”号），反之为“反作用方向”（记为“−”号）。例如，图8-15所示的储槽液位控制系统，被控变量为储槽液位 L，操纵变量为流体流出的流量 F。当控制阀开大时，F 增大，则 L 下降，所以该对象的作用方向为“反作用方向”（−）。

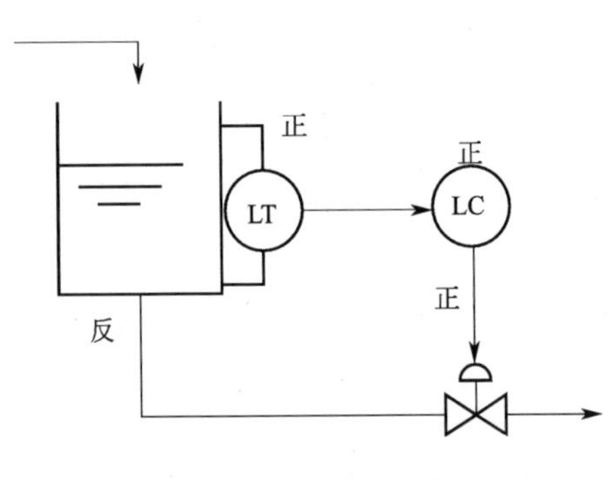

图 8-15　液位控制系统

② 变送器的作用方向　一般来说变送器的作用方向只有一个选择，即“正方向”，因为它要如实反映被控变量的大小，所以被控变量液位 L 增加，其输出信号也自然增大。所以变送器总是记为“+”。

③ 执行器的作用方向（指阀的气开、气关形式）　在前面章节已经提到过，要从安全角度来选择执行器的气开、气关形式。一般来说，假若出现突发事故，断掉信号后，从安全角度，工艺上需要阀全开，则选用“气关阀”（记为“−”号）；若需要阀全关，则选用“气开阀”（记为“+”号）。如果本例不允许储槽液位过低，否则会发生危险。则从安全角度，选用“气开阀”（+）。

④ 控制器的作用方向　前面三个环节的作用方向除了变送器是固定的以外，其余两个是随工艺和控制方案的确定而确定的，不能随意改变。所以就希望控制器的作用方向能具有灵活性，可根据需要任意选择和改变。这就是控制器一定要有正/反作用选择功能的原因所在。控制器的作用方向要由其他几个环节来决定。

因为要求：

“对象”×“变送器”×“执行器”×“控制器”=“负反馈”

所以对于本例题就有：

“－”×“＋”×“＋”×“控制器”=“－”

所以，“控制器”＝“＋”，即该控制器必须为“正作用”。上述为简单系统控制器的作用方向选择准则及方法，目的是为了构成“负反馈”。

⑤ 控制器控制规律的选择　构成负反馈的过程控制系统，只是实现良好控制的第一步。下一步就是要选择好控制器的控制规律。控制规律对控制质量影响很大，必须根据不同的过程特性（包括对象、检测元件、变送器及执行器作用途径等）来选择相应的控制规律，以获得较高的控制质量，前面已经描述，这里不再重复。

二、手动投运

(1) 通气、加电，首先保证气源、电源正常。

(2) 测量、变送器投入工作，用高精度的万用表检测测量变送器信号是否正常。

(3) 使控制阀的上游阀、下游阀关闭，手调副线阀门，使流体从旁路通过，使生产过程投入运行。

(4) 用控制器自身的手操电路进行遥控（或者用手动定值器），使控制阀达到某一开度。等生产过程逐渐稳定后，再慢慢开启上游阀，然后慢慢开启下游阀，最后关闭旁路，完成手动投运。

三、切换到自动状态

在手动控制状态下，一边观察仪表指示的被控变量值，一边改变手操器的输出信号（相当于人工控制器）进行操作。待工况稳定后，即被控变量等于或接近设定值时，就可以进行手动到自动的切换。

如果控制质量不理想，微调 PID 的 δ、T_i、T_d 参数，使系统质量提高，进入稳定运行状态。

四、控制系统的停车

停车步骤与开车相反。控制器先切换到“手动”状态，从安全角度使控制阀进入工艺要求的关、开位置，即可停车。

五、系统的故障分析、判断与处理

过程控制系统投入运行，经过一段时间的使用后会逐渐出现一些问题。作为工艺操作人员，掌握一些常见的故障分析和排除故障处理诀窍，对维护生产过程的正常运行具有重要的意义。下面简单介绍一些常见的故障判断和处理方法。

（一）过程控制系统常见的故障

(1) 控制过程的控制质量变坏。

(2) 检测信号不准或仪表失灵。

(3) 控制阀控制不灵敏。

(4) 压缩机、大风机的输出管道喘振。

(5) 反应釜在工艺设定的温度下产品质量不合格。

(6) DCS 现场控制站 FCS 工作不正常。

(7) 在现场操作站 OPS 上运行软件时找不到网卡存在。

（8）DCS 执行器操作界面显示“红色通信故障”。

（9）DCS 执行器操作界面显示“红色模板故障”。

（10）显示画面各检测点显示参数无规则乱跳等。

（二）故障的简单判别及处理方法

在工艺生产过程出现故障时，首先判断是工艺问题还是仪表本身的问题，这是故障判别的关键。一般来讲主要通过下面几种方法来判断。

1. 记录曲线的比较

（1）记录曲线突变：工艺变量的变化一般是比较缓慢的、有规律的。如果曲线突然变化到“最大”或“最小”两个极限位置上，则很可能是仪表的故障。

（2）记录曲线突然大幅度变化：各个工艺变量之间往往是互相联系的。一个变量的大幅度变化一般总是引起其他变量的明显变化。如果其他变量无明显变化，则这个指示大幅度变化的仪表（及其附属元件）可能有故障。

（3）记录曲线不变化（呈直线）：目前的仪表大多数很灵敏，工艺变量有一点变化都能有所反映。如果较长时间内记录曲线一直不动或原来的曲线突然变直线，就要考虑仪表有故障。这时，可以人为地改变一点工艺条件，看看仪表有无反应，如果无反应，则仪表有故障。

2. 控制室仪表与现场同位仪表比较

对控制室的仪表指示有怀疑时，可以去看现场的同位置（或相近位置）安装的直观仪表的指示值，两者的指示值应当相等或相近，如果差别很大，则仪表有故障。

3. 仪表同仪表之间比较

对一些重要的工艺变量，往往用两台仪表同时进行检测显示，如果二者不同时变化，或指示不同，则其中一台有故障。

（三）典型问题的经验判断及处理方法

利用一些有经验的过程工艺技术人员对控制系统及工艺过程中积累的经验来判别故障，并进行排故处理。譬如：上述十个常见故障其处理方法如表 8-8 所示。

表 8-8 故障的经验判断处理表

故障	原因	排故方法
（1）控制过程的调节质量变坏	对象特性变化 设备结垢	调整 PID 参数
（2）测量不准或失灵	测量元件损坏 管道堵塞、信号线断	分段排查 更换元件
（3）控制阀控制不灵敏	阀芯卡堵或腐蚀	更换
（4）压缩机、大风机的输出管道喘振	控制阀全开或全闭	不允许全开或全闭
（5）反应釜在工艺设定的温度下产品质量不合格	测量温度信号超调量太大	调整 PID 参数
（6）DCS 现场控制站 FCS 工作不正常	FCS 接地不当	接地电阻小于 4Ω
（7）在现场操作站 OPS 上运行软件时找不到网卡存在	工控机上网卡地址不对 中断设置有问题	重新设置
（8）DCS 执行器操作界面显示“红色通信故障”	通信连线有问题或断线	按运行状态 设置“正常通信”
（9）DCS 执行器操作界面显示“红色模板故障”	模板配置和插接不正确	重插模板 检查跳线、配置
（10）显示画面各检测点显示参数无规则乱跳等	输入、输出模拟信号 屏蔽故障	信号线、动力线分开； 变送器屏蔽线可靠接地

第五节　复杂控制系统

简单控制系统是目前过程控制系统中最基本、最广泛使用的系统，解决了大量工艺变量的定值控制问题。但随着现代化生产对产品质量的要求越来越高，要求过程控制的手段也越来越高，由于工业过程的发展、生产工艺的更新，特别是生产规模的大型化和生产过程的复杂化，必然导致各变量之间的相互关系更加复杂、对控制手段的要求也越来越高。为了适应更高层次的要求，在简单控制系统基础上，出现了串级、均匀、比值、分程、前馈、选择等复杂控制系统以及一些更新型的控制系统，分别介绍如下。

一、串级控制系统

(一) 串级控制的目的

在复杂控制系统中，串级控制系统的应用是最广泛的。以精馏塔控制为例，如图 8-16 所示。

精馏塔的塔釜温度是保证塔底产品分离纯度的重要依据，一般需要其恒定，所以要求有较高的控制质量。为此，我们以塔釜温度为被控变量，以对塔釜温度影响最大的加热蒸汽为操纵变量组成“温度控制系统”，如图 8-16(a) 所示。

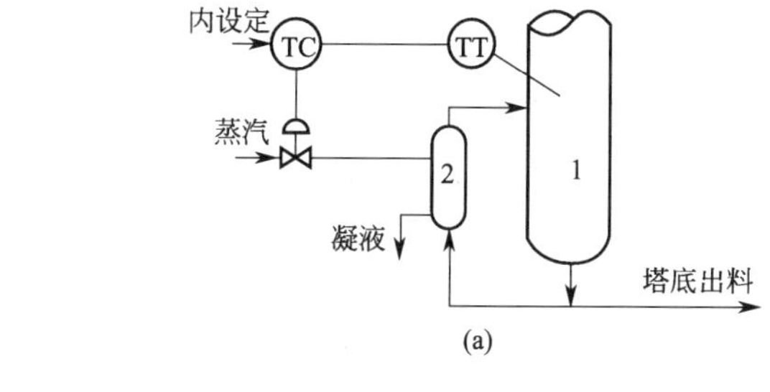

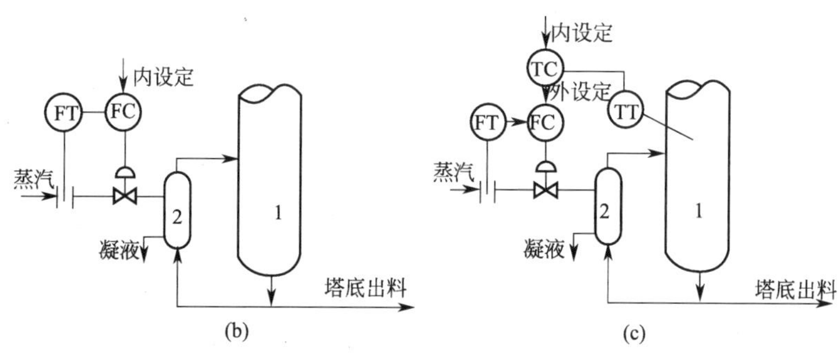

图 8-16　精馏塔塔釜温度控制

1—精馏塔塔釜；2—再沸器

但是，如果蒸汽流量频繁波动，将会引起塔釜温度的变化。尽管图 8-16(a) 的温度简单控制系统能克服这种扰动。可是，这种克服是在扰动对温度已经产生作用，使温度发生变化之后进行的。这势必对产品质量产生很大的影响。所以这种方案，并不十分理想。

因此，使蒸汽流量平稳就成了一个非解决不可的问题。希望谁平稳就以谁为被控变量是很常用的方法，图 8-16(b) 的控制方案就是一个保持蒸汽流量稳定的控制方案。这是一种预防扰动的方案，就克服蒸汽流量影响这一点，应该说是很好的。但是对精馏塔而言，影响塔釜温度的不只是蒸汽流量，比如说进料流量、温度、成分的干扰，也同样会使塔釜温度发生改变，这是方案图 8-16(b) 所无能为力的。

所以，最好的办法是将二者结合起来。即将最主要、最强的干扰以图 8-16(b) ——流量控制的方式预先处理（粗调），而其他干扰的影响最终用图 8-16(a) ——温度控制的方式彻底解决（细调）。但若将图 8-16(a)、图 8-16(b) 机械地组合在一起，在一条管线上就会出现两个控制阀，这样就会出现相互影响、顾此失彼（即关联）的现象。所以将二者处理成图 8-16(c)，即将温度控制器的输出串接在流量控制器的外设定上，由于出现了信号相串联的形式，所以就称该系统为“提馏段温度串级控制系统”。这里需要说明的是二者结合的最终目的是为了稳定主要变量（温度）而引入了一个副变量（流量）所组成的“复杂控制系统”。

(二) 串级控制系统的组成

由前面的分析可知，显然串级控制系统中有两个测量变送器，两个控制器，两个对象，一个控制阀，其系统组成框图如图 8-17 所示。为了区分，我们以主、副来对其进行描述，故有如下的常用术语。

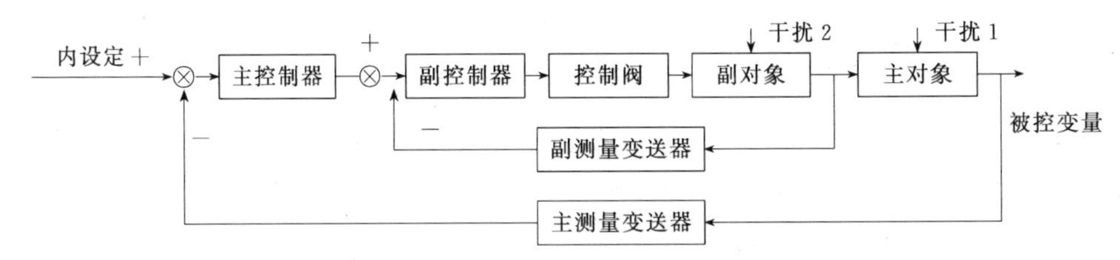

图 8-17 精馏塔塔釜温度-流量串级控制系统

主变量——工艺最终要求控制的被控变量，如上例中精馏塔塔釜的温度。

副变量——为稳定主变量而引入的辅助变量，如上例中的蒸汽流量。

主对象——表征主变量的生产设备，如上例中包括再沸器在内的精馏塔塔釜至温度检测点之间的工艺设备。

副对象—— 表征副变量的生产设备，如上例中的蒸汽管道。

主控制器——按主变量与工艺设定值的偏差工作，其输出作为副控制器的外设定值，在系统中起主导作用，如上例中的 TC。

副控制器——按副变量与主控制器来的外设定值的偏差工作，其输出直接操纵控制阀，如上例中的 FC。

主测量变送器—— 对主变量进行测量及信号转换的变送器，如上例中的 TT。

副测量变送器 ——对副变量进行测量及信号转换的变送器，如上例中的 FT。

主回路——是指由主测量变送器，主、副控制器，控制阀和主、副对象构成的外回路，又叫主环或外环。

副回路——是指由副测量变送器，副控制器，控制阀和副对象构成的内回路，又称副环或内环。

由图可见，主控制器的输出作为副控制器的外设定，这是串级控制系统的一个特点。

(三) 控制过程分析

正常情况下，进料温度、压力、组分稳定，蒸汽压力、流量也稳定，则塔釜温度也就稳定在设定值。

一旦扰动出现，上述平衡就会被破坏。下面就扰动出现的位置不同来进行分析。

1. 扰动进入副回路

如蒸汽流量（或压力）变化，这种扰动首先影响副回路，使副回路的测量值偏离外设定值，流量控制系统依据偏差进行工作，改变执行器的开度，从而使流量稳定。如果扰动幅度较小，流量控制系统会使主变量（塔釜温度）基本不受影响。若扰动幅度较大，由于有副环的控制作用，即使对主变量温度有些影响，也是很小的。也可以由主环进一步消除（细调）。

2. 扰动进入主回路

如进料温度变化，该扰动直接进入主回路，使塔釜温度受到影响，偏离设定值，它与设定值的差值（偏差）使主控制器的输出发生变化，从而使副控制器的设定值发生改变。该设定值与副变量之间也出现偏差，该偏差可能很大，于是副控制器采取强有力的控制作用，使蒸汽流量大幅度变化，从而使主变量很快回到设定值上。因此对于进入主回路的扰动，串级控制系统要比简单控制系统的控制作用更快更有力。

3. 扰动同时进入主、副回路

如果上述的两种扰动同时存在，主控制器按“定值控制系统”工作，而副控制器既要克服副回路的扰动，又要跟随主控制器工作，使副控制器产生较大的偏差，于是会产生比简单控制系统大几倍甚至几十倍的控制作用，该强有力的控制作用，使主变量的控制质量得到大大的改善。

综上所述，串级控制系统有很强的克服扰动的能力，特别是对进入副环的扰动，控制力度将更快更大。

（四）串级控制的特点

（1）主回路为定值控制系统，而副回路是随动控制系统。

（2）结构上是主、副控制器串联，主控制器的输出作为副控制器的外设定，形成主、副两个回路，系统通过副控制器操纵执行器。

（3）抗干扰能力强，对进入副回路扰动的抑制力更强，控制精度高，控制滞后小。因此，它特别适用于滞后大的对象，如温度等系统。

（五）回路和变量的选择

（1）副回路应包括尽可能多的扰动，尤其是主要扰动。

（2）副回路的时间常数要小、反应要快。一般要求副环要比主环至少快三倍。

（3）所选择的副变量一定是影响主变量的直接因素。

二、均匀控制系统

（一）均匀控制的目的

工业生产装置的生产设备都是前后紧密联系的。前一设备的出料往往是后一设备的进料。如图 8-18 中，脱丙烷塔（简称 B 塔）的进料来自第一脱乙烷塔（简称 A 塔）的塔釜。对 A 塔来说，需要保证塔釜液位稳定，故有图 8-18 中的液位定值控制系统。而对 B 塔来说，希望进料量较稳定，故有图 8-18 中的流量定值控制系统。假设由于扰动作用，使 A 塔塔釜液位升高，则液位控制系统会使阀门 1 开度开大，以使 A 塔液位达到要求。但这一动作的结果，却使 B 塔进料量增大高于设定值，则流量定值控制系统又会关小阀门 2，以保持流量稳定，这样两塔的供需就出现了矛盾，在同一个管道上两阀“开大”、“关小”使连续流动的流体无所适从。

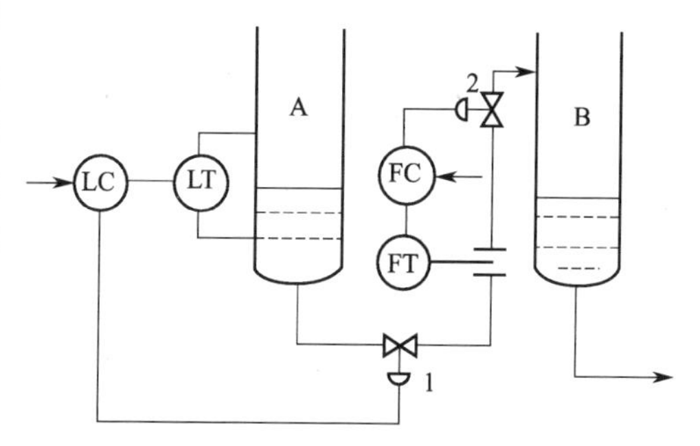

图 8-18　塔釜物料供求关系示图

A—第一脱乙烷塔；B—脱丙烷塔

为了解决前后工序的供求矛盾，使两个变

量之间能够互相兼顾和协调操作，则采用均匀控制系统，事实上均匀控制是按系统所要完成的功能命名的。

（二）均匀控制的特点

多数均匀控制系统都是要求兼顾液位和流量两个变量，也有兼顾压力和流量的，其特点是：不仅要使被控变量保持不变（不是定值控制），而又要使两个互相联系的变量都在允许的范围内缓慢变化。

（三）均匀控制方案

1. 简单均匀控制系统

简单均匀控制系统如图 8-19 所示，在结构上与一般的单回路定值控制系统是完全一样的。只是在控制器的参数设置上有区别。

2. 串级均匀控制系统

简单均匀控制系统结构非常简单，操作方便。但对于复杂工艺对象常常存在着控制滞后的问题。减小滞后的最好方法就是加副环构成串级控制系统，这就形成了串级均匀控制系统，如图 8-20 所示。

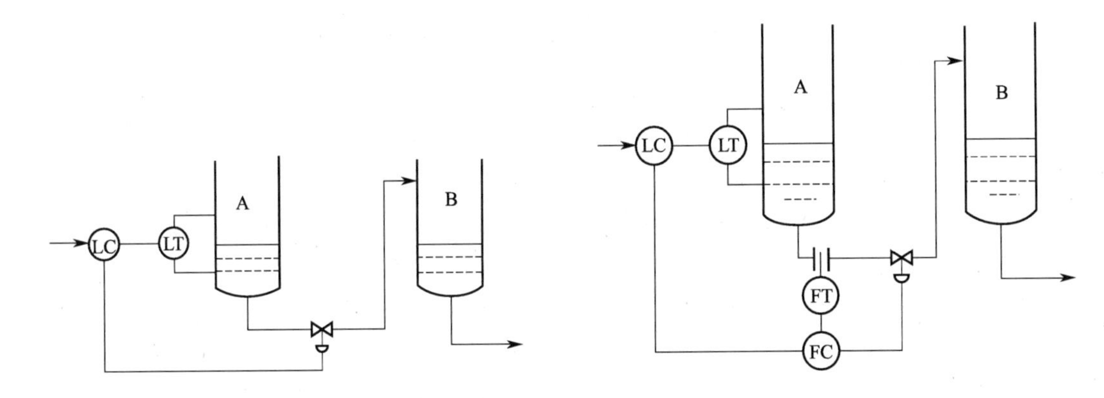

图 8-19 均匀控制系统示意图　　图 8-20 串级均匀控制系统示意图

串级均匀控制系统在结构上与一般串级控制系统也完全一样，但目的不一样，差别主要在于控制器的参数设置上。整个系统要求一个“慢”字，与串级系统的“快”要求相反。主变量和副变量也只是名称上的区别，主变量不一定起主导作用，主、副变量的地位由控制器的取值来确定。两个控制器参数的取值都是按均匀控制的要求来处理。副控制器一般选比例作用就行了，有时加一点积分作用，其目的不全是为了消除余差，而只是弥补一下为了平缓控制而放得较弱的比例控制作用。主控制器用比例控制作用，为了防止超出控制范围也可适当加一点积分作用。主控制器的比例度越大，则副变量的稳定性就越高，实际工作中主控制器比例度可以大到不失控即可。在控制器参数整定时，先副后主，结合具体情况，用经验试凑法将比例度从小到大逐步调试，找出一个缓慢的衰减非周期过程为宜。

三、比值控制系统

（一）比值控制的目的

在工业生产中，常会遇到将两种或两种以上物料按一定比例（比值）混合或进行化学反应的问题。如合成氨反应中，氢氮比要求严格控制在 3∶1，否则，就会使氨的产量下降；加热炉的燃料量与鼓风机的进氧量也要求符合一定的比值关系，否则，会影响燃烧效果。比值控制的目的就是实现两种或两种以上物料的比例关系。

（二）比值系数

在需要保持比值关系的两种物料中，必有一种物料处于主导地位，称为主物料（主流量），表征这种物料的变量称为主动量 F_1；而另一种物料按主物料进行配比，在控制过程中，随主物料变化而变化，称为从物料（副流量），表征其特征的变量称为从动量 F_2。且 F_1 与 F_2 的比值称为比值系数，用 K 表示。

$$K=F_1/F_2$$

（三）比值控制方案

1. 开环比值控制系统

图 8-21 为开环比值控制系统，F_1 为不可控的主动量，F_2 为从动量。当 F_1 变化时，要求 F_2 跟踪 F_1 变化，以保持 $F_1/F_2=K$。由于 F_2 的调整不会影响 F_1，故为开环系统。

开环控制方案构成简单，使用仪表少，只需要一台纯比例控制器或一台乘法器即可。而实质上，开环比值控制系统只能保持阀门开度与 F_1 之间成一定的比例关系。而当 F_2 因阀前后压力差变化而波动时，系统不起控制作用，实质上很难保证 F_1 与 F_2 之间的比值关系。该方案对 F_2 无抗干扰能力，只适用于 F_2 很稳定的场合，故在实际生产中很少使用。

2. 单闭环比值控制系统

为了解决开环比值控制对副流量无抗干扰能力的问题，我们增加了一个副流量闭环控制系统，这就构成了单闭环比值控制系统，如图 8-22 所示。它从结构上与串级控制系统很相似，但由于单闭环比值控制系统主动量 F_1 仍为开环状态，而串级控制系统主、副变量形成的是两个闭环，所以二者还是有区别的。

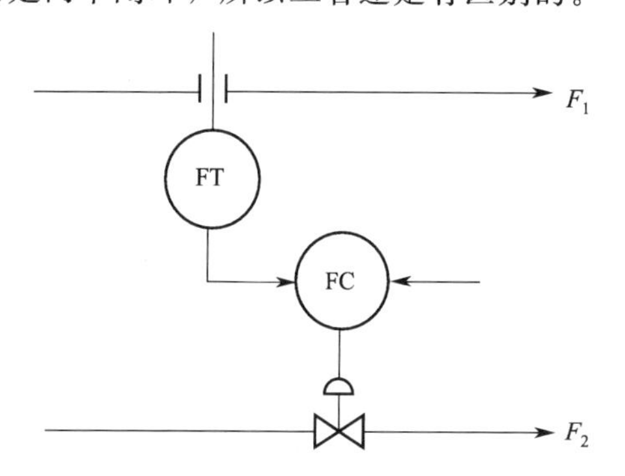

图 8-21　开环比值控制系统

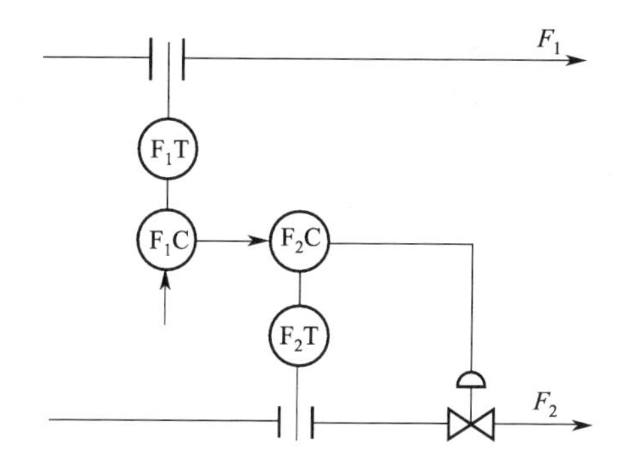

图 8-22　单闭环比值控制系统

该方案中，副变量的闭环控制系统有能力克服影响到副流量的各种扰动，使副流量稳定。而主动量控制器 F_1C 的输出作为副动量控制器 F_2C 的外设定值，当 F_1 变化时，F_1C 的输出改变，使 F_2C 的设定值跟着改变，导致副流量也按比例地改变，最终，保证 $F_1/F_2=K$。

单闭环比值控制系统构成较简单，仪表使用较少，实施也较方便，特别是比值较为精确，因此其应用十分广泛。尤其适用于主物料在工艺上不允许控制的场合。但由于主动量不可控，所以总流量不能固定。

除了以上介绍的比值控制系统外，还有双闭环比值控制系统以及变比值控制系统，在此不再作介绍。

所谓"冲量"，实质上就是变量。为了提高控制品质，往往引入辅助冲量构成多冲量控制系统，这里的冲量是指引入系统的测量信号。

工业锅炉是工业生产中重要的动力设备，锅炉汽包的水位控制是极其重要的控制。如果水位过低，容易使汽包的水全部汽化烧坏锅炉甚至引起爆炸。水位过高，则影响汽水分离效果，使蒸汽带水，影响后面设备安全。

影响汽包水位的因素除了加热汽化这一正常因素外，还有蒸汽负荷和给水流量的波动。当负荷突然增大（用汽量增大），汽包压力突然降低，水就会急剧汽化，出现大量汽泡，使水的体积似乎大了许多，形成“虚假液位”，实际上水很少。

如果使用简单的单冲量（即单变量）控制系统，一旦负荷急剧变化，虚假液位出现，控制器就会误认为液位升高而关小供水阀。结果，使急需供水的汽包反而减小供水，势必影响生产甚至造成危险。

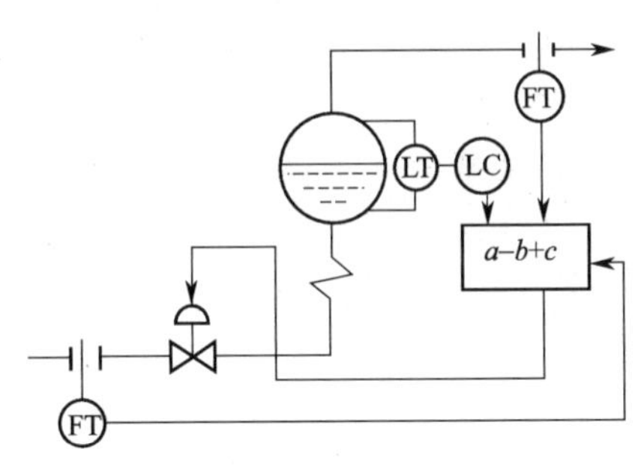

图 8-23 三冲量控制系统

为此，可以采取双冲量控制，即在单冲量控制的基础上再加一个蒸汽冲量，以克服虚假液位的影响。当负荷突然变化时，蒸汽流量信号通过加法器与水位信号叠加，假水位出现时，液位信号企图关小给水阀，而蒸汽信号却要开大给水阀，这就可以克服虚假液位的影响。

实际工程中常用的是图 8-23 所示的三冲量控制系统，它是在双冲量控制的基础上再加一个给水流量的冲量，使它与液位信号的作用方向一致，用以克服给水压力波动的影响。液位信号 a、蒸汽流量 b、给水流量信号 c 经加法器后共同作用于调节阀，实现三冲量控制。

可见，多冲量是多变量的意思，不是物理上的“冲量”。三冲量控制也还有其他的形式，具体情况可见本书第十章。

四、分程控制系统

（一）分程控制系统的构成

分程控制系统是由一个控制器的输出，带动两个或两个以上工作范围不同的控制阀。控制阀多为气动薄膜控制阀，分气开和气关两种形式。它的工作信号是 20～100kPa 的气信号，对于气开阀来说，控制器送来的气压信号越大，阀门的开度也越大，即信号为 20kPa 时，阀全关（开度为 0%），信号为 100kPa 时，阀全开（开度为 100%），气关阀则相反。而控制器送给控制阀的信号一般都是4～20mA DC 的直流电流，要用电/气转换器或电/气阀门定位器来实现由 4～20mA DC 到 20～100kPa 的转换。分程控制系统就是利用阀门定位器的这种功能将控制器的输出分成几段，用每段分别控制一个阀门。如通过调整阀门定位器，使

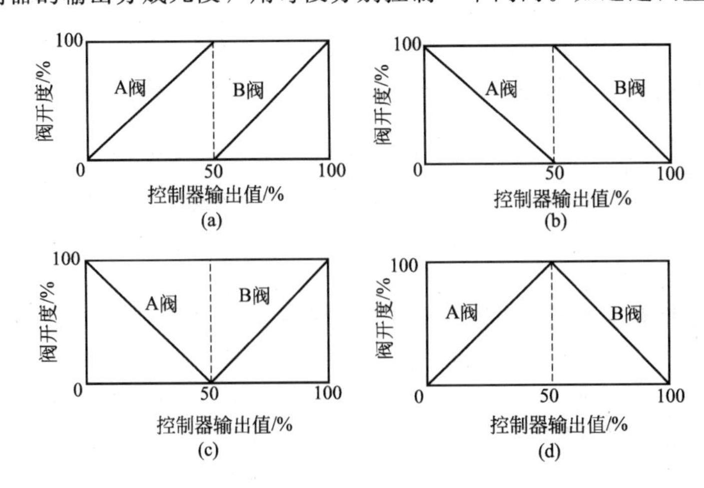

图 8-24 分程关系图

A阀在20～60kPa的信号范围内走完全程，使B阀在60～100kPa的信号范围内走完全程。根据气开、气关阀的形式不同，可将分程控制系统分为四种，如图8-24所示。其中图8-24(a)为两阀均为气开阀的情况；图8-24(b)为两阀均为气关阀的情况；图8-24(c)中A为气关阀，B为气开阀；图8-24(d)中A为气开阀，B为气关阀。

分程控制系统中控制阀的作用方向选择（气开或气关），要根据生产工艺的实际需要来确定。

（二）分程控制的应用场合

（1）实现几种不同的控制手段　工艺上有时要求对一个被控变量采用两种或两种以上的介质或手段来控制。图8-25所示为一个反应器的温度分程控制系统。反应器配好物料以后，开始要用蒸汽对反应器加热启动反应过程。由于合成反应是一个放热反应，待化学反应开始后，需要及时用冷水移走反应热，以保证产品质量。这里就需要用分程控制手段来实现两种不同的控制工程。

图中A阀为气关阀，B阀为气开阀，分程关系如图8-24(c)所示。

开始时，反应器内的温度没有达到设定值，即测量值很小，故“正作用控制器”（控制器有正、反作用之分，正作用时，控制器输出随测量值增加而增加，反作用时，控制器输出随测量值增加而减少）的输出很小，经阀门定位器转换后的气动信号也很小，接近20kPa。于是，阀A全开，阀B全关，蒸汽进入夹套，使反应器内的温度升高。随着温度的升高，控制器输出值增大，从分程关系图上可以看出，A阀开度减小，蒸汽量减小。当反应开始后，放热反应使反应器内温度升得更高，此时控制器的输出值会越来越大，经阀门定位器转换后的信号大于60kPa，于是A阀全关，停止进蒸汽。同时B阀逐渐开大，冷水进入夹套，给反应器降温。从而完成了用两种手段实现对一个被控变量进行控制的任务。

（2）用于扩大控制阀的可调范围，改善控制品质。

在生产过程中，有时要求控制阀有很大的可调范围才能满足生产需要。如化学“中和过程”的pH值控制，有时流量有大幅度的变化，有时只有小范围的波动。用大口径阀不能进行精细调整，用小口径阀又不能适应流量大的变化。这时可用大小两个不同口径的控制阀，如图8-26所示并联即可。

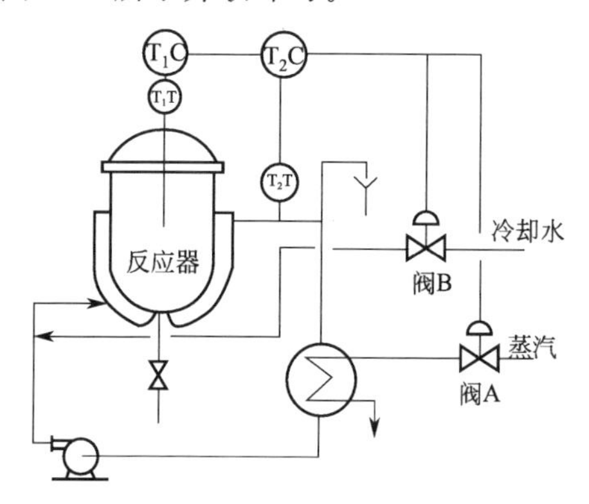

图8-25　夹套式反应器的温度分程控制系统

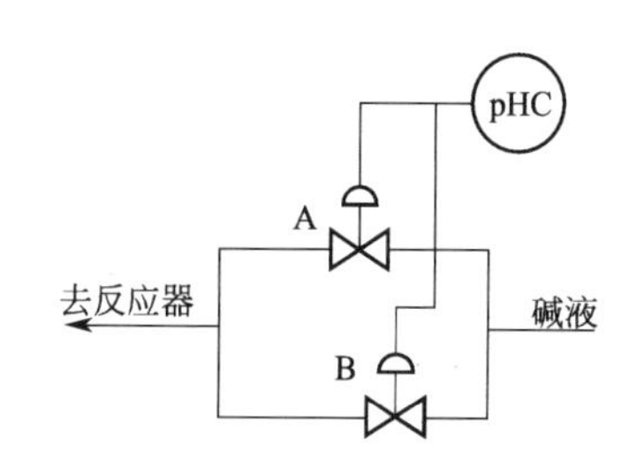

图8-26　大小阀分程控制

五、选择性控制系统

（一）选择性控制的目的

一般的过程控制系统只能在生产工艺处于正常状态下工作，如果出现特殊情况，通常有两种处理方法。一是利用联锁保护系统自动报警后停车；二是转为人工操作，使生产逐步恢复正常。但这两种方法都存在着不足，因为紧急停车虽然安全，但经济损失很大，时间也长。人工紧急处理虽然经济，但人工操作紧张，容易出错，操作的可靠性也较差。而选择性控制系统能克服二者的不足。所谓选择性控制系统，就是有两套控制系统可供选择。正常工况时，选择一套，而生产短期内处于不正常状态时，则选择另一套。这样既不停车又达到了自动保护的目的。所以，选择性控制又叫取代控制或超驰控制。如果说自动联锁是硬保护的话，那么选择性控制就是软保护。

（二）选择性控制系统的类型

选择性控制什么时候用哪一套控制系统要由选择器来选择。根据选择器的位置及选择的内容不同，可将选择性控制系统分为如下几种类型。

（1）选择器在变送器与控制器之间，对被控变量进行选择。

（2）选择器在控制器与控制阀之间，对不同的控制器或操纵变量进行选择。

（三）应用举例

图 8-27 所示为氨冷器选择性控制系统。氨冷器是用液氨蒸发吸热来冷却物料的，该方案是为了保证冷却后物料的出口温度为工艺所要求的数值。当物料出口温度偏高时，应增加液氨进量，以便有更多的液氨蒸发使物料出口温度降低。但如果氨冷器中的液位太高，使蒸发空间减小，影响液氨蒸发，温度反倒降不下来。甚至使得气氨带液，进入氨压缩机出现“液击”现象而造成压缩机发生安全事故。所以要求氨冷器中的液位也不能超过某一限度。为此，还要增加一个液位控制器 LC，用一台低值选择器 LS 在两个控制器之间按工况进行选择就构成了“对不同控制器选择的”选择性控制系统。

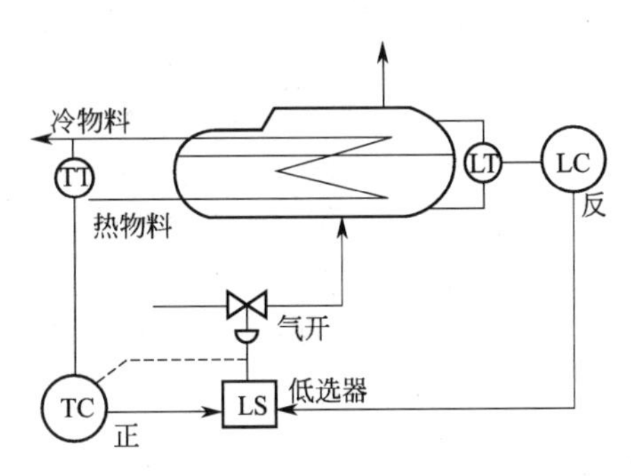

图 8-27 氨冷器的选择性控制

正常工况时，液位低于设定值，反作用的液位控制器的输出很大，低值选择器选择了输出信号低的温度控制器来控制气开阀。当出口物料温度很高时，液氨进量加大。如果液位接近或超过了设定值，液位控制器（反作用）的输出就下降。当下降到小于温度控制器的输出值时，低值选择器就切断温度控制器的输出，而选择液位控制器来控制控制阀（气开阀），使液位下降，增大蒸发空间，以降低物料出口温度。温度控制器的输出也随着减小，当小于液位控制器的输出时，又重新被选中。这就是选择性控制系统的工作过程。其他种类的选择，原理都是一样的，这里不再讨论。

六、前馈控制系统

（一）前馈控制的目的

大多数控制系统都是具有反馈的闭环控制系统，对于这种系统，不管什么干扰，只要引起被控变量变化，都可以消除掉，这是反馈（闭环）控制系统的优点。例如图 8-28 所示的换热器出口温度的反馈控制，无论是蒸汽压力、流量的变化，还是进料流量、温度的变化，只要最终影响到了出口温度，该系统都有能力进行克服。但是这种控制都是在扰动已经造成影响，被控变量偏离设定值之后进行的，控制作用滞后。特别是在扰动频繁，对象有较大滞后时，对控制质量的影响就更大了。所以如果我们预知某种扰动（如进料流量）是主要干扰，最好能在它影响到出口温度之前就将其抑制住。如图 8-29 所示的方案，进料量刚一增大，FC 立即使蒸汽阀门开大，用增加的蒸汽来对付过多的冷物料。如果设计得好，可以基本保证出口温度不受影响。这就是前馈控制系统，所谓前馈控制系统是指按扰动变化大小来进行控制的系统。其目的就是克服滞后，将扰动克服在其对被控变量产生影响之前。

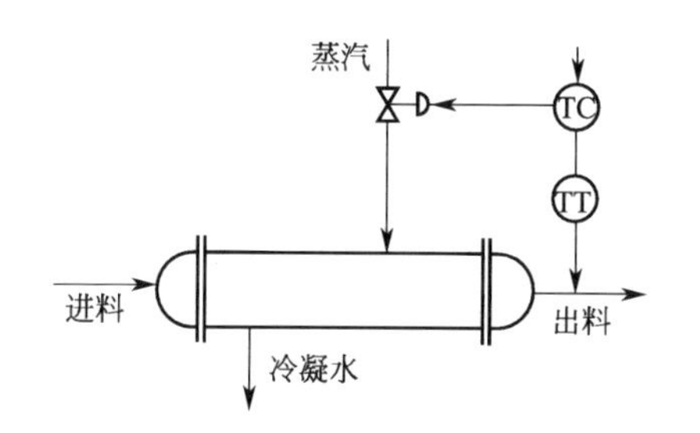

图 8-28　换热器的反馈控制

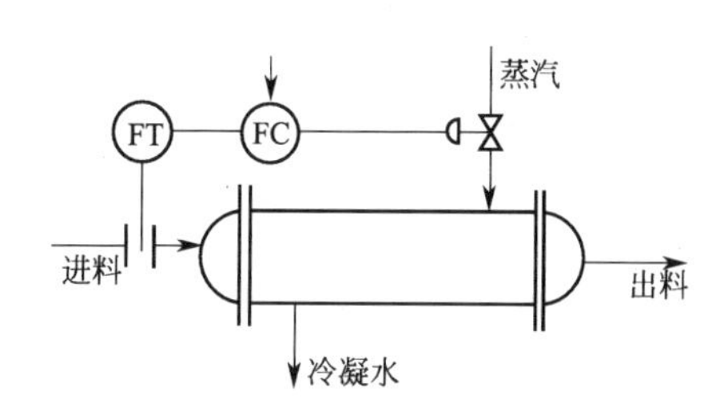

图 8-29　换热器的前馈控制

(二) 前馈控制的特点

(1) 前馈控制是基于不变性原理工作的，比反馈控制及时有效。

如果能使控制系统对被控变量的影响与扰动对被控变量的影响大小相等、方向相反的话，就能完全克服扰动对被控变量的影响。

(2) 前馈控制属于开环控制系统。

反馈控制的控制结果可以通过反馈得到检验，而前馈控制的控制结果是否达到了要求不得而知，因此要想实现对扰动的完全克服，就必须对被控对象的特性作深入的研究和彻底的了解。

(3) 前馈控制没有通用的控制器，而是视对象而定“专用”控制器。

(4) 一种前馈只能克服一种干扰。

(三) 前馈-反馈控制

前面提到反馈控制能保证被控变量稳定在所要求的设定值上，但控制作用滞后。而前馈控制作用虽然超前，但又无法知道和保证控制效果。所以较理想的做法是综合二者的优点，构成前馈-反馈控制系统，如图 8-30 所示。用前馈来克服主要干扰，再用反馈来克服其他干扰以使被控变量稳定在所要求的设定值上。

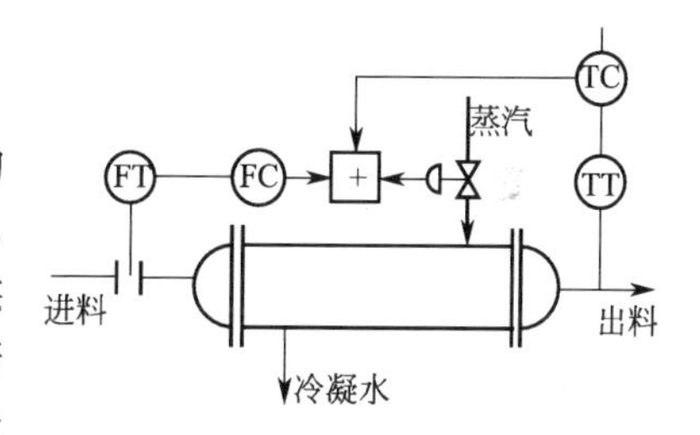

图 8-30　换热器的前馈-反馈控制

第六节 控制流程图识图

在分析了过程对象、控制规律对控制质量的影响；简单和复杂控制系统的组成、特点及控制符号图的画法以后，作为工艺技术人员，能读懂较复杂的工艺流程图就显得至关重要了。

一、常规控制流程图的识图

如图 8-31 所示，是一个“脱丙烷塔”带控制点的工艺流程图。我们参照该图来说明识图的基本步骤为：首先熟悉工艺流程图，其次再分析控制系统图，最后了解自动检测系统图。

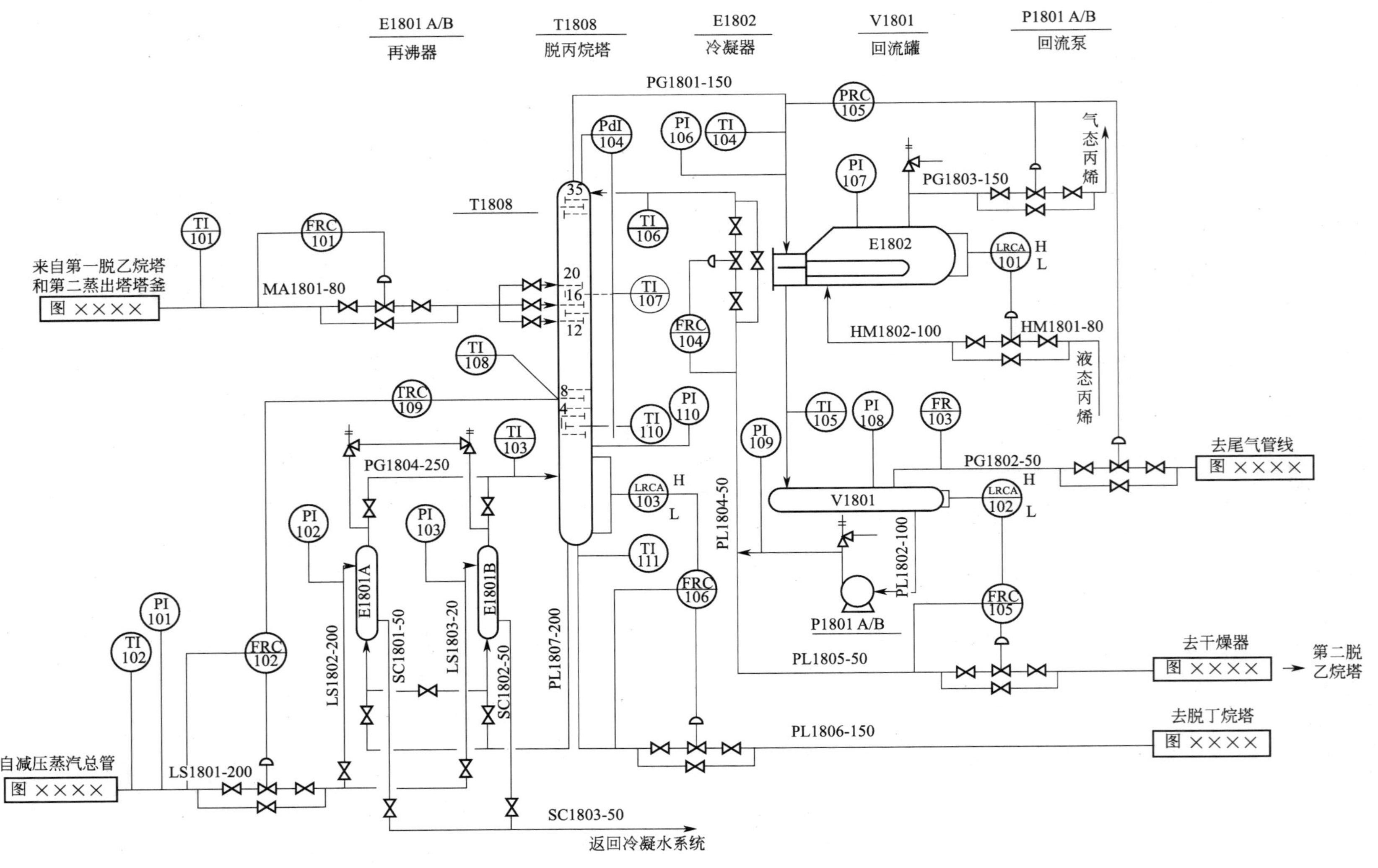

图 8-31 脱丙烷塔带控制点流程图

（一）熟悉工艺流程

控制流程图是在工艺流程图的基础上设计出来的，所以要首先通过工艺流程图来熟悉工艺流程。

图 8-31 中，脱丙烷塔的主要任务是切割 C_3 和 C_4 混合馏分，塔顶轻组分关键是丙烷，塔釜重组分关键是丁二烯。

第一脱乙烷塔塔釜来的釜液和第二蒸出塔的釜液混合后进入脱丙烷塔（T1808），进料中主要含有 C_3、C_4 等馏分，为气液混合状态。进料温度 32℃，塔顶温度 8.9℃，塔釜温度为 72℃。塔内操作压力 0.75MPa（绝压）。采用的回流比约为 1∶13，冷凝器（E1802）由 0℃的液态丙烯蒸发制冷，再沸器（E1801A/B）加热用的 0.15MPa（绝压）减压蒸汽是由来自裂解炉的 0.6MPa（绝压）低压蒸汽与冷凝水混合制得的。

进料混合馏分经过脱丙烷塔切割分离，塔顶馏分被冷凝器冷凝后送至回流罐（V1801），回流罐中的冷凝液被泵（P1801A/B）抽出后，一部分作为塔顶回流，另一部分作为塔顶采出送至分子筛干燥器和低温加氢反应器，经过干燥和加氢后，作为第二脱乙烷塔的进料。回流罐中的少量不凝气体通过尾气管线返回裂解气压缩机或送至火炬烧掉。塔釜中釜液的一部分进入再沸器以产生上升蒸汽，另一部分作为塔底采出送至脱丁烷塔继续分离。

（二）分析自动控制系统

要想了解控制系统的情况，应该借助于控制流程图和自控方案来说明。这里仅就控制流程图进行说明。

图中共有 7 套控制系统。其中，主要回路是“TRC-109、FRC-102 提馏段温度与蒸汽流量串级控制系统”。主变量是提馏段温度，副变量是加热蒸汽流量；FRC-102 为副回路，对加热蒸汽流量进行控制；TRC-109 为主回路，对提馏段温度进行控制。当加热蒸汽压力波动不大时，通过“主/串”切换开关可使主控制器的输出直接去控制执行机构，实现主控。其余六个控制系统是主回路“TRC-109、FRC-102 提馏段温度与蒸汽流量串级控制系统”的辅助回路，它们是：

FRC-101 ——进料流量均匀控制系统，用于控制脱丙烷塔的进料流量。

LRCA-102、FRC-105 ——回流罐液位与塔顶采出流量的串级均匀控制系统，用于对回流罐液位和塔顶采出流量进行均匀控制。FRC-105 为副回路，LRCA-102 为主回路，并具有液位的上下限报警功能。

LRCA-103、FRC-106 ——塔釜液位与塔底采出流量的串级均匀控制系统，用于对塔釜液位和塔底采出流量进行均匀控制。

以上三套均匀控制系统，不仅能使塔釜液位和回流罐液位保持在一定范围内波动，而且也能保持塔的进料量、塔顶馏出液和塔釜馏出液流量平稳、缓慢地变化。基本满足各塔对物料平衡控制的要求。

PRC-105——脱丙烷塔压力控制系统。它以塔顶气相出料管中的压力为被控变量，冷凝器出口的气态丙烯流量为操纵变量构成单回路控制系统，以维持塔压稳定。

PRC-105——除了控制气态丙烯控制阀外，还可控制回流罐顶部不凝气体控制阀，这就构成了塔顶压力的分程控制系统。当塔顶馏出液中不凝气体过多，气态丙烯控制阀接近全开，塔压仍不能降下来时，压力控制器就使回流罐上方的不凝气体控制阀逐渐打开，将部分不凝气体排出，从而使塔压恢复正常。

LRCA-101——冷凝器液位控制系统。它以液态丙烯流量为操纵变量，以保证冷凝器有恒定的传热面积和足够的丙烯蒸发空间。

FRC-104——回流量控制系统。目的是保持脱丙烷塔的回流量一定，以稳定塔的操作。

（三）了解自动检测系统

温度检测系统 TI-101、TI-103、TI-104、TI-105、TI-106、TI-107、TI-108 分别对进料、再沸器出口、塔顶、冷凝器出口、塔顶回流、塔中、第七段塔板等各处温度进行检测并在控制室内的仪表盘面进行指示；TI-102、TI-110、TI-111 分别对再沸器加热蒸汽、塔釜、塔底采出等处的温度进行检测并在现场指示。

压力检测系统 PI-101、(PI-102、PI-103)、PI-106、PI-107、PI-108、PI-109、PI-110 等，分别对蒸汽总管、再沸器加热蒸汽、塔顶、冷凝器、回流罐、回流泵出口、塔底等处压力进行检测及现场指示。PdI-104 对塔顶塔底压差进行检测并在控制室的仪表盘面进行指示。

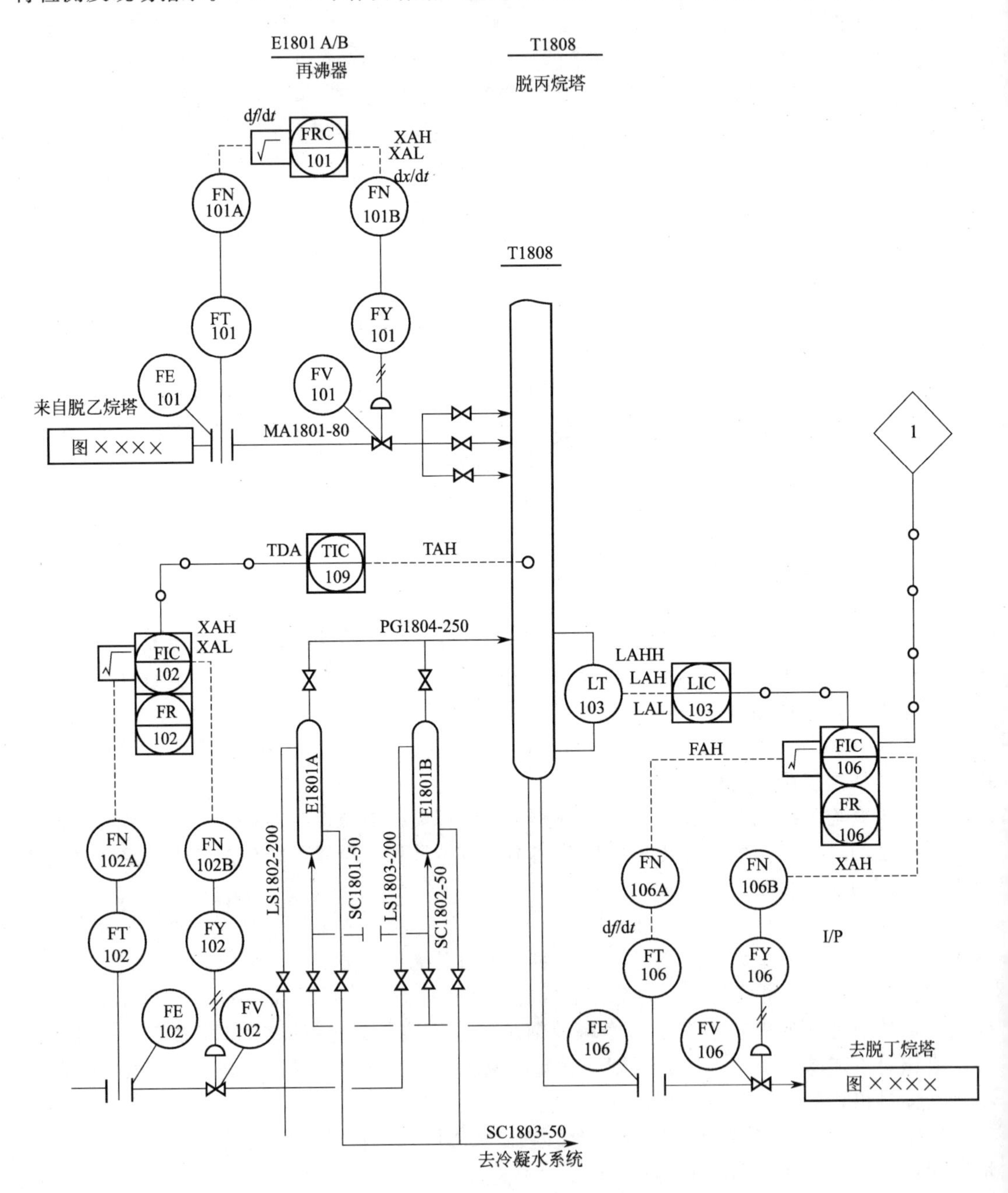

图 8-32 脱丙烷塔带控制点（计算机控制）流程图

流量检测系统 FR-103 对回流罐上方不凝气体排出量进行检测记录。

另外，在本装置中，由于被控的温度、压力、流量、液位等变量都十分重要，所以，在设置控制系统的同时，也设置了这些被控制变量的记录功能。

二、计算机控制流程图的识图初步

在现代过程控制中，计算机控制系统的应用十分广泛。现仍以脱丙烷塔工艺为基础，以计算机控制中的“集中分散型控制系统（DCS 系统）”为例，学习识读相关的控制流程图。

图 8-32 是采用集散型控制系统（DCS）进行控制的脱丙烷塔控制流程图的一个局部。

图中： FN——安全栅；

df/dt——流量变化率运算函数；

XAH——控制器输出高限报警；

XAL——控制器输出低限报警；

dx/dt——控制器输出变化率运算；

FY——I/P 电气转换器；

TAH——温度高限报警；

TDA——温度设定点偏差报警；

LAH——液位高限报警；

LAL——液位低限报警；

LAHH——液位高高限报警。

图 8-32 中，圆圈外用方框框住并中间带横线的标识——“计算机控制”，表示正常情况下操作员可以监控；若中间没有横线的标识——配计算机系统的检测环节，则表示正常情况下操作员不能监控。

第七节 典型过程控制系统

实现生产过程的自动化，其首要任务就是要确定系统的控制方案。而要确定出一个好的控制方案，需要自控和工艺技术人员的共同努力。他们必须深入了解生产的工艺过程，按照工艺过程的内在机理，并结合典型生产单元的操作过程，探讨、寻求最优的自动控制方案。其实，在实际生产单元中，过程设备种类繁多，控制方案也因对象的不同而各异。本单元就目前工业生产中应用较多的锅炉和精馏塔，仅从控制的角度出发，根据对象的特性和控制要求，简要讨论其控制方案，从而了解确定控制方案的共同原则和方法。

一、锅炉的过程控制

锅炉是工业生产中常见的必不可少的动力设备之一。在工厂里，要靠锅炉产生的蒸汽作为全厂的动力源和热源。例如电厂里的汽轮发电机，就是靠锅炉产生的一定温度和压力的过热蒸汽来推动的；化工厂里的许多换热器的热源大多是锅炉提供的蒸汽。锅炉产生蒸汽的压力和温度是否稳定，锅炉运行是否安全，直接影响到生产的能否正常进行，更关系到人员和设备的安全与否。因此，锅炉的过程控制十分重要。

为适应生产的需要，锅炉的大小、型号也有各种各样。锅炉的大小是以锅炉每小时产出的蒸汽量来衡量，小型锅炉每小时产几吨蒸汽，大的可产 200t 以上的蒸汽。产出的蒸汽压力有高、中、低之分。在应用类型上，可将锅炉分为动力锅炉和工业锅炉，其中工业锅炉又分为辅助锅炉、废热锅炉、快装锅炉、夹套锅炉等。锅炉的燃料也各不相同，有燃气型、燃油型、燃煤型和化学反应型等。

锅炉的工艺流程如图 8-33 所示。锅炉生产蒸汽的过程简述如下。

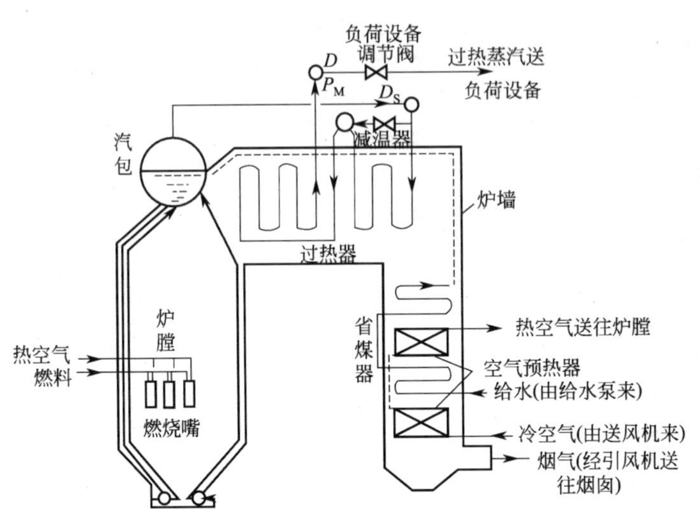

图 8-33 锅炉的工艺流程

燃料和热空气按一定比例混合后进入燃烧室燃烧，加热汽包内的水产生饱和蒸汽 D_S，经过过热器后形成一定温度的过热蒸汽 D，再汇集到蒸汽总管 P_M，最后经过负荷设备调节阀供给负荷设备使用。燃料在燃烧时产生的烟气，其热量一部分将饱和蒸汽变成过热蒸汽，另一部分经省煤器对锅炉供水和空气进行预热，最后由送风机从烟囱排入大气。

由上述过程可知，锅炉的正常运行必须要保持物料（水）的平衡和热量的平衡。

在物料平衡中的负荷是汽包内水的蒸发量，被控变量是汽包的液位，操纵变量是锅炉的给水量；在热量平衡中的负荷是蒸汽带走的热量，被控变量是蒸汽压力，操纵变量是燃料量。

上述的物料平衡和热量平衡是相互关联、相互影响的。汽包液位不仅受到给水流量的影响，而且也受到热量变化的影响。例如，当热量平衡被破坏，蒸汽压力发生变化后，会影响到汽包水面下蒸发管中的汽水混合物的体积，使汽包水位发生变化。同样蒸汽压力不仅受到燃料输入量的影响，而且进水量的变化也会影响到蒸汽压力的稳定。例如，给水流量增加时，由于冷水的温度低，会使汽包内的蒸发量减少，从而使蒸汽压力下降。

综上所述，锅炉的运行主要有以下三个方面的过程控制。

(一) 汽包水位控制

汽包水位控制系统是锅炉安全运行的必要保证，它要维持汽包内的水位在工艺允许的范围内。

(二) 燃烧系统的控制

该控制系统通过使燃料量与空气量保持一定的比值，以保证经济燃烧和锅炉的安全运行；同时还要使引风量与鼓风量相适应，以维持炉膛内的负压恒定不变。其最终目的是使燃料产生的热量满足蒸汽负荷的需要。

(三) 过热蒸汽系统的控制

这是一个温度控制系统，其作用：一是保持过热器出口温度在允许范围内；二是保证管壁的温度不超过允许工作温度。

汽包的液位是锅炉正常运行的重要指标。液位过高，由于蒸汽包上部空间变小，从而影响汽水分离，产生蒸汽带液现象；液位过低，则由于汽包的容积较小而负荷却很大，水的汽化速度加快，使得汽包内的储水量迅速减少，如不及时控制，就会使汽包内的水全部汽化，形成“干烧”，可能导致锅炉烧坏甚至爆炸的严重后果。

目前，锅炉汽包水位常采用单冲量、双冲量及三冲量控制方案。此处的“冲量”不是物理上定义的“作用在物体上的力和时间的乘积”的意思，而是一种表示“变量”的习惯延用。

1. 单冲量液位控制系统

锅炉的单冲量液位控制系统的原理图如图 8-34 所示。由图可知，这是一个典型的单回路控制系统，其被控变量是汽包水位，操纵变量是锅炉的给水量。当汽包水位偏离设定值时，变送器将测量到的信息送给控制器，按照特定的控制规律来开大或关小阀门，以增加或减少供水量，使汽包水位回到设定值上来。

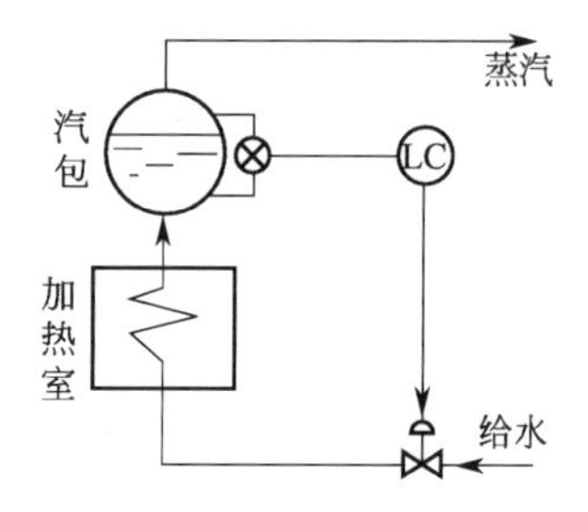

图 8-34 单冲量液位控制系统

安装在给水上的执行器（调节阀）从安全角度考虑应该选择气关阀，因为出现突发事故时（譬如，前级仪表故障或气源断气），为了避免事故发生，要求调节阀打开，使得汽包保证有水而避免爆炸。

影响锅炉汽包水位的主要扰动是蒸汽负荷的波动，因为用户的蒸汽需要量是在不断变化的。假设蒸汽需要量突然加大，汽包的压力会瞬时降低，水的沸腾加剧，使水加速汽化，水中的汽泡量会骤然增多。而汽泡的体积比其液态时的体积大很多倍，结果出现汽包内的水位不降反升的假象，即出现“假液位”。控制器获得的信息是“液位升高了”，本来该增加供水量，现在却错误地减少供水量。严重时会使汽包水位下降到危险区内以致发生事故。

产生上述“假液位”的主要原因是蒸汽负荷量的波动而造成“闪蒸”现象，如果把蒸汽流量信号引入控制系统，及时知道其变化情况，就可以克服这个主要扰动。这就形成了双冲量控制系统。

2. 双冲量液位控制系统

图 8-35 是锅炉液位的双冲量控制系统示意图，这里的“双冲量”是指汽包液位信号和蒸汽流量信号两个变量。它是一个前馈-反馈控制系统。液位信号从系统的输出端返回到输入端，因此属于反馈控制；蒸汽流量信号未经反馈而直接与液位控制器的输出信号相加，因此是前馈控制。

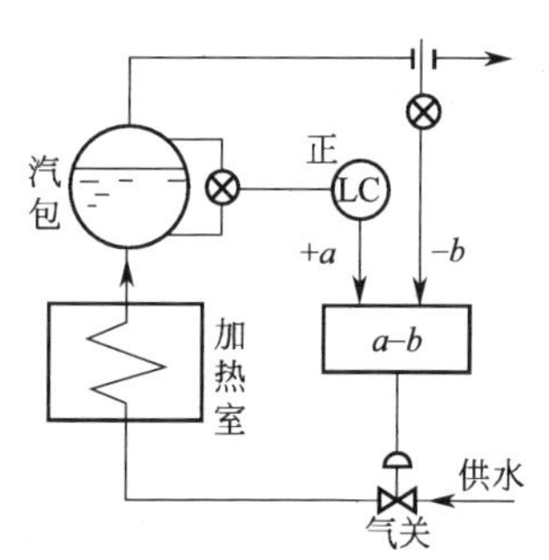

图 8-35 双冲量液位控制系统

当蒸汽负荷变化引起汽包液位大幅度波动时，蒸汽流量信号的引入起着超前控制作用。它可以在液位还未来得及出现波动时，提前使调节阀动作，从而减少因蒸汽负荷量变化引起的液位波动，大大改善了控制品质。

图 8-35 中，当干扰引起汽包液位上升（大于设定值）时，偏差增加，正作用控制器的输出增加，（$+a$）使加法器的输出增加，气关阀因控制信号增加而减小开度，供水量下降，汽包液位回落。另一方面，当蒸汽负荷量增加时，会引起液位下降，但流量变送器送给加法器的（$-b$）信号使得加法器的输出下降，气关阀因控制信号的减小而增大开启度，有效克服了由于蒸汽负荷量变化给汽包液位带来的影响。

尽管双冲量控制克服了蒸汽压力变化带来的扰动，却不能克服供水压力变化的干扰。当供水压力变化时，会引起供水流量的变化，同样会导致汽包液位的波动。双冲量控制系统只有等到汽包液位变化后才由液位控制器进行调整，控制显得不及时。因此，当供水压力波动比较频繁时，双冲量控制系统的控制质量较差，这时可采用三冲量控制系统。

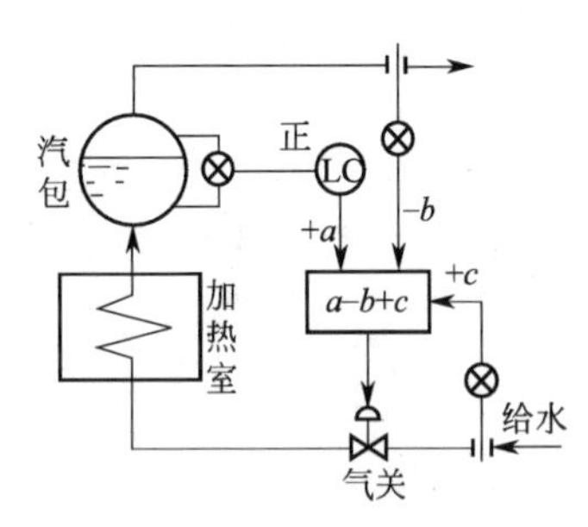

图 8-36　三冲量控制系统

3. 三冲量液位控制系统

图 8-36 为锅炉液位的三冲量控制系统。该系统除了液位、蒸汽流量信号以外，又增加了一个供水流量信号（$+c$）。显然，当蒸汽负荷不变，供水量因压力波动而变化时，加法器的输出相应变化，去直接调整阀门开启度。不需要等到液位变化了再去由控制器调整，从而大大减少了液位的波动，缩短了过渡过程的时间，提高了控制质量。

由于三冲量控制系统的抗干扰能力和控制质量都比单冲量、双冲量控制要好，所以应用较多。尤其是对于蒸汽负荷大，供水压力波动较大的锅炉，三冲量控制可以获得非常好的控制效果。

二、精馏塔的过程控制

工业生产中常常要求将混合物分离成接近纯的组分，其方法是利用混合物中各组分的挥发度不同，将它们进行分离，并达到规定的纯度要求。这一过程即为精馏，完成这一过程的工艺设备是精馏塔。

精馏塔的组成示意图如图 8-37 所示。精馏塔进料入口以下至塔底部分称为提馏段；进料口以上至塔顶称为精馏段。塔内有若干层塔板，每块塔板上有适当高度的液层，回流液经溢流管由上一级塔板流到下一级塔板；蒸气则由底部上升，通过塔板上的小孔由下一塔板进入上一塔板，与塔板上的液体接触。在每块塔板上同时发生上升蒸气部分冷凝和回流液体部分汽化的传热过程；更重要的还同时发生易挥发组分不断汽化，从液相转入气相，难挥发组分不断冷凝，由气相转入液相的传质过程。整个塔内，易挥发组分浓度由下而上逐渐增加，而难挥发组分浓度则由上而下逐渐增加。适当控制好塔内的温度和压力，则可在塔顶或塔底获取人们所期望的物质组分。

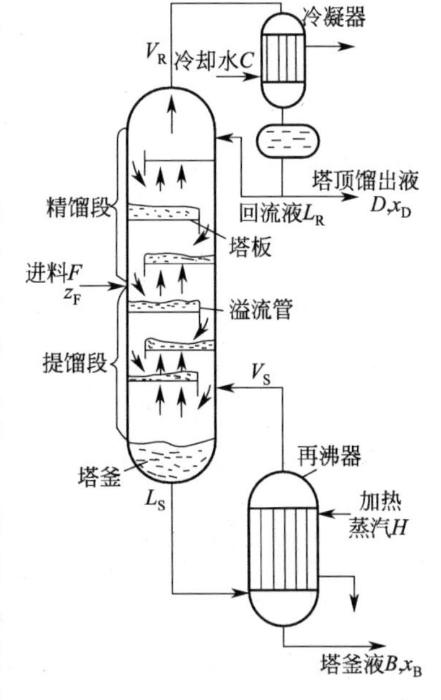

图 8-37　精馏塔组成示意图

在精馏塔的过程控制中，控制方案非常多。整个精馏塔的被控变量较多，可选用的操纵变量较多，各变量之间相互关联也很多，对象的控制通道杂，反应缓慢，内在机理复杂，扰动因素很多……尽管有许多不利于控制的因素存在，对精馏操作与控制的要求却较高，这就给精馏塔的控制与操作带来一定的难度。因此，生产过程中只有深入分析工艺特性、对象特性，结合具体情况，才能制定出切实可行的控制方案。下面从三个方面简要介绍精馏塔的过程控制。

（一）精馏塔的控制要求

1. 质量指标

混合物分离的纯度是精馏塔控制的主要指标。在精馏塔的正常操作中，一般应保证在塔底或塔顶产品中至少有一种组分的纯度达到规定的要求，其他组分也应保持在规定的范围内。为此，应当取塔底或塔顶产品的纯度作为被控变量。但由于这种在线实时检测产品纯度有一定困难，因此，大多数情况下是用精馏塔内的“温度或压力”来间接反映产品纯度。

2. 平稳操作

为了保证精馏塔的平稳操作，首先必须把进塔之前的主要可控扰动尽可能克服掉，同时尽可能缓和一些不可控的主要扰动。例如，对进塔物料的温度进行控制、进料量的均匀控制、加热剂和冷却剂的压力控制等。再就是塔的进出物料必须维持平衡，即塔顶馏出物与塔底采出物之和应等于进料量，并且两个采出量的变化要缓慢，以保证塔的平稳操作。此外，控制塔内的压力稳定，也是塔平衡操作的必要条件之一。

3. 约束条件

为了保证塔的正常、平稳操作，必须规定某些变量的约束条件。例如，对塔内气体流速的限制——流速过高易产生液泛，流速过低会降低塔板效率；再沸器的加热温差不能超过临界值的限制等。

（二）精馏塔的主要扰动

精馏塔的操作过程非常复杂，影响精馏的因素众多。其主要扰动有以下几个。

1. 进料流量、成分和温度的变化

进料量的波动通常是难免的，因为精馏塔的进料往往是由上一工段提供的。进料成分也是由上一工段的出料或原料情况决定的，所以，对于塔系统而言，进料成分属于不可控扰动。至于进料的温度，则可以通过控制使其稳定。

2. 塔压的波动

塔压的波动会影响到塔内的汽液平衡和物料平衡，进而影响操作的稳定和产品的质量。

3. 再沸器加热剂热量的变化

当加热剂是蒸汽时，加入热量的变化往往是由蒸汽压力变化引起的，这种热量变化会导致塔内温度变化，直接影响到产品的纯度。

4. 冷却剂吸收热量的变化

该热量的变化会影响到回流量或回流温度。其变化主要是由冷却剂的压力或温度变化引起的。

5. 环境温度的变化

在一般情况下，环境温度的变化影响较小。但如果采用风冷器作为冷凝器时，气温的骤变与昼夜温差，对塔的操作影响较大，它会使回流量或回流温度发生变化。

在上述的一系列扰动中，以进料流量和进料成分的变化影响最大。

（三）精馏塔的控制方案

精馏塔的控制方案众多，但总体上分成两大部分进行控制，即提馏段的控制和精馏段的控制。其中大多以间接反映产品纯度的温度作为被控变量，来设计控制方案。

1. 精馏塔提馏段的温度控制

采用以提馏段温度作为衡量质量指标的间接变量，以改变加热量作为控制手段的方案，就称为提馏段温度控制。

图 8-38 所示是精馏塔提馏段温度控制方案之一。该方案以提馏段塔板温度为被控变量，以再沸器的加热蒸汽量为操纵变量，进行温度的定值控制。除了这一主要控制系统外，还有五个辅助控制回路，它们分别是：

（1）塔釜的液位控制回路——通过改变塔底采出量的流量，实现塔釜的液位定值控制；

（2）回流罐的液位控制回路——通过改变塔顶馏出物的流量，实现回流罐液位的定值

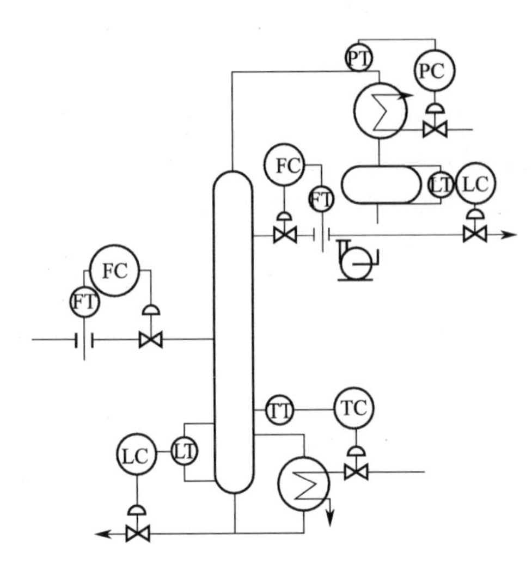

图 8-38 提馏段温度控制方案

控制；

（3）塔顶压力控制回路——通过控制冷凝器的冷剂量维持塔压的恒定；

（4）回流量控制回路——对塔顶的回流量进行定值控制，设计时应使回流量足够大，即使在塔的负荷最大时，也能使塔顶产品的质量符合要求；

（5）进料量控制回路——对进塔物料的流量进行定值控制，若进料量不可控，可采用均匀控制系统。

上述的提馏段温度控制方案，由于采用提馏段的温度作为间接质量指标，因此，它主要反映的是提馏段的产品情况。将提馏段的温度恒定后，就能较好地保证塔底产品的质量，所以这种控制方案常用于以塔底采出物为主要产品，对塔釜成分比塔顶馏出物成分要求高的场合。另外，由于采用大回流量，也可保证塔顶馏出物的品质。

提馏段温度控制还有一优点，那就是在液相进料时，控制及时、动态过程较快。因为进料量变化或进料成分变化的扰动，首先进入提馏段，采用这种控制方案，就能够及时有效地克服干扰的影响。

2. 精馏塔的精馏段温度控制

采用以精馏段温度作为衡量质量指标的间接变量，以改变回流量作为控制手段的方案，就称为精馏段温度控制。

图 8-39 所示为常见的精馏段温控方案之一。它以精馏段塔板温度为被控变量，以回流量为操纵变量，实现精馏段温度的定值控制。除了这一主要控制系统以外，该方案还有五个辅助控制回路。对进料量、塔压、塔底采出量与塔顶馏出液的四个控制方案和提馏段温控方案基本相同；不同的是对再沸器加热蒸汽流量进行了定值控制，且要求有足够的蒸汽量供应，以使精馏塔在最大负荷时仍能保证塔顶产品符合规定的质量指标。

上述的精馏段温控系统，由于采用了精馏段温度作为间接质量指标，它直接影响了精馏段产品的质量状况。因此，当塔顶产品的纯度要求比塔底产品更为严格时，精馏段温控无疑是最佳选择。另外，精馏段温控对于气相进料引入的扰动，控制及时，过渡过程短，可以获得较为满意的控制质量。

提馏段和精馏段温控方案，在精密精馏时，由于对产品的纯度要求非常高，往往就难以满足产品质量要求，这时我们常常采用温差控制。温差控制是以某两块塔板上的温度差作为衡量质量指标的间接变量，其目的是为了消除塔压波动对产品质量的影响。

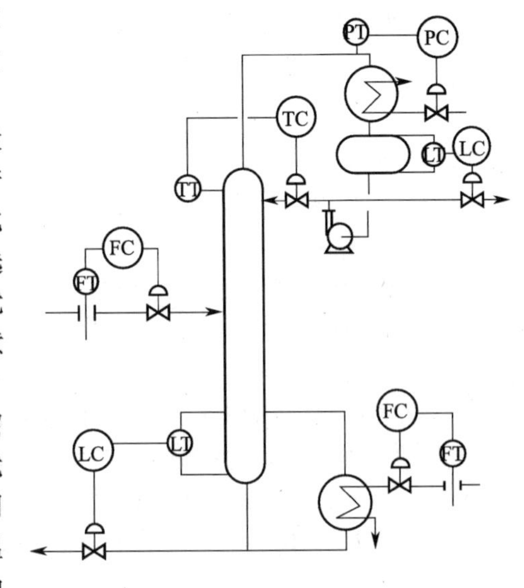

图 8-39 精馏段温度控制方案

第八节 训练项目

项目　简单控制系统的参数整定和投运

一、项目名称

简单控制系统的参数整定和投运。

二、项目情境

由教师（代表管理方）对学生（员工）根据实训现场计算机系统中的仿真软件进行模拟操作，布置与分配工作任务，明确项目训练的目的、要求及内容，派发任务单（表 8-9）。

表 8-9　任务单

项目名称	子项目	内容要求	备注
简单控制系统的参数整定和投运	ATS 软件操作方法	学员按照人数分组训练 1. 了解 ATS 软件操作环境 2. 熟悉 ATS 软件内各种仿真界面 3. 熟悉 ATS 软件内各项功能及操作	
	简单控制系统的参数整定和投运	学员按照人数分组训练 1. 会简单控制系统的投运 2. 能用 4∶1 衰减法整定控制器参数	
目标要求	掌握简单控制系统的投运方法和用 4∶1 衰减法整定控制器参数		
实训环境	校内实训室		
其他			

组别：　　　　组员：　　　　项目负责人：

三、项目实施

子任务一　ATS 软件操作方法

在菜单窗口中选中一个实验，点击“简单调节系统的投运和参数整定”文字后，即可进入实验三的操作界面（图 8-40）。

在该仿真操作界面中：上边一栏的左部分为实验的名称，右部分有 7 个按钮，依次为控制屏页、曲线图页、报警信息、实验指导书、设备介绍、实验装置、修改设备参数按钮，点击各按钮进入不同的画面。控制屏页用来看控制回路连线及开关的切换位置。曲线图页用来看实验参数曲线变化及参数的值，做部分数据的记录。报警信息页是用来显示当某参数超出限定值时的报警信息情况。实验指导书在线指导与实验的有关信息。其操作方法和操作系统的在线帮助一样。实验设备是对本实验所用的现场实际设备素材演示。实验装置是介绍本实验所用装置简介。修改设备参数是提供给客户修改本实验所涉及的水槽截面积及管道的流通能力的相关参数。

下边一栏的左部分为软件的开发商，右部分有 2 个按钮，即：实验复位、返回菜单页。实验复位的功能是将所做实验进行初始化；返回菜单页是将目前状况返回到实验菜单页，在菜单页可以换做其他实验，也可以重新做刚才的实验，退出 ATS 系统也必须在主菜单页中点击返回按钮。

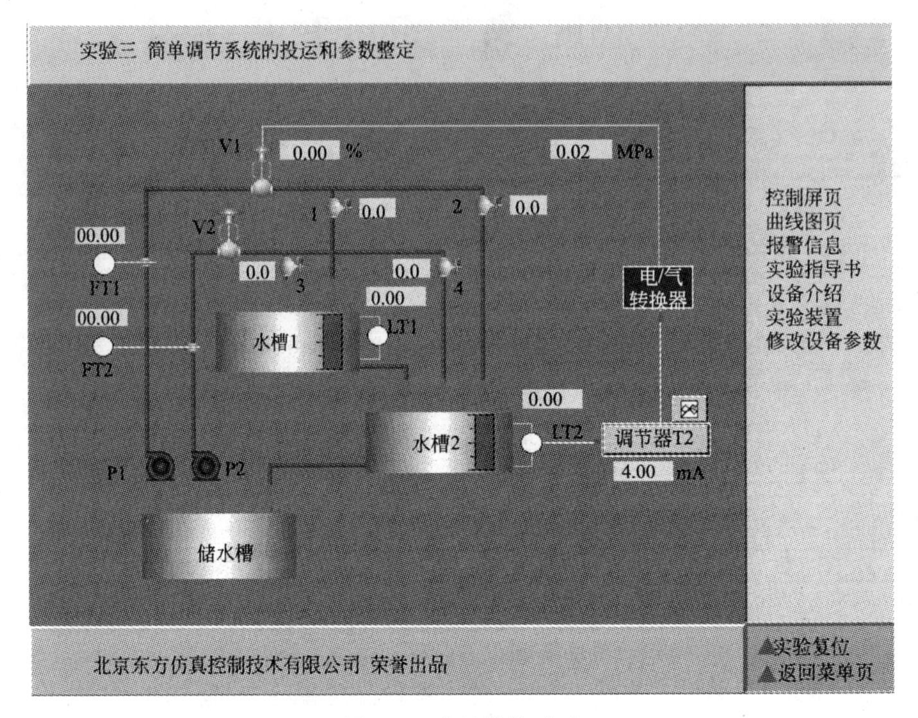

图 8-40 实验操作画面

1. 关于实验的趋势图的数据读取

在实验数据记录曲线图（图 8-41）上：我们可以通过左右拖动一条白色直线来读取任意时刻任意变化参数的值（图 8-42）；在右栏中显示了变量名称、变量在该时刻的值，下面是变量在曲线中的颜色；按动“前翻”、“后翻”按钮观察更前时间的参数曲线；在曲线图中按住鼠标左键圈定一区域，按动“缩小”、“放大”按钮可以对该区域进行缩小、放大处理。如图 8-43。

2. 关于实验的报警显示

在操作画面上按报警信息按钮，进入报警信息画面（图 8-44）。

点击“翻回前页”按钮，返回流程图页面。点击“确认”按钮，对该报警予以确认。

子任务二 简单控制系统的参数整定和投运

（一）准备工作

（1）进入操作画面。点击画面右下角的“实验复位”，使实验过程初始化。

（2）熟悉操作画面上各功能操作。按动 调节器 T2 按钮，弹出调节器 T2 面板，将其设定为“手动方式”。启动泵 P1，并逐渐打开手动阀 1，直至全开。

（二）手动遥控操作练习

用鼠标拖动调节器 T2 输出指针（相当于电Ⅲ型仪表的硬手动），进行遥控操作，直至被调液位参数稳定在给定值上。

（三）手动自动无扰动切换练习

当手动遥控操作使被调参数等于给定值并稳定不变时，反复练习做调节器从手动到自动的无扰动切换。

（四）自动调节器的投运

（1）练习完了以后，将调节器 T2 恢复到手动位置，并用鼠标拖动调节器 T2 的输出指针，使其输出为 12mA。等待被调参数 L2 逐渐稳定下来。

（2）当被调参数 L2 稳定不变时，用鼠标点击调节器 T2 的给定按钮，使给定值指针（黑针）与测量值指针（红针）重合，即偏差为零。这时迅速将调节器 T2 切换到自动。

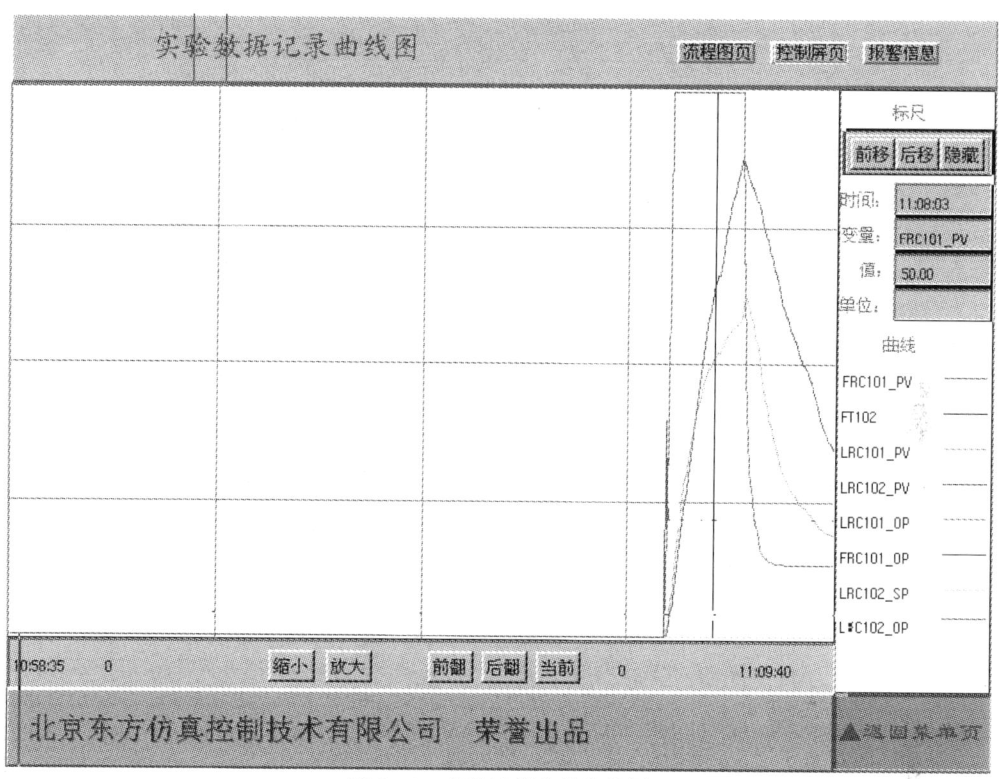

图 8-41　实验过程曲线趋势图

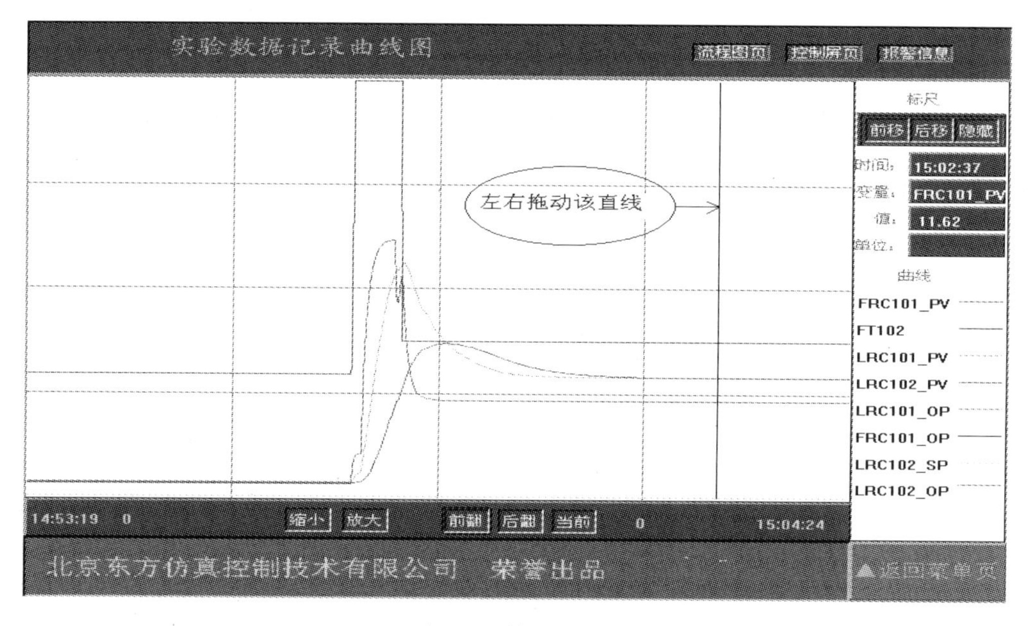

图 8-42　数据的读取

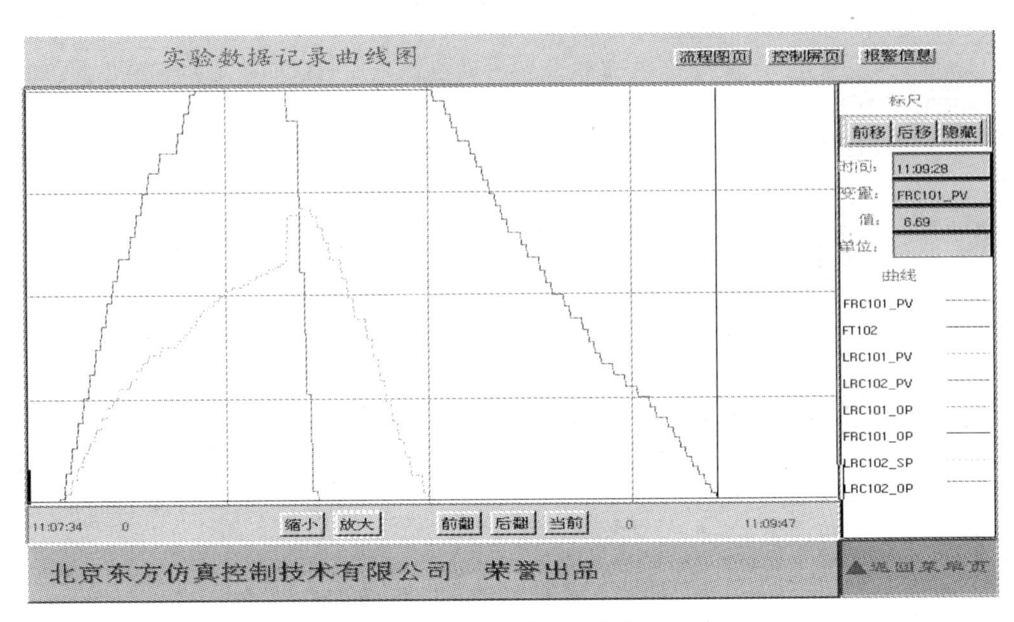

图 8-43　局部放大后的曲线图

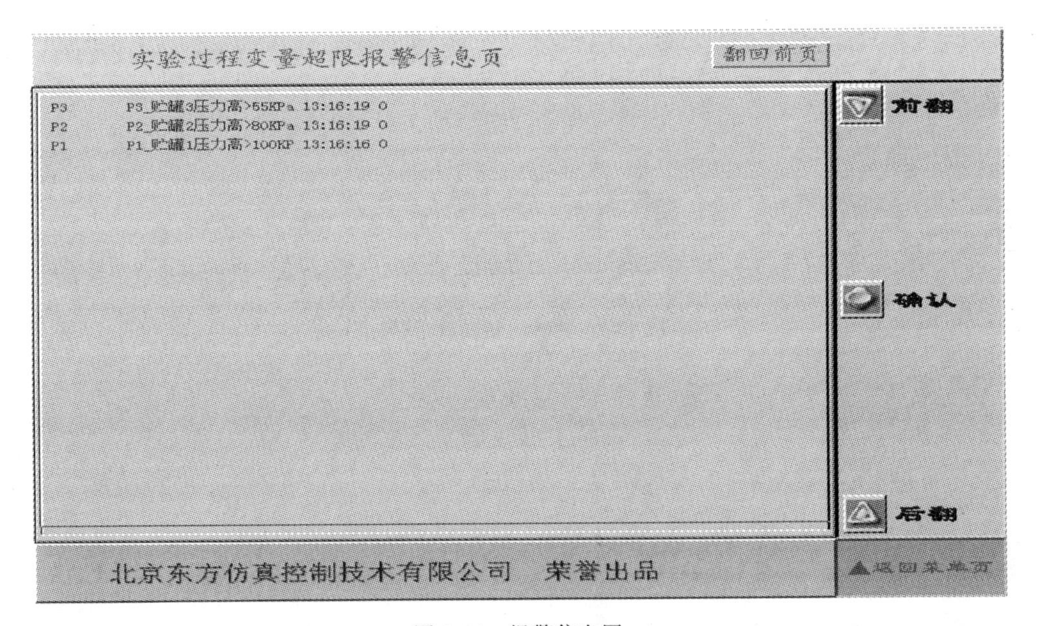

图 8-44　报警信息图

(五) 调节器参数的整定

(1) 按动 参数整定 按钮，弹出控制参数整定面板，设定其 $T_i=0$、$T_d=0$。根据液位调节系统调节器的比例度大致范围是 20%～80%，将比例度 δ 预设在某一数值上。然后用 4∶1衰减法整定调节器参数。方法是：观察在该比例度下过渡过程曲线的情况，增大或减小调节器的比例度。在每改变一个比例度值时，利用改变给定值的方法给系统施加一个干扰，看被调参数 L2 的过渡过程曲线变化的情况，直至在某一个比例度时系统出现 4∶1 衰减振荡，那么此时的比例度则为 4∶1 衰减比例度 δ_S，而过渡过程振荡周期即为操作周期 T_S。有了 δ_S 和 T_S 后，根据经验公式计算出系统所要求的调节器的参数 δ、T_i 和 T_d 值。

（2）根据计算求得的调节器参数值，设置到调节器上。方法是：先将比例度设置到比计算值大一些的数值上，然后把积分时间放到求得的数值上，再慢慢放上微分时间，最后把比例度减小到计算值上。观察调节过程曲线，如果不太理想，可作适当调整，获得满意的调节效果为止（注意：若要调整 T_i 或 T_d 时，应保持 T_d/T_i 比值不变）。

四、验收评价

（1）项目实施过程考核与结果考核相结合　由项目委托方代表（教师，也可以是学生）对本项目各子任务的完成结果进行验收、评分；学生进行“成果展示”，经验收合格后进行接收。

（2）考核方案设计　学生成绩的构成：A 组项目（课内项目）完成情况累积分（占总成绩的 75%）+B 组项目（自选项目）成绩（占总成绩的 25%）。其中 B 组项目的内容是由学生自己根据市场的调查情况，完成一个与 A 组项目相关的具体项目。

具体的考核内容：A 组项目（课内项目）主要考核项目完成的情况作为考核能力目标、知识目标、拓展目标的主要内容，具体包括：完成项目的态度、项目报告质量、资料查阅情况、问题的解答、团队合作、应变能力、表述能力、辩解能力、外语能力等。B 组项目（自选项目）主要考核项目确立的难度与适用性、报告质量、面试问题回答等内容。

① A 组项目（课内项目）完成情况考核评分表见表 8-10 所示。

表 8-10　简单控制系统的参数整定和投运项目考核评分表

<table>
<tr><th colspan="2">评分内容</th><th colspan="3">评分标准</th><th>配分</th><th>得分</th></tr>
<tr><td colspan="2" rowspan="3">简单控制系统的参数整定和投运</td><td colspan="3">软件功能操作：操作每出现一处错误扣 4 分</td><td>20</td><td></td></tr>
<tr><td colspan="3">仿真画面：趋势、报警、数据记录及历史画面每错一处扣 10 分</td><td>30</td><td></td></tr>
<tr><td colspan="3">计算：计算每出现一处错误扣 6 分</td><td>30</td><td></td></tr>
<tr><td colspan="2">团结协作</td><td colspan="3">小组成员分工协作不明确扣 5 分，成员不积极参与扣 5 分</td><td>10</td><td></td></tr>
<tr><td colspan="2">安全文明生产</td><td colspan="3">违反安全文明操作规程扣 5～10 分</td><td>10</td><td></td></tr>
<tr><td colspan="6">项目成绩合计</td><td></td></tr>
<tr><td>开始时间</td><td></td><td>结束时间</td><td colspan="2"></td><td>所用时间</td><td></td></tr>
<tr><td colspan="2">评语</td><td colspan="5"></td></tr>
</table>

② B 组项目（课外项目）完成情况考核内容：进行成果展示（实物、仿真或报告）；写出本项目完成报告。

（3）师生互动（学生汇报、教师点评）。

第九节　习题与思考题

8-1　过程自动检测系统由哪几个部分构成？

8-2　过程自动检测系统如何进行分类？

8-3　过程自动控制系统如何进行分类？

8-4　过程自动控制系统主要由哪些环节组成？各部分的作用是什么？

8-5　什么是过程自动控制系统的过渡过程？在阶跃干扰作用下，其过渡过程的基本形式有哪些？在正常控制过程中我们希望出现哪种形式？

8-6 评价过程控制系统的品质指标有哪些？各自的含义是什么？

8-7 图8-31中，LRCA-101是一个什么系统？其控制对象、被控变量、操纵变量各是什么？

8-8 图8-45所示，是某温度控制系统的记录仪上画出的曲线图（即过渡过程曲线），试写出最大偏差、衰减比、余差、振荡周期，如果工艺上要求控制温度为（40±2)℃，那么该控制系统能否满足工艺要求？

8-9 图8-46为某炼油厂加氢精制装置的加热炉，工艺要求严格控制加热炉出口温度θ，如果以燃料油为操纵变量，试画出其简单的温度控制流程图，并按“负反馈”的准则分析判断各单元作用方向。

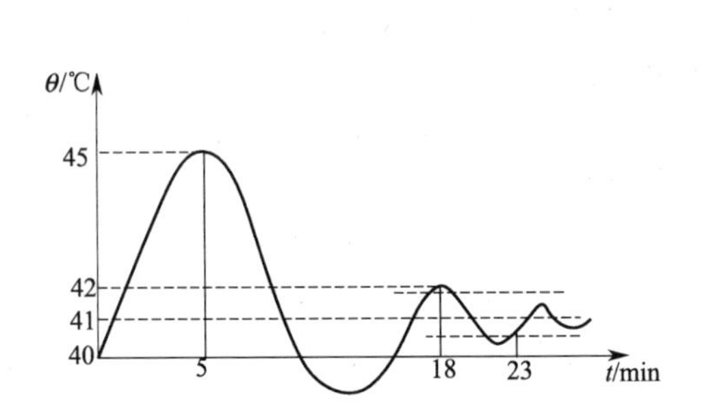

图8-45 过渡过程曲线示意图

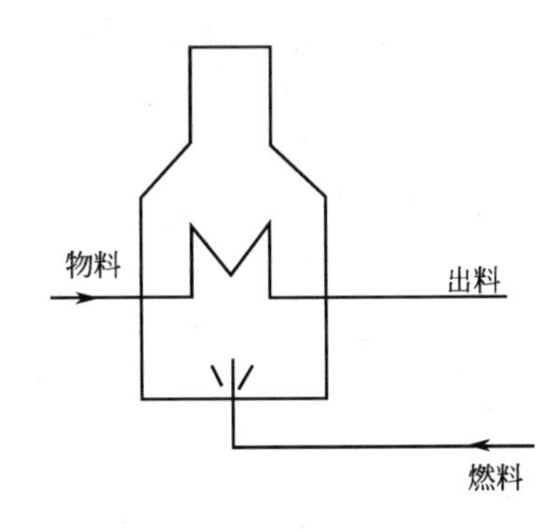

图8-46 加热炉工艺流程图

8-10 什么是简单控制系统？试画出其组成框图。图8-31中各有哪些简单控制系统？

8-11 什么是串级控制系统？试画出串级控制系统的组成框图。图8-31中各有哪些串级控制系统？

8-12 串级控制的目的是什么？常用于何种场合？它有哪些特点？

8-13 均匀控制的目的是什么？有什么特点？适用于何种场合？图8-31、图8-32中各有哪些均匀控制系统？

8-14 比值控制的目的是什么？有哪几种形式？分别适用于何种场合？

8-15 什么是分程控制系统？它适用于何种场合？

8-16 选择性控制的目的是什么？适用于何种场合？

8-17 前馈控制的目的是什么？有哪些特点？适用于何种场合？

8-18 简述锅炉的蒸汽生产过程。锅炉的正常运行必须保持哪些量的平衡？

8-19 试述锅炉汽包液位控制的重要性。

8-20 锅炉液位的单冲量控制存在什么问题？如何解决？

8-21 简述锅炉液位三冲量控制的工作原理。

8-22 对精馏塔的控制有哪些要求？

8-23 分别叙述精馏塔提馏段温控和精馏段温控的特点与适应场合。

第九单元 计算机控制系统

关键词

集散控制系统结构及组成、现场总线控制系统、PLC 控制系统。

学习目标

知识目标

了解计算机控制系统组成及特点；

掌握集散控制系统组成及结构；

掌握计算机控制系统方案的确定方法和投运步骤。

能力目标

能熟练进行典型集散控制系统的硬件及软件组态；

会确定计算机系统控制方案并正确投运。

第一节 计算机控制系统概述

一个计算机控制系统由被控对象、检测仪表、执行器、控制计算机组成。如图 9-1 所示。

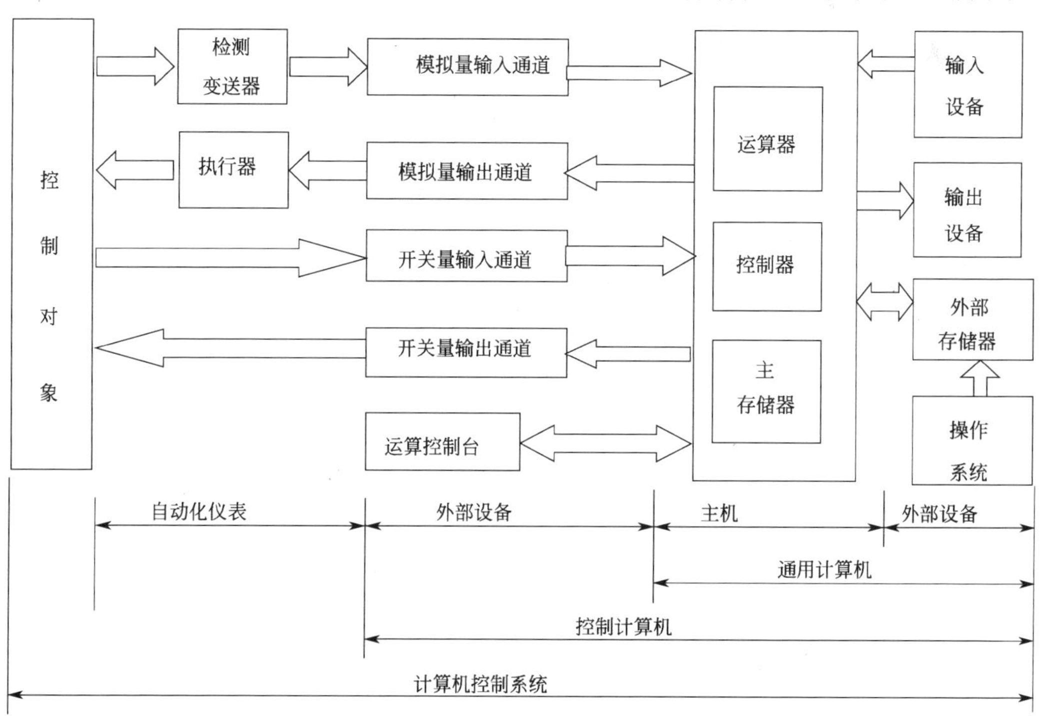

图 9-1 计算机控制系统的基本组成

由于工业控制计算机本身的特点，计算机控制系统具有以下特性及要求。

一、环境适应性强

控制计算机应能够在环境温度为4～64℃，相对湿度不大于95%，有少量粉尘、震动、电磁场、腐蚀性气体等干扰因素的环境下工作。

二、控制实时性好

计算机控制系统是一个实时控制系统。要求控制计算机能对生产过程随机出现的问题及时进行处理，否则可能造成生产过程的破坏。另外，为了及时地向运行管理人员反映生产过程的状态，控制计算机采集的参数和状态也要求及时地通过CRT集中地显示出来。为此，控制计算机应配备实时时钟和完善的中断系统，在实时操作系统的管理下进行工作。

三、运行可靠性高

控制计算机的可靠性是计算机控制系统应用成败的关键。必须采取必要的措施，保证控制计算机自身运行的可靠性，如采用可靠性高的元器件及具备自诊断程序，及时发现计算机本身潜伏的各种故障，并进行报警。在结构上采用冗余和分散的结构等。

四、有完善的人机联系方式

计算机控制系统必须具有完善的人机联系方式，因为当生产过程或控制系统出现异常时，常常需要运行人员手动干预生产操作过程，或者采取紧急措施。要求人机联系方式简单、直观、明确、规范。

五、有丰富的软件

随着被控生产过程的不同，常常要求采用不同的控制方案或控制算法，从而要求计算机控制系统能够灵活地组成用户所需要的各种控制方案。所有这些功能都需要有软件的支持。因此，不仅计算机制造厂要提供丰富的软件，用户也需要在应用软件的开发上给予足够的重视，这样才能使计算机控制系统更好地发挥作用。

第二节 集散型控制系统

集散控制系统（Distributed Control System）是以微处理器为基础的对生产过程进行集中监视、操作、管理和分散控制的集中分散控制系统。简称为DCS系统。该系统将若干台微机分散应用于过程控制，全部信息通过通信网络由上位管理计算机监控，实现最优化控制，整个装置继承了常规仪表分散控制和计算机集中控制的优点，克服了常规仪表功能单一、人-机联系差以及单台微型计算机控制系统危险性高度集中的缺点，既在管理、操作和显示三方面集中，又在功能、负荷和危险性三方面分散。集散系统综合了计算机技术、通信技术、过程控制技术和显示技术（简称4C技术），在现代化生产过程控制中起着重要的作用。

一、集散控制系统的基本组成和特点

（一）集散控制系统的基本组成

集散控制系统通常由过程控制单元、过程输入/输出接口单元、CRT 显示操作站、管理计算机和高速数据通路等五个主要部分组成。其基本结构如图 9-2 所示。

1. 过程输入/输出接口

过程输入/输出接口又称数据采集装置（采集站），主要是为过程非控变量专门设置的数据采集系统，它不但能完成数据采集和预处理，而且还可以对实时数据进一步加工处理，供 CRT 操作站显示和打印，实现开环监视，也可以通过通信系统将所采集到的数据传输到监控计算机。在有上位机的情况下，它还能以开关量和模拟信号的方式，向过程终端元件输出计算机控制命令。

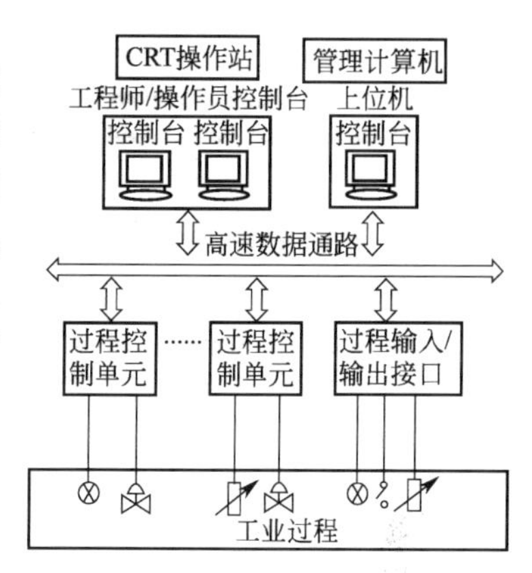

图 9-2　集散控制系统基本构成

2. 过程控制单元

过程控制单元又称现场控制单元或基本控制器（或闭环控制站），是集散控制系统的核心部分，主要完成连续控制、顺序控制、算术运算、报警检查、过程 I/O、数据处理和通信等功能。该单元在各种集散控制系统中差别较大。

3. CRT 操作站

CRT 操作站是集散控制系统的人机接口装置，普遍配有高分辨率、大屏幕的色彩 CRT，操作者键盘，工程师键盘，打印机，硬拷贝机和大容量存储器。操作员可通过操作者键盘在 CRT 显示器上选择各种操作和监视用的画面、信息画面和用户画面等；控制工程师或系统工程师利用工程师键盘实现控制系统组态、操作站系统的生成和系统的维护。

4. 高速数据通路

高速数据通路又称高速通信总线、公路等，实际是一种具有高速通信能力的信息总线，一般，采用双绞线、同轴电缆或光导纤维构成。为了实现集散控制系统各站之间数据的合理传送，通信系统必须采用一定的网络结构，并遵循一定的网络通信协议。

集散控制系统网络标准体系结构为：最高级为工厂主干网络（称计算机网络级），负责中央控制室与上级管理计算机的连接。第二级为过程控制网络（称工业过程数据公路级），负责中央控制室各控制装置间的相互连接。最低一级为现场总线级，负责安装在现场的智能检测器和智能执行器与中央控制室控制装置间的相互连接。

5. 管理计算机

管理计算机又称上位计算机，它功能强、速度快、存储容量大。通过专门的通信接口与高速数据通路相连，综合监视系统的各单元，管理全系统的所有信息。也可用高级语言编程，实现复杂运算、工厂的集中管理、优化控制、后台计算以及软件开发等特殊功能。

（二）集散控制系统的特点

集散控制系统采用以微处理器为核心的“智能技术”，凝聚了计算机的最先进技术，成为计算机应用最完善、最丰富的领域。这是集散控制系统有别于其他系统装置的最大特点。

集散控制系统采用分级梯阶结构，实现系统功能分散、危险分散、提高可靠性、强化系统应用灵活性、降低投资成本、便于维修和技术更新等功能目的。

分级梯阶结构通常分为四级，如图 9-3 所示：第一级为现场控制级，根据上层决策直接控制过程或对象；第二级为过程控制（管理）级，根据上层给定的目标函数或约束条件、系统辨识的数学模型得出优化控制策略，对过程控制进行设定点控制；第三级为生产管理级，根据运行经验，补偿工况变化对控制规律的影响，维持系统在最佳状态运行；第四级为工厂经营管理级，其任务是决策、计划、管理、调度与协调，根据系统总任务或总目标，规定各级任务并决策协调各级任务。

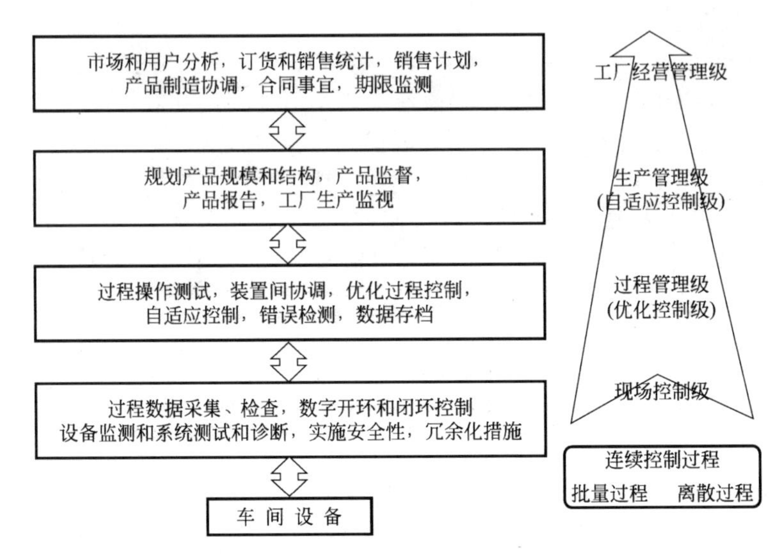

图 9-3　集散控制系统功能分层图

（1）实现分散控制。集散控制系统将控制与显示分离，现场过程受现场控制单元控制，每个控制单元可以控制若干个回路，完成各自功能。各个控制单元又有相对独立性。一个控制单元出现故障仅仅影响所控制的回路而对其他控制单元控制的回路无影响。各个现场控制单元本身也具有一定的智能，能够独立完成各种控制工作。

（2）实现集中监视、操作和管理，具有强有力的人机接口功能。集散控制系统中 CRT 操作站与现场控制单元分离。操作人员通过 CRT 和操作键盘可以监视现场部分或全部生产装置乃至全厂的生产情况，按预定的控制策略通过系统组态组成各种不同的控制回路，并可调整回路中任一常数，对工业设备进行各种控制。CRT 屏幕显示信息丰富多彩，除了类似于常规记录仪表显示参数、记录曲线外，还可以显示各种流程图、控制画面、操作指导画面等，各种画面可以切换。

（3）采用局部网络通信技术。集散控制系统的数据通信网络是典型的工业局部网。传输实时控制信息，进行全系统综合管理，对分散的过程控制单元和人机接口单元进行控制、操作管理。大多数分散型控制系统的通信网络采用光纤传输，通信的安全性和可靠性大大地提高，通信协议向标准化方向发展。

（4）系统扩展灵活方便，安装调试方便。由于集散控制系统采用模块式结构和局部网络通信，因此用户可以根据实际需要方便地扩大或缩小系统规模，组成所需要的单回路、多回路系统。在控制方案需要变更时，只需重新组态编程，与常规仪表控制系统相比，省却了许多换表、接线等工作。

（5）丰富的软件功能。集散控制系统可以完成从简单的单回路控制到复杂的多变量最优化控制；可以实现连续反馈控制，也可以实现离散顺序控制；可以实现监控、显示、打印、报警、历史数据存储等日常全部操作要求。用户通过选用集散控制系统提供的控制软件包、操作显示软件包和打印软件包等，就能达到所需控制目的。

（6）采用高可靠性的技术。集散控制系统采用故障自检、自诊断技术，包括符号检测技术、动作间隔和响应时间的监视技术、微处理器及接口和通道的诊断技术、故障信息和故障判断技术等，使其可靠性进一步加强。

二、集散控制系统的结构与功能

现场控制站、CRT 操作站（操作员站、工程师站）是集散系统的基本组成部分，起到“集中监视和集中管理，分散控制”的作用。

（一）现场控制站

现场控制站是完成对过程现场 I/O 信号处理，并实现直接数字控制（DDC）的网络节点。

1. 现场控制站的功能

（1）将各种现场发生的过程变量进行数字化，并将这些数字化后的量存放在存储器中。形成一个与现场过程变量一致的并按实际运行情况实时地改变和更新现场过程变量的实时影像。

（2）将本站采集到的实时数据通过网络送到操作员站、工程师站及其他现场 I/O 控制站，以便实现全系统范围内的监督和控制，现场 I/O 控制站还可接收由操作员站、工程师站下发的信息，以实现对现场的人工控制或对本站的参数设定。

（3）在本站实现局部自动控制、回路的计算及闭环控制、顺序控制等，这些算法一般是一些经典的算法，也可是非标准算法、复杂算法等。

2. 现场控制站的结构

现场控制站可以远离控制中心，安装在靠近过程区的地方，以消除长距离传输的干扰。

其结构为机柜、供电电源、信号输入/输出转换、运算电路主机板、通信控制、冗余结构等。图 9-4 所示为现场控制单元，图 9-5 为机柜内卡件组装示意图。

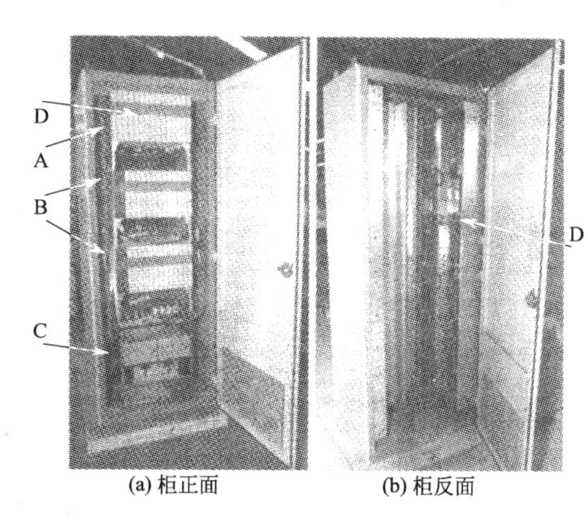

(a) 柜正面　(b) 柜反面

图 9-4　现场控制单元机柜

A—IOP 卡件箱；B—运算电路卡件箱；

C—系统电源；D—IOP 卡件

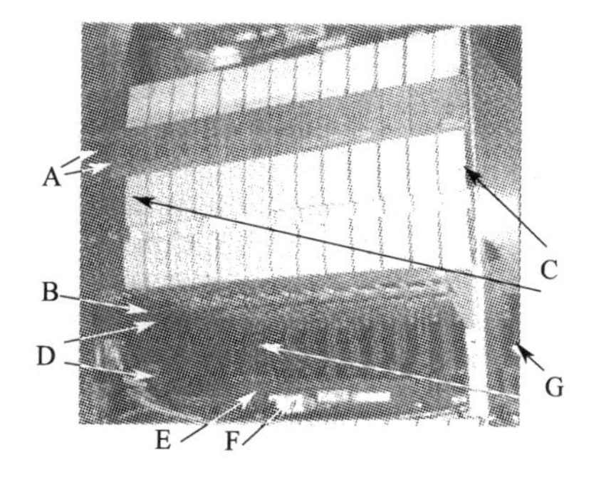

图 9-5　机柜内卡件示意图

A—运算电路主机板卡件；B—UCN 网接口模件；

C—IOP 卡件；D—UCN 网电缆连接端口（冗余）；

E—I/O 连接总线电缆连接端口（冗余）；

F—卡件箱电源电缆连接端口；

G—IOP 到现场信号连接箱电缆连接端口

(二) CRT 操作站（操作员站、工程师站）

CRT 操作站是为了便于过程全面协调和监控，实现过程状态的显示、报警、记录和操作而提供的操作接口，其主要功能是为系统运行的操作人员提供人机界面，使操作人员通过操作站及时了解现场状态、各运行参数的当前值、是否有异常情况发生等。典型操作站包括以下几个部分：主机系统、显示设备、键盘输入设备、打印输出设备。如图 9-6 所示。

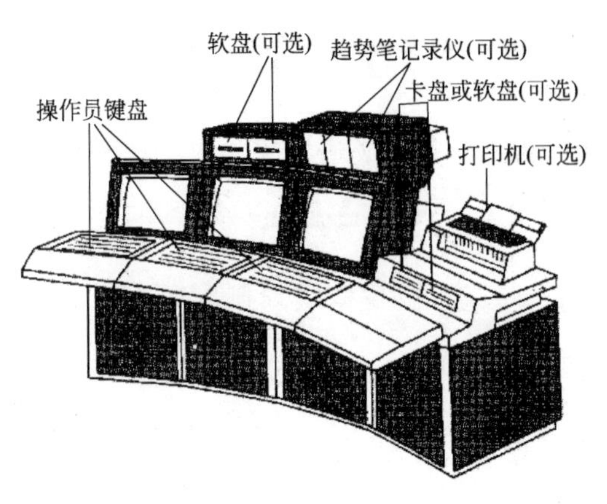

图 9-6　用户操作站

操作站设置在控制室里，在显示由各个控制单元送来的过程数据的同时，对控制单元发出改变设定值、改变回路状态等控制信息。CRT 操作站分操作员站和工程师站。

（1）操作员站的基本功能是显示和操作。它与键盘一起，完成各种工艺、控制等信息画面的切换和显示。同时通过操作功能键，对系统的运行进行正常管理。

（2）工程师站除了具有操作员站的基本功能外，主要具有系统组态、系统测试、系统维护、系统功能管理等功能。

系统组态功能用来生成和变更操作员站和现场控制站的显示、控制要求。其过程为填写标准工作单，由组态工具软件将工作单显示于屏幕上，用会话方式完成各种功能的生成和变更。

系统测试功能用来检查组态后系统的工作情况，包括对反馈控制回路是否已经构成的测试和对顺序控制状态是否合乎指定逻辑的测试。

系统维护功能是对系统硬件状态作定期检查或更改。

系统功能管理主要用来管理系统文件。一是将组态文件（如工作单位）自动加上信息，生成规定格式的文件，便于保存、检索和传送；二是对这些文件进行复制、对照、列表、初始化或重新建立等。

（3）CRT 显示器是集散控制系统重要的显示设备。通过串行通信接口及视频接口与微机通信，在 CRT 屏上直观地显示数据、字符、图形，通过系统的软件和硬件功能，随时增减、修改和变换显示内容，它是人机对话的重要工具，是操作站不可缺少的组成部分。

在 CRT 上显示输出的主要内容有：

① 生产过程状态显示；

② 实时趋势显示；

③ 生产过程模拟流程图显示；

④ 报警提示显示；

⑤ 关键（控制）数据常驻显示；

⑥ 检测及控制回路模拟显示；

⑦ 数据及报表生成。

（4）键盘、鼠标、触摸屏是人机联系的桥梁和纽带。通过这些输入设备，操作人员可实现对现场的实时监测控制。

（5）集散控制系统中常用的外部信息存储设备有：半导体存储器和磁盘存储器。

（6）打印机是集散控制系统不可缺少的输出设备，用于打印报警的发生和清除情况记录及过程变量的输入、输出记载，组态状况的调整及数据信息的拷贝。

三、集散控制系统的通信网络

集散控制系统的通信网络主要由两部分组成：传输电缆（或其他媒介）和接口设备。传输电缆有同轴电缆、屏蔽双绞线、光缆等；接口设备通常称为链路接口单元，或称调制解调器、网络适配器等。它们的功能是在现场控制单元、可编程控制器等装置或计算机之间控制数据的交换、传送存取等。在一般情况下，接到网络上的每个设备都有一个适配器或调制解调器，系统只有通过这些单元、调制解调器或适配器才能将多个网络设备连接到网络通信线路上。由于网络必须设计成在恶劣的工业环境中运行，所以，调制解调器都规定在特定的频率下通信，以便最大限度地减少干扰造成的传送误差。数据通信控制的典型功能包括误码检验、数据链路控制管理以及与可编程控制器、控制单元或计算机之间通信协议的处理等。

集散控制系统的通信网络一般采用“主-从系统”和“同等-同等系统”两种基本的网络形式。

1. 主-从系统

又称集中控制，如图 9-7 所示，即指定某个节点（主机）负责管理各节点（从属设备）的占用请求，由它来选择哪个节点占用介质发送信息。

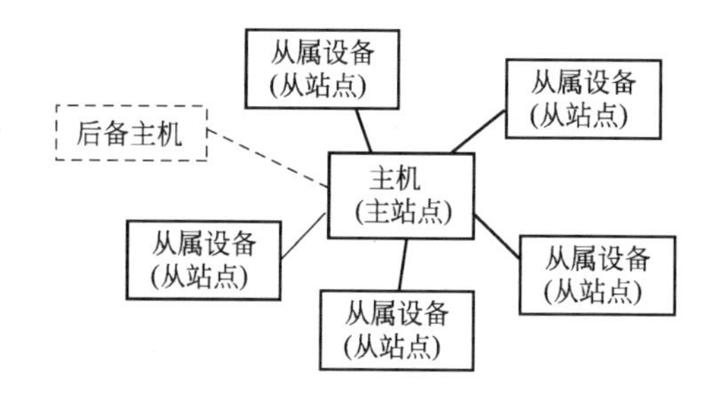

图 9-7　主-从网络（星形）

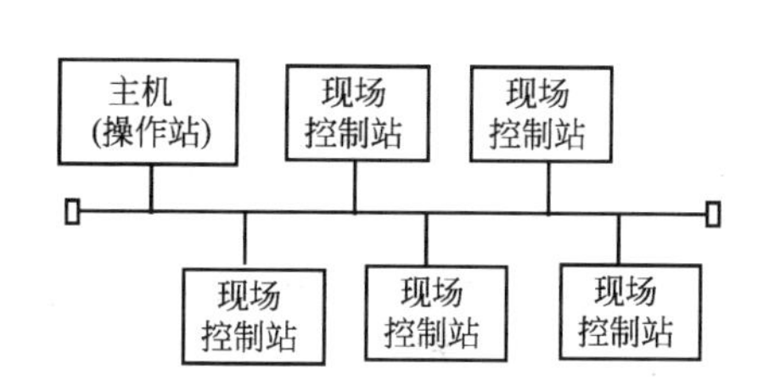

图 9-8　同等-同等网络（总线形）

主机一般都是智能设备，为微型计算机或大型工作站，称之为主站。它承担处理网络设备之间的网络通信指挥任务。从属设备或称从机是指现场智能变送器、可编程控制器、单回路控制器以及各种现场控制单元插板等。在主-从系统中，网络中主站的程序设计采用独立访问每个从属设备的方式，来实现主设备和被访问的从属设备之间的数据传送，而从属设备之间不能够直接通信。如果需在从属设备之间传送信息时，必须首先将信息传送到网络主站，由主站充当中间桥梁的作用。在确定了传送对象后，主站再依次把该信息传送给指定的从属设备。这种主-从系统具有整体控制网络通信的优点。缺点是整个系统内的通信全部依赖主站，因此，这类系统往往要采用辅助的后备网络主站，以便在主机发生故障时仍能保证正常运行。

2. 同等-同等系统

如图 9-8 所示为同等-同等系统，也称分散式控制。此系统不采用主站控制网络方式。相反，每个网络设备都有要求使用且控制网络的权力，能够发送或访问其他网络设备的信息，这类网络通信方式往往称为接力式或令牌式系统。因为网络的控制权力可以看作是一个到另一个设备的依次接力或令牌式地传递。

四、集散控制系统的软件体系

集散控制系统的软件体系包括：计算机系统软件、过程控制软件（应用软件）、通信管理软件、组态生成软件、诊断软件。其中系统软件与应用对象无关，是一组支持开发、生成、测试、运行和程序维护的工具软件。过程控制软件包括：过程数据的输入/输出、实时数据库、连续控制调节、顺序控制、历史数据存储、过程画面显示和管理、报警信息的管理、生产记录报表的管理和打印、人-机接口控制……其中前四种功能是在现场控制站完成。

集散控制系统组态功能的应用方便程度、用户界面友好程度、功能的齐全程度是影响一个集散控制系统是否受用户欢迎的重要因素。集散控制系统的组态功能包括硬件组态（又称配置）和软件组态。

硬件组态包括的内容是：工程师站、操作员站的选择和配置，现场控制站的个数、分布、现场控制站中各种模块的确定，电源的选择等。

五、常见集散控制系统的简介

(一) 横河公司的 CENTUM-CS 系统

CENTUM-CS 系统是日本横河电机公司的产品。CS 系统主要由工程师站 WS、信息指令站 ICS（即操作站）、双重化现场控制站 FCS、通信接口单元 ACG、双重化通信网络 V-NET 等构成。系统构成图见图 9-9。

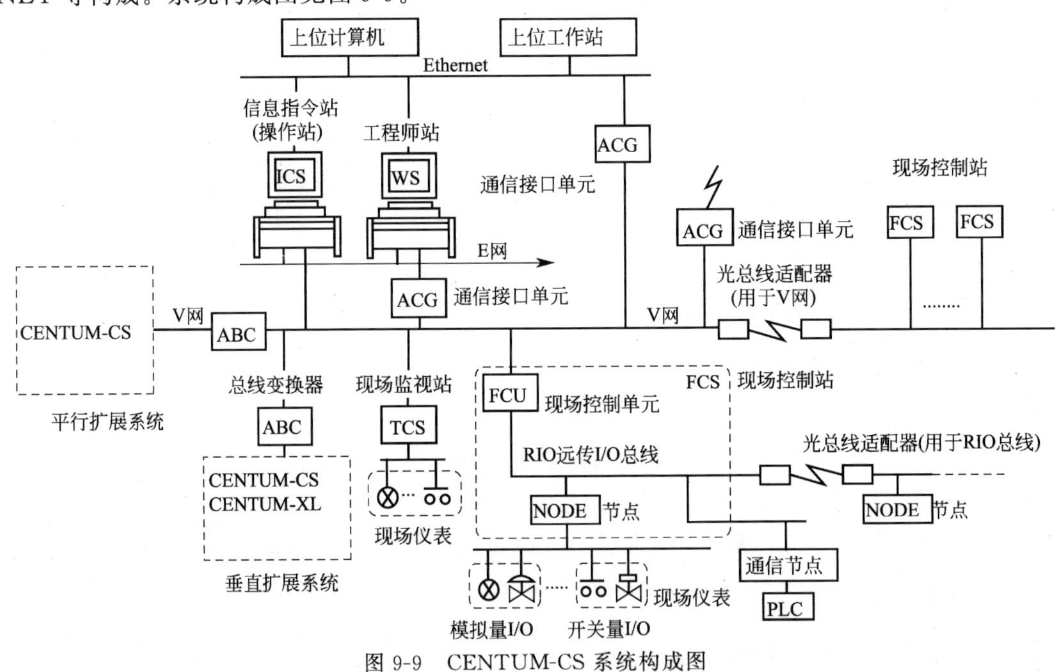

图 9-9 CENTUM-CS 系统构成图

1. CENTUM-CS 系统的组成

（1）信息指令站 ICS 具有监视操作、记录、软件生成、系统维护及与上位机通信等功能，是 CS 系统的人-机接口装置。

（2）工程师站 WS 完成对系统的组态、生成功能，并可以实现对系统的远程维护。

（3）现场控制站 FCS 完成反馈控制、顺序控制、逻辑操作、报警、计算、I/O 处理等功能，是具有仪表（I）、电气（E）控制及计算机（C）用户编程功能的 IEC 综合控制站。是 CS 系统实现自动控制的核心部分。

（4）现场监视站 TCS 是系统中非控制专用数据采集装置。专门用于对多路过程信号进行有效的收集和监测。它具有算术运算功能、线性化处理、报警功能、顺序控制功能等，可精确地实现输入信号处理和报警处理。

(5) 总线变换器 ABC，也就是同种网之间的网桥，用于连接 CENTUM-CS 中 FCS 与 FCS 之间的 V-NET 通信，或与 CENTUM-XL 或 μXL 连接。

(6) 通信接口单元（又称网间连接器）ACG，是异种网间的网桥，用于 E-NET 之间的连接，或用于控制通信网与上位计算机之间的连接。是纵向的网络接口单元。

2. CENTUM-CS 系统的特点

(1) 开放性　CENTUM-CS 系统采用标准网络和接口：FDDI（光纤令牌环网），Ethernet（以太网），Field-bus（现场总线），RS232C，RS422，RS495。采用标准软件：X-Windows，Motif 用户图像接口，Unix 操作系统。从而使操作和工程技术环境实现了标准化。

(2) 高可靠性　操作站 ICS 结构完善，每台均有独立的 32 位 CPU，2GB 硬盘。控制站为双重化，控制器的 CPU、存储器、通信、电源卡及节点通信，全部是 1∶1 冗余，也就是说系统为全冗余。现场控制站采用 RISC 和 "Pair and Spare" 技术，即成对备用技术，解决了容错和冗余的问题，成为无停机系统。

(3) 三重网络　操作站与控制站连接的实时通信网络 V-NET。是一个基于 IEEE902.4 标准（电气与电子工程师协会的标准，通信方式为令牌总线访问方式）的双重化冗余总线。通信速率为 10Mbps。V 网的标准长度为 500m，传输介质为同轴电缆，采用光纤可扩展至 20km。一个 V 网上可连接 64 个现场控制站，最多可连接 16 个信息指令站 ICS。通过总线变换器（或光总线适配器）可延长 V 网，将现场控制站扩展到 256 个。在正常工作情况下，两根总线交替使用，保证了极高水平的冗余度。

操作站之间连接的网络 E-NET。E-NET 是基于以太网标准的速度为 10Mbps 的网络，用于连接各个 ICS 的内部局域网（LAN）。E-NET 传输距离为 195m，传输介质为同轴电缆。E-NET 可以实现以下的功能：趋势数据的调用；打印机和彩色拷贝机等外设的共享；组态文件的下装。

与上位计算机连接的网络 Ethernet。Ethernet 网是 ICS 与工程师站、上位系统连接的局域信息网（LAN）。可进行大容量品种数据文件和趋势文件的传输。通信规约为 TCP/IP，通信速率为 10Mbps。

(4) 综合性强　实现 IEC 一体化（I——仪表控制，E——电气控制；C——计算机功能），可与 PC 机及 PLC 连接，实现信息种类和量的综合。

(二) Honeywell 公司的 TDC3000 系统

1975 年 11 月 Honeywell 公司在世界范围内首先推出了第一套以微处理器为基础的集散控制系统 TDC2000，在此基础上，开发了开放性分散控制系统 TDC3000，该系统在世界范围内广泛地应用。

1. TDC3000 系统

TDC3000 主干网络称为局部控制网络（Local Control Network，　LCN），其功能是提高控制水平和扩展系统数据收集和分析的能力。在 LCN 上可以挂接万能操作站（US）、历史模件（HM）、应用模件（AM）、存档模件（ARM）以及各种过程管理站（APM）与各种网络接口。TDC3000 的下层网称为万能控制网络（Universal Control Network，UCN），在 UCN 上连接各种 I/O 与控制管理站。为了与 Honeywell 公司老的产品 TDC2000 的通信网络（数据高速通道 Data Hi-way）相兼容，在 LCN 上设有专门的接口模块（Hi-way），而且可以接有操作员站、现场 I/O 及控制站（包含基本控制器、多功能控制器）等。UCN 和 Data Hi-way 主要的功能是提供过程数据的采集和控制功能。TDC3000 结构示意图如图 9-10 所示。

2. TDC3000 系统主要组成

(1) LCN 通信网络及其模件

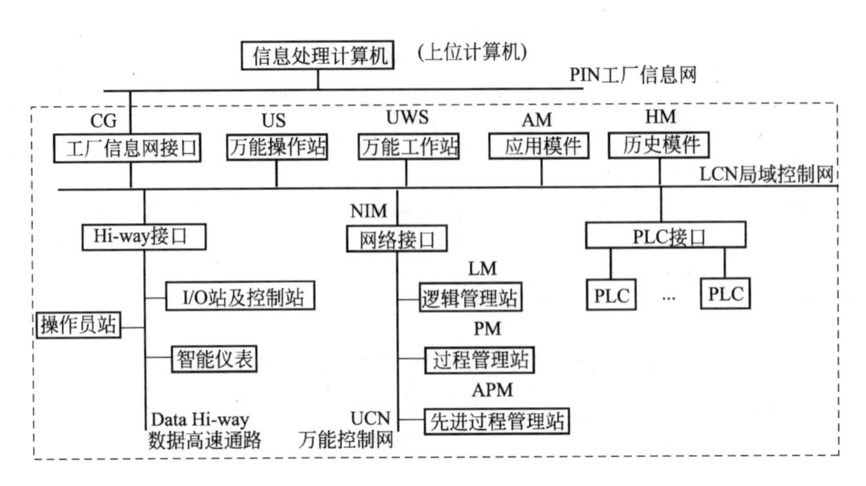

图 9-10　TDC3000 结构示意图

① 局部控制网（LCN 网）　局部控制网络用以支持 LCN 网络上模件之间的通信，遵循 IEEE902.4 通信标准，采用总线型通信网络，"令牌传送"协议。

② 万能操作站（US）　万能操作站是 TDC3000 系统的主要人机接口，是整个系统的一扇窗口，由监视器和带有用户定义的功能键盘组成。具有三个方面的功能，即操作员属性的功能（监测控制过程和系统）、工程师属性的功能（组态实现控制方案、生成系统数据库、用户画面和报告）和系统维护功能（检测和诊断故障、维护控制室和生成过程现场的设备、评估工厂运行性能和操作员效率）。

③ 万能工作站（UWS）　所有 US 上的信息，在 UWS 上均可以看见。UWS 包括一张桌子、工作站主机、桌面显示器、键盘、鼠标。它很像一台个人电脑，可以放在办公室。

④ 应用模件（AM）　完成高级控制策略，从而提高过程控制及管理水平。应用模件通过最佳算法、先进控制应用及过程控制语言，执行过程控制器的监督控制策略。工程师可以综合过程控制器（过程管理站、高级过程管理站和逻辑管理站）的数据，完成多单元控制策略，进行复杂运算。

⑤ 历史模件（HM）　HM 是 TDC3000 系统的存储单元。其收集和存储包括常规报告、历史事件和操作记录在内的过程历史。作为系统文件管理员，提供模块、控制器和智能变送器、数据库、流程图、组态信息、用户源文件和文本文件等方面的系统存储库，完成趋势显示、下装批处理文件、重新下装控制策略、重新装入系统数据等功能。

⑥ 网络接口（NIM）　NIM 是 LCN 网和 UCN 网的接口。实现两种网络之间的通信规程和传输技术的转换。每个 LCN 网络最多可挂接 10 个冗余的 NIM 模件。

⑦ 可编程控制器接口　是为非 Honeywell 可编程控制器提供有效的 LCN 接口。

（2）万能控制网络（UCN）及其模件　万能控制网络 UCN 是 Honeywell 公司 1999 年推出的新型过程控制和数据采集系统，由先进过程管理站（APM）、过程管理站（PM）、逻辑管理站（LM）、网络接口模件（NIM）及通信系统组成。

① 过程管理站（PM）　过程管理站是 UCN 网络的核心设备，主要用于工业过程控制和数据采集，有很强的控制功能和灵活的组态方式，还有丰富的输入/输出功能。提供常规控制、顺序控制、逻辑控制、计算控制以及结合不同控制的综合控制功能。

② 先进过程控制站（APM）　先进过程控制站 APM 是 Honeywell TDC3000 最新的用于工业过程控制和数据采集的工具，为监控和控制提供更灵活的 I/O 功能。除提供 PM 的功能外，还可提供马达控制、事件顺序记录、扩充的批量和连续量过程处理能力以及增强的

子系统数据一体化。

③ 逻辑管理站（LM） 逻辑管理站（LM）是用于逻辑控制的现场管理站。LM具有PLC控制的优点，同时LM在UCN网络上可以方便地与系统中各模件进行通信，使DCS与PLC更加有机地结合，并能使其数据集中显示、操作和管理。LM提供逻辑处理，梯形图编程，执行逻辑程序，与LCN、UCN中模件进行通信等功能，能构成冗余化结构。

（3）TDC3000系统特点

① 开放性系统 TDC3000系统局部控制网络LCN、万能控制网络UCN通信与国际开放结构和工业标准的发展方向一致，实现了资源共享，实现了DCS系统与计算机、可编程序控制器、在线质量分析仪表、现场智能仪表的数据通信。

② 人机接口功能强化 TDC3000系统采用了万能操作站（US），它是面向过程的单一窗口，采用了高分辨率彩色图像显示器技术、触摸屏幕、窗口技术及智能显示技术等，操作简单方便，功能强大。

③ 过程接口功能广泛 TDC3000系统过程接口的数据采集和控制功能范围非常广泛。它可以分散在一个或多个万能控制网络（UCN）、数据高速通道（DHW）上进行，也可以从其他公司的设备上获取数据。系统的控制策略包括常规控制、顺序控制、逻辑控制、批量控制等。控制生产的范围可以从连续生产到间歇生产。

④ 工厂综合管理控制一体化 可以通过个人计算机接口或通用计算机接口与个人计算机相连，构成范围广泛的工厂计算机综合网系统，实现先进而复杂的优化控制，实现对生产计划、产品开发及销售、生产过程及有关物质流和信息流进行综合管理，构成用计算机实现管理控制一体化的系统。

⑤ 系统安全可靠，维护方便 TDC3000系统广泛地采用容错技术、冗余技术。当一个模件发生错误或故障时，系统仍能继续运行；TDC3000系统是积木化结构，实现功能分散，危险分散；TDC3000系统中数据库提供了几个等级联锁保护，防止越权变更数据库；TDC3000系统广泛采用自诊断、自校正程序，标准硬件和软件，通用性强，可在线维护。

3. JX-300X系统简介

JX-300X系统是浙江中控技术股份有限公司于1997年推出的全数字化的新一代集散控制系统。该控制系统是浙江中控技术股份有限公司十余年集散控制系统研发和推广成功经验的总结，吸收了近年来快速发展的通信技术、微电子技术，充分应用了最新信号处理技术、高速网络通信技术、可靠的软件平台和软件设计技术以及现场总线技术，采用了高性能的微处理器和成熟的先进控制算法，全面提高了JX-300X的功能和性能，能适应更广泛、更复杂的应用。见图9-11。

（1）系统主要硬件

① 现场控制站（CS） 实现实时控制、直接与工业现场进行信息交互。通过不同的硬件和软件设置，可构成不同功能的控制站，分别是过程控制站（PCS）、逻辑控制站（LCS）、数据采集站（DAS）。控制站上有各种卡件，如控制卡、I/O卡等。

② 工程师站（ES） 实现工程师的组态和维护平台。

③ 操作员站（OS） 操作人员完成过程监控管理任务的人机界面。

④ 过程控制网络 实现工程师站、操作站、控制站的通信。

（2）系统软件

① 组态软件包

授权管理——权限的设置；

系统组态软件——系统参数设置；

流程图制作软件——流程图制作；

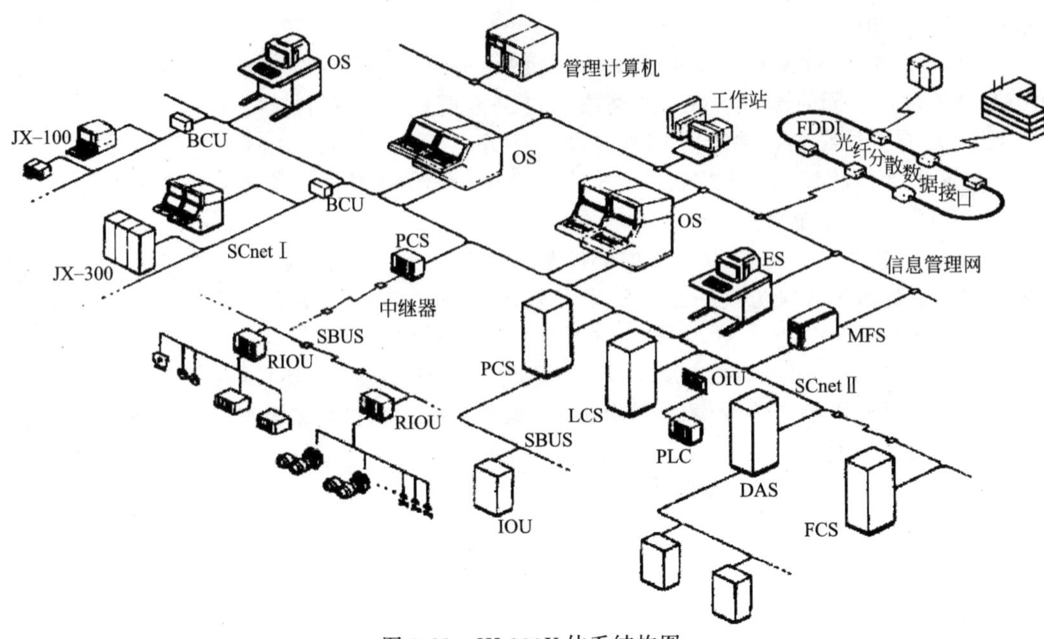

图 9-11　JX-300X 体系结构图

报表制作软件——报表制作；

二次计算软件——实现二次计算功能；

SCX 语言编程软件——控制方案编程；

图形化编程软件——控制方案编程。

② 实时监控软件　实现数据采集、数据管理。

（3）系统的主要特点

① 高速、可靠、开放的通信网络 SCnet Ⅱ；

② 分散、独立、功能强大的控制站；

③ 多功能的协议转换接口；

④ 全智能化设计；

⑤ 任意冗余配置；

⑥ 简单、易用的组态手段和工具；

⑦ 丰富、实用、友好的实时监控界面；

⑧ 事件记录功能（SOE 卡）；

⑨ 安装方便，维护简单，产品多元化、正规化。

第三节 现场总线控制系统

一、基本概念

1. 现场总线的定义

现场总线（Field Bus）是用于现场仪表与控制系统和控制室之间的一种开放式、全分散、全数字化、智能、双向、多变量、多点、多站的通信系统。可靠性高、稳定性好、抗干扰能力强、通信速率快、系统安全、符合环境保护要求、造价低廉、维护成本低是现场总线的特点。它可以用数字信号取代传统的4～20mA DC模拟信号；可对现场设备的管理和控制达到统一；使现场设备能完成过程的基本控制功能；增加非控制信息监视的可能性。

现场总线是连接现场仪表与主控系统相互进行信息交换的工具。以现场总线为基础的全数字控制系统称为现场控制系统（Field bus Control System，简称FCS）。

2. 现场总线控制系统的构成

现场总线控制系统与常规控制系统及DCS系统在系统构成、功能、控制策略等方面有许多类似之处。其基本构成元素亦为测量变送单元、控制计算单元、操作执行单元。将它们与被控过程按一定连接关系联系起来，就可构成一个完整的控制系统，如图9-12所示。不过，现场总线系统的最大特点在于，它的控制单元在物理位置上可与测量变送单元及操作执行单元合为一体，因而可以在现场构成完整的基本控制系统。即把原先DCS系统中处于控制室的控制模块，各输入、输出模块置入现场设备，加上现场设备具有通信能力，现场的测量变送仪表可以与阀门等执行机构直接传送信号，因而控制系统功能能够不依赖控制室的计算机或控制仪表，直接在现场完成，实现了彻底的分散控制。又由于它所具有的通信能力，可以与多个现场智能设备沟通、综合信息，便于构成多个变量参与的复杂控制系统与精确测量系统，另外，由于现场总线仪表的数字通信特点，使它不仅可以传递测量的数值信息，还可以传递设备标识、运行状态、故障诊断状态等信息，因而可以构成智能仪表的设备资源管理系统。

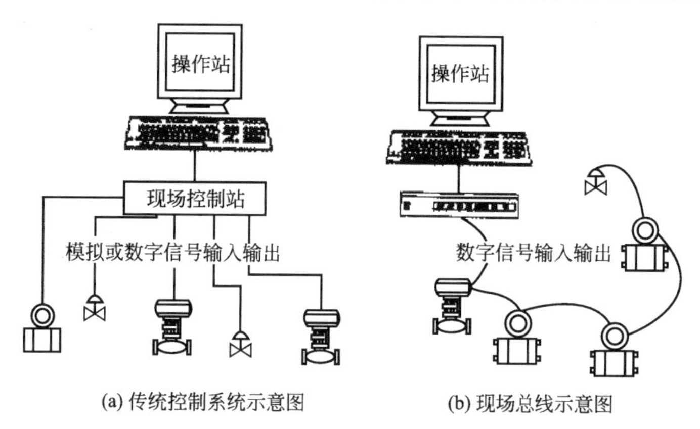

(a) 传统控制系统示意图　(b) 现场总线示意图

图9-12　现场总线与传统控制系统结构对照图

在物理结构上来说，现场总线控制系统主要由现场设备（智能化设备或仪表、现场CPU、外围电路等）与形成系统的传输介质（双绞线、光纤等）组成。

3. 现场总线控制系统的基础

现场总线控制系统是以智能现场装置（测量变送、操作执行等单元）为基础的控制系统。除了满足对所有现场装置的共性要求外，FCS系统中的现场装置还必须符合下列要求。第一，它必须与它所处的现场总线控制系统具有统一的总线协议，或者是必须遵守相关的通信规约，这是因为现场总线技术的关键就是自动控制装置与现场装置之间的双向数字通信现场总线信号制。只有遵守统一的总线协议或通信规范，才能做到开放、完全互操作。第二，现场装置必须是多功能智能化的，这是因为现场总线的一大特点就是要增加现场一级的控制功能，大大简化系统集成，方便设计，利于维护。

多功能智能化现场装置的功能如下。

（1）与自动控制装置之间的双向数字通信功能。

（2）多变量输入输出。例如，一个变送器可以同时测量温度、压力与流量，并输出三个独立的信号，或称为“三合一”变送器。

（3）多功能。智能化现场装置可以完成诸如信号线性化、工程单位转换、阀门特性补偿、流量补偿以及过程装置监视与诊断等功能。

(4) 信息差错检测功能。这些信息差错会使测量值不准确或阻止执行机构响应。在每次传送的数据帧中增加“状态”数据值就能达到检测差错的目的。

(5) 提供诊断信息。它可以提供预防维修（PM：以时间间隔为基础）的信息，也可以提供预测维修（PDM：以设备状态为基础）的信息。例如，一台具有多变量输出的气动执行器，当阀门的行程超过一定的距离，如 2km（PDM），或腐蚀性介质流过阀门达一定数量，如 $200m^3$（PDM），或运行的时间超过 2 年（PM），或阀门已经损坏时（PDM），当上述 4 种情况中的任一种情况或几种情况同时出现时，该智能执行器都可以将信息发送到控制室主机，主机接受到 PM 与 PDM 信息后，结合企业对主动维修（PAM：以故障根源分析为基础）的安排，合理采取对阀门的维护措施。

(6) 控制器功能。可以将 PID 控制模块植入变送器或执行器中，使智能现场装置具有控制器的功能，这样就使得系统的硬件组态更为灵活。将一些简单的控制功能放在智能现场装置之中，以减轻主机（控制器）的工作负担，而主机（控制器）将主要考虑多个回路的协调操作和优化控制功能，使得整个控制系统更为简化和完善。

在智能现场装置增加一个串行数据接口（如 RS-232/495）是非常方便。有了这样的接口，控制器就可以按其规定协议，通过串行通信方式（而不是 I/O 方式）完成对现场设备的监控。如果全部或大部分现场设备都具有串行通信接口，并具有统一的通信协议，控制器只需一根通信电缆就可将分散的现场设备连接，完成对所有现场设备的监控。基于以上方法，使用一根通信电缆，将所有具有统一的通信协议通信接口的现场设备连接，这样，在设备层传递的不再是 I/O(4～20mA/24V DC) 信号，而是基于现场总线的数字化通信，由数字化通信网络构成现场级与车间级自动化监控及信息集成系统。

4. 现场总线控制系统的结构组成

图 9-13 表示的是现场总线控制系统的拓扑结构，该拓扑结构类似于总线型分层结构，低级层采用低速总线 H1 现场总线。高级层采用高速总线 H2 现场总线。这个结构较为灵活，图 9-13 中示意了带节点总线型和树型两种结构，实际还可以有其他形式，以及几种结构组合在一起的混合型结构。

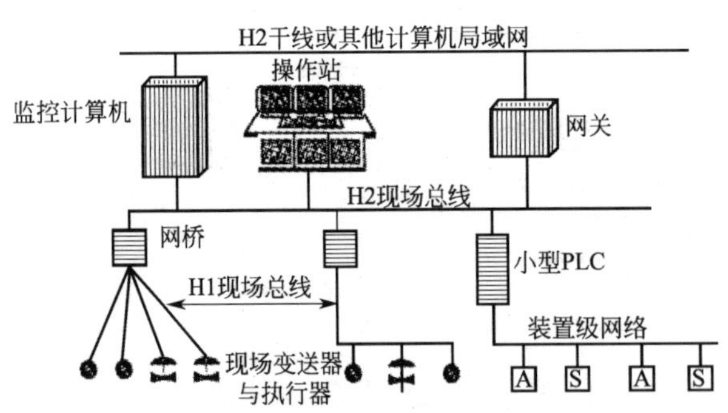

图 9-13 现场总线控制系统体系结构

带节点的总线型结构或称之为带分支的总线型结构，在该结构中，现场总线设备通过一段称为支线的电缆连接到总线段上，支线电缆的长度受物理层对导线媒体定义的限制。该结构适应于设备物理位置分布比较分散，设备密度较低的场合。

树型结构是在一个现场总线段上的设备都是以独立的双绞线连接到网桥（公共的接线盒），它适应于现场总线设备局部集中、密度高以及把现有设备升级到现场总线等应用场合。这种拓扑结构，其支线电缆的长度同样要受物理层对导线媒体定义的限制。

二、现场总线控制系统及其应用

1. FCS（现场控制系统）结构

现场控制系统（FCS，Field bus Control System）代表了一种新的控制观念——现场控制。它具有采用数字信号后的一系列优点。基于现场总线技术的基本思想，FCS采用总线拓扑结构，变送控制器用于构成现场控制回路，置于现场或控制室均可。站点分主站和从站，上位机、手持编程器、控制器、变送控制器均为主站。主站采用令牌总线的介质存取方式，令牌按逻辑环传递。变送器、执行器为从站，从站不占有令牌。总体上为令牌加主从的混合介质存取控制方式。

FCS的层次结构采用四层：物理层、数据链路层、应用层和用户层。

该系统结构具有如下主要功能特点。

(1) 上位机或手持编程器进行组态，确定回路构成及变量值，两者均可随时加入或退出系统。

(2) 控制器除控制功能之外，还可为上位机承担先进的控制运算或优化任务。控制器除输出控制操作量外，还向上位机传送状态、报警、设定参数变更及各种需要保存的数据信息。

(3) 上位机可监视总线上各站运行情况，并保存历史数据。

(4) 网络上各主站的软件均可支持网络组成的变化，具有灵活性。

2. FCS技术特点

现场总线控制系统在技术上具有以下特点。

(1) 系统的开放性　系统的开放性是指通信协议公开、各不同厂家的设备之间可互联为系统并实现信息交换。一个具有总线功能的现场总线网络，系统必须是开放的，开放系统把系统集成的权力交给了用户。用户可按自己的考虑和需要把来自不同供应商的产品组成大小随意的系统。现场总线就是自动化领域的开放互联系统。

(2) 互可操作性与互用性　这里的互可操作性，是指实现互联设备间、系统间的信息传送与沟通；而互用性则意味着对不同生产厂家的性能类似的设备可实现互联替换。

(3) 现场设备的智能化与功能自治性　它将传感测量、补偿计算、工程量处理与控制等功能分散到现场设备中完成，仅靠现场设备即可完成自动控制的基本功能，并可随时诊断设备的运行状态。

(4) 系统结构的高度分散性　现场总线已构成一种新的全分散性控制系统的体系结构，从根本上改变了现有DCS集中与分散相结合的集散控制系统体系，简化了系统结构，提高了可靠性和对现场环境的适应性。可支持双绞线、同轴电缆、光缆、射频、红外线、电力线等，具有较强的抗干扰能力，能采用两线实现送电与通信，并可满足安全防爆要求等。

3. FCS应用

作为控制系统，现场总线控制系统在控制方案的制定与选择上与普通控制系统基本相同。下面首先以锅炉汽包水位的三冲量控制系统为例，介绍现场总线控制系统在设计、安装、运行方面的特色以及如何实现现场总线控制系统。

图9-14所示为汽包水位三冲量控制系统的典型的控制方案，它把与水位控制相关的三个主要因素（即汽包水位、给水流量、蒸汽流量）都引入到控制系统，以此作为控制计算的依据，可以取得较好的控制效果。这里采用的是两个控制器按串级方式构成的控制系统。

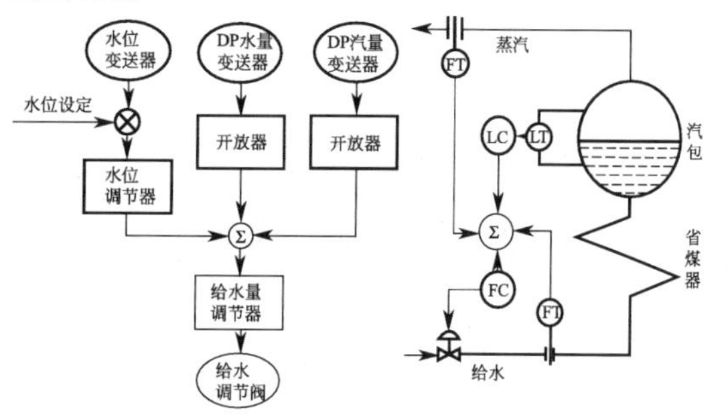

图9-14　锅炉汽包水位三冲量控制方案

(1) 根据控制方案选择必需的现场智能仪表　一个经典的三冲量水位制系统需要一

个液位变送器、两个流量变送器和一个给水调节阀。现场总线控制系统同样也需要这些变送器、执行器。对于一般模拟仪表控制系统，由于汽包水位、蒸汽流量、给水流量的测量信号本身波动频繁，需要阻尼器对测量信号进行预处理；按工厂常规采用的孔板加差压变送器测量流量的办法，要使测量信号与流量成线性关系，需加开方器；此外，还需要形成串级的主、副两个控制器。而对于现场总线控制系统，实现阻尼、开方、加减和PID运算等功能完全靠嵌入在现场变送器、执行器中的功能块软件完成，可减少硬件投资，节省安装工时与费用。

（2）选择计算机与网络配件　为了满足现场智能设备组态、运行、操作的需求，一般还需要选择与现场总线网段连接的计算机。为了系统的安全“冗余”，配置两台相同的工业PC机。可采用插接在PC机总线插槽中的现场总线PCI卡，把现场总线网段直接与PC机相连。也可采用通信控制器，其一侧与现场总线网段连接，另一侧按通常采用的PC机联网方式，如通过以太网方式，采用TCP/IT协议、网络BIOS协议，完成现场总线网段与PC机之间的信息交换。

（3）选择开发组态软件、控制操作的人机接口MMI。

（4）根据控制系统结构和控制策略所需功能块以及现场智能设备具有的功能块库的条件，分配功能块所在位置。对三冲量水位控制系统，功能块分配方案如下：

① 汽包液位变送器内，选用AI模拟输入功能块，主控制器PID功能块；

② 水流量变送器内，选用AI模拟输入功能块、求和算法功能块；

③ 蒸汽流量变送器内，选用AI模拟输入功能块；

④ 阀门定位器内，选用副控制器PID功能块、AO输出功能块，并实现现场总线信号到调节阀门的气压转换；

⑤ 通过组态软件，完成功能块之间的连接。

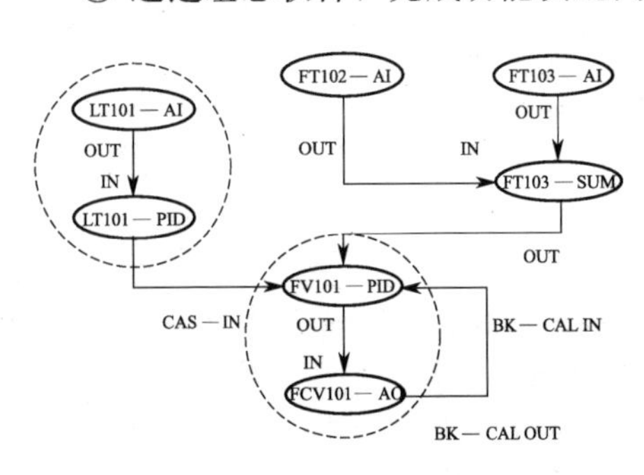

图9-15　功能分布与连接

现场总线功能块的选用可以是任意的，因而现场总线控制系统的设计具有较大柔性。按三冲量控制系统和功能块分配方案，功能块组态连接如图9-15所示。

图中虚线表示物理设备，实线表示功能块，实线内标有位号和功能块名称。这里，水位变送器的位号为LT101，蒸汽、给水变送器的位号分别为FT102、FT103，给水调节阀的位号为FV101。BK—CAL IN，BK—CAL OUT分别表示阀位反馈信号的输入与输出；CAS—IN表示串级输入。实行组态时，只需在窗口式图形界面上选择相应设备中的功能块，在功能块的输入、输出间简单连线，便可建立信号传递通道，完成控制系统的连接组态。

三、以现场总线为基础的企业信息系统

现代化企业中，计算机已经在自动控制、办公自动化、经营管理、市场销售等方面承担了越来越多的任务。企业网络将成为连接企业内部各车间、部门，并与外部交流信息的重要基础设施。图9-16描述了以现场总线为基础的企业信息网络系统示意图。

1. 现场控制层

H1、H2、Lon Works等现场总线网段与工厂现场设备连接，是工厂信息网络集成系统的底层，也称为网络的现场控制层。又称现场总线控制系统。

2. 过程监控层

现场控制层将来自现场一线的信息送往控制室，置入实时数据库，进行先进控制与优化

计算、集中显示。这是网络中自动化系统的过程监控层。它通常可由以太网等传输速度较快的网段组成。各种现场总线网段均可通过通信接口卡等与过程监控层交换数据。

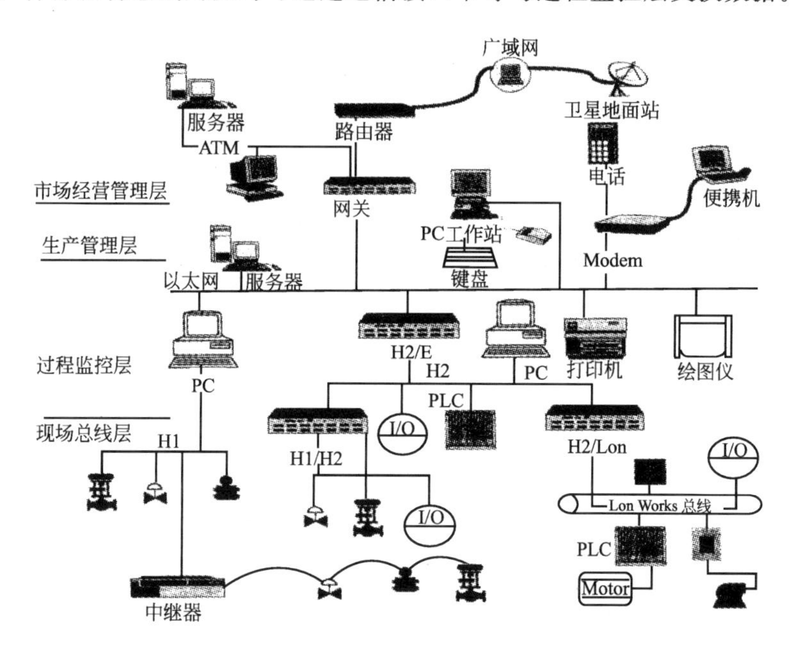

图 9-16 现场总线信息网络系统示意图

3. 生产管理层

工厂的生产调度、计划销售、库存、财务、人事等构成了企业信息网络的管理层。它是工厂局域网络的上层。一般由关系数据库收集整理来自企业各部门的各类信息并进行综合处理。通常由以太网、TOP 等局域网段组成。

4. 市场经营管理层

该层将跨越工厂或企业的局部地域，融合外界商业经营网点、原材料供应和部件生产基地的信息。企业局域网可通过多种途径，与来自外界互联网的市场信息等数据共享。

第四节 可编程控制器及控制技术

可编程控制器（PLC）是一种以微处理器为核心器件的逻辑和顺序以及连续控制装置。它使用可编程序的存储器来存储指令，并实现逻辑运算、顺序运算、计数、计时和算术运算等功能，也可以进行连续控制功能，用来对各种机械或生产过程进行控制。

一、可编程控制器的主要特点

（1）构成控制系统简单。当需要组成控制系统时，用简单的编程方法将程序存入存储器内，接上相应的输入、输出信号线，便可构成一个完整的控制系统。不需要继电器、转换开关等，它的输出可直接驱动执行机构（负载电流一般可达 2A），中间一般不需要设置转换单元，因而大大简化了硬件的接线电路。

（2）改变控制功能容易。可以用编程器在线修改程序，很容易实现控制功能的变更。

（3）编程方法简单。程序编制可以用接点梯形图、逻辑功能图、语句表等简单的编程方法来实现，不需要涉及专门的计算机知识和语言。

（4）可靠性高。可编程控制器采用了集成电路，可靠性要比有接点的继电器系统高得多。同时，在其本身的设计中，又采用了冗余措施和容错技术。因此，其平均无故障运行时间已达到数万小时以上，而平均修复时间则少于 10min。

另外，由于它的外部硬件电路很简单，大大减少了接线数量，从而减少了故障点，使整个控制系统具有很高的可靠性。

（5）适应于工业环境使用。它可以安装在工厂的室内场地上，而不需要空调、风扇等。可在温度 0～60℃，相对湿度 0～95%的环境中工作。直流 24V 供电的 PLC，电压允许为16～32V；交流 220V 供电的 PLC，电压允许为（220±15）V，频率允许为 47～63Hz。它能直接处理交流 220V，直流 24V 等强电信号，不需要附设滤波、转换设备。

(a) OMRON系列PLC

(b) 三菱系列PLC

图 9-17 可编程控制器外形图

简而言之，与继电器逻辑电路相比，PLC 具有可靠性高、改变控制功能容易的显著优点。与计算机控制系统相比，PLC 具有对使用环境的适应性强、编程方法简单的特点。PLC 外形结构如图 9-17 所示。

二、可编程控制器的构成

（1）PLC 的主机由中央控制单元、存储器、输入输出单元、输入输出扩展接口、外部设备接口以及电源等部分组成。各部分之间通过由电源总线、控制总线、地址总线和数据总线构成的内部系统总线并行连接，如图 9-18 所示。

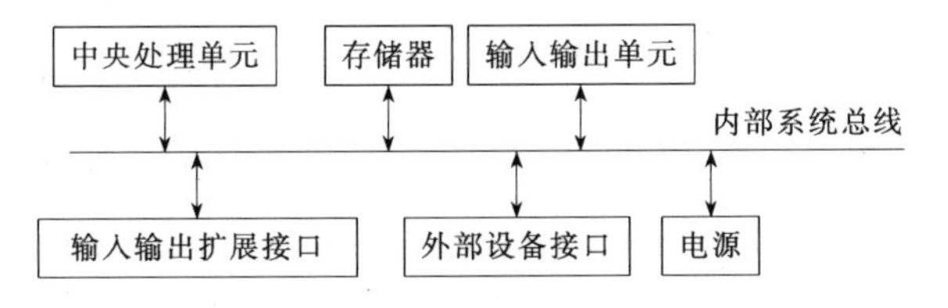

图 9-18 硬件系统构成示意图

① 中央处理单元（CPU），是 PLC 的运算控制中心，它包括微处理器和控制接口电路。

② 存储器，用来存储系统程序、用户程序和各种数据。ROM 一般采用 EPROM 和 EEPROM，RAM 一般采用 CMOS 静态存储器，即 CMOS RAM。

③ 输入输出单元（I/O），是 PLC 与工业现场之间的连接部件，有各种开关量 I/O 单元、模拟量 I/O 单元和智能 I/O 单元等。

④ 输入输出扩展接口，是 PLC 主机扩展 I/O 点数和类型的部件，可连接 I/O 扩展单元、远程 I/O 扩展单元、智能 I/O 单元等。它有并行接口、串行接口、双口存储器接口等多种形式。

⑤ 外部设备接口，通过它，PLC 可以和编程器、彩色图形显示器、打印机等外部设备连接，也可以与其他 PLC 或上位机连接。外部设备接口一般是 RS-232C、RS-422A（或 RS-495）串行通信接口。

⑥ 电源单元　把外部供给的电源变换成系统内部各单元所需的电源，一般采用开关式电源。有的电源单元还向外提供 24V 隔离直流电源，给开关量输入单元连接的现场无源开关使用。电源单元还包括失电保护电路和后备电池电源，以保持 RAM 的存储内容不丢失。

（2）在结构形式上，PLC 有整体式和模块式两种。

① 整体式结构，把CPU、存储器、I/O等基本单元装在少数几块印刷电路板上，并连同电源一起集中装在一个机箱内。它的输入输出点数少，体积小，造价低，适用于单体设备和机电一体化产品的开关量自动控制。

② 模块式结构，又称为积木式PLC，它把CPU（包括存储器）单元和输入、输出单元做成独立的模块，即CPU模块、输入模块、输出模块，然后组装在一个带有电源单元的机架或母板上。它的输入输出点数多，模块组合灵活，扩展性好，便于维修，但结构较复杂，插件较多，造价较高，适用于复杂过程控制系统的场合。

三、可编程控制器的分类

(1) PLC按照I/O能力划分为小、中、大3种：

① 小型PLC的I/O点数在129点以下，用户程序存储器容量小于4kB；

② 中型PLC的I/O点数在129～512点之间，4～9kB用户存储器；

③ 大型PLC的I/O点数在512点以上，9kB以上用户存储器。

由于系统的规模不同，各行业对PLC大、中、小型的划分也不尽一致。

(2) PLC按照功能强弱可分为低、中、高三档。

① 低档PLC，以逻辑量控制为主，适用于继电器、接触器和电磁阀等开关量控制场合。它具有逻辑运算、计时、计数、移位等基本功能，还可能有I/O扩展及通信功能。

② 中档PLC，兼有开关量和模拟量的控制，适用于小型连续生产过程的复杂逻辑控制和闭环控制场合。它扩大了低档机中的计时、计数范围，增加了数字运算功能，具有整数和浮点数运算、数制转换、PID调节、中断控制和通信联网等功能。

③ 高档PLC，在中档机的基础上，增强了数字计算能力，具有矩阵运算、位逻辑运算、开方运算和函数等功能；增加了数据管理功能，可以建立数据库，用于数据共享和数据处理；加强了通信联网功能，可和其他PLC、上位监控计算机连接，构成分布式综合管理控制系统。

(3) PLC的编程语言主要有以下几种。

梯形图和布尔助记符是PLC的基本编程语言，由一系列指令组成。用这些指令可以完成大多数简单的控制功能。例如，代替继电器、计时器、计数器完成顺序控制和逻辑控制等。梯形图是在原电气控制系统中常用的继电器、接触器线路图的基础上演变而来的。采用因果的关系来描述事件发生的条件和结果，每个阶梯是一个因果关系。在阶梯中，事件发生的条件在左边表示，事件发生的结果在右边表示。它与电气操作原理图相对应，具有直观性和对应性。但图中的符号称之为软继电器、软接点。同时，对于较复杂的控制系统，描述不够清晰。

功能表图语言是用顺序功能图来描述程序的一种编程语言。语句描述语言与BASIC，PASCAL和C语言相类似。但进行了简化。常用于系统规模较大、程序关系较复杂的场合，能有效地完成模拟量的控制、数据的操纵、报表的打印和其他用梯形图或布尔助记符语言无法完成的功能。

功能模块图语言采用功能模块形式，通过软连接方式完成所要求的控制功能。具有直观性强、易于掌握、连接方便、操作简单的特点，很受欢迎。但由于每种模块需要占有一定的程序内存，对模块的执行需要一定时间，所以，这种编程语言仅在大中型PLC和DCS中采用。

目前，大多数PLC产品中广泛采用的是梯形图、布尔助记符和功能表图语言。功能表图语言虽然是近几年发展起来的，但其推广应用速度很快，新推出的PLC产品已普遍采用。

四、可编程控制器的工作过程

PLC 的工作过程可分为三个阶段：输入采样、程序执行、输出刷新。如图 9-19 所示。

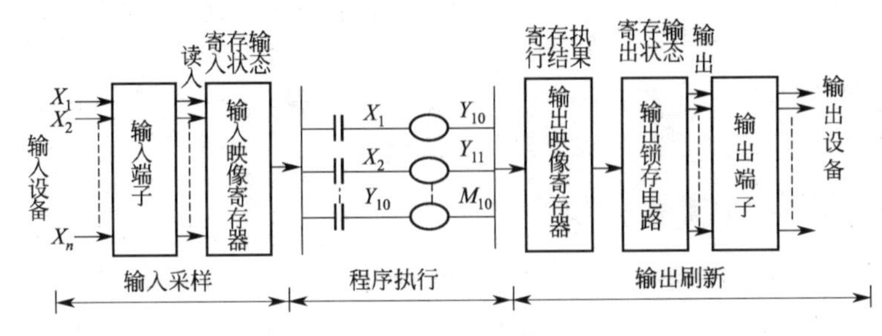

图 9-19 PLC 的工作过程

PLC 采用循环扫描的工作方式。在输入采样阶段，PLC 以扫描方式顺序读入所有输入端的通断状态，并将此状态存入输入映像寄存器。在程序执行阶段，PLC 按先左后右、先上后下步序，逐条执行程序指令，从输入映像寄存器和输出映像寄存器读出有关元件的通断状态，根据用户程序进行逻辑、算术运算，再将结果存入输出映像寄存器中。在输出刷新阶段，PLC 将输出映像寄存器的通断状态转存到输出锁存器，向外输出控制信号，去驱动用户输出设备。

上面三个阶段的工作过程称为一个扫描周期，然后 PLC 又重新执行上述过程，周而复始地进行。扫描周期一般为几毫秒至几十毫秒。

由上述的工作过程可见，PLC 执行程序时所用到的状态值不是直接从输入端获得的，而是来源于输入映像寄存器和输出映像寄存器。因此 PLC 在程序执行阶段，即使输入发生了变化，输入映像寄存器的内容也不会改变，要等到下一周期的输入采样阶段才能改变。同理，暂存在输出映像寄存器中的内容，等到一个循环周期结束，才输送给输出锁存器。所以，全部输入、输出状态的改变需要一个扫描周期。

与 PLC 的工作方式不同，传统的继电器控制系统是按“并行”方式工作的，或者说是同时执行的，只要形成“电流通路”，可能有几个“电器”同时动作；而 PLC 是以扫描方式循环、连续、顺序地逐条执行程序。任何时刻，它只能执行一条指令，也就是说，PLC 是以“串行”方式工作的。PLC 的这种串行工作方式可避免继电器控制系统中触点竞争和时序失配的问题。

五、可编程控制器的应用

可编程控制器的产品种类多，常用的产品有：施耐德自动化公司的 QUANTUM CPU 系列，美国 A-B 公司的 PLC 系列，德国 SIEMENS 公司 S 系列，日本立石公司（OMRON 公司）SYSMAC-C 系列，日本三菱公司 MELSEC-A 系列和小型 F 系列等。

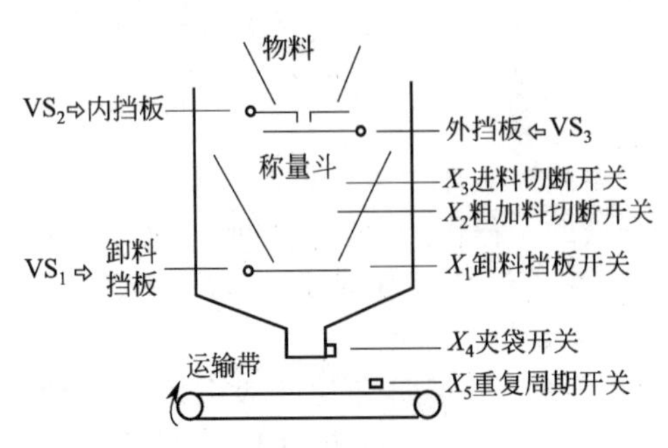

图 9-20 粉料自动称量装置简图

(一) 粉料自动称量装置控制系统

图 9-20 是粉料自动称量装置的示意图。该装置的控制过程可用流程图 9-21 示意。

(1) 初始状态：卸料挡板、内挡板、外挡板全部关闭。这三个挡板分别由电磁阀 VS_1、

VS_2、VS_3 控制，电磁阀失电时，挡板关闭。

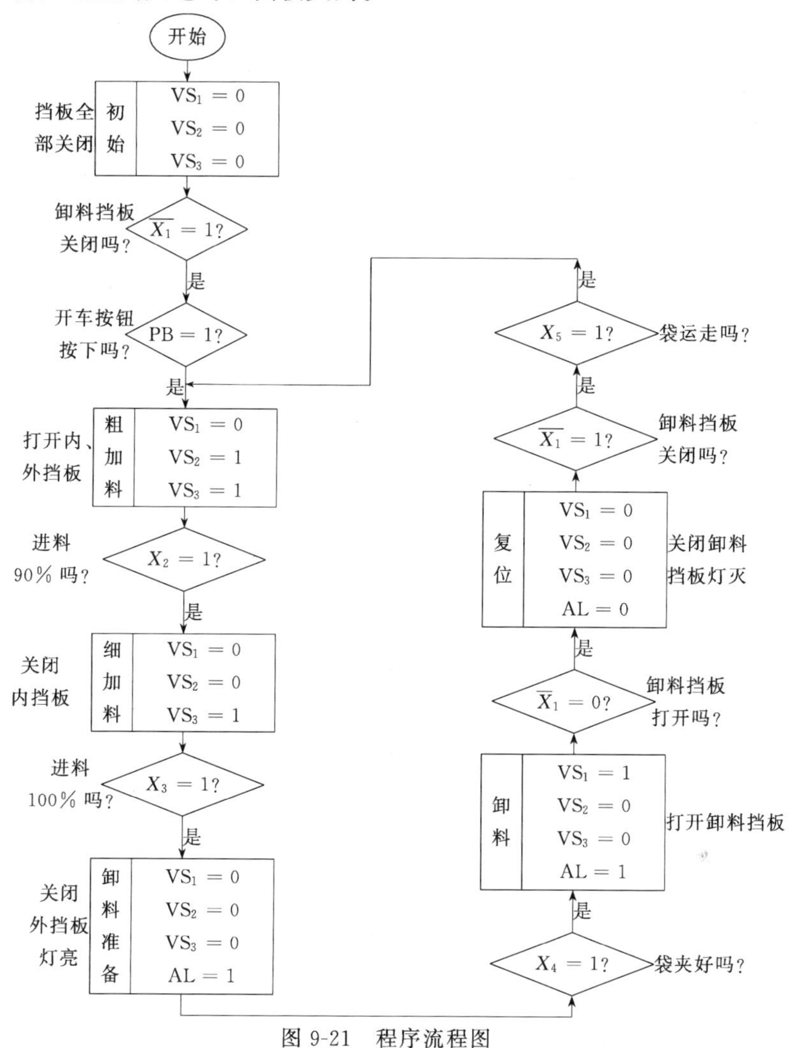

图 9-21　程序流程图

（2）粗加料：在卸料挡板关闭的条件下，按下开车按钮 PB。使 VS_2、VS_3 同时得电。打开内挡板和外挡板，于是，物料迅速地流入称量斗，称为粗加料。卸料挡板是否关闭由常闭式微动开关 X_1 来检测，卸料挡板关闭时 X_1 接通（$\overline{X_1}=1$）。

（3）细加料：当称量斗中粉料达到90%规定值时，微动开关 X_2 由断开转为接通（$X_1\rightarrow 1$），使 VS_2 失电，关闭内挡板，粉料由内挡板上的小孔缓慢地流入称量斗，实行细加料。

（4）卸料准备：当称量斗中粉料达到规定值时，微动开关 X_3 由断开转接通（$X_3\rightarrow 1$），发出信号使 VS_3 失电，关闭外挡板，粉料被截止，不再流入称量斗。这时，指示灯 AL 发亮，表示“称量完毕，允许卸料”。

（5）卸料：在包装袋夹好的条件下，VS_1 通电，打开卸料挡板，称量好的粉料落入包装袋。夹袋是人工进行的，并用微动开关 X_4 来推测包装袋是否夹上，夹上后闭合（$X_4=1$），取下后断开（$X_4=0$）。

（6）复位：卸料挡板打开后，其检测开关 X_1 断开（$\overline{X_1}\rightarrow 0$）。利用 $\overline{X_1}\rightarrow 0$ 发信，又立即使 VS_1 失电，重新关闭卸料挡板。一旦卸料挡板重新关闭后，又使 X_1 恢复闭合（$\overline{X_1}\rightarrow 1$），于是，整个装置复位。总之，卸料挡板是打开以后随即关闭。在 $\overline{X_1}\rightarrow 0$ 的时候，还使指示灯 AL 熄灭，表示“卸料完毕”。

(7) 进入下一周期而循环工作。把已经装好粉料的包装袋取下以后（此时 $X_4 \to 0$），经运输带送走，并触动微动开关 X_5 使其闭合（$X_5 \to 1$）。$X_5 \to 1$ 即表示“袋已运走”，又作为下一周期的启动指令，装置再次进行粗加料而循环工作。

根据控制流程可以编制动作顺序表。注意，进入“粗加料”的步进条件记为 $\overline{X_1}\mathrm{PB} \to 1$，或者 $\overline{X_1}X_5 = 1$。其中，$\mathrm{PB} \to 1$ 是开车信号，按下 PB 后就能开车。$X_5 \to 1$ 是循环工作启动信号，包装袋运走以后就开始下一周期的称量控制。$\overline{X_1}$ 是保证只有在卸料挡板关闭的条件下才能开车或循环启动的特征信号。

开始“卸料”的步进条件记为 $X_3X_4 \to 1$。$X_4 \to 1$ 表示袋已夹好。X_3 是保证只有在称量结束（粉料达到规定值，$X_3 \to 1$）以后才能打开卸料挡板的特征信号。

让每个执行元件分别用一个继电器进行控制，R_1 控制 VS_1，R_2 控制 VS_2。R_3 控制 VS_3，R_4 控制 AL。相应地，R_1、R_2、R_3、R_4 的工作区间分别和 VS_1、VS_2、VS_3、AL 相同。

分析各继电器“启动、保持、停止”的条件，各继电器均采用停止优先式，从而列出其逻辑式。

$$R = (Q + r)\overline{T}$$

式中 Q——启动条件；

r——自保接点；

$\overline{T}$——停止条件。

① R_2 逻辑式

$$Q = \overline{X_1}\mathrm{PB} + \overline{X_1}X_5 = (\mathrm{PB} + X_5)\overline{X_1}$$

$\overline{T} = \overline{X_2}$（当 $\overline{X_2} \to 0$，即 $X_2 \to 1$，VS_2 失电关闭内挡板）

PB、X_5 均为短信号，需自保，则

$$R_2 = (\mathrm{PB} + X_5 + r_2)\ \overline{X_1}\ \overline{X_2}$$

② R_3 逻辑式

$$Q = \overline{X_1}\mathrm{PB} + \overline{X_1}X_5 = (\mathrm{PB} + X_5)\overline{X_1}$$

$\overline{T} = \overline{X_3}$（当 $\overline{X_3} \to 0$，即 $X_3 \to 1$，VS_3 失电，关闭外挡板）

PB、X_5 均为短信号，需自保，则

$$R_3 = (\mathrm{PB} + X_5 + r_3)\ \overline{X_1}\ \overline{X_3}$$

③ R_4 逻辑式

$$Q = X_3,\ \overline{T} = \overline{X_1}$$

X_3 为短信号，需自保，则

$$R_4 = (X_3 + r_4)\overline{X_1}$$

④ R_1 逻辑式

$$Q = X_3X_4,\ \overline{T} = \overline{X_1}$$

X_3 为短信号，需自保，则

$$R_1 = (X_3X_4 + r_1)\overline{X_1}$$

根据 $R_1 \sim R_4$ 的四个逻辑式，可画出梯形图如图 9-22 所示。

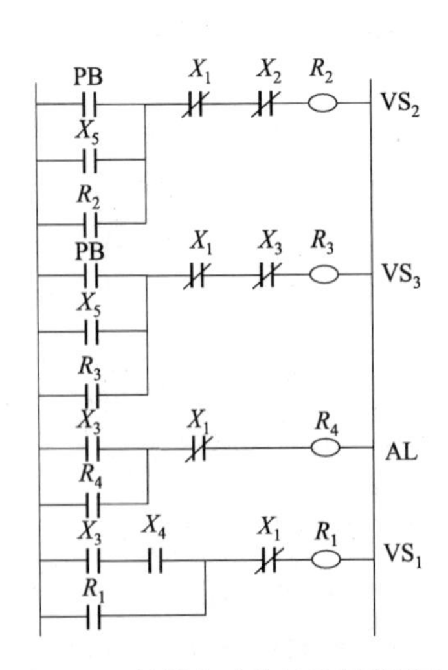

图 9-22 粉料自动称量控制梯形图

(二) 电机运行控制

电机开停控制是最常见的一种逻辑控制。图 9-23 是两种电机开停控制梯形图。图中：A——启动按钮的输入信号；B——停止按钮的输入信号；C——输出继电器线圈，它可以是电动机的磁力启动器的线圈或中间继电器的线圈；

C_1——输出继电器 C 的自保接点。

图 9-23(a) 是停止优先的电机控制梯形图，当操作人员误把启动按钮和停止按钮同时按下时，电动机将停止运转。逻辑表达式为：

$$C=(A+C_1)\overline{B}$$

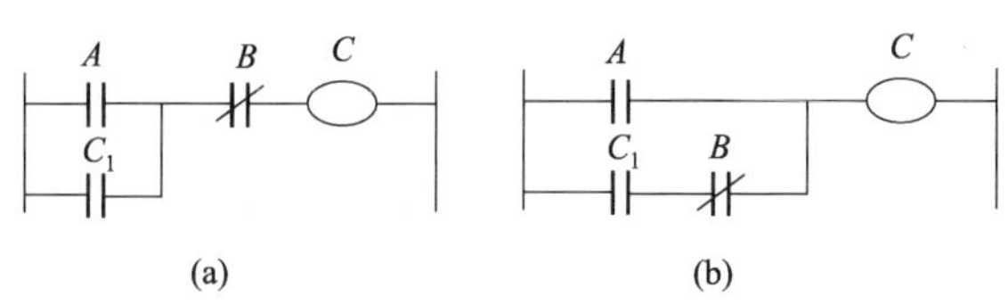

图 9-23　电动机控制梯形图

图 9-23(b) 是启动优先的电动机控制梯形图。当同时按下启动和停止按钮时，电动机将开始运转。逻辑表达式为：

$$C=A+C_1\overline{B}$$

第五节　训 练 项 目

项目　典型集散控制系统操作

一、项目名称

典型集散控制系统操作。

二、项目情境

由××××单位电气维修部门经理（教师或学生）向完成各具体子项目（任务）的执行经理或工作人员布置任务，派发任务单（表 9-1）。

表 9-1　任务单

项　目	子项目	任务内容与要求	备　注
集散控制系统操作	集散控制系统硬件组态	学生按照人数分组训练 认识集散控制系统的硬件组成，了解机柜、机笼、电源的结构等 认识典型卡件的原理、结构及使用，并能准确选用	工程说明书
	控制流程图分析	学生分组训练	图纸
	典型集散控制系统操作	学生按照人数分组训练 操作站的实时监控画面的调用方法；简单与串级控制系统的组态及流程图制作；简单与串级控制系统的参数整定、投运与基本维护	操作规程
目标要求	学生均能准确选用硬件，会系统操作、投运、停车		
实训环境	校外实训基地、校内实训室		
其他			

三、项目实施

训练步骤：

(1) 学生分组训练操作站的实时监控画面的调用方法；

（2）学生分组训练简单控制系统实时监控操作（包括系统投运、参数整定、系统维护等）；

（3）学生分组训练串级控制系统实时监控操作（包括系统投运、参数整定、系统维护等）。

集散控制系统的操作需要在操作员站进行。首先学生应将整个系统供电开机；其次将要操作系统的对应组态软件下载到控制站上；下载成功后，启动组态软件进行操作。

在组态完成编译成功后，就可启动实时监控软件。实时监控软件是对系统进行实时监视、控制操作、数据采集、数据管理的平台。

以浙江中控技术股份有限公司的一套集散控制试验装置 CS2000 为范本，进行简单、串级控制系统的组态、投运、参数整定和基本维护方面的工作。CS2000 实训系统对象示意图见图 9-24 所示，配备一个控制站和一个仪表控制台，可实现常规仪表控制和 DCS 控制。

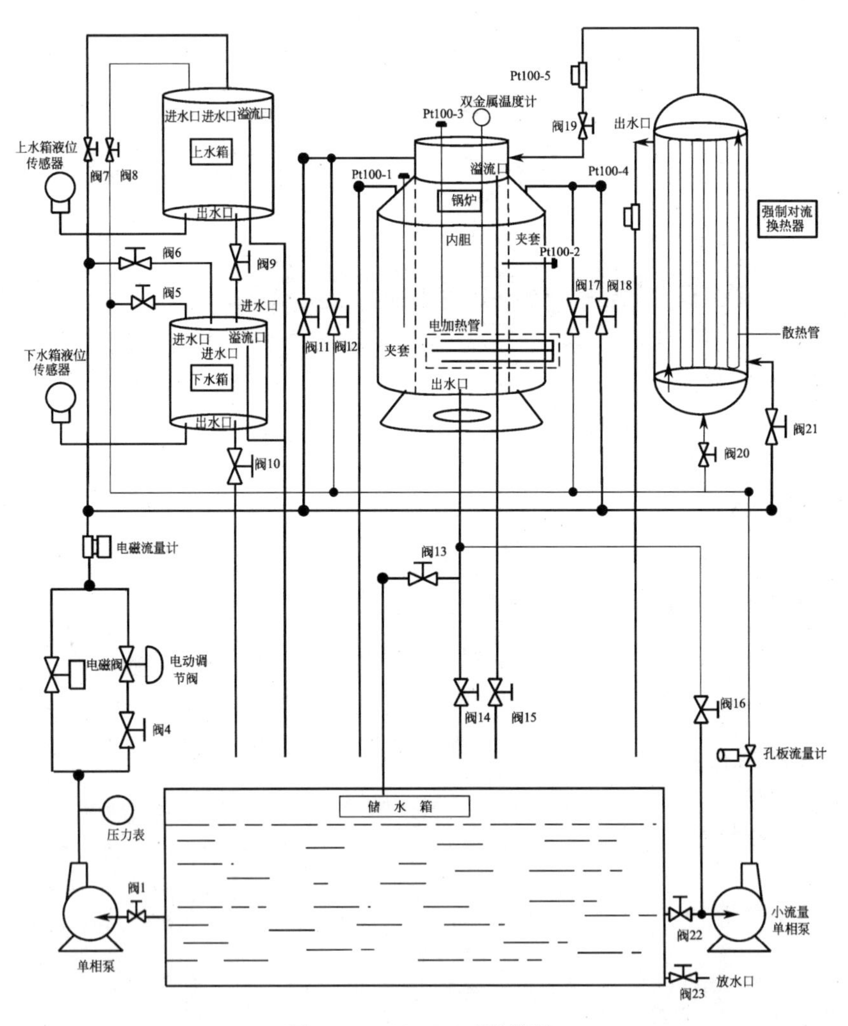

图 9-24　CS2000 对象装置

CS2000 型过程控制实验装置包括对象、仪表控制台和控制站三大部分。

（1）系统对象包含有：不锈钢储水箱、圆筒形有机玻璃上水箱（$\varphi 250 \times 390$mm）、（中水箱）、下水箱（$\varphi 250 \times 350$mm）、单相 2.5kW 电加热锅炉（由不锈钢锅炉内胆加温筒和封闭式外循环不锈钢冷却锅炉夹套组成）。系统动力支路分为两路：一路由循环水泵、调节阀、孔板流量计、自锁紧不锈钢水管及手动切换阀组成；另一路由循环水泵、变频调速器、涡轮流量计、自锁紧不锈钢水管及手动切换阀组成。装置检测变送和执行元件有：液位传感器、温度传感器、涡轮流量计、电磁流量计、压力表、调节阀等。该套系统配备了较齐全的软硬件设施，其中包括该系统 12 个主题实训的组态供选用。

（2）仪表控制台由喷塑钢板作为框架，以防火材料为桌面板，桌底装有滚动轮子和固定地盘，外观优美，耐用结实。面板用喷塑铝合金板制作，容易安装拆卸。控制面板上安装了智能调节仪控制面板、C3000 控制面板、信号面板、强电面板。

（3）控制站，实现 DCS 控制。操作站通过上位机实现对对象的自动控制。控制站与仪表控制台、对象上的各种参数通过通信网络实现连接。控制站通过 JX-300X 组态软件对系统进行控制。

学生在前面学习的基础上，以小组为单位，研究并看懂 CS2000 控制对象、组态软件，参照实验指导书进行上储水槽水位简单控制操作、上中储水槽水位串级控制。

① 上储水槽水位简单控制操作

a. 控制原理　图 9-25 为单回路上水箱液位控制系统。系闭环反馈单回路液位控制，采用 DCS 系统控制。当调节方案确定之后，后续工作应整定控制器的参数。一个单回路系统设计安装就绪之后，控制质量的好坏与控制器参数选择有着很大的关系。合适的控制参数，可以带来满意的控制效果。反之，控制器参数选择得不合适，则会使控制质量变坏，达不到预期效果。一个控制系统设计好以后，系统的投运和参数整定是十分重要的工作。

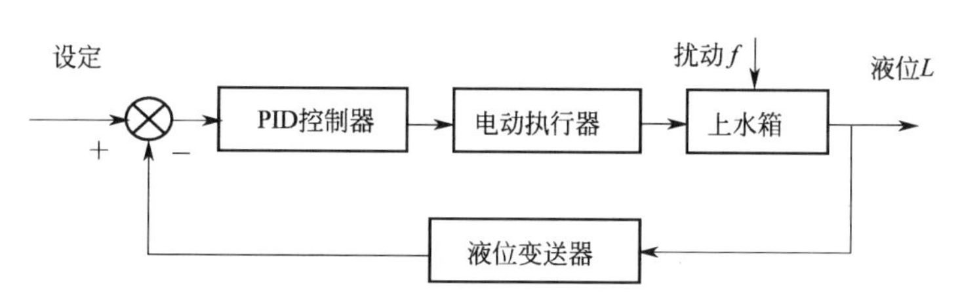

图 9-25　水位简单控制系统原理图

b. 操作步骤

（a）将 CS2000 实验对象的储水箱灌满水（至最高高度）。

（b）打开以丹麦泵、电动调节阀、电磁流量计组成的动力支路至上水箱的出水阀门：阀 1、阀 4、阀 7，关闭动力支路上通往其他对象的切换阀门。

（c）打开上水箱的出水阀：阀 9 至适当开度。

（d）启动动力支路电源。

（e）启动 DCS 上位机组态软件，进入主画面，然后进入实验画面。

（f）在上位机软件界面用鼠标点击调出 PID 窗体框，用鼠标按下自动按钮，在“设定值”栏中输入设定的上水箱液位。

c. 比例调节控制

（a）设定给定值，调整 P 参数。

（b）待系统稳定后，对系统加扰动信号（在纯比例的基础上加扰动，一般可通过改变设定值实现）。记录曲线在经过几次波动稳定下来后，系统有稳态误差，并记录余差大小。

（c）减小 P 重复步骤 d，观察过渡过程曲线，并记录余差大小。

（d）增大 P 重复步骤 d，观察过渡过程曲线，并记录余差大小。

（e）选择合适的 P，可以得到较满意的过渡过程曲线。改变设定值（如设定值由 50% 变为 60%），同样可以得到一条过渡过程曲线。

（f）注意：每当做完一次实训后，必须待系统稳定后再做另一次重试。

d. 比例积分调节器（PI）控制

（a）在比例调节实验的基础上，加入积分作用，即在界面上设置 I 参数不为 0，观察被控制量是否能回到设定值，以验证 PI 控制下，系统对阶跃扰动无余差存在。

（b）固定比例 P 值，改变 PI 调节器的积分时间常数值 T_i，然后观察加阶跃扰动后被调量的输出波形，并记录不同 T_i 值时的超调量 σ_p（表 9-2）。

表 9-2　不同 T_i 时的超调量 σ_p

积分时间常数 T_i	大	中	小
超调量 σ_p			

（c）固定 I 于某一中间值，然后改变 P 的大小，观察加扰动后被调量输出的动态波形，据此列表记录不同值 P 下的超调量 σ_p（表 9-3）。

表 9-3　不同 P 值下的 σ_p

比例 P	大	中	小
超调量 σ_p			

（d）选择合适的 P 和 T_i 值，使系统对阶跃输入扰动的输出响应为一条较满意的过程曲线。此曲线可通过改变设定值（如设定值由 50%变为 60%）来获得。

② 上中储水槽水位串级控制操作

a. 设备　CS2000 型过程控制实验装置，PC 机，DCS 控制系统，DCS 监控软件。

b. 控制原理　液位串级控制系统具有 2 个控制器、2 个闭合回路和 2 个执行对象。2 个控制器分别设置在主、副回路中，设在主回路的控制器称主控制器，设在副回路的控制器称为副控制器。两个控制器串联连接，主控制器的输出作为副回路的给定量，主、副控制器的输出分别去控制执行元件。主对象的输出为系统的被控制量锅炉夹套温度，副对象的输出是一个辅助控制变量，如图 9-26 所示。

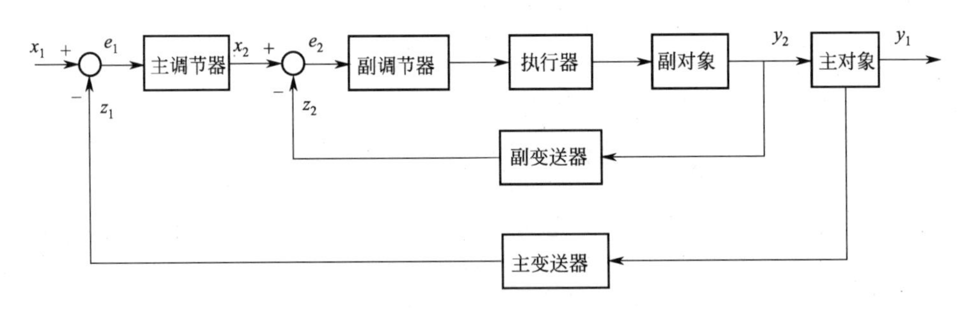

图 9-26　串级控制系统原理图

c. 操作内容和步骤

（a）将 AE2000A 实验对象的储水箱灌满水（至最高高度）。

（b）打开以丹麦泵、电动调节阀、电磁流量计组成的动力支路至上水箱的出水阀门：阀 1、阀 4、阀 7，关闭动力支路上通往其他对象的切换阀门。

（c）打开上水箱的出水阀：阀 9，打开中水箱出水阀：阀 10 至适当开度。

（d）启动动力支路。

（e）启动 DCS 上位机组态软件，进入主画面，然后进入实验画面。

（f）用鼠标按下“点击以下框体调出主控 PID 参数”按钮，在“CSC10 _ ex”中的“设定值”栏中输入设定的下水箱液位。按下“点击以下框体调出副控 PID 参数”按钮。在

"副控窗口"中按下"串级"按钮。在"CSC10 _ in"中设定 P、I、D 参数。分别在主控参数和副控参数窗口中反复调整 P，I，D 三个参数，控制中水箱水位，同时兼顾快速性、稳定性、准确性。

(4) 报告要求

① 画出本实验系统的方框图。

② 通过实验求出输出响应呈 4：1 衰减时的主控制器的参数。

③ 根据扰动分别作用于主、副对象时系统输出的响应曲线，对此作出评述。

④ 观察并分析副控制器的比例度大小对系统动态性能的影响。

⑤ 观察并分析主控制器比例度 δ 和积分时间常数 T_i 的改变对系统动态性能的影响。

分别针对简单系统和串级复杂系统，进行系统投运前的检查，排除事故隐患，总结出排查步骤和方法，以及排除故障的正确方法；实现系统的投运，研究出正确的操作步骤；对系统施加干扰，进行参数整定，并总结出整定方法和步骤；针对系统运行中可能出现的问题提出维护方案。最后总结出集散控制系统运行、调校、维护的安全操作规程。

四、验收评价

(1) 项目实施过程考核与结果考核相结合　由项目委托方代表（一般来说是教师，也可以是学生）对项目一各项任务的完成结果进行验收、评分；学生进行"成果展示"，经验收合格后进行接收。

(2) 考核方案设计　学生成绩的构成：A 组项目（课内项目）完成情况累积分（占总成绩的 75%）+B 组项目（课外项目）成绩（占总成绩的 25%）。其中 B 组项目的内容是由学生自己根据项目完成的情况进行成果展示。

具体的考核内容：A 组项目（课内项目）主要考核项目完成的情况作为考核能力目标、知识目标、拓展目标的主要内容，具体包括：完成项目的态度、项目报告质量、资料查阅情况、问题的解答、团队合作、应变能力、表述能力、辩解能力、外语能力等。B 组项目（课外项目）主要考核项目确立的难度与适用性、报告质量、面试问题回答等内容。

① A 组项目（课内项目）完成情况考核评分表见表 9-4 所示。

表 9-4　集散控制系统组态与操作项目考核评分表

评分内容		评分标准		配分	得分
集散控制系统组态与操作		硬件组态：每选错一个硬件扣 3 分		20	
		软件组态：组态每错误一处扣 2 分		30	
		操作：操作每出现一处错误扣 5 分		30	
团结协作		小组成员分工协作不明确扣 5 分，成员不积极参与扣 5 分		10	
安全文明生产		违反安全文明操作规程扣 5～10 分		10	
项目成绩合计					
开始时间		结束时间		所用时间	
评　语					

② B 组项目（课外项目）完成情况考核内容：进行成果展示（实物、组态软件或报告）；写出本项目完成报告（主题是硬件组态、软件组态、操作规程）。

(3) 师生互动（学生汇报、教师点评）

第六节 习题与思考题

9-1 计算机控制系统由哪几部分组成？每一部分的作用是什么？

9-2 什么是集散控制系统？特点是什么？

9-3 集散控制系统由哪几部分组成？各有哪些功能？

9-4 说明 CENTUM-CS 系统的特点及构成。

9-5 说明 TDC3000 系统的特点与构成。

9-6 什么是现场总线控制系统？其构成特点是什么？

9-7 试述可编程控制器的特点。

9-8 可编程控制器应用于哪些场合？

9-9 与其他顺序控制系统相比，可编程控制器组成的顺序控制系统有什么特点？

9-10 简述可编程控制器的工作过程和特点。

9-11 I/O 卡键选择的规则有哪些？

9-12 组态时主控卡的地址是否可以随意设定？有什么规定？

9-13 系统组态时至少应以什么身份进行组态？

9-14 在做简单控制系统的投运时，为什么不能任意变化上水箱出水阀的开度大小？上水箱液位控制在什么位置比较好？

9-15 试定性地分析三种调节器的参数 P、（P、T_i）和（P、T_i 和 T_d）的变化对控制过程各产生什么影响？

9-16 在进行简单或串级控制时，干扰的加入方法有几种？在整定时，怎样加入干扰最有力？

9-17 调节器参数（P、T_i 和 T_d）的改变对整个控制过程有什么影响？

9-18 串级控制相比于单回路控制有什么优点？

9-19 简述简单控制系统的投运步骤。

9-20 简述采用经验试凑法进行 PID 参数整定的步骤。

第十单元 信号报警与联锁保护系统

关键词

信号报警及联锁保护系统、ESD系统。

学习目标

知识目标

了解信号报警及联锁保护系统组成及特点；

掌握信号报警及联锁保护系统操作规程。

能力目标

能熟练进行常规信号报警及联锁保护系统的正确处理操作；

会ESD系统正确操作。

信号报警及联锁系统是现代化生产过程中非常重要的组成部分，是保证安全生产的重要措施之一。其作用是对生产过程状况进行自动监视，当某些工艺变量达到或超过某一规定数值时，或者生产运行状态发生异常变化时，采用灯光和声音的方式提醒操作人员注意，此时生产过程已处于临界状态或危险状态，必须采取相应措施以恢复生产正常。如果生产过程出现剧烈变化，操作人员来不及采取措施，工艺变量继续上升（或下降），联锁系统必须按照预先设定的逻辑关系自动地采取紧急措施，启动（或关闭）某些设备甚至自动停车，从而避免发生更大的事故，保证人身和设备的安全。

第一节 继电保护基础知识

一、信号报警和联锁保护系统组成

信号报警和联锁保护系统由三个部分组成。

（1）检测元件　主要包括工艺变量、设备状态检测接点，控制盘开关、按钮，选择开关以及操作指令等。它们主要起到变量检测和发布指令的作用。这些元件的通断状态也就是系统的输入信号。

（2）执行元件　也叫输出元件，主要包括报警显示元件（灯、笛等）和操纵设备的执行元件（电磁阀、电动机、启动器等）。这些元件由系统的输出信号驱动。

（3）逻辑元件　又叫中间元件，它们根据输入信号进行逻辑运算，并向执行元件发出控制信号。逻辑元件以前多采用有触点的继电器、接触器线路和无触点的晶体管、集成电路等，近些年来则广泛采用PLC、DCS和ESD系统（ESD是英文Emergency Shutdown Device，紧急停车系统的缩写）。这种专用的安全保护系统是20世纪90年代发展起来的，以它的高可靠性和灵活性而受到一致好评。ESD紧急停车系统按照安全独立原则要求，独立于DCS集散控制系统，其安全级别高于DCS。

上述元件除执行环节外，其他环节基本上都由带电接点的检测仪表，继电器的线圈及其常开、常闭触点或延时触点及按钮，信号灯，音响器（电铃、蜂鸣器）等部分根据需要组成。

在联锁系统中，执行环节的作用是按照系统发出的指令完成自动保护任务。常用的执行环节为电磁阀、电动阀、气动阀和磁力启动器等。

信号报警与联锁保护系统按其构成元件不同可分为有触点（接点）式和无触点式及混合式几种，其中无触点式系统主要由晶体管或磁逻辑元件构成，因结构紧凑，使用方便，其应用非常广泛。

二、信号报警和联锁保护系统的技术要求

合理地设计信号报警及联锁保护系统是保证生产安全进行的必要条件。如果信号报警及联锁系统设计不合理，则可能会出现当工艺变量距离危险界限较远时发生多点报警或出现联锁操作，给生产操作带来不必要的麻烦。所以对生产过程中信号报警和联锁保护系统就必须提出一定的技术要求。

(1) 设置变量适宜的报警点、联锁点。设置报警点、联锁点既要满足工艺要求，又必须少而精。过多地设置报警和联锁点，粗看起来似乎更安全，但往往造成报警过于频繁，甚至动不动就停车，反而影响生产。

(2) 报警联锁内容必须符合工艺要求。信号报警系统应尽可能为寻找事故提供方便，使其有助于判断故障的性质、程度和范围，例如，是一般性故障还是瞬时故障？是第一故障还是第二故障？联锁保护系统既要保证安全，又要尽可能缩小联锁停车对生产的影响。当变量超限时，联锁只是有选择地切除那些继续运行会引发事故的设备，而与事故无关的设备仍可保持继续运转。

(3) 整套装置应高度可靠。信号联锁保护系统必须具有高度的可靠性，既不会拒动作（该动作时不动作），也不会误动作（不该动作时动作）。一般说来，装置中选用的元器件质量越高，线路越简明，中间环节越少，其可靠性越高。

(4) 有稳定可靠的电源系统。报警联锁系统的电源应配用不间断电源，即UPS电源。当外部电源发生故障时，通常要求该电源供电时间为30min。

(5) 报警联锁系统应便于安装、维修和操作。例如，在报警系统中安排“试验”回路，以便检查指示灯、电笛等易损坏的元件。在联锁系统中，安排手操解锁环节，以便在开车、运行、检修时解除联锁。

(6) 报警联锁系统的使用环境应符合要求。在易燃易爆的危险场所使用的电气元件应符合相应的防爆要求。在高温、低温、潮湿、有腐蚀性气体的环境中，应采取相应防护措施。如降温、保温、通风、干燥等。

对信号报警和联锁保护系统中的检测元件，要求灵敏可靠，动作准确，不产生虚假信号。故障检测元件必须单独设置，最好是安装在现场的直接检测开关，也可以用带输出接点的仪表，但重要的操作监视点不宜采用二次仪表的输出触头作为发信元件。故障检测元件的接点应采用常闭型的，即在工艺正常时触点闭合，超限时断开。

而执行单元中使用的电磁阀一般应选用长期带电的电磁阀，以保证联锁系统的安全可靠。在常开场合使用时应选用“常闭型电磁阀”，在常闭场合使用时应选用“常开型电磁阀”。对重要的联锁系统宜采用双三通电磁阀，即两个电磁阀并联运行。如果执行元件采用气动阀，则根据在控制气源中断时装置处于安全状态的原则，分别选用气开式和气关式。

第二节 自动信号报警及电路

一、自动信号的类型

自动信号主要有以下几种。

(1) 位置信号：一般用以表示被监督对象的工作状态，如阀门的开关；接触器的通断。

(2) 指令信号：把预先确定的指令从一个车间、控制室传递到其他的车间或控制室。

(3) 保护作用信号：用以表示某自动保护或联锁的工作状况的信息。当工艺变量不等于规定数值时进行报警。这类信号分成两种，一种是报警信号，即被监督的变量超出其正常值，但未超出允许值；另一种为事故信号，即被监督的变量已超出其允许值。前一种信号要求操作者注意，常以灯光、音响表现出来；后一种信号要求立即采取措施，常伴随着联锁系统的动作。

二、信号报警系统的组成

信号报警系统一般由检测元件、信号报警器以及信号灯、音响器、按钮等组成。

(一) 检测元件

检测元件对生产过程中的某个量进行自动监视，当该变量达到某一特定数值时，向信号报警系统提供一个开关信号，该信号通常是一个接点信号，即该变量达到某一特定值时，该元件的常开接点闭合，常闭触点断开。所以说检测元件为信号报警系统的输入元件。检测元件大致可分为以下四类。

(1) 检测开关。这类检测装置通常由测量敏感元件、连杆机构、刻度标尺、可调设定装置和接点组成。测量敏感元件将生产过程变量的变化转变为一个位移变化，连杆机构将这个位移变化进行放大、变换，与设定装置进行比较，然后将信号传递给接点开关系统，如果变量超限，则接点状态发生变化。刻度标尺的作用是给出一个生产过程变量的指示。通过对可调设定装置的调整，可设定生产过程变量的报警动作点。

这一类检测装置通常直接安装在生产设备上，由于它们处在生产现场，当生产现场是危险区域时，应当注意选择满足现场安全要求的检测装置。这类装置的安全等级一般是隔离防爆类型的。如果隔离防爆不能满足要求，则应当选其他类型的检测装置。这类常用的检测开关有温度开关、压力开关、液位开关、流量开关。

(2) 模拟信号报警开关。这类检测装置接收标准模拟信号，即4～20mA DC、0～10mA DC、1～5V DC和0.02～0.1MPa输出报警开关信号。该装置上通常都有刻度标尺和调节设定装置，刻度标尺的作用是给出一个生产过程变量的指示，可调设定装置一般可在全信号范围内调整，通过对可调设定装置的调整，可设定生产过程变量的报警动作点。接点开关系统则在变量超限时发生状态变化。

这类检测装置是一个独立的报警设定装置，接收的是标准模拟信号，因此可以和一般的模拟仪表（变送器）配合使用。一般将它安装在控制室内的仪表盘上，由于检测装置处在安全区域内，所以可以很好地解决防爆、防火问题。常用的电动、气动报警设定器、报警指示仪就属于这类检测装置。

(3) 附属的辅助报警开关。这类报警开关是某些指示、记录仪的附属开关。在这类带有报警开关的指示、记录仪上有一个可调整的报警值设定装置，通过该装置可以设定或改变报警动作点。当生产过程变量超限时，该表的指针就会越过报警设定点，从而带动内部机械机构将报警触点断开或闭合。这类常用仪表有动圈报警指示仪、色带报警指示仪等；而带报警接点试验按钮是用来检验信号报警系状况的。

由于这类检测装置是指示、记录仪表的附属开关，而这类仪表是安装在控制室内的二次仪表，处在安全区域内，也可较好地解决防爆、防火问题。

（4）无触点报警开关。这类开关的工作原理是利用一个动金属片与开关端面之间距离的变化来决定是否触发开关动作，实际上是一种接近开关。与上面三种所不同的是，上面三种开关信号都是接点的通断，而这种开关信号是半导体开关的通断，所以它只能与输入为半导体开关信号的电气元件配合使用。这类报警开关的安全等级有隔离防爆型和本质安全型两种。

各种报警检测装置的开关可分为常开触头和常闭触头两种类型。常开接点定义为非激励状态下接点是断开的，即接点动作之前是断开的，动作之后接点闭合，所以这类接点也叫做常开动合触点；常闭触点定义为非激励状态下开关是闭合的，即开关动作之前是闭合的，动作之后开关断开，所以这类接点也叫做常闭动断触点。

信号报警系统的输入开关信号既可采用常开动合触点作为输入，也可采用常闭动断触点作为输入。这两种不同类型的输入信号各有特点，设计人员应当根据生产工作的具体要求进行选择。

采用常开动合触点作为报警系统输入信号时，当被监视的过程变量超限时接点闭合，触发相应的报警逻辑发出声光报警。如果所监视的过程变量没有超限，则触点不动作，也不会触发相应的报警逻辑。如果检测开关或输入开关出现故障，或者相应电源断电，造成触点不能动作，则该故障不会触发信号报警系统，不会产生误报警。但如果检测开关或输入开关出现故障，此时被监视的过程变量发生超限，则信号报警系统的相应报警逻辑不会被触发，也不会发出声光报警，此时极易发生生产事故。

采用常闭动断触点作为报警系统输入信号时，当被监视的过程变量没有超限，则开关处在激励状态，接点是断开的。当被监视的过程变量超限时，开关回到非激励状态，触点闭合，触发相应的报警逻辑发出声光报警。如果检测开关或输入开关出现故障，或者相应电源断电，接点回复非激励状态，触点由断开变为闭合，此时出现声光报警，操作人员可对生产过程进行检查。如果相应的过程变量没有出现超限，则可断定为报警系统故障。所以相对于采用常开动合触点输入的报警系统来说，常闭动断触点输入的报警系统比较“安全”，但是由于在正常情况检测装置一直处在带电的激励状态下，检测装置的寿命可能会缩短。

(二) 信号报警器

信号报警器可分为两类，有触点信号报警器和无触点信号报警器。前者是通过继电器接点进行逻辑运算，带动相应的信号灯和音响器（电铃、电笛、蜂鸣器等）发生声、光报警信号；后者是通过半导体逻辑电路进行逻辑运算，带动相应的信号灯发出光报警信号，这类信号报警器通常需要外接音响器才能发出声报警信号。此外信号报警系统一般都配备有消声和试验按钮。消声按钮又称确认按钮，当过程变量出现超限时，信号报警系统便发出声、光信号报警，操作人员得知后按下消声按钮进行确认，音响信号停止，灯光信号变为平光显示，操作人员可根据灯光信号所显示的位号（每个信号灯都有监视变量位号），采取相应的措施来消除故障，待过程变量回到正常状态之后，相应信号灯熄灭。试验按钮按下时，试验信号输入到信号报警系统中，此时所有信号灯和音响器都应当动作，发出声、光信号。如果某个信号灯不亮或音响器不响，则说明相应的部件有问题，必须进行检查并排除故障，以保证信号报警系统随时处在良好状态。需要说明的是试验按钮只能确定信号报警器工况是否良好。它不能确定检测装置是否正常。

一般有触点的继电器型信号报警装置中的继电器箱和音响器安装在仪表盘后框架上或仪表盘后面的墙上，信号灯安装在仪表盘盘面上部；无触点型信号报警器安装在仪表盘盘面上部，外接音响器则安装在仪表盘后框架上或墙上。消音按钮和试验按钮应当安装在仪表盘盘面的中下部以便于操作。

三、信号报警系统的功能

(一) 一般信号报警系统的功能

当变量超限时，故障检测元件发出信号，信号报警系统动作，发出声音和闪光信号。当操作人员得知报警后，按下确认按钮，音响声停止，信号灯由闪光变为平光，当采取一定措施后，变量重新回到正常范围时，灯光熄灭，信号报警系统自动恢复正常状态，等待故障检测元件再次送来超限信号。灯光的闪光是采用晶体管闪烁继电器来实现的。

如报警系统动作后的灯光为平光，系统即为不闪光报警系统。当变量超限时，故障检测元件发出信号，信号报警系统发出声光报警；操作人员按下确认按钮后，声音停止，灯为平光，当采取措施后，变量回归正常值时，灯光熄灭，信号报警系统自动恢复正常状态。

上面两种情况系统均带有试验按钮，正常情况下，按下试验按钮，所有信号灯都亮且音响器发生报警声。显然，二者相比，闪光报警更能引起操作人员的注意，所以闪光报警得到了广泛的应用。

(1) 图 10-1 所示，为采用继电器触点进行逻辑运算构成的一般事故信号报警电路。图中，X_1 为电接点液位计的常开触点，当高位槽液位超过上限时接通。此时，中间继电器 1ZJ 线圈通电，其常开触点 1ZJ-1 和 1ZJ-2 闭合，相应电路接通，灯 1BD 亮，电喇叭 LB 发出声音，实现声光报警。

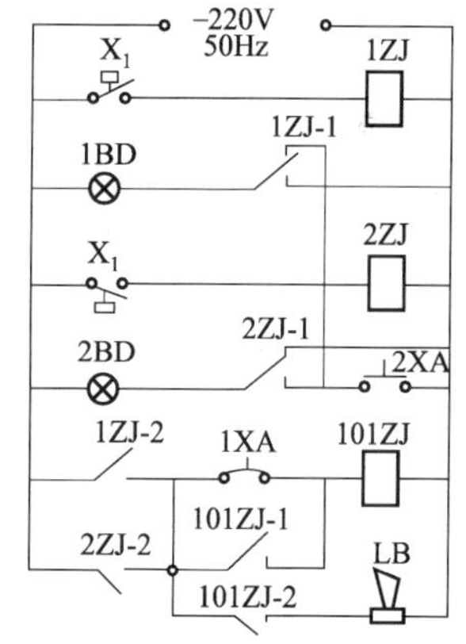

图 10-1　继电器构成的一般事故报警电路

当按下消声按钮 1XA 时，中间继电器线圈 101ZJ 通电，其常开触点 101ZJ-1 闭合自锁，常闭触点 101ZJ-2 断开，LB 电路失电，电喇叭消声。而 1BD 灯继续发光。

当故障排除后，变量恢复正常，X_1 断开，1ZJ 线圈断电，触点 1ZJ-1 和 1ZJ-2 复位，1BD 熄灭，电路重新处于等待状态。

图中，X_2 为电接点压力表的常闭触点，当水压低于设定值时断开。此时，中间继电器 2ZJ 线圈断电，其常开触点 2ZJ-1 复位断开，2BD 电路接通，灯亮；同时常闭触点 2ZJ-2 复位闭合，而 101ZJ 线圈无电，101ZJ-2 闭合，电喇叭电路接通，LB 发出声音，实现声光报警。因为是水压低于设定值时的报警，所以为液位下限报警。

当按下消声按钮 1XA 时，电喇叭消声，2BD 灯继续发光。

当故障排除后，变量恢复正常，X_2 闭合，2ZJ 线圈通电，触点 2ZJ-1 闭合，2BD 熄灭，电路重新处于等待状态。

按下试验按钮 2XA 时，1BD 和 2BD 电路均通电，两灯都发光，说明电路正常。

（2）图 10-2 为采用日本立石公司（OMRON 公司）C 系列 PLC 一般事故报警系统信号波形图和梯形图。两个报警信号，分别为 X_1 和 X_2，确认按钮信号是 X_3，为了便于对信号报警系统进行检查，必须对信号灯和声响进行检查，因此设置试验按钮，信号设为 X_4。采用计时器完成振荡电路，设为 TIM_1 和 TIM_2。两个信号灯的输出阻抗分别为 Y_1 和 Y_2，声响的输出为 Y_5。此外对确认信号的保持需要两个内部继电器，设为 Y_3 和 Y_4。

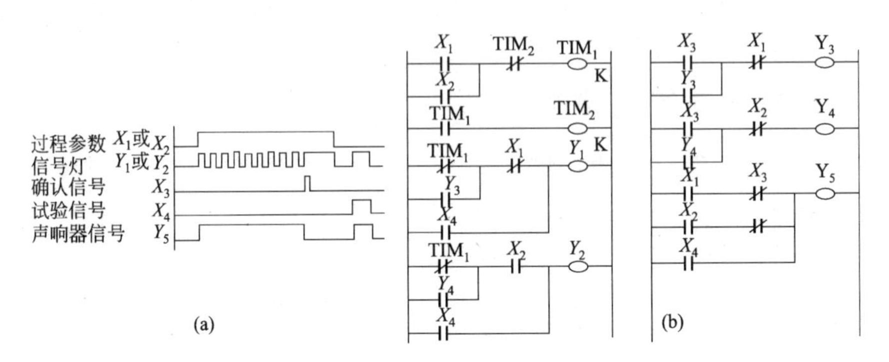

图 10-2 PLC 构成的一般事故报警梯形图

图中第 1 梯级和第 2 梯级用于产生振荡信号，计时器时间 K 可以设置为 0.5s，计时器指令可以根据不同的产品用相应的指令。在简单的应用场合，也可以用时基脉冲作为振荡器的信号来简化线路，但在信号灯开始的时间上可能会有不同步的情况。第 3 梯级和第 4 梯级是信号灯电路。第 5 梯级和第 6 梯级用于确认信号，并提供各确认信号系统的自保。第 7 梯级用于声响报警。

(二) 能区别第一原因的闪光报警系统

当发生事故时，往往需要找出原发性的故障，即第一原因事故。而用人工查找十分困难，因此可采用能区别第一原因事故的信号报警系统。

这种系统的工作情况如下：当几个变量相继超限时，几个信号灯几乎同时亮或闪光，闪光所表示的就是第一事故原因变量，平光则表示是后继原因事故。按下确认按钮后，声音即消除，但信号灯仍有闪光和平光之分。

图 10-3 为采用日本立石公司（OMRON 公司）C 系列 PLC 构成的能区别第一原因的闪光报警系统信号波形图和梯形图。

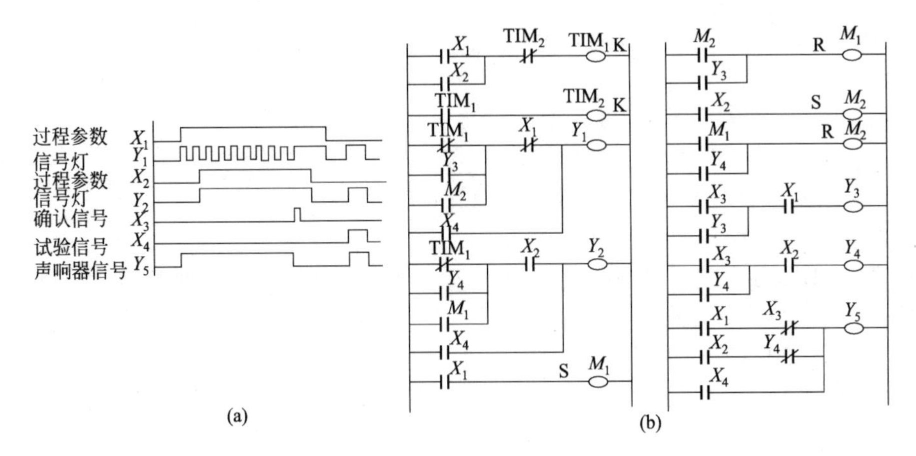

图 10-3 用 PLC 构成的区别一般事故报警梯形图

(三) 能区别瞬时原因的信号报警系统

生产过程中发生的瞬时突发性超限往往潜伏着事故隐患，为了避免可能出现的不良后果，需要了解瞬时超限的原因，这就要借助于能区别瞬时原因的信号报警系统，此时可采用继电器接点进行逻辑运算，构成区别瞬时事故的信号报警系统。

第三节 自动联锁保护及电路

一、联锁保护的内容

联锁保护实质上是一种自动操纵保护系统。联锁的内容一般包括四个方面。

(1) 工艺联锁：由于工艺系统某变量超限（处于事故状态），而引起联锁动作，称为工艺联锁。例如合成氨装置中，锅炉给水流量越过下限时，自动开启备用透平给水，实现工艺联锁。

(2) 机组联锁：运转设备本身或机组之间的联锁，称为机组联锁。例如合成氨装置中合成气压缩机停车系统，有冰机停、压缩机轴位移等 22 个因素与压缩机联锁，只要其中任何一个因素不正常，都会停压缩机。

(3) 程序联锁：确保按规定程序或时间次序对工艺设备进行自动操纵。例如合成氨装置中，辅助锅炉引火烧嘴检查与回火脱火停燃料气的联锁。为了达到安全点火的目的，在点火前必须对炉膛内气体压力进行检查，用空气吹除使锅炉炉膛内无可燃性气体后，才能打开燃料气总管阀门，实施点火。即整个过程必须按燃料气阀门关→炉膛内气压检查→空气吹除→打开燃料气阀门→点火的顺序进行操作，否则，就不可能实现点火。

(4) 各种泵类的开停，即单机开、停车。这类联锁较为简单。

二、联锁保护电路

(一) 塔压联锁保护电路

图 10-4 为乙烯装置中精馏塔的带控制点工艺流程图。根据工艺要求，塔中进料为脱甲烷后的石油裂解气，在塔底用蒸汽加热釜液，使轻组分物质（C_2 馏分）汽化上升至塔顶采出，而重组分物质（C_3 以上馏分）则由于沸点高不易汽化从塔底排出。

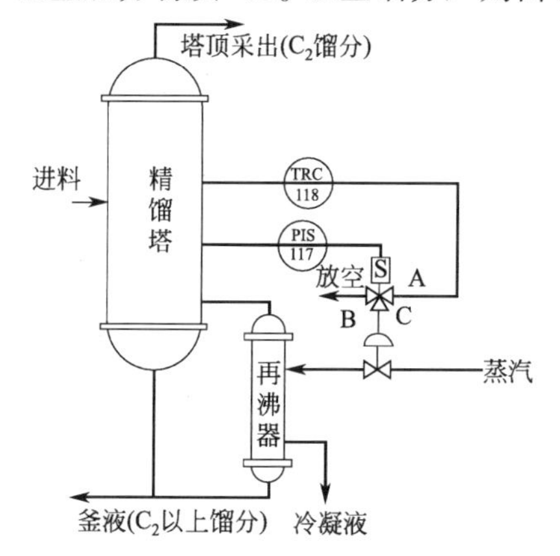

图 10-4　乙烯装置中精馏塔工艺图

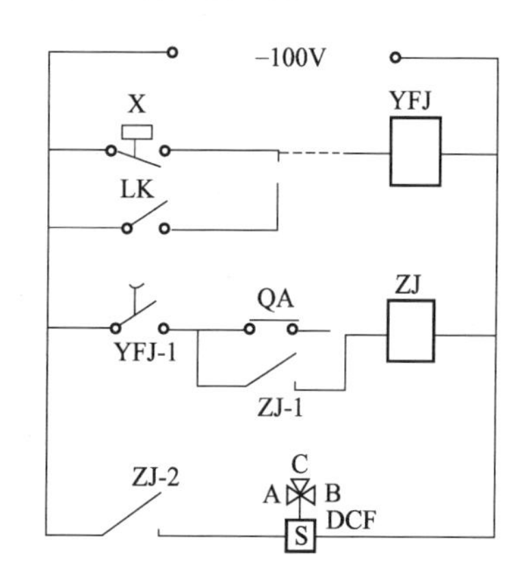

图 10-5　塔压联锁保护电路图

为了精馏塔能正常工作，要求塔压（及塔温）保持一定数值。否则，塔压超限将引起液泛事故。为此采用了图 10-5 所示的塔压联锁保护电路。其中，X 是电接点压力表的常闭触点，YFJ 是时间继电器，YFJ-1 为延时断开的常开触点。

正常情况下，电触点 X 闭合，时间继电器 YFJ 线圈通电，其触点 YFJ-1 闭合，电路处于准备状态。当按下启动按钮 QA 时，中间继电器 ZJ 线圈通电，其常开触点 ZJ-1 闭合自锁，常开触点 ZJ-2 闭合，接通电磁三通阀 DCF（A-C 通，B 断），精馏塔在温度自动控制下正常运行。

当塔压超限时，电触点 X 断开，YFJ 线圈断电，触点 YFJ-1 延时断开，ZJ 线圈失电，其触点复位，此时电磁三通阀 DCF 失电（B-C 通，A 断），气动薄膜调节阀膜头上的气压经 B 迅速放空，气开式调节阀立即关闭，蒸汽停止加热。

这里采用延时断开触点 YFJ-1 的目的是为了防止由于偶然原因引起瞬时超限而产生误动作。联锁开关 LK 则是用来摘挂联锁。

(二) 压缩机联锁保护系统

压缩机的联锁点如图 10-6(a) 所示。压缩机的启动和联锁保护继电线路如图 10-6(b) 所示。图中有关元件说明及压缩机联锁内容见表 10-1。

表中第 1、2 项是为保证润滑油有一定的压力和流量，从而使压缩机运转机构得到良好的润滑。第 3、4 项是保护设备所必需的。第 5 项保证拖动压缩机的电机温升不超过规定值，为此，在启动压缩机以前，必须先启动风扇电动机，以产生足够的冷空气流量。

该联锁线路的工作原理说明如下。

(1) 启动后延时 30s 获得：由 SS、TR、$R7$、$R8$ 组成延时电路，SS 提供压缩机启动信息，时间继电器进行 30s 计时，$R8$ 在压缩机启动后仅通电 30s。动作顺序如下。

停车时：SS 闭合→$R7$ 带电→经 $R7$ 触点、TR-1 使 $R8$ 带电且自锁→TR 失电。

压缩机启动时：SS 断开→$R7$ 失电→经 $R8$ 自锁触点，$R7$ 常闭触点使 TR 得电→经 30s 延时，TR-1 触点释放→$R8$ 失电→TR 失电。结果，$R8$ 在压缩机启动后仅通电 30s。

(2) 联锁内容的实现：压缩机启动后 30s 内，由于 $R8$ 得电，将 $R1$、$R2$ 短路，此时

$$R9=R3R4R6=\overline{\mathrm{PS2}}\cdot \mathrm{PS3}\cdot \overline{\mathrm{FS2}}\text{(只有 3、4、5 项参与联锁)}$$

30s 后，$R8$ 失电，此时：

$$R9=R1R2R3R4R6=\overline{\mathrm{FS1}}\cdot \overline{\mathrm{PS1}}\cdot \overline{\mathrm{PS2}}\cdot \mathrm{PS3}\cdot \overline{\mathrm{FS2}}\text{(1～5 项全部投入联锁)}$$

(3) 单机试车启动：正常开车时，压缩机入口压力不会低于 20kPa，因此，PS2 闭合，$R3$ 也闭合，使 $R9$ 获得通电回路。但在单机试车时，上述条件不满足，因此需将手动开关 SW 闭合，使 PS2 不参与联锁，以便启动压缩机，进行单机试车。

在 PLC 上实现该联锁线路的梯形图见图 10-6(c)。

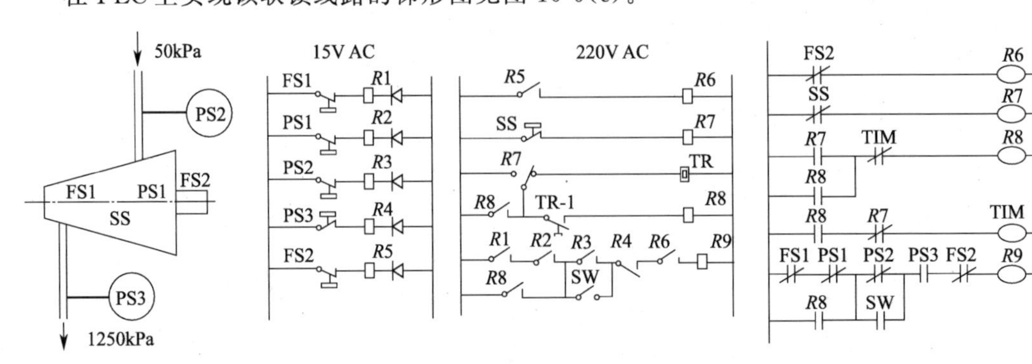

(a) 压缩机联锁点示意图　(b) 压缩机启动和联锁保护继电线路图　(c) 在PLC上实现联锁线路的梯形图

图 10-6　压缩机联锁保护系统

表 10-1　压缩机联锁内容

序号	元件	说明	联锁内容
1	PS1	润滑油压力低于 150kPa 时断开	任何一个联锁点出故障，压缩机就不能启动或自动停车
2	FS1	润滑油流量过低时断开	
3	PS2	压缩机入口压力低于 20kPa 时断开	
4	PS3	压缩机出口压力高于 1250kPa 时闭合	
5	FS2	压缩机拖动电机的冷空气流量过低时断开	
6	SS	压缩机停车时闭合，启动后断开。用于延时 30s 电路，压缩机启动时，将 PS1、FS1 切除，30s 后再将 PS1、FS1 信号投入联锁	压缩机启动后 30s 内，如润滑油压力和流量达到规定值，则维持运转，如果达不到则停车
7	SW	单机试车手动开关	单机试车时，PS2 不参与联锁
8	TR	延时 30s 时间继电器及其触点	
9	*R*9	控制拖动压缩机的电动机的继电器	
10	*R*6	控制风扇电动机的继电器，为压缩机电机提供一定流量的冷空气	
11	*R*1～*R*5、*R*7、*R*8	中间继电器	

第四节　训练项目

项目　ESD 紧急停车系统操作

一、项目名称

ESD 紧急停车系统操作。

二、项目情境

由××××单位电气维修部门经理（教师或学生）向完成各具体子项目（任务）的执行经理或工作人员布置任务，派发任务单（表 10-2）。

表 10-2　任务单

项目	子项目	任务内容与要求	备注
紧急停车系统 F35 操作	黑马紧急停车系统 F35 硬件组态	学生按照人数分组训练 认识黑马紧急停车系统 F35 的硬件组成，了解机柜、机架、电源的结构等 认识黑马紧急停车系统与 DCS 之间的通信网络	工程说明书
	控制流程图分析	学生分组训练	图纸
	黑马紧急停车系统软件组态	学生按照人数分组训练 软件组态是在相关基础资料包括 I/O 清单、联锁逻辑图和相关说明、PID 图等基础上使用编程软件包 ELOP Ⅱ 进行全部组态文件，包括：数据录入、显示及操作画面、系统结构文件、报警分组、检测点文件、内部接线图等各项工作	组态文档
目标要求	学生均能准确选用硬件，会系统操作、组态		
实训环境	校外实训基地、校内实训室		
其他			

三、项目实施

训练步骤：

（1）学生分组训练黑马紧急停车系统（ESD）硬件的组成结构和安装；

（2）学生分组训练黑马紧急停车系统（ESD）软件组态。

四、实训设备

（一）综述

本系统中所用到紧急停车系统是黑马的F35紧急停车系统，需要根据工艺要求进行硬件/软件配置、系统组态、监视、停车等，同时要能够与系统中的DCS进行通信。

（二）工艺描述

“乙酸”制剂工艺大致如此，首先通过物料疏水泵把生产原料乙醛及催化剂从原料罐输送到鼓泡反应器，达到一定液位后通入压缩空气进行反应，由于该反应是放热反应，反应物料温度会不断上升，采用内冷却的方式进行移热，反应产物从塔的上部排出进入粗乙酸储罐。该反应为连续生产过程。

乙醛进料量（W_1）60～80L/h；

空气进料量（W_g）300～500L/h；

反应温度（T）(80±5)℃；

反应压力（p）1.5×10^5Pa；

乙醛转化率　80%。

（三）工艺流程图

系统的工艺流程图如图10-7所示。

（四）控制回路

为了控制氧化塔的生产过程，使其低耗高产地生产乙酸产品，通过测量温度、压力、流量、液位等变量，进而对氧化塔从进料到出料的生产过程进行控制，主要实现方法是化工生产过程控制中的单回路和串级回路控制方式。在了解该化工工艺的基础上，正确选择被控对象、被控变量、变送器、控制器和执行器以及阀门等。控制系统中用到的仪表有磁翻板液位计、浮筒液位计、双法兰液位计、金属转子流量计、涡街流量计、孔板流量计、单法兰液位变送器；压力变送器、压力显示控制器；热电偶、热电阻。下面对该工艺过程所涉及的控制回路做一个简单的介绍。

1. 单回路控制

FT-101、FI-101储气罐流量检测，用于储气罐输出流量的检测。

PI-101储气罐塔顶压力检测，用于储气罐塔顶压力检测。

PIC-102氧化塔塔顶压力检测，用于氧化塔塔顶压力检测来控制塔顶废气的排出量。

PIC-104冷却液罐压力检测，用于冷却管塔顶压力检测。

2. 串级回路控制

FI-102、LI-102为原料罐流量和氧化塔塔釜与塔底液位差组成的串级均匀控制系统。被控变量是原料罐的原料流量，采用流量变送器、液位变送器实现流量和液位的变送、测量及显示。

TIC-101、FIC-102为氧化塔反应温度和冷却液流量组成的串级均匀控制系统。被控变量是冷却液的流量，采用温度和流量控制器实现温度和液位的测量、显示与控制。

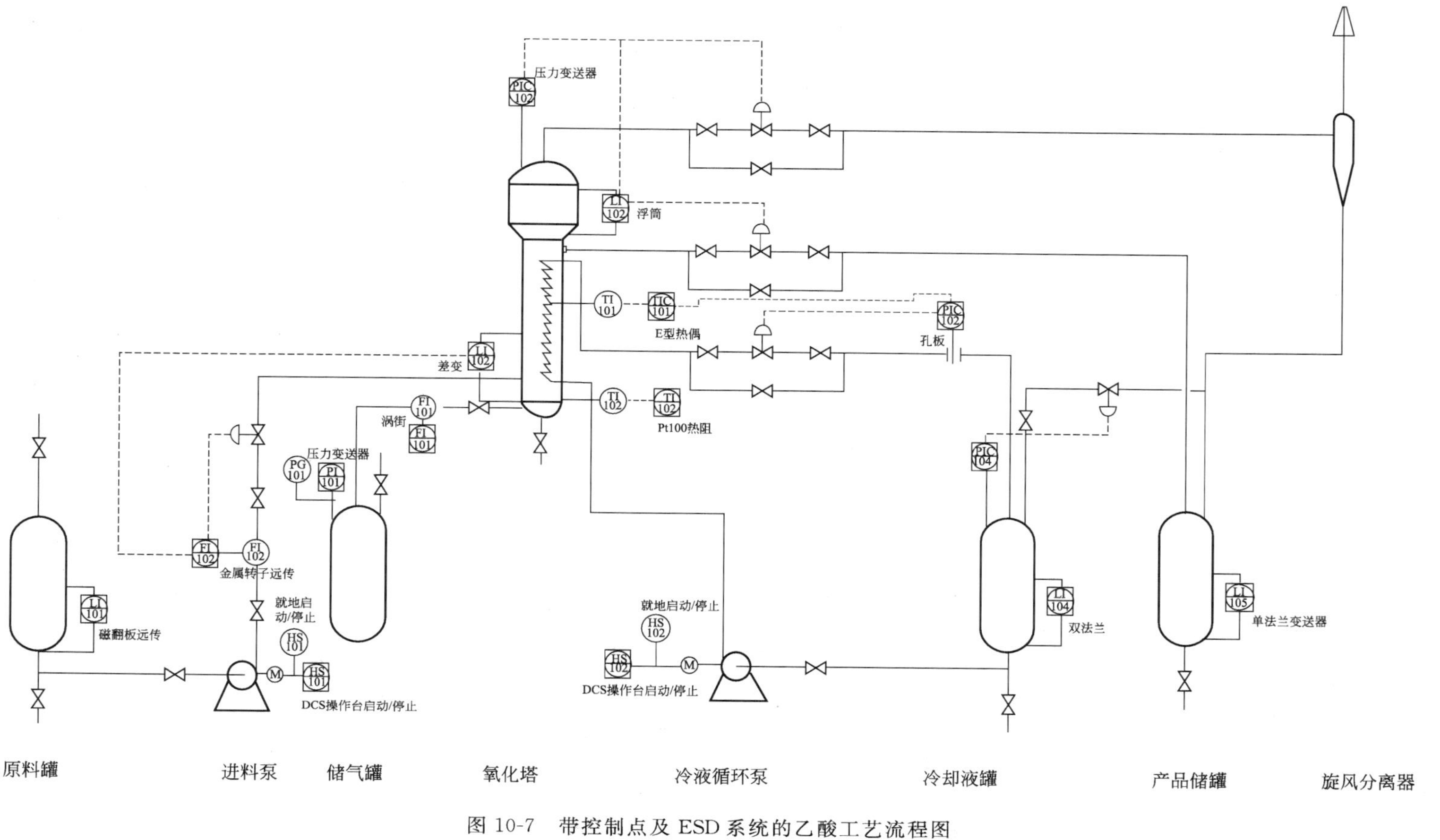

图 10-7 带控制点及 ESD 系统的乙酸工艺流程图

(五) 测点清单

见表 10-3。

表 10-3 测点清单

序号	位号	描述	I/O	类型	量程	单位	报警	备注
1	LI-101	原料罐液位	AI	4～20mA	0～1000	mm		
2	LI-102	氧化塔液位 1	AI	4～20mA	0～2500	mm		参与控制
3	LI-103	氧化塔液位 2	AI	4～20mA	0～2500	mm		参与控制
4	LI-104	冷却液罐液位	AI	4～20mA	0～1000	mm		
5	LI-105	产品储罐液位	AI	4～20mA	0～1000	mm		
6	PI-101	储气罐压力	AI	4～20mA	0～800	kPa		
7	PI-102	氧化塔压力	AI	4～20mA	0～800	kPa		参与控制
8	PI-103	进料泵出口压力	AI	4～20mA	0～800	kPa		
9	PI-104	冷却液循环泵出口压力	AI	4～20mA	0～800	kPa		
10	FI-101	进料流量	AI	4～20mA	0～4000	L/h		参与控制
11	FI-102	进气流量	AI	4～20mA	0～4000	L/h		
12	FI-103	冷却液流量	AI	4～20mA	0～4000	L/h		参与控制
13	FI-104	产品流量	AI	4～20mA	0～4000	L/h		
14	TI-101	原料罐温度	RTD	Pt100	0～100	℃		
15	TI-102	原料温度(加热前)	TC	E 型 TC	0～100	℃		
16	TI-103	原料温度(加热后)	TC	E 型 TC	0～100	℃		
17	TI-104	冷却液温度(进)	TC	E 型 TC	0～100	℃		
18	TI-105	冷却液温度(出)	TC	E 型 TC	0～100	℃		
19	TI-106	氧化塔温度	RTD	Pt100	0～100	℃		参与控制
20	TI-107	产品温度	RTD	Pt100	0～100	℃		
21	FV-1011	进料阀调节	AO	Ⅲ型气开阀				
22	FV-1012	进料泵变频调节	AO	Ⅲ型气开阀				
23	FV-102	冷却液阀调节	AO	Ⅲ型气开阀				
24	LV-101	产品阀调节	AO	Ⅲ型气开阀				
25	PV-101	放气阀调节	AO	Ⅲ型气开阀				

五、黑马紧急停车系统（ESD）系统简介

(一) HI Matrix 系统简介

黑马 HI Matrix 系统是特别针对时间要求苛刻的应用场合设计的世界上最快的安全控制器和最快的安全总线结合，其主要特点是：安全认证等级可达 SIL 3 / AK 6；整体响应时间≤20ms；支持以太网、PROFIBUS-DP、OPC、MODBUS 、TCP/IP、INTERBUS 等。其结构及实物外观如图 10-8 所示，设备连接如图 10-9 所示。

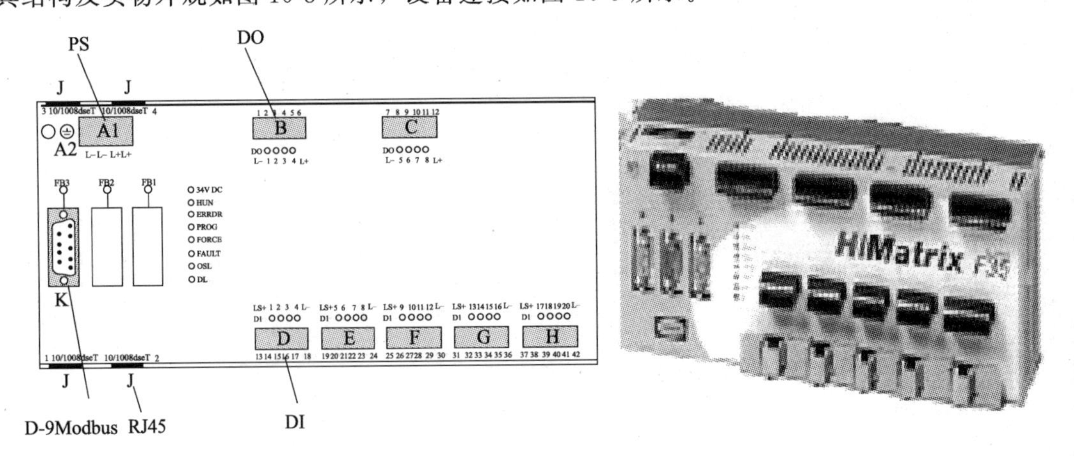

图 10-8 HI Matrix 系统结构与实物外观

图 10-9　HI Matrix 系统接线图

(二) H41/51q 系统简介

HIMA 的 H41/51q 系统为 CPU 四重化结构（QMR），四个微处理器由 2 块同样的 CU 模件构成冗余的中央控制单元。采用双 1oo2D 结构，即 2oo4D 结构的目的是为用户提供最大的实用性（可用性），其容错功能使得系统中任何一个部件发生故障，均不影响系统的正常运行。与传统的三重化结构相比，它的容错功能更加完善。

H51q 系列采用标准模块化结构，由一个中央机架和最多 16 个输入/输出子机架构成，如图 10-10 所示。主机架含有 2 个 CU 模件、3 块电源卡、1 块电源监视卡和最多 5 个通信模件。

图 10-10　H51q 系统结构

六、黑马 ELOPⅡ编程工具简介

编程工具具有以下特点：提供工程、设计、逻辑和离线（off-line）测试所必需的完备的功能；ELOPⅡ工程软件包满足 HIMA PES 硬件工程设计和编程的所有要求；操作软件包集成了 HIMA PES 安全操作和平稳维护的所有功能；逻辑的输入由拖/放（Drag &

Drop）功能实现；无须连接 PES，对控制逻辑进行；离线（off-line）仿真；自动连线；编程语言：FBD，SFC；变量的导入/导出功能（CSV）；位号名可达 256 个字符（KKS 标准）；用户访问级别限制；直接在 ELOP Ⅱ中进行档案管理。

(一) 创建工程

打开组态软件 ELOP Ⅱ，如图 10-11 所示。然后选择新项目的存储目录，在 Object name 处写入新建项目的名称，确认建立工程，请按 OK。工程文件将在指定的路径下生成相应的工程文件。

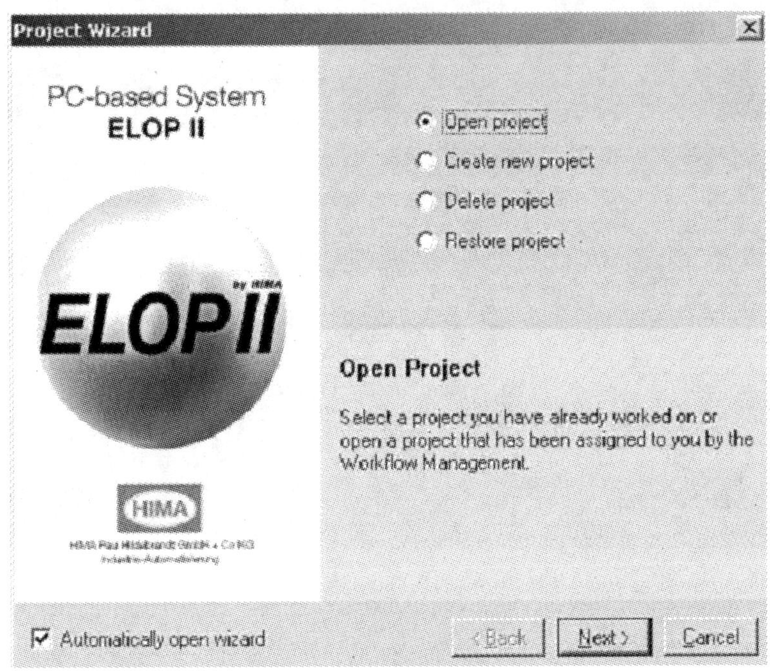

图 10-11 ELOP Ⅱ创建工程

(二) 创建项目（Configuration）和节点（Resource）

创建项目的方法如下：

（1）在组态窗口左侧中，右击所建工程，将显示图 10-12 所示菜单；

（2）选择 New→Configuration，将生成新的项目（Configuration），如图 10-12 所示。

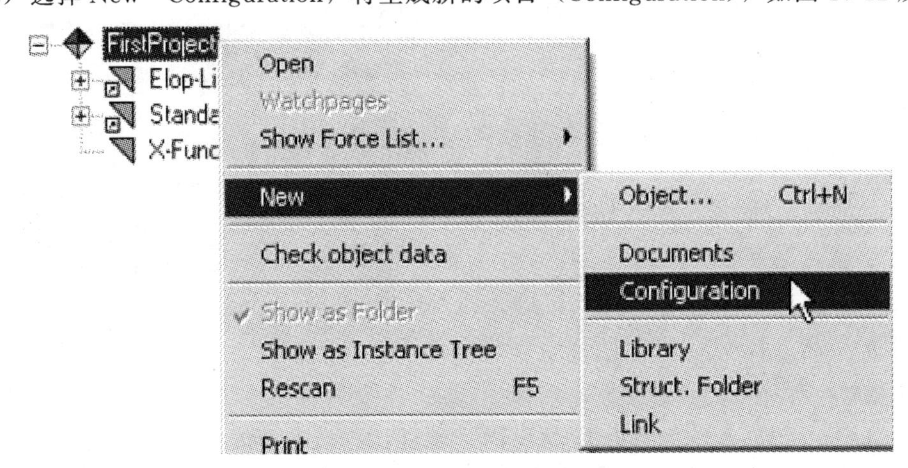

图 10-12 ELOP Ⅱ创建项目

在项目（Configuration）下创建节点（Resource），方法如下：

（1）在组态窗口左侧中，右击所建项目（Configuration），将显示图 10-13 所示菜单；

（2）选择 New→Resource，将生成新的节点（Resource），如图 10-13 所示。

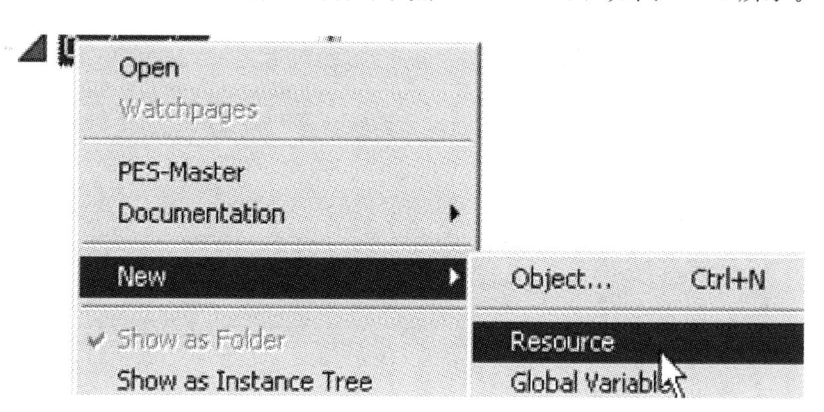

图 10-13　ELOPⅡ创建节点

(三) 创建程序（Instance）

创建程序主要用于各节点的编程，其方法如下：

（1）在组态窗口左侧中，右击所建节点（Resource），将显示图 10-14 所示菜单；

（2）选择 New →Type Instance，将生成新的程序（Instance），如图 10-14 所示。

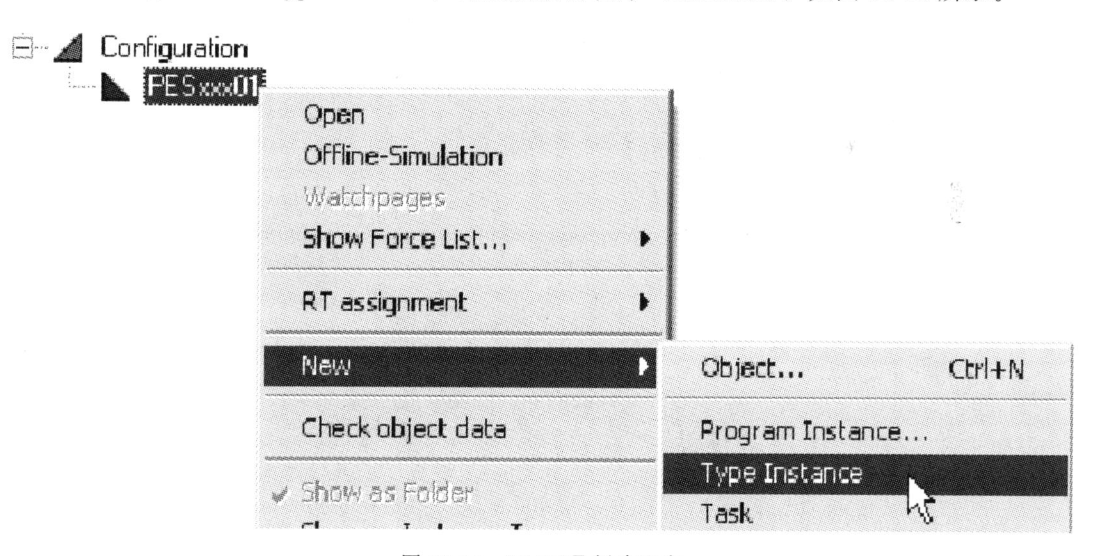

图 10-14　ELOPⅡ创建程序

(四) 编写逻辑程序

在组态窗口左侧中，单击标准库（StandardLibs）左侧的“+”，打开标准库（StandardLibs）中的 IEC61131-3 ，可以看到 Bitstr 库，选择与门（AND）功能块按住鼠标左键，把库中的功能块拖到逻辑编辑区域。在鼠标拖动的过程中，可以看到功能块的外形，将与门拖到放置的位置，放开鼠标左键，即可以看到与门被放在逻辑编辑区域，当把与门（AND）放置在逻辑编辑区域时，因为这个与门是第一个放到逻辑编辑区域的对象，页面数据编辑（“Edit Page Data”）对话框会自动弹出。在变量列表中，用鼠标左键选中调用的变量名，把变量拖到逻辑编辑区域，放开左键，所选变量将显示在放置位置上。把鼠标放在两点连接的起始节点上，变量的输出（variable output），按住鼠标左键，拖到结束位置的节点上，然后放开左键，就可以看到起始点和结束点之间有线连接。这样可以实现不同对象之间连接。如图10-15所示。逻辑组态后的图如图 10-16 所示。

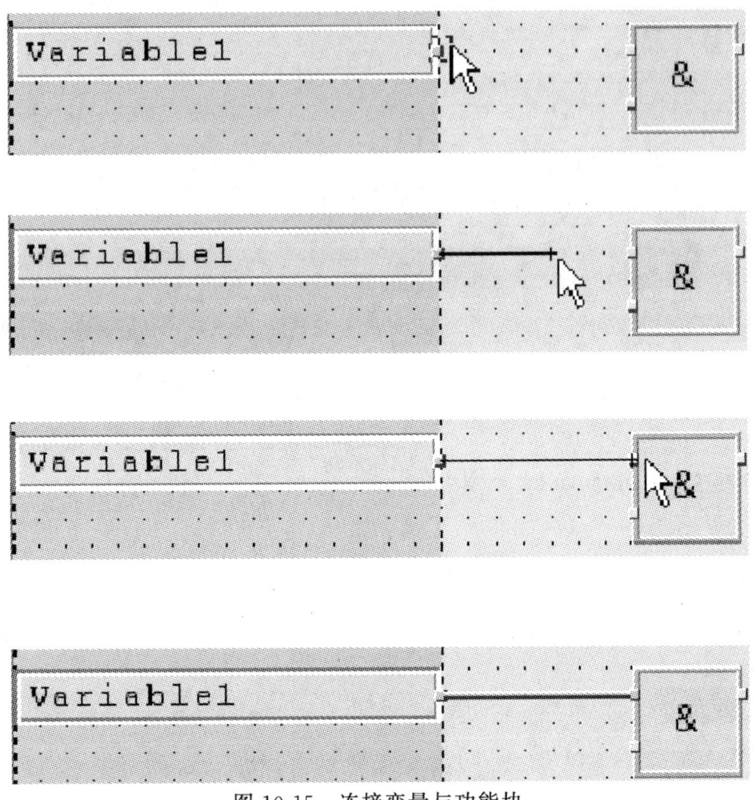

图 10-15 连接变量与功能块

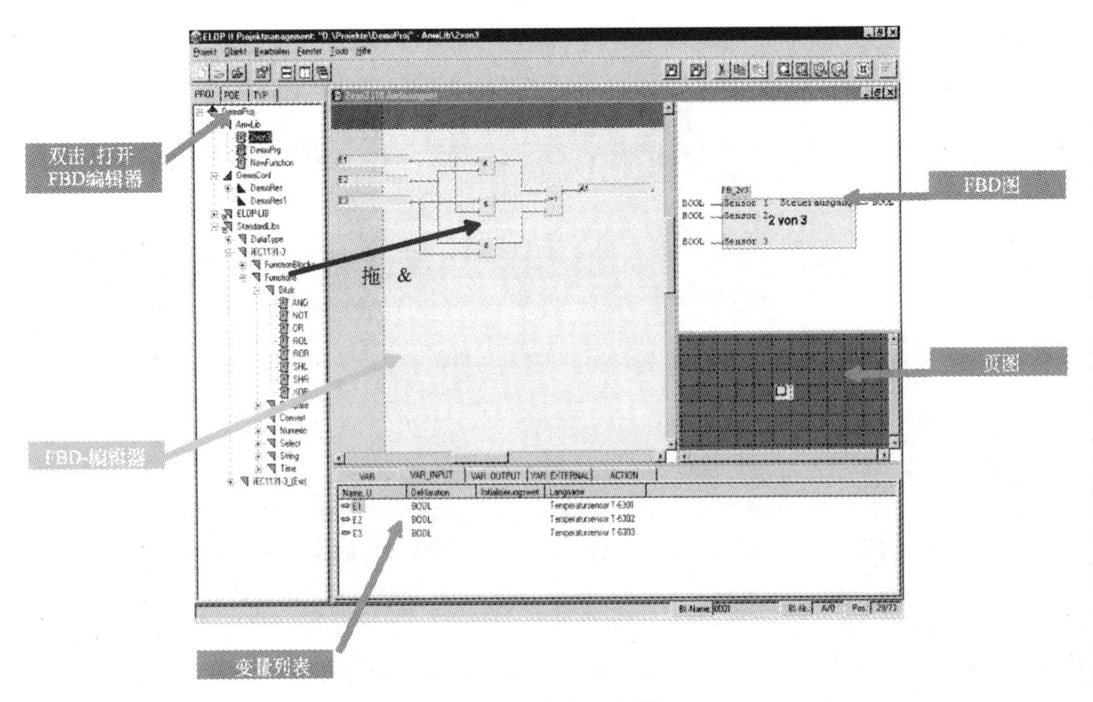

图 10-16 逻辑组态图

(五) 离线仿真

右击相应的Resource图标，打开相关菜单，选择Offline-Simulation，即可进入仿真环境。打开程序运行画面，双击组态窗口左侧下方的程序图标，如图10-17所示。

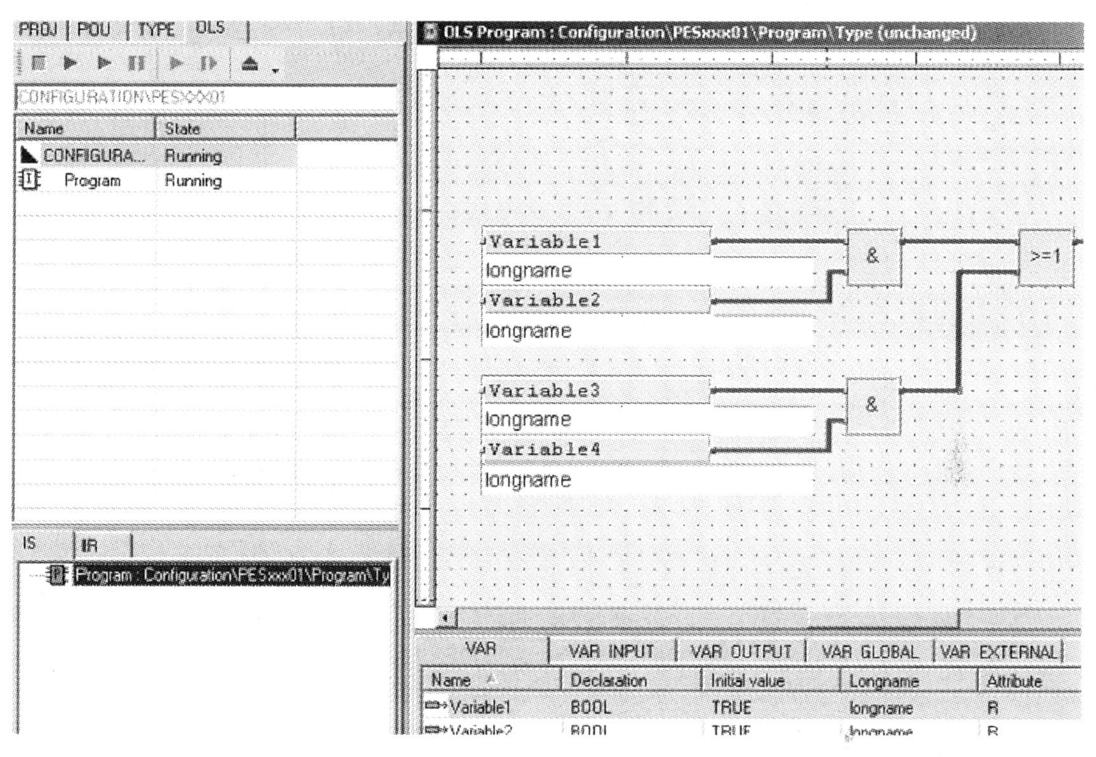

图10-17 离线仿真

改变逻辑信号状态逻辑信号的状态是在"在线测试框"（Online test field，OLT field）中操作实现的。具体操作如下：用鼠标点击相应的逻辑中的变量，按住左键不放，把光标位置向程序画面的空白位置移动，然后松开鼠标左键可根据需要适当调整"在线测试框"的位置，双击"在线测试框"即可改变变量的信号状态。如图10-18所示。

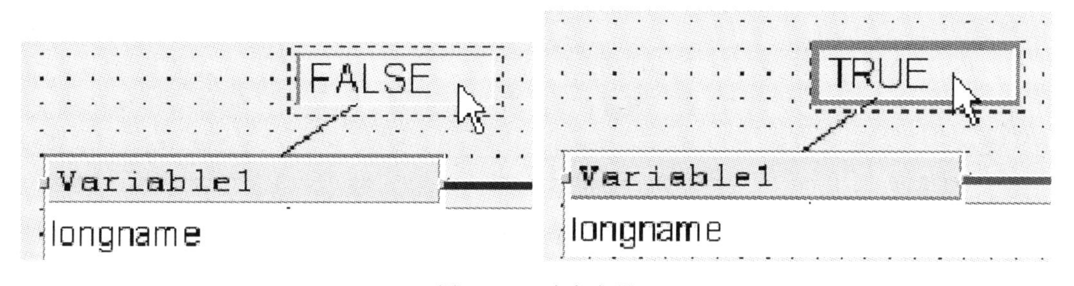

图10-18 改变变量

(六) 在线测试

在组态窗口中，鼠标右击，打开相应的Resource的子菜单，选择ONLINE-Test。在线测试打开后，将有OLT（Online-Test）选项出现在组态窗口左侧。在按钮栏下面，将列出Resource中用到的所有功能块。在功能块列表中，双击程序图标，将会可以看到程序在线运行，如图10-19所示。

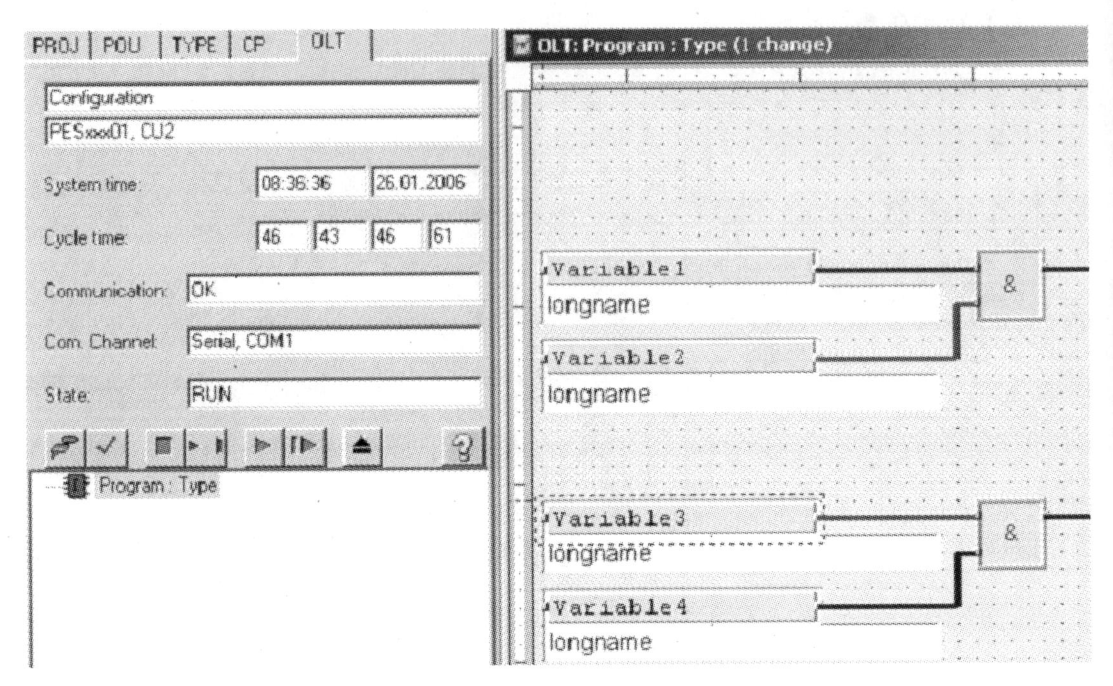

图 10-19 在线测试窗口

七、紧急停车系统(ESD)知识链接

(一) 什么是紧急停车系统

紧急停车系统（Emergency Shut Down system，ESD）亦称为安全仪表系统（Safety - Instrument System，SIS)、安全联锁系统（Safety Interlock System，SIS)、安全关联系统(Safety Related System，SRS)、仪表保护系统（Instrument Protective System，IPS）等。以下统称 ESD。

ESD 是一种经专门机构认证、具有一定安全度等级、用于降低生产过程风险的安全保护系统。它不仅能响应生产过程因超出安全极限而带来的危险，而且能检测和处理自身的故障，从而按预定的条件或程序使生产过程处于安全状态，以确保人员、设备及工厂周边环境的安全。

ESD 由检测单元（如各类开关、变送器等)、控制单元和执行单元（如电磁阀、电动门等）组成，其核心部分是控制单元。从 ESD 的发展过程看，其控制单元部分经历了电气继电器（Electrical)、电子固态电路（Electronic）和可编程电子系统（Programmable Electronic System)，即 E/E/PES 三个阶段。图 10-20 为由 PES 构成的 ESD。

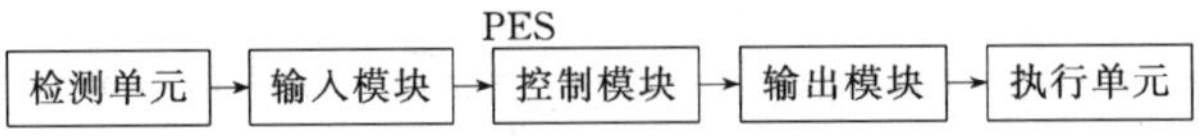

PES

检测单元 → 输入模块 → 控制模块 → 输出模块 → 执行单元

图 10-20 ESD 的构成

(二) ESD 的相关标准及认证机构

鉴于 ESD 涉及人员、设备、环境的安全，因此各国均制定了相关的标准、规范，使得 ESD 的设计、制造、使用均有章可循。并有权威的认证机构对产品能达到的安全等级进行确认。这些标准、规范及认证机构主要有以下几个。

我国石化集团制定的行业标准 SHB-Z06—1999《石油化工紧急停车及安全联锁系统设

计导则》。

国际电工委员会1997年制定的IEC 61508/61511标准，对用机电设备（继电器）、固态电子设备、可编程电子设备（PLC）构成的安全联锁系统的硬件、软件及应用作出了明确规定。

美国仪表学会制定的ISA-S84.01—1996《安全仪表系统在过程工业中的应用》。

美国化学工程学会制定的AICHE（ccps）—1993《化学过程的安全自动化导则》。

英国健康与安全执行委员会制定的HSE PES—1987《可编程电子系统在安全领域的应用》。

德国国家标准中有安全系统制造厂商标准DIN V VDE 0801，过程操作用户标准DIN V 19250和DIN V 19251，燃烧管理系统标准DIN VDE 0116等。

德国技术监督协会（TÜV）是一个独立的、权威的认证机构，它按照德国国家标准（DIN），将ESD所达到的安全等级分为AK1～AK8，AK8安全级别最高。其中AK4、AK5、AK6为适用于石油和化学工业应用要求的等级。

(三) ESD和DCS的比较

ESD与DCS是完全分离的。DCS主要用于过程工业参数指标的动态控制。在正常情况下，DCS动态监控着生产过程的连续运行，保证能生产出符合要求的优良产品。而ESD则是对于一些关键的工艺及设备参数进行连续的监测，在正常情况下ESD是“静止的”，不采取任何动作。但是当参数发生异常波动或故障时，它会按照已定的程序采取相应的安全动作，使装置停在安全水平线上。所以ESD和DCS在过程工业中所起的作用不同，既有分工，又成互补关系。同时，ESD也不单是实现联锁关系，它应该凌驾于生产过程控制之上，具有独立性，这样降低了两者同时失效的概率，ESD的安全等级要高于DCS。DCS与由PES构成的ESD的主要区别见表10-4。

表10-4 ESD与DCS比较

项 目	DCS	ESD
构成	不含检测、执行单元	含检测、执行单元
作用(功能)	使生产过程在正常工况乃至最佳工况下运行	超限安全停车
工作	动态、连续	静态、间断
安全级别	低、不需认证	高、需认证

(四) 故障安全原则

组成ESD的各环节自身出现故障的概率不可能为零，且供电、供气中断亦可能发生。

当内部或外部原因使ESD失效时，被保护的对象（装置）应按预定的顺序安全停车，自动转入安全状态（Fault to Safety），这就是故障安全原则。

具体体现在如下几方面。

现场开关仪表选用常闭接点，工艺正常时，触点闭合，达到安全极限时触点断开，触发联锁动作，必要时采用“二选一”、“二选二”或“三选二”配置。

电磁阀采用正常励磁，联锁未动作时，电磁阀线圈带电，联锁动作时断电。

送往电气配电室用以开/停电机的接点用中间继电器隔离，其励磁电路应为故障安全型。

作为控制装置（如PLC），“故障安全”意味着当其自身出现故障而不是工艺或设备超过极限工作范围时，至少应该联锁动作，以便按预定的顺序安全停车（这对工艺和设备而言是安全的）；进而应通过硬件和软件的冗余和容错技术，在过程安全时间（PST，Process Safety Time）内检测到故障，自动执行纠错程序，排除故障。

(五) 安全性及响应失效率

当工艺条件达到或超过安全极限值时，ESD 本应引导工艺过程停车，但由于其自身存在隐故障（危险故障）而不能响应此要求，即该停车而拒停，降低了安全性。

衡量安全性的指标为响应失效率或称要求的故障率（PFD，Probability of Failure on Demand)。它是安全联锁系统按要求执行指定功能的故障概率，是度量安全联锁系统按要求模式工作故障率的目标值。

不同的工业过程（如生产规模、原料和产品的种类、工艺和设备的复杂程度等）对安全的要求是不同的。国际标准将其划分为若干安全度等级（SIL，Safety Integrity Level)。

SIL 和 PFD 的对应关系见表 10-5 所示。

表 10-5　安全度等级

ISA-S84.01	IEC 61508	DIN V 19520(TÜV)	PFD
SIL.1	SIL.1	AK1	$10^{-1}\sim10^{-2}$
		AK2	
		AK3	
SIL.2	SIL.2	AK4	$10^{-2}\sim10^{-3}$
SIL.3	SIL.3	AK5	$10^{-3}\sim10^{-4}$
		AK6	
	SIL.4	AK7	$10^{-4}\sim10^{-5}$
		AK8	

(六) 可用性及可用度

工艺条件并未达到安全极限值，ESD 不应引导工艺过程停车，但由于其自身存在显故障（安全故障）而导致工艺过程停车，即不该停车而误停，降低了可用性。

可用度（A，Availability）是指系统可使用工作时间的概率，用百分数计算：

$$A=\frac{\mathrm{MTBF}}{\mathrm{MTBF}+\mathrm{MDT}}$$

MTBF 为平均故障间隔时间（Mean Time Between Failures)；MDT 为平均停车时间(Mean Downtime)。

(七) 冗余和容错

冗余（Redundant)：具有指定的独立的 N：1 重元件，并且可以自动地检测故障，切换到后备设备上。

冗余系统（Redundant System)：并行地使用多个系统部件，以提供错误检测和错误校正能力的系统。

容错（Fault Tolerant)：具有内部冗余的并行元件和集成逻辑，当硬件或软件部分故障时，能够识别故障并使故障旁路，进而继续执行指定的功能。或在硬件和软件发生故障的情况下，系统仍具有继续运行的能力。它往往包括三方面的功能：第一是约束故障，即限制过程或进程的动作，以防止在错误被检测出来之前继续扩大；第二是检测故障，即对信息和过程或进程的动作进行动态检测；第三是故障恢复即更换或修正失效的部件。

容错系统（Fault Tolerant System)：具有容错结构的硬件与软件系统。

总之，通过冗余和故障屏蔽的结合来实现容错。容错系统一定是冗余系统，冗余系统不一定是容错系统。容错系统的冗余形式有双重、三重、四重等。图 10-21～图 10-23 分别表示 CPU 冗余（双机热备）和三重化冗余容错系统。

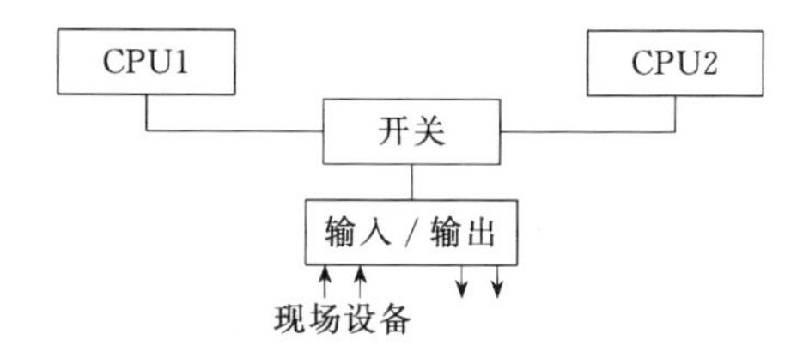

图 10-21　CPU 冗余（双机热备）

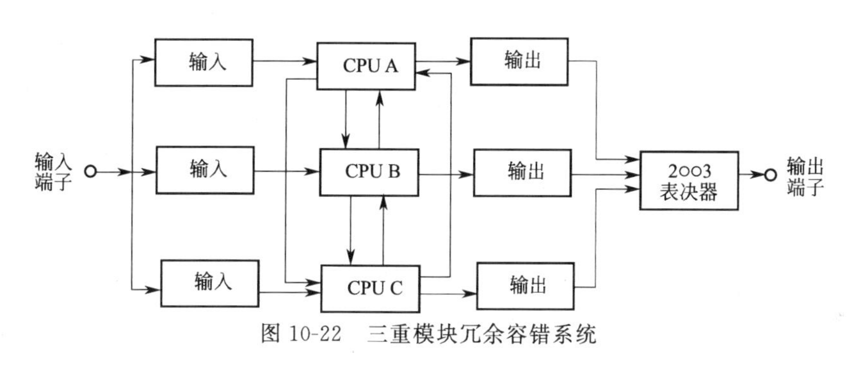

图 10-22　三重模块冗余容错系统

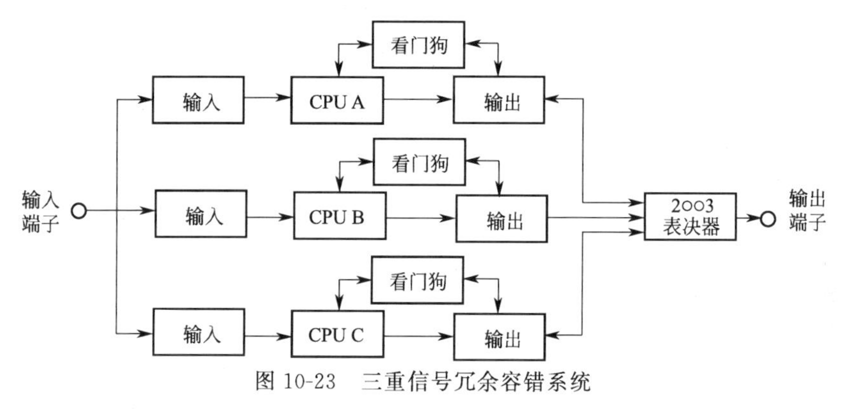

图 10-23　三重信号冗余容错系统

工艺过程风险的评估及安全度等级的评定如下。

不同的工艺过程（生产规模、原料和产品的种类、工艺和设备的复杂程度等）对安全的要求是不同的。一个具体的工艺过程，是否需要配置 ESD、配置何种等级的 ESD，其前提应该是对此具体的工艺过程进行风险的评估及安全度等级（SIL）的评定。在确定了某个具体工艺过程的安全度等级（SIL）之后，再配置与之相适应的 ESD。若某工艺过程经评定后为 SIL 2，则配置达到 AK4 的 ESD 即可，其响应失效率（PFD）为百分之一至千分之一之间。应该注意的是不同安全级别的 ESD，只能确保响应失效率（PFD）在一定的范围内，安全级别越高的 ESD，其 PFD 越小，即发生事故的可能性越小，但它不能改变事故造成的后果。因此，工艺过程安全度等级的评定是一项十分重要的工作。

第五节　习题与思考题

10-1　为什么要设置信号报警与联锁保护系统？

10-2 信号报警系统有几种工作方式？各有何特点？

10-3 联锁保护有哪几种？简述其特点。

10-4 信号联锁系统由哪几个基本环节组成？常用哪些控制装置作执行环节？

10-5 简述一般事故报警电路的动作过程。

10-6 确定以下情况出现时报警系统的工作状态。

(1) 一般事故闪光报警系统工作状态

工作状态	显示器/灯	音响器
正常		
报警信号输入		
按确认按钮		
报警信号消失		
按实验按钮		

(2) 能区别瞬时故障的报警系统工作状态

<table>
<tr><th colspan="2">工作状态</th><th>显示器/灯</th><th>音响器</th></tr>
<tr><td colspan="2">正常</td><td></td><td></td></tr>
<tr><td colspan="2">报警信号输入</td><td></td><td></td></tr>
<tr><td rowspan="2">确认
（消音）</td><td>瞬时故障</td><td></td><td></td></tr>
<tr><td>非瞬时故障</td><td></td><td></td></tr>
<tr><td colspan="2">报警信号消失</td><td></td><td></td></tr>
<tr><td colspan="2">按实验按钮</td><td></td><td></td></tr>
</table>

(3) 能区别第一故障的报警系统工作状态表

工作状态	第一故障显示器/灯	其他显示器/灯	音响器	备注
正常				
第一报警信号输入				有第二报警信号输入
按确认按钮				
报警信号消失				
按实验按钮				

10-7 紧急停车系统的定义是什么？

10-8 试比较双重化冗余和三重化冗余两类紧急停车系统。

10-9 简述ESD系统主要的通用安全标准。

10-10 安全仪表系统有哪些设计原则？

附　录

附录一　常用压力表的规格及型号

名称	型号	测量范围/MPa	精度等级
弹簧管压力表	Y-60	−0.1～0,0～0.1,0～0.16,0～0.25,0～0.4,0～0.6,0～1,0～1.6,0～0.25,0～4,0～6	2.5
	Y-60T		
	Y-60Z		
	Y-60ZQ		
	Y-100	−0.1～0,−0.1～0.06,−0.1～0.15,−0.1～0.3,−0.1～0.5,−0.1～0.9,−0.1～1.5,−0.1～2.4,0～0.1,0～0.16,0～0.25,0～0.4,0～0.6,0～1,0～1.6,0～2.5,0～4,0～6	1.5
	Y-100T		
	Y-100TQ		
	Y-150		
	Y-150T	−0.1～0,−0.1～0.06,−0.1～0.15,−0.1～0.3,−0.1～0.5,−0.1～0.9,−0.1～1.5,−0.1～2.4,0～0.1,0～0.16,0～0.25,0～0.4,0～0.6,0～1,0～1.6,0～2.5,0～4,0～6	
	Y-150TQ		
	Y-100	0～10,0～16,0～25,0～40,0～60,	
	Y-100T		
	Y-100TQ		
	Y-150		
	Y-150T		
	Y-150TQ		
电接点压力表	YX-150	−0.1～0.1,−0.1～0.15,−0.1～0.3,−0.1～0.5,−0.1～0.9,−0.1～1.5,−0.1～2.4,0～0.1,0～0.16,0～0.25,0～0.4,0～0.6,0～1,0～1.6,0～2.5,0～4,0～6	0.5
	YX-150TQ		
	YX-150A	0～10,0～16,0～25,0～40,0～60	
	YX-150TQ		
	YX-150	−0.1～0	
活塞式压力计	YS-2.5	−0.1～0.25	0.02,0.05
	YS-6	0.04～0.6	
	YS-60	0.1～6	
	YS-600	1～60	

附录二 标准化热电偶电势-温度对照表

1. 铂铑$_{10}$-铂热电偶分度表

分度号 S（参比端温度为 0℃）

温度/℃	热 电 动 势/μV									
	0	10	20	30	40	50	60	70	80	90
0	0	55	113	173	235	299	365	432	502	573
100	645	719	795	872	950	1029	1109	1190	1273	1356
200	1440	1525	1611	1698	1785	1873	1962	2051	2141	2232
300	2323	2414	2506	2599	2692	2786	2880	2974	3069	3164
400	3260	3356	3452	3549	3645	3743	3840	3938	4036	4135
500	4234	4333	4432	4532	4632	4732	4832	4933	5034	5136
600	5237	5339	5442	5544	5648	5751	5855	5960	6064	6169
700	6274	6380	6486	6592	6699	6805	6913	7020	7128	7236
800	7345	7454	7563	7672	7782	7892	8003	8114	8225	8336
900	8448	8560	8673	8786	8899	9012	9126	9240	9355	9470
1000	9585	9700	9816	9932	10048	10165	10282	10400	10517	10635
1100	10754	10872	10991	11110	11229	11348	11467	11587	11707	11827
1200	11947	12067	12188	12308	12429	12550	12671	12792	12913	13034
1300	13155	13276	13397	13519	13640	13761	13883	14004	14125	14247
1400	14368	14489	14610	14731	14852	14973	15094	15215	15336	15456
1500	15576	15697	15817	15937	16057	16176	16296	16415	16534	16653
1600	16771	16890	17008	17125	17245	17360	17477	17594	17711	17826
1700	17924	18056	18170	18282	18394	18504	18612			

2. 镍铬-镍硅热电偶分度表

分度号 K（参比端温度为 0℃）

温度/℃	热 电 动 势/μV									
	0	1	2	3	4	5	6	7	8	9
0	0	39	79	119	158	198	238	277	317	357
10	397	437	477	517	557	597	637	677	718	758
20	798	838	879	919	960	1000	1041	1081	1122	1162
30	1203	1244	1285	1325	1366	1407	1448	1489	1529	1570
40	1611	1652	1693	1734	1776	1817	1858	1899	1940	1981
50	2022	2064	2105	2146	2188	2229	2270	2312	2353	2394
60	2436	2477	2519	2560	2601	2643	2684	2726	2767	2809
70	2850	2892	2933	2975	3016	3058	3100	3141	3183	3224
80	3266	3307	3349	3390	3432	3473	3515	3556	3598	3639
90	3681	3722	3764	3805	3847	3888	3930	3971	4012	4054
100	4095	4137	4178	4219	4261	4302	4343	4384	4426	4467
110	4508	4549	4590	4632	4673	4714	4755	4796	4837	4878
120	4919	4960	5001	5042	5083	5124	5164	5205	5246	5287
130	5327	5368	5409	5450	5490	5531	5571	5612	5652	5693
140	5733	5774	5814	5855	5895	5936	5976	6016	6057	6097

续表

温度/℃	热电动势/μV									
	0	1	2	3	4	5	6	7	8	9
150	6137	6177	6218	6258	6298	6338	6378	6419	6459	6499
160	6539	6579	6619	6659	6699	6739	6779	6819	6859	6899
170	6939	6979	7019	7059	7099	7139	7179	7219	7259	7299
180	7338	7378	7418	7458	7498	7538	7578	7618	7658	7697
190	7737	7777	7817	7857	7897	7937	7977	8017	8057	8097
200	8137	8177	8216	8256	8296	8336	8376	8416	8456	8497
210	8537	8577	8617	8657	8697	8737	8777	8817	8857	8898
220	8938	8978	9018	9058	9099	9139	9179	9220	9260	9300
230	9341	9381	9421	9462	9502	9543	9583	9624	9664	9705
240	9745	9786	9826	9867	9907	9948	9989	10029	10070	10111
250	10151	10192	10233	10274	10315	10355	10396	10437	10478	10519
260	10560	10600	10641	10682	10723	10764	10805	10846	10887	10928
270	10969	11010	11051	11093	11134	11175	11216	11257	11298	11339
280	11381	11422	11463	11504	11546	11587	11628	11669	11711	11752
290	11793	11835	11876	11918	11959	12000	12042	12083	12125	12166
300	12207	12249	12290	12332	12373	12415	12456	12498	12539	12581
310	12623	12664	12706	12747	12789	12831	12872	12914	12955	12997
320	13039	13080	13122	13164	13205	13247	13289	13331	13372	13414
330	13456	13497	13539	13581	13623	13665	13706	13748	13790	13832
340	13874	13915	13957	13999	14041	14083	14125	14167	14208	14250
350	14292	14334	14376	14418	14460	14502	14544	14586	14628	14670
360	14712	14754	14796	14838	14880	14922	14964	15006	15048	15090
370	15132	15174	15216	15258	15300	15342	15384	15426	15468	15510
380	15552	15594	15636	15679	15721	15763	15805	15847	15889	15931
390	15974	16016	16058	16100	16142	16184	16227	16269	16311	16353
400	16395	16438	16480	16522	16564	16607	16649	16691	16733	16776
410	16818	16860	16902	16945	16987	17029	17072	17114	17156	17199
420	17241	17283	17326	17368	17140	17453	17495	17537	17580	17622
430	17664	17707	17749	17792	17834	17876	17919	17961	18004	18046
440	18088	18131	18173	18216	18258	18301	18343	18385	18428	18470
450	18513	18555	18598	18640	18683	18725	18768	18810	18853	18895
460	18938	18980	19023	19065	19108	19150	19193	19235	19278	19320
470	19363	19405	19448	19490	19533	19576	19618	19661	19703	19746
480	19788	19831	19873	19916	19959	20001	20044	20086	20129	20172
490	20214	20257	20299	20342	20385	20427	20470	20512	20555	20598
500	20640	20683	20725	20768	20811	20853	20896	20938	20981	21024
510	21066	21109	21152	21194	21237	21280	21322	21365	21407	21450
520	21493	21535	21578	21621	21663	21706	21749	21791	21834	21876
530	21919	21962	22004	22047	22090	22132	22175	22218	22260	22303
540	22346	22388	22431	22473	22516	22559	22601	22644	22687	22729
550	22772	22815	22857	22900	22942	22985	23028	23070	23113	23156

续表

温度/℃	热电动势/μV									
	0	1	2	3	4	5	6	7	8	9
560	23198	23241	23284	23326	23369	23411	23454	23497	23539	23582
570	23624	23667	23710	23752	23795	23837	23880	23923	23965	24008
580	24050	24093	24136	24178	24221	24263	24306	24348	24391	24434
590	24476	24519	24561	24604	24646	24689	24731	24774	24817	24859
600	24902	24944	24987	25029	25072	25114	25157	25199	25242	25284
610	25327	25369	25412	25454	25497	25539	25582	25624	25666	25709
620	25751	25794	25836	25879	25921	25964	26006	26048	26091	26133
630	26176	26218	26260	26303	26345	26387	26430	26472	26515	26557
640	26599	26642	26684	26726	26769	26811	26853	26896	26938	26980
650	27022	27065	27107	27149	27192	27234	27276	27318	27361	27403
660	27445	27487	27529	27572	27614	27656	27698	27740	27783	27825
670	27867	27909	27951	27993	28035	28078	28120	28162	28204	28246
680	28288	28330	28372	28414	28456	28498	28540	28583	28625	28667
690	28709	28751	28793	28835	28877	28919	28961	29002	29044	29086
700	29128	29170	29212	29254	29296	29338	29380	29422	29464	29505
710	29547	29589	29631	29673	29715	29756	29798	29840	29882	29924
720	29965	30007	30049	30091	30132	30174	30216	30257	30299	30341
730	30383	30424	30466	30508	30549	30591	30632	30674	30716	30757
740	30799	30840	30882	30924	30965	31007	31048	31090	31131	31173
750	31214	31256	31297	31339	31380	31422	31463	31504	31546	31587
760	31629	31670	31712	31753	31794	31836	31877	31918	31960	32001
770	32042	32084	32125	32166	32207	32249	32290	32331	32372	32414
780	32455	32496	32537	32578	32619	32661	32702	32743	32784	32825
790	32866	32907	32948	32990	33031	33072	33113	33154	33195	33236
800	33277	33318	33359	33400	33441	33482	33523	33564	33604	33645
810	33686	33727	33768	33809	33850	33891	33931	33972	34013	34054
820	34095	34136	34176	34217	34258	34299	34339	34380	34421	34461
830	34502	34543	34583	34624	34665	34705	34746	34787	34827	34868
840	34909	34949	34990	35030	35071	35111	35152	35192	35233	35273
850	35314	35354	35395	35435	35476	35516	35557	35597	35637	35678
860	35718	35758	35799	35839	35880	35920	35960	36000	36041	36081
870	36121	36162	36202	36242	36282	36323	36363	36403	36443	36483
880	36524	36564	36604	36644	36684	36724	36764	36804	36844	36885
890	36925	36965	37005	37045	37085	37125	37165	37205	37245	37285
900	37325	37365	37405	37445	37484	37524	37564	37604	37644	37684
910	37724	37764	37803	37843	37883	37923	37963	38002	38042	38082
920	38122	38162	38201	38241	38281	38320	38360	38400	38439	38479
930	38519	38558	38598	38638	38677	38717	38756	38796	38836	38875
940	38915	38954	38994	39033	39073	39112	39152	39191	39231	39270

续表

温度/℃	热电动势/μV									
	0	1	2	3	4	5	6	7	8	9
950	39310	39349	39388	39428	39467	39507	39546	39585	39625	39664
960	39703	39743	39782	39821	39861	39900	39939	39979	40018	40057
970	40046	40136	40175	40214	40253	40292	40332	40371	40410	40449
980	40488	40527	40566	40605	40645	40684	40723	40762	40801	40840
990	40879	40918	40957	40996	41035	41074	41113	41152	41191	41230
1000	41269	41308	41347	41385	41424	41463	41502	41541	41580	41619
1010	41657	41696	41735	41774	41813	41851	41890	41929	41968	42006
1020	42045	42084	42123	42161	42200	42239	42277	42316	42355	42393
1030	42432	42470	42509	42548	42586	42625	42663	42702	42740	42779
1040	42817	42856	42894	42933	42971	43010	43048	43087	43125	43164
1050	43202	43240	43279	43317	43356	43394	43482	43471	43509	43547
1060	43585	43624	43662	43700	43739	43777	43815	43853	43891	43930
1070	43968	44006	44044	44082	44121	44159	44197	44235	44273	44311
1080	44349	44387	44425	44463	44501	44539	44577	44615	44653	44691
1090	44729	44767	44805	44843	44881	44919	44957	44995	45033	45070
1100	45108	45146	45184	45222	45260	45297	45335	45373	45411	45448
1110	45486	45524	45561	45599	45637	45675	45712	45750	45787	45825
1120	45863	45900	45938	45975	46013	46051	46088	46126	46163	46201
1130	46238	46275	46313	46350	46388	46425	46463	46500	46537	46575
1140	46612	46649	46687	46724	46761	46799	48836	46873	46910	46948
1150	46985	47022	47059	47097	47134	47171	47208	47245	47282	47319
1160	47356	47393	47430	47468	47505	47542	47579	47616	47653	47689
1170	47726	47763	47800	47837	47874	47911	47948	47985	48021	48058
1180	48095	48132	48169	48205	48242	48279	48316	48352	48389	48426
1190	48462	48499	48536	48572	48609	48645	48682	48718	48755	48792
1200	48828	48865	48901	48937	48974	49010	49047	49083	49120	49156
1210	49192	49229	49265	49301	49338	49374	49410	49446	49483	49519
1220	49555	49591	49627	49663	49700	49736	49772	49808	49844	49880
1230	49916	49952	49988	50024	50060	50096	50132	50168	50204	50240
1240	50276	50311	50347	50383	50419	50455	50491	50526	50562	50598
1250	50633	50669	50705	50741	50776	50812	50847	50883	50919	50954
1260	50990	51025	51061	51096	51132	51167	51203	51238	51274	51309
1270	51344	51380	51415	51450	51486	51521	51556	51592	51627	51662
1280	51697	51773	51768	51803	51838	51873	51908	51943	51979	52014
1290	52049	52084	52119	52154	52189	52224	52259	52294	52329	52364
1300	52398	52433	52468	52503	52538	52573	52608	52642	52677	52712
1310	52747	52781	52816	52851	52886	52920	52955	52989	53024	53059
1320	53093	53128	53162	53197	53232	53266	53301	53335	53370	53404
1330	53439	53473	53507	53542	53576	53611	53645	53679	53714	53748
1340	53782	53817	53851	53885	53920	53954	53988	54022	54057	54091
1350	54125	54159	54193	54228	54262	54296	54330	54364	54398	54432
1360	54466	54501	54535	54569	54603	54637	54671	54705	54739	54773
1370	54807	54841	54875							

附录三 热电阻欧姆-温度对照表

1. 铂热电阻（Pt50）分度表

$R_0=50.00\Omega$　　分度号：Pt50

$A=3.96847\times10^{-3}/℃$；$B=-5.847\times10^{-7}/℃^2$；$C=-4.22\times10^{-12}/℃^4$

温度/℃	热电阻值/Ω									
	0	1	2	3	4	5	6	7	8	9
−100	29.82	29.61	29.41	29.20	29.00	28.79	28.58	28.38	28.17	27.96
−90	31.87	31.67	31.46	31.26	31.06	30.85	30.64	30.44	30.23	30.03
−80	33.92	33.72	33.51	33.31	33.10	32.90	32.69	32.49	32.23	32.08
−70	35.95	35.75	35.55	35.34	35.14	34.94	34.73	34.53	34.33	34.12
−60	37.98	37.78	37.58	37.37	37.17	36.97	36.77	36.56	36.36	36.16
−50	40.00	39.80	39.60	39.40	39.19	38.99	38.79	38.59	38.39	38.18
−40	42.01	41.81	41.61	41.41	41.21	41.01	40.81	40.60	40.40	40.20
−30	44.02	43.82	43.62	43.42	43.22	43.02	42.82	42.61	42.41	42.21
−20	46.02	45.82	45.62	45.42	45.22	45.02	44.82	44.62	44.42	44.22
−10	48.01	47.81	47.62	47.42	47.22	47.02	46.82	46.62	46.42	46.22
−0	50.00	49.80	49.60	49.40	49.21	49.01	48.81	48.61	48.41	48.21
0	50.00	50.20	50.40	50.59	50.79	50.99	51.19	51.39	51.58	51.78
10	51.98	52.18	52.38	52.57	52.77	52.97	53.17	53.36	53.56	53.76
20	53.96	54.15	54.35	54.55	54.75	54.94	54.14	55.34	55.53	55.73
30	55.93	56.12	56.32	56.52	56.71	56.91	57.11	57.30	57.50	57.70
40	57.89	58.09	58.28	58.48	58.67	58.87	59.06	59.26	59.45	59.65
50	59.85	60.04	60.24	60.43	60.63	60.82	61.02	61.21	61.41	61.60
60	61.80	62.00	62.19	62.39	62.58	62.78	62.97	63.17	63.36	63.55
70	63.75	63.94	64.14	64.33	64.53	64.72	64.91	65.10	65.30	65.49
80	65.69	65.88	66.08	66.27	66.46	66.65	66.85	67.04	67.23	67.43
90	67.62	67.81	68.01	68.20	68.39	68.58	68.78	68.97	69.17	69.36
100	69.55	67.74	69.93	70.13	70.32	70.51	70.70	70.89	71.09	71.28
110	71.48	71.67	71.86	72.05	72.24	72.43	72.62	72.81	73.00	73.20
120	73.39	73.58	73.77	73.96	74.15	74.34	74.53	74.73	74.92	75.11
130	75.30	75.49	75.68	75.87	76.06	76.25	76.44	76.63	76.82	77.01
140	77.20	77.39	77.58	77.77	77.96	78.15	78.34	78.53	78.72	77.91
150	79.10	79.29	79.48	79.67	79.86	80.05	80.24	80.43	80.62	80.81
160	81.00	81.19	81.38	81.57	81.76	81.95	82.14	82.32	82.51	82.70
170	82.89	83.08	83.27	83.46	83.64	83.83	84.01	84.20	84.39	84.58
180	84.77	84.95	85.14	85.33	85.52	85.71	85.89	86.08	86.27	86.46
190	86.64	86.83	87.02	87.20	87.39	87.58	87.77	87.95	88.14	88.33
200	88.51	88.70	88.89	89.07	89.26	89.45	89.63	89.82	90.01	90.19
210	90.38	90.56	90.75	90.94	91.12	91.31	91.49	91.68	91.87	92.05
220	92.24	92.42	92.61	92.79	92.98	93.16	93.35	93.53	93.72	93.90
230	94.09	94.27	94.46	94.64	94.83	95.01	95.20	95.38	95.57	95.75
240	95.94	96.12	96.30	96.49	96.67	96.86	97.04	97.22	97.41	97.59

续表

温度/℃	热电阻值/Ω									
	0	1	2	3	4	5	6	7	8	9
250	97.78	97.96	98.14	98.33	98.51	98.69	98.88	99.06	99.25	99.43
260	99.61	99.79	99.98	100.16	100.34	100.53	100.71	100.89	101.08	101.26
270	101.44	101.62	101.81	101.99	102.18	102.36	102.54	102.72	102.90	103.08
280	103.26	103.45	103.63	103.81	103.99	104.17	104.36	104.54	104.72	104.90
290	105.08	105.26	105.44	105.63	105.81	105.99	106.17	106.35	106.53	106.71
300	106.89	107.07	107.25	107.44	107.62	107.80	107.98	108.16	108.34	108.52
310	108.70	108.88	109.06	109.24	109.42	109.60	109.78	109.96	110.14	110.32
320	110.50	110.68	110.86	111.04	111.22	111.40	111.58	111.76	111.94	112.11
330	112.29	112.47	112.65	112.83	113.01	113.19	113.37	113.55	113.72	113.90
340	114.08	114.26	114.44	114.62	114.80	114.97	115.15	115.33	115.51	115.69
350	115.86	116.04	116.22	116.40	116.58	116.76	116.93	117.11	117.29	117.46
360	117.64	117.82	118.00	118.17	118.35	118.53	118.70	118.88	119.06	119.24
370	119.41	119.59	119.77	119.94	120.12	120.30	120.47	120.65	120.32	121.00
380	121.18	121.35	121.63	121.71	121.83	122.06	122.23	122.41	122.58	122.76
390	122.94	123.11	123.29	123.46	123.64	123.81	123.99	124.16	124.34	124.51
400	124.69	124.86	125.04	125.21	125.39	125.56	125.74	125.91	126.09	126.20
410	126.44	126.61	126.79	126.96	127.13	127.31	127.43	127.66	127.83	128.00
420	128.18	128.35	128.53	128.70	128.87	129.05	129.22	129.39	129.57	129.74
430	129.91	130.09	130.26	130.43	130.61	130.78	130.95	131.13	131.30	131.47
440	131.64	131.82	131.99	132.16	132.33	132.51	132.68	132.85	133.03	132.20
450	133.37	133.54	133.71	133.88	134.06	134.23	134.40	134.57	134.74	134.91
460	135.09	135.26	135.43	135.60	135.77	135.94	136.11	136.29	136.46	136.63
470	136.80	136.97	137.14	137.21	137.48	137.65	137.82	137.99	138.16	138.33
480	138.50	138.68	138.85	139.02	139.19	139.36	139.53	139.70	139.87	140.04
490	140.20	140.37	140.54	140.71	140.83	141.05	141.22	141.39	141.56	141.73
500	141.90	142.07	142.24	142.41	142.58	142.75	142.91	143.08	143.25	143.42
510	143.59	143.76	143.93	144.10	144.26	144.43	144.60	144.77	144.94	145.10
520	145.27	145.44	145.61	145.78	145.94	146.11	146.28	146.45	146.61	146.78
530	146.95	147.12	147.28	147.45	147.62	147.79	147.95	148.12	148.29	148.45
540	148.62	148.79	148.96	149.12	149.29	149.45	149.62	149.79	149.95	150.12
550	150.29	150.45	150.62	150.79	150.95	151.12	151.28	151.45	151.61	151.78
560	151.95	152.11	152.28	152.44	152.61	152.77	152.94	153.11	153.27	153.44
570	153.60	153.77	153.93	154.10	154.26	154.43	154.59	154.75	154.92	155.08
580	155.25	155.41	155.53	155.74	155.91	156.07	156.23	156.40	156.56	156.73
590	156.89	157.05	157.22	157.38	157.55	157.71	157.87	158.04	158.20	158.36
600	158.53	158.69	158.85	159.02	159.18	159.34	159.50	159.67	159.83	159.99
610	160.16	160.32	160.48	160.65	160.81	160.97	161.13	161.30	161.46	161.62
620	161.78	161.94	162.11	162.27	162.43	162.59	162.75	162.92	163.08	163.24
630	163.40	163.56	163.72	163.89	164.05	164.21	164.37	164.53	164.39	164.85
640	165.01	165.17	165.34	165.50	165.66	165.82	165.98	166.14	166.30	166.46
650	166.62	—	—	—	—	—	—	—	—	—

2. 铂热电阻（Pt100）分度表

R_0=100.00Ω　　分度号 Pt100

温度/℃	热电阻值/Ω									
	0	1	2	3	4	5	6	7	8	9
−200	18.49									
−190	22.80	22.37	21.51	21.08	20.08	20.65	20.22	19.79	19.36	18.93
−180	27.08	26.65	26.23	25.80	25.37	24.94	24.52	24.09	23.66	23.23
−170	31.32	30.90	30.47	30.05	29.63	29.20	28.78	28.35	27.93	27.50
−160	35.53	35.11	34.69	34.27	33.85	33.43	33.01	32.59	32.16	31.74
−150	39.71	39.30	38.88	38.46	38.04	37.63	37.21	36.79	36.37	35.95
−140	43.87	43.45	43.04	42.63	42.21	41.79	41.38	40.96	40.55	40.13
−130	48.00	47.59	47.18	46.76	46.35	45.94	45.52	45.11	44.70	44.28
−120	52.11	51.70	51.29	50.88	50.47	50.06	49.64	49.23	48.82	48.41
−110	56.19	55.78	55.38	54.97	54.56	54.15	53.74	53.33	52.92	52.52
−100	60.25	59.85	59.44	59.04	58.63	58.22	57.82	57.41	57.00	56.60
−90	64.30	63.90	63.49	63.09	62.68	62.28	61.87	61.47	61.06	60.66
−80	68.33	67.92	67.52	67.12	66.72	66.31	65.91	65.51	65.11	64.70
−70	72.33	71.93	71.53	71.13	70.73	70.33	69.93	69.53	69.13	68.73
−60	76.33	75.93	75.53	75.13	74.73	74.33	73.93	73.53	73.13	72.73
−50	80.31	79.91	79.51	79.11	78.72	78.32	77.92	77.52	77.13	76.73
−40	84.27	83.88	83.48	83.08	82.69	82.29	81.89	81.50	81.10	80.70
−30	88.22	87.83	87.43	87.04	86.64	86.25	85.85	85.46	85.06	84.67
−20	92.16	91.77	91.37	90.98	90.59	90.19	89.80	89.40	89.01	88.62
−10	96.09	95.69	95.30	94.91	94.52	94.12	93.73	93.34	92.95	92.55
0	100.00	99.61	99.22	98.83	98.44	98.04	97.65	97.26	96.87	96.48
0	100.00	100.39	100.78	101.17	101.56	101.95	102.34	102.73	103.13	103.51
10	103.90	104.29	104.68	105.07	105.46	105.85	106.24	106.63	107.02	107.40
20	107.79	108.18	108.57	108.96	109.35	109.73	110.12	110.51	110.90	111.28
30	111.67	112.06	112.45	112.83	113.22	113.61	113.99	114.38	114.77	115.15
40	115.54	115.93	116.31	116.70	117.08	117.47	117.85	118.24	118.62	119.01
50	119.40	119.78	120.16	120.55	120.93	121.32	121.70	122.09	122.47	122.86
60	123.24	123.62	124.01	124.39	124.77	125.16	125.54	125.92	126.31	126.69
70	127.07	127.45	127.84	128.22	128.60	128.98	129.37	129.75	130.13	130.51
80	130.89	131.27	131.66	132.04	132.42	132.80	133.18	133.56	133.94	134.32
90	134.70	135.08	135.46	135.84	136.22	136.60	138.98	137.36	137.74	138.12
100	138.50	138.88	139.26	139.64	140.02	140.39	140.77	141.15	141.53	141.91
110	142.29	142.66	143.04	143.42	143.80	144.17	144.55	144.93	145.31	145.68
120	146.06	146.44	146.81	147.19	147.57	147.94	148.32	148.70	149.07	149.45
130	149.82	150.20	150.57	150.95	151.33	151.70	152.08	152.45	152.83	153.20
140	153.58	153.95	154.32	154.70	155.07	155.45	155.82	156.19	156.57	156.94
150	157.31	157.69	158.06	158.43	158.81	159.18	159.55	159.93	160.30	160.67
160	161.04	161.42	161.79	162.16	162.53	162.90	163.27	163.65	164.02	164.39
170	164.76	165.13	165.50	165.87	166.24	166.61	166.98	167.35	167.72	168.09
180	168.46	168.83	169.20	169.57	169.94	170.31	170.68	171.05	171.42	171.79
190	172.16	172.53	172.90	173.26	173.63	174.00	174.37	174.74	175.10	175.47
200	175.84	176.21	176.57	176.94	177.31	177.68	178.04	178.41	178.78	179.14
210	179.51	179.88	180.24	180.61	180.97	181.34	181.71	182.07	182.44	182.80
220	183.17	183.53	183.90	184.26	184.63	184.99	185.36	185.72	186.09	186.45
230	186.82	187.18	187.54	187.91	188.27	188.63	189.00	189.36	189.72	190.09

续表

温度/℃	热 电 阻 值/Ω									
	0	1	2	3	4	5	6	7	8	9
240	190.45	190.81	191.18	191.54	191.90	192.26	192.63	192.99	193.35	193.71
250	194.07	194.44	194.80	195.16	195.52	195.88	196.24	196.60	196.96	197.33
260	197.69	198.05	198.41	198.77	199.13	199.49	199.85	200.21	200.57	200.93
270	201.29	201.65	202.01	202.36	202.72	203.08	203.44	203.80	204.16	204.52
280	204.88	205.23	205.59	205.95	206.31	206.67	207.02	207.38	207.74	208.10
290	208.45	208.81	209.17	209.52	209.88	210.24	210.59	210.95	211.31	211.66
300	212.02	212.37	212.73	213.09	213.44	213.80	214.15	214.51	214.86	215.22
310	215.57	215.93	216.28	216.64	216.99	217.35	217.70	218.05	218.41	218.76
320	219.12	219.47	219.82	220.18	220.53	220.88	221.24	221.59	221.94	222.29
330	222.65	223.00	223.35	223.70	224.06	224.41	224.76	225.11	225.46	225.81
340	226.17	226.52	226.87	227.22	227.57	227.92	228.27	228.62	228.97	229.32
350	229.67	230.02	230.37	230.72	231.07	231.42	231.77	232.12	232.46	232.82
360	233.17	233.52	233.87	234.22	234.56	234.91	235.26	235.61	235.96	236.31
370	236.65	237.00	237.35	237.70	238.04	238.39	238.74	239.09	239.43	239.78
380	240.13	240.47	240.82	241.17	241.51	241.86	242.20	242.55	242.90	243.24
390	243.59	243.93	244.28	244.62	244.97	245.31	245.66	246.00	246.35	246.69
400	247.04	247.38	247.73	248.07	248.41	248.76	249.10	249.45	249.79	250.13
410	250.48	250.82	251.16	251.50	251.85	252.19	252.53	252.88	253.22	253.56
420	253.90	254.24	254.59	254.93	255.27	255.61	255.35	256.29	256.64	256.98
430	257.32	257.66	258.00	258.34	258.68	259.02	259.36	259.70	260.04	260.38
440	260.72	261.06	261.40	261.74	262.08	262.42	262.76	263.10	263.43	263.77
450	264.11	264.45	264.79	265.13	265.47	265.80	266.14	266.48	266.82	267.15
460	267.49	267.83	268.17	268.50	268.84	269.18	269.51	269.85	270.19	270.52
470	270.86	271.20	271.53	271.87	272.20	272.54	272.88	273.21	273.55	273.88
480	274.22	274.55	274.89	275.22	275.56	275.89	276.23	276.56	276.89	277.23
490	277.56	277.90	278.23	278.56	278.90	279.23	279.56	279.90	280.23	280.56
500	280.90	281.23	281.56	281.89	282.23	282.56	282.89	283.22	283.55	283.89
510	284.22	284.55	284.88	285.21	285.54	285.87	286.21	286.54	286.87	287.20
520	287.53	287.86	288.19	288.52	288.85	289.18	289.51	289.84	290.17	290.50
530	290.83	291.16	291.49	291.81	292.14	292.47	292.80	293.13	293.46	293.79
540	294.11	294.44	294.77	295.10	295.43	295.75	296.08	296.41	296.74	297.06
550	297.39	297.72	298.04	298.37	298.70	299.02	299.35	299.68	300.00	300.33
560	300.65	300.98	301.31	301.63	301.96	302.28	302.61	302.93	303.26	303.58
570	303.91	304.23	304.56	304.88	305.20	305.53	305.85	306.18	306.50	306.82
580	307.15	307.47	307.79	308.12	308.44	308.76	309.09	309.41	309.73	310.05
590	310.38	310.70	311.02	311.34	311.67	311.99	312.31	312.63	312.95	313.27
600	313.59	313.92	314.24	314.56	314.88	315.20	315.52	315.84	316.16	316.48
610	316.80	317.12	317.44	317.76	318.08	318.40	318.72	319.04	319.36	319.68
620	319.99	320.31	320.63	320.95	321.27	321.59	321.91	322.22	322.54	322.86
630	323.18	323.49	323.81	324.13	324.45	324.76	325.08	325.40	325.72	326.03
640	326.35	326.66	326.98	327.30	327.61	327.93	328.25	328.56	328.88	329.19
650	329.51	329.82	330.14	330.45	330.77	331.08	331.40	331.71	332.03	332.34
660	332.66	332.97	333.28	333.60	333.91	334.23	334.54	334.85	335.17	335.48
670	335.79	336.11	336.42	336.73	337.04	337.36	337.67	337.98	338.29	338.61
680	338.92	339.23	339.54	339.85	340.16	340.48	340.79	341.10	341.41	341.72
690	342.03	342.34	342.65	342.96	343.27	343.58	343.89	344.20	344.51	344.82

续表

温度/℃	热电阻值/Ω									
	0	1	2	3	4	5	6	7	8	9
700	345.13	345.44	345.75	346.06	346.37	346.68	346.99	347.30	347.60	347.91
710	348.22	348.53	348.84	349.15	349.45	349.76	350.07	350.38	350.69	350.99
720	351.30	351.61	351.91	352.22	352.53	352.83	353.14	353.45	353.75	354.06
730	354.37	354.67	354.98	355.28	355.59	355.90	356.20	356.51	356.81	357.12
740	357.42	357.73	358.03	358.34	358.64	358.95	359.25	359.55	359.86	360.16
750	360.47	360.77	361.07	361.38	361.68	361.98	362.29	362.59	362.89	363.19
760	363.50	363.80	364.10	364.40	364.71	365.01	365.31	365.61	365.91	366.22
770	366.52	366.82	367.12	367.42	367.72	368.02	368.32	368.63	368.93	369.23
780	369.53	369.83	370.13	370.43	370.73	371.03	371.33	371.63	371.93	372.22
790	372.52	372.82	373.12	373.42	373.72	374.02	374.32	374.61	374.91	375.21
800	375.51	375.81	376.10	376.40	376.70	377.00	377.29	377.59	377.89	378.19
810	378.48	378.78	379.08	379.37	379.67	379.97	380.26	380.56	380.85	381.15

3. 铜热电阻（Cu100）分度表

R_0＝100.00Ω　　分度号：Cu100

温度/℃	热电阻值/Ω									
	0	1	2	3	4	5	6	7	8	9
−50	78.49	—	—	—	—	—	—	—	—	—
−40	82.80	82.36	81.94	81.50	81.08	80.64	80.20	79.78	79.34	78.92
−30	87.10	86.68	86.24	85.82	85.38	84.96	84.54	84.10	83.66	83.22
−20	91.40	90.98	90.54	90.12	89.68	89.26	88.82	88.40	87.96	87.54
−10	95.70	95.28	94.34	94.42	93.98	93.56	93.12	92.70	92.26	91.84
−0	100.00	99.56	99.14	98.70	98.28	97.64	97.42	97.00	96.56	96.14
0	100.00	100.42	100.86	101.28	101.72	102.14	102.56	103.00	103.42	103.86
10	104.28	104.72	105.14	105.56	106.00	106.42	106.86	107.28	107.72	108.14
20	108.56	109.00	109.42	109.84	110.28	110.70	111.14	111.56	112.00	112.42
30	112.84	113.28	113.70	114.14	114.56	114.98	115.42	115.84	116.28	116.70
40	117.12	117.56	117.98	118.40	118.84	119.26	119.70	120.12	120.54	120.98
50	121.40	121.84	122.26	122.68	123.12	123.54	123.98	124.40	124.82	125.26
60	125.68	126.10	126.54	126.96	127.40	127.82	128.24	128.68	129.10	129.52
70	129.96	130.38	130.82	131.24	131.66	132.10	132.52	132.96	133.38	133.80
80	134.24	134.66	135.08	135.52	135.94	136.38	136.80	137.24	137.66	138.08
90	138.52	138.94	139.30	139.80	140.22	140.66	141.08	141.52	141.94	142.36
100	142.80	143.22	143.66	144.08	144.50	144.94	145.36	145.80	146.22	146.66
110	147.08	147.50	147.94	148.36	148.80	149.22	149.66	150.08	150.52	150.94
120	151.36	151.80	152.22	152.66	153.08	153.52	153.94	154.38	154.80	155.24
130	155.66	156.10	156.52	156.96	157.38	157.92	158.24	158.68	159.10	159.54
140	159.96	160.40	160.82	161.26	161.68	162.12	162.54	162.98	163.40	163.84
150	164.27	—	—	—	—	—	—	—	—	—

4. 铜热电阻（Cu50）分度表

R_0=50.00Ω　　分度号：Cu50

温度/℃	热电阻值/Ω									
	0	1	2	3	4	5	6	7	8	9
−50	39.24	—	—	—	—	—	—	—	—	—
−40	41.40	41.18	40.97	40.75	40.54	40.32	40.10	39.89	39.67	39.46
−30	43.55	43.34	43.12	42.91	42.69	42.48	42.27	42.05	41.83	41.61
−20	45.70	45.49	45.27	45.06	44.84	44.63	44.41	44.20	43.98	43.77
−10	47.85	47.64	47.42	47.21	46.99	46.78	46.56	46.35	46.13	45.92
−0	50.00	49.78	49.57	49.35	49.14	48.92	48.71	48.50	43.28	48.07
0	50.00	50.21	50.43	50.64	50.86	51.07	51.28	51.50	51.71	51.93
10	52.14	52.36	52.57	52.78	53.00	53.21	53.43	53.64	53.86	54.07
20	54.28	54.50	54.71	54.92	55.14	55.35	55.57	55.78	56.00	56.21
30	56.42	56.64	56.85	57.07	57.28	57.49	57.71	57.92	58.14	58.35
40	58.56	58.78	58.99	59.20	59.42	59.63	59.85	60.06	60.27	60.49
50	60.70	60.92	61.13	61.34	61.56	61.77	61.98	62.20	62.41	62.63
60	62.84	63.05	63.27	63.48	63.70	63.91	64.12	64.34	64.55	64.76
70	64.98	65.19	65.41	65.62	65.83	66.05	66.26	66.48	66.69	66.90
80	67.12	67.32	67.54	67.76	67.97	68.19	68.40	68.62	68.83	69.04
90	69.26	69.47	69.68	69.90	70.11	70.33	70.54	70.76	70.97	71.18
100	71.40	71.61	71.83	72.04	72.25	72.47	72.68	72.90	73.11	73.33
110	73.54	73.75	73.97	74.18	74.40	74.61	74.83	75.04	75.26	75.47
120	75.68	75.90	76.11	76.33	76.54	76.76	76.97	77.19	77.40	77.62
130	77.83	78.05	78.26	78.48	78.69	78.91	79.12	79.34	79.55	79.77
140	79.98	80.20	80.41	80.63	80.84	81.06	81.27	81.49	81.70	91.92
150	82.13	—	—	—	—	—	—	—	—	—

附录四
热电偶、热电阻型号与主要规格

1. 常用普通型工业用热电偶型号规格

热电偶名称	型号		分度号		规格及主要技术数据				
	现用	原用	现用	原用	结构特征	测量范围/℃	保护管材料	总长 L/mm	插入长度 l/mm
铂铑-铂铑	WRR 120-121	WRLL	B	LL-2	无固定装置、普通接线盒，120型保护管外径16，121型保护管外径25	0～1600	高纯氧化铝	300，500，750，1000，1250，1500	
铂铑-铂	WRP 120-121	WRLB	S	LB-3	无固定装置、普通接线盒，120型保护管外径16，121型保护管外径25	0～1300	耐火陶瓷	300，500，750，1000，1250，1500	
镍铬-镍硅	WRN 120-121	WREU	K	EO-2	无固定装置、普通接线盒，120型保护管外径16，121型保护管外径25	0～1000	Cr25Ti	300，500，750，1000，1250，1500，1750，2000	
						0～800	1Cr18Ni9Ti		
						0～600	碳钢20°		
	WRN 130-131				131型保护管外径20，无固定装置、普通接线盒，120型保护管外径16，121型保护管外径25	0～1000	耐温瓷	300，450，650，900，1150，1400，1650	150，300，500，750，1000，1250，1500

续表

热电偶名称	型号		分度号		规格及主要技术数据				
	现用	原用	现用	原用	结构特征	测量范围/℃	保护管材料	总长 L/mm	插入长度 l/mm
镍铬-镍硅	WRN 220-221	WREU	K	EO-2	固定螺纹，220型 M27×2ϕ16，221型 M33×2ϕ22	0～1000	1Cr18Ni9Ti	300，350，450，550，650，900，1150，1500，2150，2650	150，200，300，400，500，750，1000，1350，2000，2500
	WRN 320-321				可动法兰，插入深度可调	0～1000	1Cr18Ni9Ti	300，350，450，550，650，900，1150，1500，2150	
	WRN 420-421				固定法兰	0～1000	1Cr18Ni9Ti	300，350，450，550，650，900，1150，1500，2150，2650	150，200，300，400，500，750，1000，1350，2000，2500
	WRN-520				可动法兰　直角形	0～1000	1Cr18Ni9Ti	500×500，750×500，500×750	500，500，750
镍铬-考铜	WRK	WREA		EA-2	与 WRN 对应	0～600		与 WRN 对应	与 WRN 对应

2. 部分普通热电阻型号规格

名称	型号		分度号		规格及主要技术数据				
	现用	原用	现用	原用	结构特征	测量范围/℃	保护管材料	总长 L/mm	插入长度 l/mm
铜电阻	WZC-220	WZC	Cu50	G	固定螺纹防溅式	－50～＋100	黄铜，碳钢，不锈钢	300，350，450，550，650，900，1150，1400，1650，2150	150，200，300，400，500，750，1000，1250，1500，2000
	WZC-230				固定螺纹防水式				
	WZC-240				固定螺纹防爆式		碳钢，不锈钢		
	WZC-320				可动法兰、插入长度可调				
	WZC-420				固定法兰				
铂电阻	WZP-220	WZB	Pt50 Pt100	BA_1 BA_2	固定螺纹防溅式	－200～＋500	黄铜，碳钢，不锈钢	300，350，450，550，650，900，1150，1400，1650，2150	150，200，300，400，500，750，1000，1250，1500，2000
	WZP-230				固定螺纹防水式				
	WZP-320				可动法兰、插入长度可调		碳钢，不锈钢		
	WZP-420				固定法兰				

参 考 文 献

[1] 开俊．工业电器与仪表．北京：化学工业出版社，2002.
[2] 尹廷金．化工电器及仪表．北京：化学工业出版社，2001.
[3] 刘巨良．过程控制仪表．北京：化学工业出版社，1999.
[4] 叶昭驹．化工自动化基础．北京：化学工业出版社，1984.
[5] 厉玉鸣．化工仪表及自动化．北京：化学工业出版社，1996
[6] 侯奎源．化工自动化基础．北京：化学工业出版社，1997.
[7] 杜效荣．化工仪表及自动化．北京：化学工业出版社，1994.
[8] 李克勤．气动调节仪表．北京：化学工业出版社，1993.
[9] 厉玉鸣．化工仪表及自动化. 第3版．北京 ：化学工业出版社 ，2002.
[10] 王永红．过程检测仪表．北京 ：化学工业出版社，1999.
[11] 刘玉梅．过程控制技术．北京：化学工业出版社，2002.
[12] 郭振宇．自动成分分析仪表．北京：化学工业出版社，1994.
[13] 朱鹏超．机械设备电气控制与维修．北京：机械工业出版社，2001.
[14] 黄净．电器及PLC控制技术．北京：机械工业出版社，2002.
[15] 谭有广．设备电气控制及维修．北京：机械工业出版社，2002.
[16] 郁有文，常健，程继红等著．传感器原理及工程应用. 第2版．西安：西安电子科技大学出版社，2003：197.
[17] 王森等. 仪表工试题集．北京：化学工业出版社，2003.
[18] 陆建国. 工业电器与自动化. 北京：化学工业出版社，2005.
[19] 陆建国. 仪表与自动化. 北京：化学工业出版社，2011.
[20] 陆建国. 应用电工. 北京：中国铁道出版社，2009.